清洁生产审核实战指南

王　伟　主　编
孙　宁　副主编

山 东 大 学 出 版 社

图书在版编目(CIP)数据

清洁生产审核实战指南/王伟主编. —济南：山东大学出版社，2016.3

ISBN 978-7-5607-5525-0

Ⅰ.①清… Ⅱ.①王… Ⅲ.①无污染工艺—检查—指南 Ⅳ.①X383-62

中国版本图书馆 CIP 数据核字(2016)第 079394 号

责任策划 王 潇
责任编辑 宋亚卿
封面设计 张 荔

出版发行：山东大学出版社
社 址 山东省济南市山大南路 20 号
邮 编 250100
电 话 市场部(0531)88364466
经 销：山东省新华书店
印 刷：济南华林彩印有限公司
规 格：787 毫米×1092 毫米 1/16
23.5 印张 540 千字
版 次：2016 年 3 月第 1 版
印 次：2016 年 3 月第 1 次印刷
定 价：48.00 元

《清洁生产审核实战指南》
编写委员会

主　编：王　伟
副主编：孙　宁
编　委：何立娟　李正洁　吴书新　孟祥武　张　钧
赵　迎　刘　莎　王　锋　翟　帆　任国平
王新伟　李士军　周学霞　程汉超　闫　超
孙　璐　庄云冰　张　晴

前　言

近年来，随着环境问题的日渐突出，人类发展与环境保护的矛盾越来越明显，曾被工业上广泛采取的“末端治理”模式也越发暴露出弊端，治理污染的同时又产生二次污染，须投入大量人力、物力、财力，给企业带来了沉重负担。于是，基于“预防优于治理”理念的清洁生产应运而生，而清洁生产审核为工业企业节能减排工作提供了管理思路。通过收集并分析产品整个生命周期各个环节的生产、环保数据，从中发现问题、分析原因并提出清洁生产方案。实践证明，清洁生产对于减少生产过程中的能源、物料消耗和废弃物产生、排放等有十分重要的作用。

自 2002 年 2 月公布《中华人民共和国清洁生产促进法》以来，每年全国各省市地区对存在环境污染的企业，尤其是对火电、钢铁、有色、电镀、造纸、建材、石化、化工、制药、食品、酿造、印染等重污染行业和“三河三湖”等重点流域，实施强制性清洁生产审核。全国一年涉及清洁生产审核企业数量多达数千家，2015 年仅山东省就公布实施了 504 家清洁生产审核重点企业，涉及的行业类型广泛、企业数量庞大。

全国有几百家清洁生产审核资质单位，仅山东省就有 34 家，且随着环保管理的日益严格，纳入强制性清洁生产审核的企业数量逐年增加，因此，清洁生产审核师的数量也逐年增加，他们在工作过程中需要一本全面的、专业的书籍作为指导。很多自愿开展清洁生产审核的企业人员，尤其是之前对清洁生产审核概念、原理和过程不了解的人员，也同样需要一本基础性强、通俗易懂、结合实际案例进行讲解的书籍进行学习和参考。市面上清洁生产审核指导类书籍虽然不少，但多涉及理论层面，几乎没有专门结合重点行业、经典案例进行实战分析的，专业性较强，对于刚踏入这个行业的人来说不易快速掌握。

本书正是针对这一现状，确定了基础化工、石油开采、煤炭、金属采矿、非金属采选、金属表面处理、造纸、印染、皮革、橡胶、医药、发酵、市政 13 个清洁生产审核涉及较多的行业，并结合《重点企业清洁生产审核程序的规定》（环发〔2005〕151 号）、《关于进一步加强重点企业清洁生产审核工作的通知》（环发〔2008〕60 号）、《关于深入推进重点企业清洁生产的通知》(环发〔2010〕54 号)等国家相关文件规定,从中精选了 1～3 个最具代表性的重点行业。各个行业均从基础知识普及、政策和标准解读、审核过程解析、注意事项汇总和典型方案参考 5 个方面,结合经典案例深入浅出地讲解了顺利开展清洁生产审核的通用技巧和实用方法。本书最大的特点即理论与案例相结合,对于初学者来说通俗易懂,可使其轻松入门、快速上手,为培养新一批清洁生产审核人员提供了有效的学习渠道。

本书编写单位山东省国联环境保护对外合作中心是山东省第一批清洁生产审核资质单位之一,自 2002 年至今已累计开展上千个清洁生产审核项目,所有编者多年来一直奋斗在山东省相关企业清洁生产审核工作的一线,积累了大量的实践经验,书中所涉及的政策、标准及典型案例都是基于山东企业的基本情况,而这些内容均有相通性,对于其他省份的企业同样具有很大的借鉴价值。因此,本书可供全国的清洁生产审核师、企业管理人员、环境保护工作者、高校环境专业的学生参考。同时,作者希望本书可以成为大家交流和学习的有力工具,也请广大读者对本书的不足之处给予批评指正。

编　者

2015 年 12 月

目录

第一章

清洁生产审核通用技巧

清洁生产审核通常分为以下七个阶段：审核准备、预审核、审核、方案的产生和筛选、方案的确定、方案的实施、持续清洁生产。从开展工作的层面来说，审核准备、协调进行筹划组织、进行预审核、开展重点审核、研制实施可行方案和持续清洁生产审核这六个环节，是清洁生产审核工作具体开展时的重点、难点所在。无论开展哪个行业的审核工作，都有一套相通的审核思路和方法，本章将针对这六大环节，对清洁生产审核通用技巧进行详细讲解，帮您快速入门。

第一节　如何快速做好审核准备

一、相关信息概况提前了解

1. 了解企业所属行业概况

首先明确企业从事的生产活动属于哪个行业（行业分类可参考《国民经济行业分类》），该行业目前生产现状和环保现状如何，如可采用的生产工艺有几种，各生产工艺的大致生产流程和产污环节是什么，行业特征污染物有哪些，“三废”处理有哪些针对性的措施等。

2. 了解国家政策和行业标准及指南性的参考资料

(1)产业政策

《产业结构调整指导目录（2011 年本）》（2013 年修订）列出了鼓励类、限制类及淘汰类产业类型，应先了解所审核企业所含项目分别属于哪一类别。

(2)行业相关政策

很多行业都有相应的行业政策，如热电行业的《关于发展热电联产的规定》（计基础〔2000〕1268 号）、造纸行业的《造纸产业发展政策》（国家发展和改革委员会 2007 年第 71 号）等；很多行业还设有行业准入条件，审核前应对这些政策有所了解。

(3)行业准入条件

工信部制定了纯碱、印染、水泥、再生铅等 26 个行业准入条件。从生产布局、规模与技术装备、节能降耗、环境保护、产品质量、监督与管理等多个方面对这些行业的准入进行了规定。审核过程中可参考。

(4)清洁生产标准

环保部已出台了多个行业的清洁生产标准，列出了该行业国际先进水平、国内先进水平和国内基本水平三个级别的指标数据，审核过程中用于判断所审核企业目前所处的清洁生产水平。已出台的清洁生产标准可登录国家环保部网站进行查询和下载。

(5)清洁生产评价指标体系

如《电力(燃煤发电企业)行业清洁生产评价指标体系》《制浆造纸行业清洁生产评价指标体系》《稀土行业清洁生产评价指标体系》(国家发展和改革委员会、环境保护部、工业和信息化部公告 2015 年第 9 号)等。其中规定了指标体系的适用范围、结构、评价基准值及权重值、考核评分计算方法。当所审核行业没有相应的行业清洁生产标准参考时，可应用此指标体系对企业清洁生产情况作出评价。

(6)“三废”排放标准

通用标准，如《污水综合排放标准》(GB 8978—1996)、《污水排入城镇下水道水质标准》(CJ 343—2010)、《大气污染物综合排放标准》(GB 16297—1996)、《一般工业固体废物贮存、处置场污染控制标准》(GB 18599—2001)等；行业标准，如《石油炼制工业污染物排放标准》(GB 31570—2015)、《无机化学工业污染物排放标准》(GB 31573—2015)、《纺织染整工业水污染物排放标准》(GB 4287—2012)、《水泥窑协同处置固体废物污染控制标准》(GB 30485—2013)等；流域标准，包括《山东省半岛流域水污染物综合排放标准》(DB 37/676—2007)、《山东省小清河流域水污染物综合排放标准》(DB 37/656—2006)、《山东省南水北调沿线水污染物综合排放标准》(DB 37/599—2006)和《山东省海河流域水污染物综合排放标准》(DB 37/675—2007)。其中，流域划分可参见《关于明确地方流域水污染物综合排放标准覆盖范围的通知》(鲁环发〔2008〕10 号)。

▶特别提示：

(1)各种行业政策和标准都有其时效性，请注意其使用的时间区间，并应在审核前去相应网站查询是否有最新政策和标准出台。

(2)企业外排废水、废气、固废的执行标准应优先使用行业标准。若没有行业标准，则应执行地方标准；无地方标准时执行国家标准。

(3)根据企业具体生产工艺，参考相对应的清洁生产标准，企业总体清洁生产水平的评定应取所有级别中最低的级别。指标评价体系采用的是权重和基准值的评价方法，该方法的优点是可以综合评价企业的清洁生产标准，但单项指标的评价有时不是很直观。

(4)评价企业清洁生产水平时，可优先使用清洁生产标准；若企业所属行业没有清洁生产标准，可参考评价指标体系；若两种方法评定企业的级别不相同，可采用较低的级别来评定。

3. 了解企业基本信息

应与企业详细沟通，了解企业建厂时间、企业变更史、项目组成情况、有几个生产车间和几条生产线、车间和生产线建设时间、大致生产工艺、用到的主要原辅料、产品情况、水电气等能源来源及使用情况、设计产能与实际产量、主要设备是否符合政策等。

4. 了解企业环保手续情况

针对企业拥有的生产线或生产项目，逐个落实环保手续是否齐全，因为这是目前清洁生产审核验收工作考查的重要一项。环保手续包括：项目环评报告、环评批复、验收报告、验收批复、“三废”监测报告、在线监测数据、总量文件、固废处置协议、污水处置协议、危废处置单位相关资质及五联单等。

二、相关知识材料提前准备

1. 了解行业专有名词

第一次接触某个行业，其中会涉及一些生僻的专有名词，应该提前了解，否则会影响对整个工艺过程的理解。例如，铅蓄电池中的“和膏”，造纸中的“黑液”和“白泥”，金属表面处理中的“发蓝”和“磷化”等。

2. 列出审核大纲框架

第一次去企业，需要了解和调研的资料很多，如何有序开展，需要提前列个审核大纲框架。比如，可以列出所需要搜集的资料清单、重点关注的生产工艺及产污环节、需要明确的问题等，这样才能更有针对性地开展工作。

3. 准备审核培训资料

为使清洁生产审核工作有序、高效地进行，应在第一次去企业时安排培训环节。应按照审核七大步骤制作培训 PPT，主要讲清以下问题：什么是清洁生产，什么是清洁生产审核，为什么要进行清洁生产审核，清洁生产审核分为几大步骤，每个步骤应如何开展。可根据企业规模，安排中高层领导培训、全体员工培训，或以车间为单位组织培训。培训内容应言简意赅、通俗易懂，以取得良好的培训效果。

在今后的每个工作阶段，为保证工作的顺利进行，均应提前安排相应的培训，要将培训工作贯穿整个审核过程中。

4. 做好阶段性准备工作

通常，审核过程中需多次去企业，每次去之前需制订一个简单的工作计划，需要企业提前配合做相关准备的应提前电话通知。比如，本次去企业主要做哪些工作，需要哪些部门或者人员配合；开展实测工作前，应告之企业哪些工序实测需要配置测量仪表；开展方案研讨时，有时会采用开会讨论的形式，应告之企业提前下发通知做好会议准备；审核师可提前搜集同行业值得借鉴的好方案，用于会上讨论。

第二节　如何协调进行筹划组织

筹划组织工作是开展清洁生产审核的首要步骤，一个好的清洁生产审核领导小组和工作小组能为顺利开展工作提供基本保障。进行该项工作应重点把握以下几个关键点：

一、确保领导重视、支持、参与

清洁生产审核工作只有征得领导的绝对重视、支持和参与，才能保证每个环节的顺利进行。因此,该环节的重中之重就是跟领导做好沟通,讲清楚企业开展清洁生产审核的重要意义,让领导引起足够重视,全力配合审核师开展工作。

1. 客观角度

从客观角度讲,国家环保力度日益加强,目前已制定出台多项法律法规。

《中华人民共和国清洁生产促进法》(2002 年 6 月 29 日发布)

《清洁生产审核暂行办法》(2004 年 8 月 16 日发布)

《关于印发重点企业清洁生产审核程序的规定的通知》(环发〔2005〕151 号)

《关于进一步加强重点企业清洁生产审核工作的通知》(环发〔2008〕60 号)

《关于深入推进重点企业清洁生产的通知》(环发〔2010〕54 号)

2. 主观角度

从主观角度讲,开展清洁生产审核对企业自身发展是必要的。

首先,末端治理有很多弊端:污染控制与生产过程脱节,浪费原材料和能源;投资大、运行费用高,成为企业的负担;治标不治本,只是污染物在不同介质中的转移。

图 1-1 为企业的生产流程。

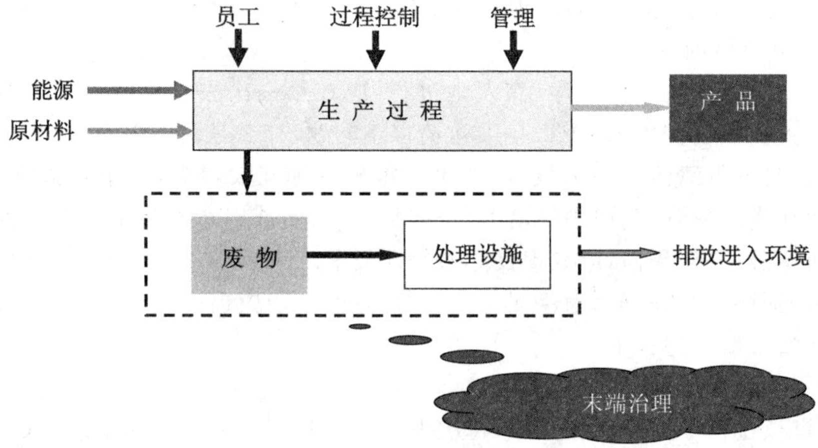

图 1-1 生产流程

其次,通过开展审核,企业可以从生产过程中节约费用,如原辅材料费、能源费、维护费、排污费……可以提高企业的经济效益。此外,通过清洁生产审核,可使企业获得良好的环保信誉,对于上市核查和申请各种环保资金也是必要的。

二、合理组建清洁生产审核小组

首先,应在企业内部下发正式的《关于公司成立清洁生产审核领导小组和工作小组的通知》。这里需要注意的是,若企业规模较小,与领导商议后,可只成立工作小组。

其次,为保证领导小组和工作小组的管理效力,领导小组组长应由最高领导担任,工作小组组长可由生产副总或技术副总等担任。

再次,应将生产车间主任或技术人员纳入工作小组成员(负责参与调研、查找原因、提出方案等);此外,还应有办公室人员(负责下发通知与组织宣传培训等)和财务人员(负责资金预算与方案经济可行性分析等)。

三、有效制订清洁生产审核工作计划

清洁生产审核有七大步骤，即审核准备、预审核、审核、方案的产生与筛选、方案的确定、方案的实施和持续清洁生产。工作小组应将整个项目审核时间按照七大步骤划分成不同时间段，规定出每个步骤所要开展的具体工作是什么，什么时间节点完成，该步骤由哪些部门负责完成等内容，以保证审核的有序性。

四、重视宣传和培训工作

由于很多企业都是第一次开展清洁生产审核，对该工作认识程度不够，因此，应在正式开展工作前，对企业员工进行系统的知识培训。可根据企业规模，分中高层培训和基层员工培训，中高层培训主要是使企业里的每位管理人员尤其是审核小组里的成员了解清洁生产的内容与意义，掌握清洁生产审核的过程和方法；而基层员工培训可由各车间主任或高工承担，侧重操作性，力求跟员工实际工作有机结合，调动广大职工开展清洁生产工作的积极性。

第三节　如何轻松搞定预审核

预审核阶段需要开展以下工作：

(1)绘制厂区平面图(评价厂区布局是否合理，体现各主体工程与辅助工程的相对位置情况)、各生产车间关系图(明确各车间的原料供给关系、车间之间的上下游关系)。

(2)收集原辅材料和产品清单，分析原辅材料和产品的有毒有害特性，计算单位产品原辅材料消耗量(评价原辅材料消耗是否合理)。

(3)收集能源消耗清单，计算单位产品能源消耗量(评价能源消耗是否合理)。

(4)收集各种污染物的产排量，计算单位产品的污染物产排量(评价污染物的产排情况是否达标)。

(5)根据设备清单，对照相关政策[《淘汰落后生产能力、工艺和产品的目录》第一批(中华人民共和国国家经济贸易委员会令第6号)、第二批(中华人民共和国国家经济贸易委员会令第16号)、第三批(中华人民共和国国家经济贸易委员会令第32号)，《国家明令淘汰用能设备、产品目录》]，分析企业是否存在淘汰类设备。

(6)绘制生产工艺流程图，明确各原辅材料使用环节、“三废”排放环节及所排污染物的情况。

(7)对照产业政策[《产业结构调整指导目录(2011年本)》(2013年修订)]、行业准入条件及其他资料，分析企业所采用的工艺、能源消耗情况是否符合国家政策。

(8)根据调研基础数据，评价企业的清洁生产水平，确定审核重点和审核目标，并对比清洁生产标准或其他参考资料确定清洁生产目标(近期目标、远期目标)。

(9)对企业的特征污染物进行分析和评估，并制定有效的环保突发事故应急预案。

预审核阶段的重点内容如下：

一、了解生产和环保现状

对企业的生产和环保现状有了大概了解后，这部分内容就显得容易多了。根据提前准备的资料清单，逐一落实。重点了解企业详细的工艺流程，按照工艺流程的每道工序找出产污环节(见图 1-2)，弄清每种污染物的相关特性、处理方式及排放去向(见表 1-1)，并让企业出示相应的监测报告，然后与国家或行业相关标准进行比照，核实是否达标。

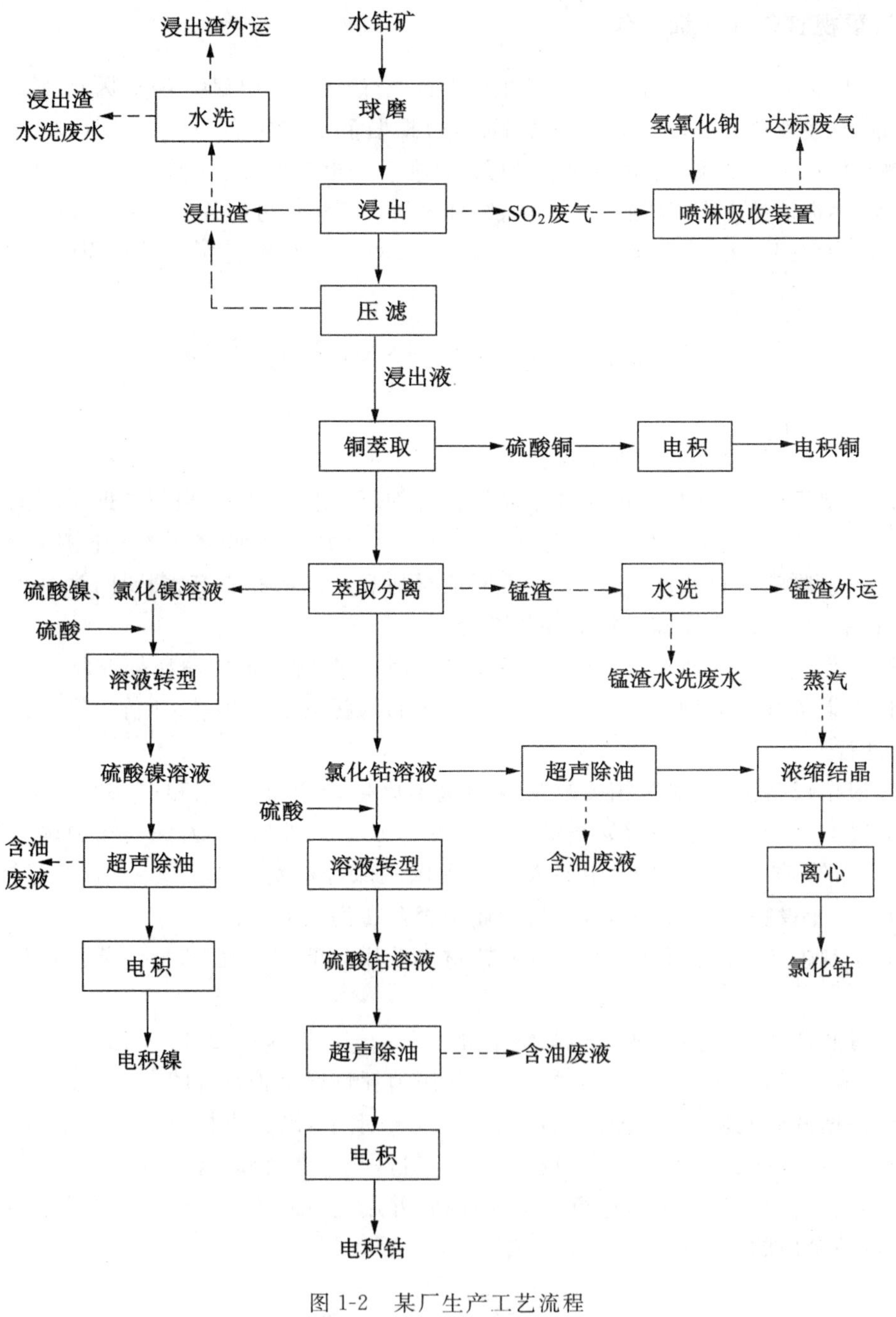

图 1-2 某厂生产工艺流程

表 1-1 废水的产排及去向

工段名称	废物种类	产生量(t/a)	排放量(t/a)	有害成分	处理方式及去向
浸出	浸出渣水洗废水	5026	5026	Ni、Co、Mn、Fe 等金属，COD，H^+	在污水处理站处理后入海
萃取分离	锰渣水洗废水	2371	2371	Mn、H^+	在污水处理站处理后入海
萃取分离	含油废液	1.0	1.0	煤油等石油类	通过皂化处理后回用于萃取工序
锅炉废气和浸出废气脱硫	脱硫水	735	735	Na_2SO_3	在污水处理站处理后入海
生活、办公区	生活污水	5688	5688	H^+/OH^-、COD、SS、氨氮	进入城市污水管网统一处理

现场调查也是预审核过程的一个重要环节。针对主要生产车间的各生产线，现场查看其整个生产流程、相应生产报表、在线监测数据等，对整个生产过程有个直观的了解，也能从中发现一些实际生产中存在的显而易见的问题，为下一步形成无低费方案提供思路。

预评估环节需要特别关注以下几个方面内容：

1. 危险化学品

鉴别一个企业所用的物料哪些属于危险化学品，可查阅《危险化学品目录》。对于危险化学品管理，环境保护部于 2012 年 7 月公布了《危险化学品环境管理登记办法(试行)》(环境保护部令第 22 号)，于 2014 年 4 月公布了《重点环境管理危险化学品目录》(环办〔2014〕33 号)，审核时可参考。另外，关于危险化学品的物化性质，可查询“国家安全生产监督管理总局”网站的“危险化学品查询”系统(http://www.chinasafety.gov.cn/whpcx.htm)，如图 1-3 所示。。

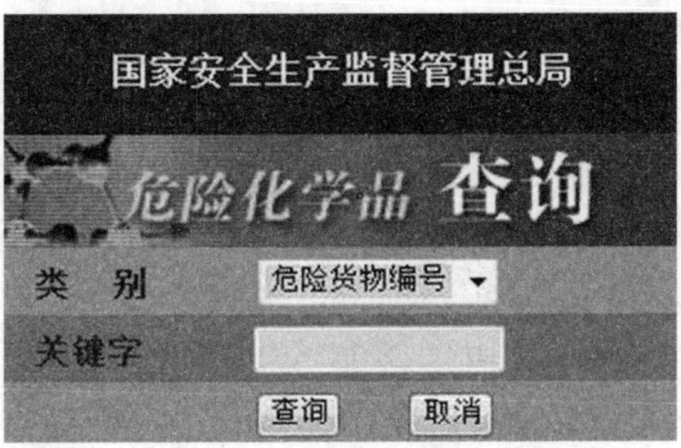

图 1-3 危险化学品查询界面

2. 危险废物

一个企业是否产生危险废物(以下简称“危废”),要依据《国家危险废物名录(2008)》对其进行种类鉴别,一旦确定是危废,要严格按照《危险废物贮存污染控制标准》(GB 18597—2001)中的规定进行储存管理,按照《危险废物转移联单管理办法》(国家环境保护局令第5号)中的规定进行转移。

▶**特别提示:**

(1)危废的产生量(可根据企业生产数据进行估算)、储存量(可查阅危废记录单)和转移量(可查阅转移联单)必须能对应起来,且在企业的储存时间不能超过一年。

(2)2001年颁布的《危险废物污染防治技术政策》适用于危废的产生、收集、运输、分类、检测、包装、综合利用、储存、处理与处置等全过程污染防治的技术选择;2003年颁布了《医疗废物管理条例》《医疗废物分类目录》《医疗废物集中处置技术规范》等。

(3)危险废物在厂内的临时储存,要做好相关的管理及记录工作,注意防渗、防漏。

3. 能源梯级利用

所谓能源梯级利用,就是高质能源经使用后变为低质能源,再用到需求低的设备或工段,以此提高能源的利用率。这在热电行业应用较为普遍,其他行业如制冷、深冷、化工、冶金等也有涉及。具体应用举例如下:

(1)转炉余热回收系统。转炉在冶炼过程中会产生大量约1450 ℃高温烟气,通过转炉汽化冷却装置,回收烟气余热产生蒸汽的同时,降低温度的转炉烟气送入除尘及煤气回收系统。产生的蒸汽供炼钢生产使用,多余部分供企业的蒸汽管网。

(2)热水闪蒸产生饱和蒸汽发电。一定压力的热水进入扩容器后,由于压力降低闪蒸产生蒸汽,蒸汽从扩容器上部排出送入汽轮机发电。通常可以采用二级扩容方法提高系统发电效率。

(3)烧结余热回收技术。正常生产时,烧结环冷机每小时产生320 ℃以上废气约50万m^3,从烧结环冷机排气,经除尘器,与余热锅炉进行热交换产生蒸汽送蒸汽管网后,废气再经循环风机回气管接至环冷机继续冷却烧结矿。

二、确定清洁生产审核目标

清洁生产的目标是:降低原辅材料消耗,降低能源消耗(水、电、煤、汽),提高产品收率,削减废物产排量等。

设置依据如下:

1. 根据清洁生产标准

很多行业已有清洁生产标准,如造纸、电镀、淀粉、啤酒等行业,参见中华人民共和国环境保护部网站 http://www.zhb.gov.cn/,目前共计56个。对照标准给出的指标等级,逐一对企业实际生产情况进行分析,通常找出企业偏低的指标,再结合企业实际,考虑将其设置为清洁生产目标。

表 1-2 给出了造纸行业(废纸制浆)清洁生产指标要求。

表 1-2　　造纸行业(废纸制浆)清洁生产标准对比情况

清洁生产指标等级		一级	二级	三级	所审核企业
一、生产工艺与装备要求					
1. 碎浆	非脱墨制浆	碎浆浓度≥8%	碎浆浓度≥4%		
	脱墨制浆	碎浆浓度≥15%	碎浆浓度≥8%	碎浆浓度≥4%	一级
2. 筛选		压力筛选			符合
3. 浮选		封闭式脱墨设备	开放式脱墨设备		一级
4. 漂白		过氧化氢漂白、还原漂白			符合
二、资源能源利用指标					
1. 新鲜水用量(m^3/t)	非脱墨制浆	≤9	≤13	≤18	—
	脱墨制浆	≤13	≤18	≤22	17.0,二级
2. 综合能耗(折合标煤)(kg/t)	非脱墨制浆	≤230	≤280	≤310	—
	脱墨制浆	≤310	≤355	≤390	357,三级
标准中表格以下内容在此省略					

由上表可知,脱墨制浆的综合能耗较高,目前只能达到三级水平,在设置清洁生产目标时可以重点考虑。

2. 与同行业进行对比

有的行业暂无清洁生产标准,可考虑与规模、工艺、原料及产品都相近的同行业进行对比(见表 1-3),找出所审核企业相对于其他企业的薄弱指标,将其设置为清洁生产目标。

表 1-3　　单位产品消耗情况对比

序号	类别	所审核企业	A 企业	B 企业	C 企业
1	水耗($t/t_{产品}$)	701.7	677.5	700.1	688.2
2	电耗(万 $kW \cdot h/t_{产品}$)	0.889	0.882	0.895	0.880
3	煤耗($t/t_{产品}$)	5.26	5.29	5.33	5.21
4	废水排放量($t/t_{产品}$)	709.3	682.2	708.4	674.3

续表

序号	类别	所审核企业	A 企业	B 企业	C 企业
5	COD 排放量（$kg/t_{产品}$）	56.7	55.7	57.9	55.9
6	氨氮排放量（$kg/t_{产品}$）	7.09	7.08	7.19	7.07

由上表可知，所审核企业单位产品水耗和废水排放量偏高，这两个指标可选作清洁生产目标。

3. 综合评定

若所审核行业既没有清洁生产标准，也很难找到符合条件的同行业企业数据，则可以考虑从多方面综合进行评定，从中找出适合作为目标的指标。可从以下几个方面入手：①结合已颁布的行业污染物排放标准等，找出不能稳定达标或刚好达标的指标，或者有的指标目前可稳定达标，但预计将来该指标数据将更加严格，类似这种情况也可考虑设置成清洁生产目标。②通过计算近几年或近几个月来的企业主要指标数据，发现哪些指标不稳定或呈现异常增减趋势，可考虑设置为目标。③召集企业生产主任和技术高工进行讨论，找出目前普遍认为应该进一步削减或提升的指标，将其列为清洁生产目标。④从原辅材料和能源、技术工艺、设备、过程控制、产品、废弃物、管理、员工八个方面对企业进行评价，针对发现的问题进行目标设置。

▶特别提示：

有些指标应了解其具体含义，以准确判断该指标是否可设置成目标。例如，《电镀行业清洁生产评价指标体系（试行）》等很多标准中提到的"水重复利用率"，这一指标涉及"串级用水[①]"和"循环用水[②]"，应弄清两者的区别。

三、确定清洁生产审核重点

确定企业审核重点的主要原则：

(1)企业污染物排放浓度或者总量达不到国家、地方或者行业标准要求的环节。

(2)污染物产生量大、排放量大的环节部位。

(3)消耗大的环节部位。

(4)社会反映压力大的环节部位。

(5)有明显的清洁生产机会。

把握以上原则，再结合前面的调研，将所审核企业备选审核重点的几个车间或几个分公司相应的指标数据逐一列出并进行比较（见表 1-4），结合权重总和计分排序法（见表 1-5），最终确定审核重点。

---

① 串级用水是指在一定时间内，经某系统利用后，无须处理或经过处理，被其他系统再次利用的水。在电镀企业中，串级用水一般包括两种：第一种是逆流漂洗中的串级用水；第二种是某类清洗水串级至另一类清洗的用水。

② 循环用水是指在一定时间内，经某系统利用后，无须处理或经过处理，被本系统再次利用的水。在电镀企业中，循环用水一般包括在线循环水（如铜、镍、铬在线回收系统循环水，回用于镀槽的回收槽液）、末端处理出水回用水等。

表 1-4 备选审核重点情况说明

备选审核重点	废物产生量			主要情况						
	废水(t)	SO_2(t)	废渣(t)	原料消耗		水耗		电耗		小计(万元)
				总量(t)	费用(万元)	总量(m^3)	费用(万元)	总量(万 kW·h)	费用(万元)	
纺粘一车间	3855	—	1.0	7072	8486	16493	8.61	758.0	520.6	9015
纺粘二、车间	2570	—	0.86	5099	6119	10995	5.74	484.9	339.4	6464
熔喷车间	1028	—	0.46	1143	1372	4398	2.36	953.7	667.6	2042
锅炉车间	455	1.07	50	901.8	84.8	455.2	0.15	21.13	14.79	99.7

由上表可知,纺粘一车间物料、能源消耗最大,且废物产生量相对最多。

表 1-5 权重总和计分排序法确定审核重点表

因素		权重(W)	分数 R(1～10)							
			纺粘一车间		纺粘二车间		熔喷车间		锅炉车间	
			R	$R\times W$	R	$R\times W$	R	$R\times W$	R	$R\times W$
废物产生量	废水	10	10	100	9	90	8	80	1	10
	废气		1	10	1	10	1	10	5	50
	固废		5	50	3	30	1	10	10	100
废物毒性		9	3	27	3	27	4	36	8	72
内部环境代价		7	5	35	5	35	6	42	7	49
清洁生产潜力		6	10	60	6	36	8	48	2	12
车间合作		4	10	40	8	32	9	36	1	4
合计得分			322		250		262		297	
得分排序			1		4		3		2	

由上表可知,纺粘一车间得分为 322 分,在所有车间中得分最高。因此,应选择纺粘一车间作为审核重点。

▶**特别提示:**

(1)备选审核重点应包括除生产车间以外的辅助生产车间,如锅炉车间和污水处理站等。

(2)备选审核重点情况说明中应包括水耗、电耗、煤耗、汽耗、原料消耗等主要类型消耗量。

(3)权重总和计分排序法中的考查因素应根据企业实际情况自上而下由重要到相对次要进行排列。

(4)W 值应根据企业实际给予相应的分值;R 值可参考备选审核重点情况说明表中的数据按比例进行设置。

第四节 如何有序开展重点审核

一、物料实测方法

1. 实测要求

正常生产条件下,逐个工序/工段,实测 3 个生产周期或连续实测 72 h。

2. 实测步骤

(1)根据操作单元进行实测布点,确定输入[①]/输出[②]物料、监测点和频率。

(2)生产现场实测及记录。

(3)实测数据汇总,平衡分析。

▶特别提示:

(1)一个生产周期是指一次配料由投入到产品产出的整个过程。

(2)回收利用的废物(水、蒸汽、废物料等)也包括在输入物料内。

(3)实测周期要根据企业性质进行确定,批量加工产品的企业通常至少选择 3 个批次进行实测,并且选择具有代表性的主要产品;连续生产的企业则至少连续 72 h 进行实测。

(4)物料平衡结果偏差大于 5%时应查明原因。常见原因有:①输入/输出物料有漏项;②实测设备误差过大,需重新校对;③估算数据误差过大。

(5)要想实测数据在最大程度上真实可信,企业要做到三级计量,即全厂(一级)、车间(二级)、主要工段/设备(三级),如图 1-4 所示。

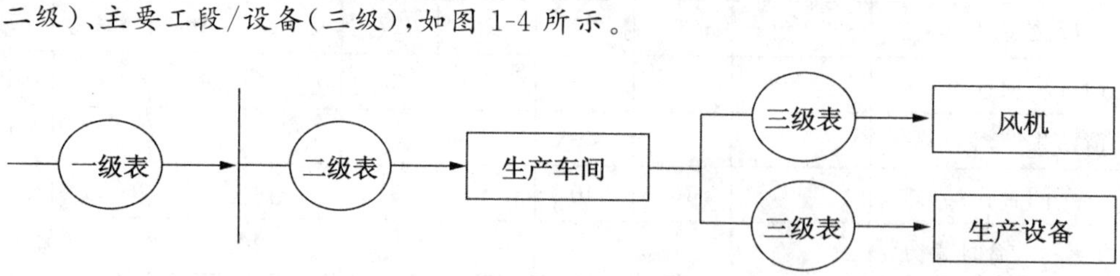

图 1-4 企业三级计量

二、平衡图绘制技巧

绘制物料流程图时,应对每道工序进行分析,弄清输入物料和输出物料,按照工艺流

① 输入包括原料、辅料、添加剂、反应剂、清水、蒸汽等。

② 输出包括产品、副产品、中间产品、废水、废气、废渣等。

程图依次绘制，每道工序要做到物料守恒，即输入＝输出（包括损耗），如图 1-5 所示。

对于用水量较大的行业（如造纸行业等），应绘制水平衡图（见图 1-6），以便了解各个工序的用水情况。

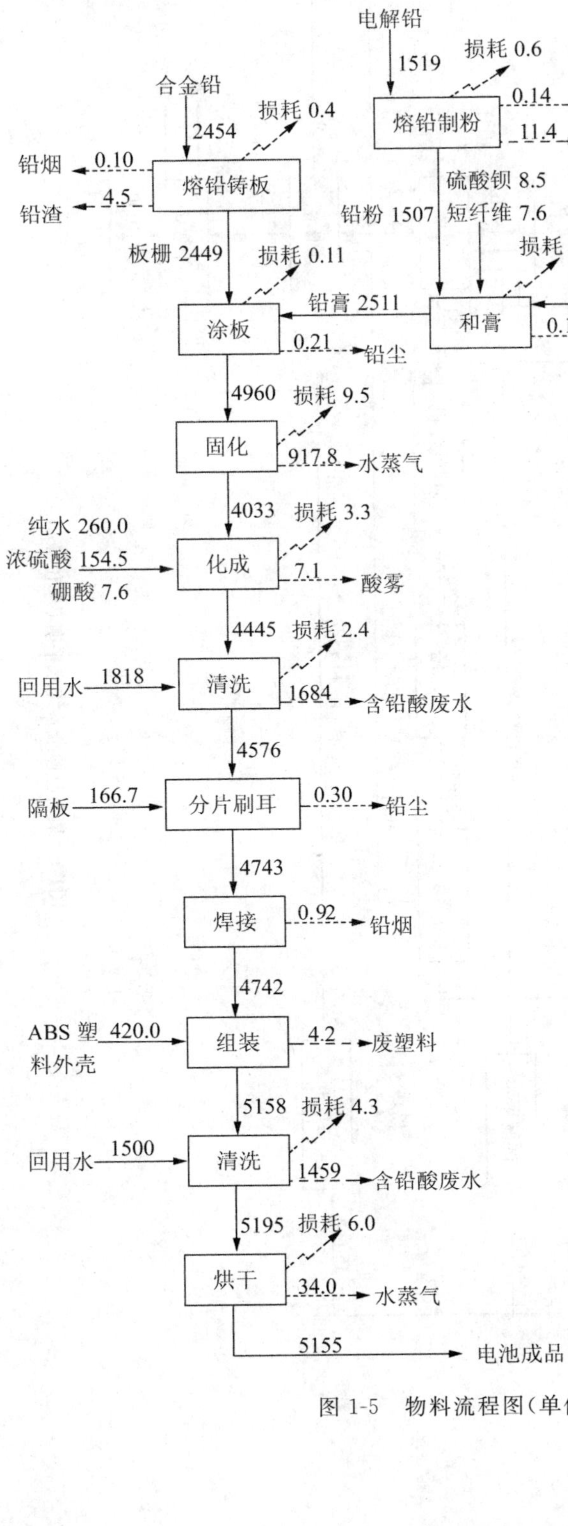

图 1-5　物料流程图（单位：kg/批）

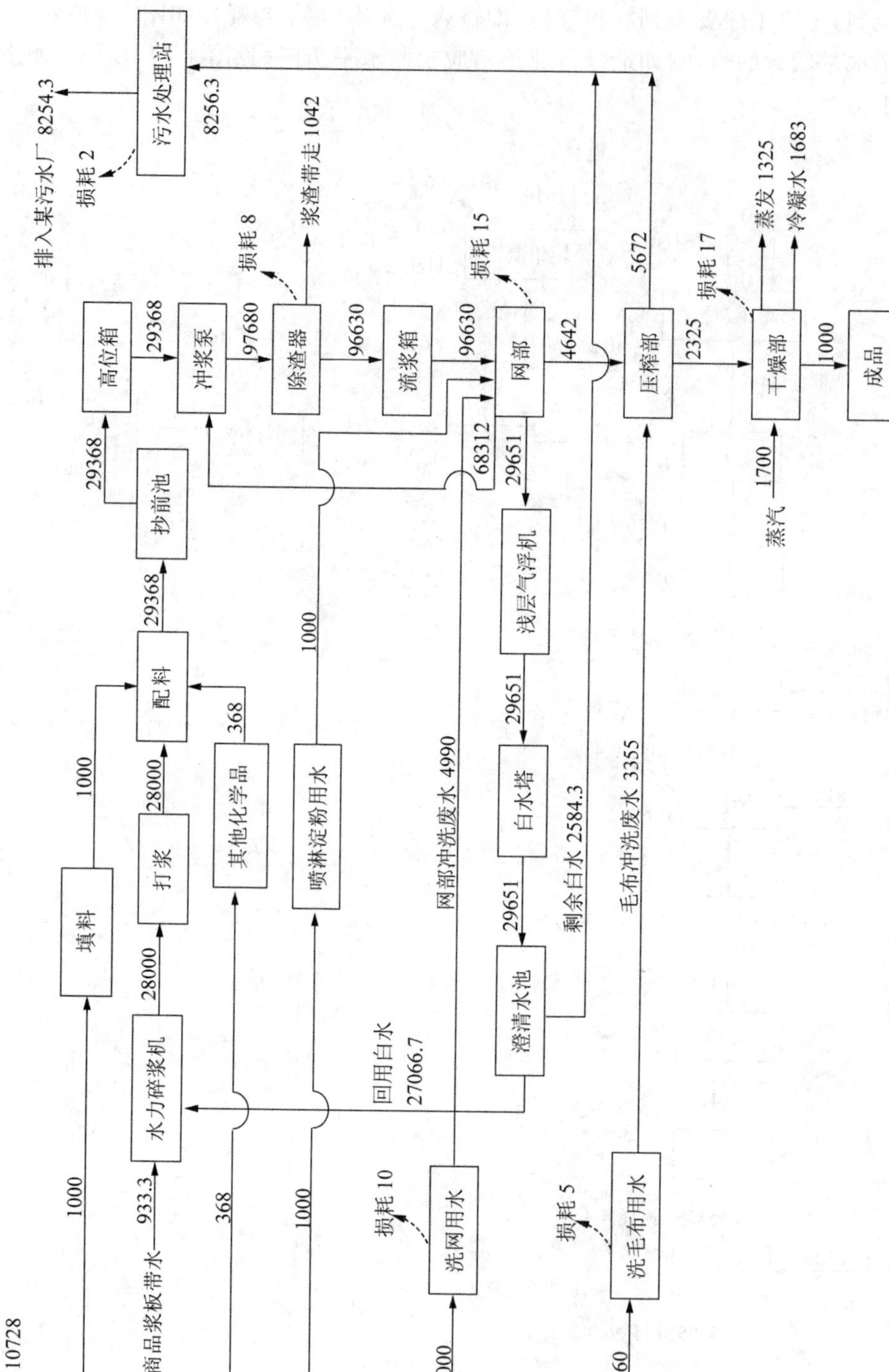

图1-6 某企业抄纸系统水平衡（单位:kg/t纸）

根据行业特点，对某些特征性污染物要做进一步的平衡分析，如金属表面加工行业需绘制一类重金属平衡图，印染行业需绘制染料平衡图，石化行业需绘制溶剂平衡图，水泥行业需绘制热平衡图等。图 1-7 所示为铅平衡图。

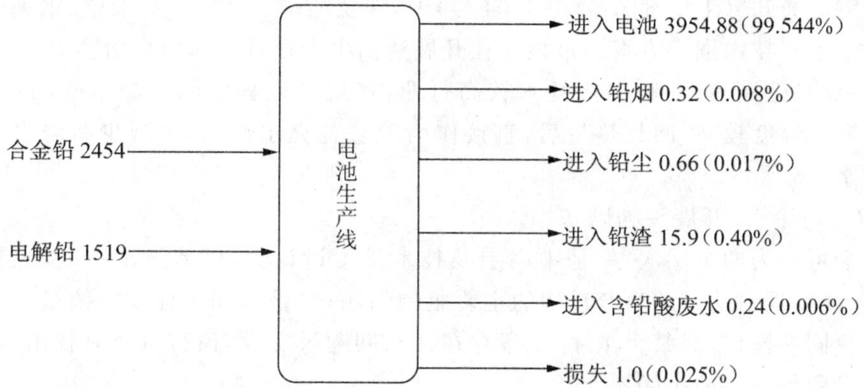

图 1-7　铅平衡图（单位：kg/批）

▶特别提示：

（1）工艺不是很复杂的，可以直接绘制整个工艺流程图；工艺复杂的，可以将整个工艺截成几个大工段，分别进行绘制。

（2）进行物料平衡分析是为了衡量输入物料与输出物料之间的平衡关系，从物料流程图中可查找出物料流失及废物产生的环节。清洁生产理念认为，任何没有进入产品中的物料都是浪费，如果没有妥善处理，则会造成环境污染。

（3）审核人员应结合生产现场情况，从原辅料、技术工艺、设备、管理、过程控制、综合利用及员工等多方面进行平衡分析，得出产生物料流失的原因与提升潜力。

第五节　如何研制实施可行方案

一、方案产生途径

1. 依据预审核阶段掌握的情况

通过预审核阶段收集的资料信息和现场的调研情况，发现企业存在的一些显而易见的问题，针对该问题制定相应的解决方案。

举例：通过查看现场，发现某设备存在“跑冒滴漏”现象，则应采取设备查漏补修措施。

2. 依据审核阶段实测的情况

通过审核阶段开展的物料实测数据及各种平衡图、流程图，找出物料损耗大的环节或者不该出现该物料损耗的环节，制定相应的解决方案。

举例：电镀生产线通过实测，发现带出损耗较大，则可采取延长镀件在镀槽上方的停留时间，电镀槽边加装回收槽，增加吹风设备增大滴落速度等措施。

3. 依据国家颁布的相关文件

在2010年3月22日工信部颁布的《关于印发聚氯乙烯等17个重点行业清洁生产技术推行方案的通知》(工信部节〔2010〕104号)中，涉及纯碱、发酵、纺织染整、钢铁等17个行业的清洁生产技术推行方案。审核师在开展清洁生产审核工作时可借鉴。

举例：针对柠檬酸、淀粉糖等耗水较高行业，将生产过程中的冷凝水降温后循环使用。因冷凝水温度较高，回收热量后，直接作为工艺补充水使用，可减少新鲜水的消耗，并降低污水排放量。

4. 召开讨论会，开展头脑风暴

讨论会可分为两个层次：一是中高层及技术骨干讨论会，借此讨论一些深层次的技术难题，以便发现目前制约生产过程的主要瓶颈问题；二是车间主任及一线员工，一线员工每天重复同一操作，对某个工序、工段存在什么问题最有发言权，可及时找出日常生产中易发现且亟待解决的小问题。

5. 下发合理化建议表，集思广益

根据企业规模，选择性地给一些部门及车间(重点为从事生产、技术相关工作的部门)员工下发合理化建议表；同时，中高层制定相应的奖励政策，根据员工的合理化建议对于改进生产过程作用的大小，给予一定的物质或精神奖励。

6. 外聘专家进行技术座谈

对于企业目前遇到的一些棘手的技术难题，可邀请相关专家进行技术座谈，共同商议解决。

二、方案产生角度

影响整个生产过程的因素主要有八个：原辅料和能源、生产工艺、过程控制、设备、产品、员工、管理、废弃物(见图1-8)。

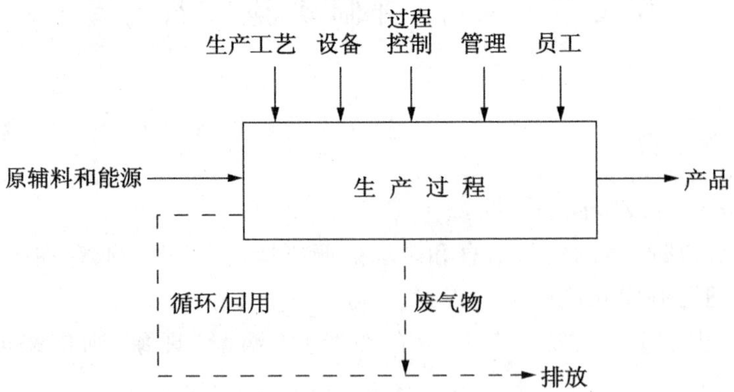

图1-8 生产过程影响因素示意图

具体可从以下几个角度考虑：

1. 原辅料和能源

采购量与需求量相匹配；加强原料质量(如纯度、水分等)的控制；根据生产操作调整包装的大小及形式；能源存储及输送方式等。

举例：某水泥厂在保证产品质量前提下，在生料磨处适当增加粉煤灰掺量，提高水泥混合材掺加量，降低水泥生产成本。

2. 生产工艺

改进备料方法；增加捕集装置，减少物料或成品损失；改用易于处理、处置的清洗剂等。

举例：某热电厂在各个锅炉房系统补水泵前配置安装一台 Y 型除污器，过滤自来水中的杂质，以减少循环系统结垢。

3. 过程控制

选择在最佳配料比下进行生产；增加检测计量仪表；校准检测计量仪表；改善过程控制及在线监控；调整优化反应的参数，如温度、压力等。

举例：某水泥生产线对原料磨窑尾排风机电机（800 kW、6 kV 高压）、循环风机（1600 kW、6 kV 高压）安装变频器，改造后节电效果明显。

4. 设备

改进并加强设备定期检查和维护，减少“跑冒滴漏”；及时修补、完善输热、输气管线的隔热保温等。

举例：国内 600～1810 ℃的高温炉窑锅炉内广泛应用微纳米高温远红外节能涂料，具有使燃料燃烧更加充分、提高炉窑热效率、节约能源、延长炉体寿命等优点，据此，可对主运行锅炉进行节能涂料喷涂改造。

5. 产品

改进包装及其标志或说明；加强库存管理等。

举例：现有产品包装袋质量不高，产品运输过程中存在刮破、泄漏现象，通过货比三家，更换新的包装袋，保证了产品运输质量，提高了客户满意度。

6. 员工

加强员工技术与环保意识的培训；采用各种形式的精神与物质激励机制等。

举例：每周六下午四点以车间为单位安排员工业务知识和环保知识培训，加强员工的操作技能和环保意识。

7. 管理

严格岗位责任制及操作规程；减少物料溅落并及时收集等。

举例：某污水处理厂以前只注重监测进、出水口水质情况，现在加大对每个处理单元的采样及监测力度，以便及时掌握每个处理单元的处理效率及运行情况，随时调整运行参数，保证出水稳定达标。

8. 废弃物

冷凝液的循环利用；现场分类收集可回收的物料与废弃物；余热利用；清污分流等。

举例：某厂在生产过程中产生的边角料原来当作废品变卖，新上造粒设备后，将这些边角料进行熔融造粒，可继续作为原料使用。

三、方案的确定

中高费方案的实施对企业来说存在一定的投资风险，因此，一般要通过从技术、环境和经济角度逐一进行论证,综合考虑后确定该方案是否可行。

1. 技术评估

技术评估应着重评价以下几方面:

(1)方案设计中采用的工艺路线、技术设备在经济合理的条件下的先进性、适用性。

(2)与国家有关技术政策和能源政策的相符性。

(3)技术引进或设备进口要符合我国国情,引进技术后要有消化吸收能力。

(4)资源的利用率和技术途径合理。

(5)技术设备操作上安全、可靠。

(6)技术成熟(国内有实施的先例)。

2. 环境评估

环境评估应包括以下内容:

(1)生产中废弃物排放量的变化。

(2)污染物组分的毒性及其降解情况。

(3)污染物的二次污染问题。

(4)操作环境对人员健康的影响。

(5)废弃物的复用、循环利用和再生回收。

3. 经济评估

经济评估是从企业的角度,按照国内现行市场价格,计算出方案实施后在财务上的获利能力和清偿能力。

通过计算投资回收期、净现值及内部收益率等指标,可衡量该投资是否具有经济效益。具体根据总投资(I)、折旧期(n)、税率、贴现率、年运行费用节省金额(P)代入以下公式进行计算:

$$\text{折旧费}(D)=I/n$$

$$\text{应税利润}(T)=P-D$$

$$\text{净利润}(E)=T\times(1-\text{税率})$$

$$\text{年增加现金流量}(F)=E+D$$

$$\text{投资回收期}(N)=I/F$$

$$\text{净现值}(\mathrm{NPV})=\sum_{j=1}^{n}\frac{F}{(1+i)j}-I$$

$$\text{内部收益率}(\mathrm{IRR})=I_1+\frac{\mathrm{NPV}_1(i_2-i_1)}{\mathrm{NPV}_1+|\mathrm{NPV}_2|}$$

▶**特别提示:**

(1)NPV 的计算可根据贴现率和折旧年限通过查阅相应表格得到(年贴现值系数表详见附录二)。

(2)IRR 的计算可通过以下方法进行:

①让 $\mathrm{NPV}=\sum_{j=1}^{n}\frac{F}{(1+i)j}-I=0$,通过查阅年贴现值系数表,得到一定折旧年限($n$)下的贴现率值 i。

②通过查阅年贴现值系数表(见附录二),找到位于该贴现率值左右紧邻的两个贴现

率值，即为公式中的 i_1 和 i_2。

③根据折旧年限，将获得的 i_1 和 i_2 分别代入净现值公式，得到 NPV_1 和 NPV_2。

④将 i_1 和 i_2、NPV_1 和 NPV_2 代入内部收益率公式中，从而得到 IRR 值。

(3)投资回收期值越小，资本周转速度越快，回收期越短，风险越小，盈利越多。

(4)净现值大于零，则方案可行，且净现值越大，方案越优，投资效益越好。

(5)内部收益率越高，说明投入的成本相对少，获得的收益却相对多。只有内部收益率指标大于或等于行业基准收益率或资金成本的投资时，项目才具有经济可行性。

四、方案的实施

方案的实施主要包括两大部分：一是方案的组织实施；二是方案实施后的效果评定。

1. 方案的组织实施

该部分主要包括两点：

(1)定方案实施计划表

方案实施通常包括以下程序：向上级申报批复、设备购置安装、设备调试、人员培训、投入运行等。实施计划可参考表 1-6(以 2014 年为例)。

表 1-6　方案实施计划

内容	2014 年			
	7.10～7.20	7.21～8.5	8.6～8.15	8.16～8.25
向上级申报批复	——			
设备购置安装	——	——		
设备调试、人员培训		——	——	
投入运行			——	——

(2)落实资金来源

高费方案通常需要较多的资金，因此，尽快落实资金来源是保证方案顺利实施的基础。

2. 方案的效果评定

通常从方案的环保角度和经济角度对所有实施方案进行汇总，从减少电耗、水耗、物耗、污染物排放等方面对所实施方案进行评价，最终得出本次清洁生产审核效果，也为开展持续清洁生产提供一定的参考依据。

▶特别提示：

环境效益的计算依据及方法：可依据《排污费征收标准管理办法》(国家计委、财政部、国家环保总局、国家经贸委令第 31 号)或当地制定的排污费征收管理办法，通过对每种污染物折算的污染当量以及单位当量的征收标准值来获得该方案的环境效益。

例如，某方案减排 COD 89 t/a，COD 折算成污染当量值为 1 kg，因此，获得的环境效益即为 $89000\times1\times0.7$ 元＝6.23 万元。

第六节　如何做好持续清洁生产

一、建立和完善清洁生产组织

清洁生产是一个动态、持久的工作，必须建立一个清洁生产机构，来负责清洁生产的日常管理，监督和实施本次清洁生产审核所提出的各个方案，经常性地对职工进行清洁生产教育和培训，选择和确立下一轮清洁生产审核重点。因此，该阶段需要对前期成立的清洁生产小组进行调整和完善，为开展下一轮清洁生产审核工作打稳地基。

二、建立和完善清洁生产制度

为保证清洁生产工作有序开展，需由各种规章制度进行约束和指导，包括：财务制度、培训制度、考核制度、奖惩制度等。清洁生产小组成员应尽快制定和下发一系列规章制度，为顺利开展审核工作提供依据。

三、持续清洁生产计划

持续清洁生产工作应有一个详细的计划，主要包括以下内容：下一轮清洁生产审核工作计划、清洁生产新技术的研究与开发计划、企业职工的清洁生产培训计划等，主要是确定下一轮清洁生产审核重点、每个计划的起始时间以及责任部门。

▶特别提示：

(1)下一轮清洁生产审核如何再确定审核重点，要根据企业自身特点。若比较而言，原审核重点仍然是全厂能耗最高、污染最重，且仍有很大清洁生产潜力的，可考虑继续选其为下一轮审核的重点；否则，可另选其他备选审核重点。

(2)本轮清洁生产审核产生的可行性方案由于资金、时间等原因未能按时完成的，可在持续清洁生产审核时继续实施。

第二章

化学品制造业审核实战指南

第一节　基础化学原料制造业（纯碱）

基础化学原料制造业属于化学原料和化学制品制造业，化学原料和化学制品制造业习惯上被称为“化学工业”。根据《关于深入推进重点企业清洁生产的通知》（环发〔2010〕54 号），重金属污染防治重点防控行业每两年完成一轮清洁生产审核。化学原料和化学制品制造业属于 5 个重金属污染防治重点防控行业之一，因此，基础化学原料制造业需每两年完成一轮清洁生产审核。本章即对该行业进行实战讲解。

一、基础知识普及

1. 了解定义和原理

（1）定义

化学原料和化学制品制造业习惯上被称为“化学工业”，是指利用化学工艺生产经济社会所需的各种化学产品的社会生产部门的总称，在国民经济中具有举足轻重的地位和作用。在基础化学原料制造业中，经常接触到“无机酸”“无机碱”“无机盐”等专有名词（详见附录一）。

（2）行业类别

《国民经济行业分类》（GB/T 4754—2011）[①]将国内行业分为 20 个门类 96 大类，其中，基础化学原料制造业属于制造业中化学原料和化学制品制造业，包括无机酸制造、无机碱制造、无机盐制造、有机化学原料制造和其他基础化学原料制造业 5 个子行业。主

---

① 《国民经济行业分类》国家标准于 1984 年首次发布，分别于 1994 年和 2002 年进行过修订，2011 年第三次修订。该标准（GB/T 4754—2011）由国家统计局起草，国家质量监督检验检疫总局、国家标准化管理委员会批准发布，并于 2011 年 11 月 1 日实施。此次修订参考了 2008 年联合国修订的《国际标准行业分类》第 4 版（简称 ISIC4）。

要产品包括“三酸两碱”(硫酸、硝酸、盐酸、烧碱、纯碱)、电石、三烯、三苯、乙炔、萘等产品。基础化学原料上游主要是原油、天然气、煤炭、原盐等大宗商品,本身主要作为生产下游衍生化工产品的中间投入。

2. 了解行业概况

(1)基础化学原料制造业

我国是全球基础化学原料制造大国,多个化工产品产量位居世界第一。但是,我国基础化学原料制造业面临的结构性和不可持续的矛盾日益突出。“十二五”期间,我国将继续加大结构调整力度,引导基础化学原料制造行业优化升级。

①行业总体运行情况。

a. 生产总体增长。2014 年全年,化工行业增加值累计同比增长 10.4%,占全国工业的 6.8%。大部分行业生产实现了不同程度的增长,硫酸产量 8846.3 万 t,同比增长 6.8%;烧碱产量 3180.1 万 t,增长 7.9%;纯碱产量 2514.7 万 t,增长 3.5%;电石产量 2547.9 万 t,增长 12.9%;乙烯产量 1704.4 万 t,增长 7.6%;苯产量 735.5 万 t,增长 2.6%;甲醇产量 3740.7 万 t,增长 26.2%;合成材料产量 1.15 亿 t,增长 7.9%;涂料产量 1648.2 万 t,增长 7.9%。

b. 效益大幅下滑。2014 年全年,化工行业主营业务收入 8.8 万亿元,同比增长 8.2%,利润 4312.6 亿元,增长 0.33%,增速分别比去年下降 4.7 个和 11.9 个百分点,利润率 4.9%,比全国工业低 1 个百分点。

c. 出口保持良好势头。2014 年全年,化工行业进口 1864.8 亿美元,同比增长 0.6%;出口 1621 亿美元,增长 11.1%。

d. 投资增速回落。2014 年全年,化工行业完成固定资产投资 1.56 万亿元,同比增长 10.5%,增速逐步回落,比 2012 年和 2013 年分别下降 17.4 个和 4.1 个百分点,新开工项目 10714 个,仅增长 2.5%。

e. 节能降耗取得新进展。2014 年前三季度,化工行业万元收入耗标煤 421 kg,同比下降 3.6%。其中,乙烯、烧碱、电石、黄磷综合能耗分别为 816.6 kgce/t、373 kgce/t、991.6 kgce/t 和 3047.9 kgce/t,分别下降 2.2%、3.2%、4.4%和 5.5%。

②存在的主要问题。产能过剩矛盾依然突出;创新能力不强;资源环境安全压力较大;运行成本上升;下行压力不断加大。

③行业环境污染情况。

a. 化学工业的特点是产品多样化、原料路线多样化和生产方法多样化。随着化工产品、原料和生产方法的不同,污染物也多种多样,而且数量也相当大。这些废弃物含量在一定浓度时大多是有害的,有的是剧毒物质,进入环境就会造成污染。有些化工产品在使用过程中又会引起一些污染,甚至比生产本身所造成的污染更为严重,更为广泛。总的来说,化工污染物都是在生产过程中产生的,但其产生的原因和进入环境的途径则是多种多样的。具体包括:化学反应的不完全所产生的废料;副反应所产生的废料;燃烧过程中产生的废气;冷却水;设备和管道的泄漏;其他化工生产中排出的废弃物等。

b. 化工污染物的种类：按污染物的性质可分为无机化学工业污染和有机化学工业污染；按污染物的形态可分为废气、废水和废渣。

· 水污染的特点：有毒性和刺激性；生化需氧量和化学需氧量都较高；pH 值不稳定；营养质较多；废水温度较高；油污染比较普遍；恢复比较困难。

· 大气污染的特点：易燃、易爆气体较多；排放物大都有刺激性或腐蚀性；浮游粒子种类多、危害大。

· 固体废弃物对环境污染的特点：存放废渣需要占用大量的场地，在自然界的风化作用下到处流散，尤其是有毒的废渣，既会使土壤受到污染，又可导致农作物等受到污染，污染物转入农作物或者转入水域后，会给人类健康带来很大的危害。一旦土壤受到污染，很难得到恢复，甚至永远成为不毛之地。对水域的污染途径是通过人为投入地面水、被风吹入地面水、被雨水带入地面水或渗入地下水。尤其是将化工废渣不做任何处理直接倒入江河、湖泊或沿海海域，将造成更为严重的水体环境污染。化工废渣在堆放过程中，一定温度下，在水分的作用下某些有机物质发生分解，产生有害气体扩散到大气中，对大气造成污染。

c. 减少化工污染的关键在于有效地控制污染源。通过合理地选择适当的工艺流程、选择有效的操作条件和生产设备，以及加强企业的管理，同时对废弃物进行妥善处理、回收及综合利用来达到控制污染的目的。

(2)纯碱行业

纯碱即碳酸钠(Na_2CO_3)，是重要的基本工业原料，被称为"化工之母"，其产量和消费量通常被作为衡量一个国家工业发展水平的标志之一。据中国石油和化学工业联合会信息，IHS 化学公司发布的《2014 全球纯碱市场分析》报告称，得益于建筑和汽车工业复苏，未来十年全球纯碱需求将增长近 34%。报告指出，目前全球纯碱消费量超过了 5500 万 t/a，到 2023 年将增加至近 7300 万 t/a。未来十年，全球纯碱市场需求将以年均 2.9%的速度增长，但存在很大的地区差异性。中国仍将引领全球纯碱需求增长，2023 年前的年均增速将达到 5%。

纯碱最主要的用途是生产玻璃，平板玻璃和日用玻璃占纯碱下游消费的近 60%。本章将以纯碱为例对基础化学原料制造业进行实战讲解。

①纯碱生产工艺。纯碱生产工艺主要分天然碱法和合成碱法，而合成碱法又分氨碱法和联碱法。目前，全世界发现天然碱矿的仅有美国、中国、土耳其、肯尼亚等少数国家，其中以美国的绿河天然碱矿最有名。位于河南省桐柏县的天然碱矿，总储量达 1.5 亿 t，远景储量达 3 亿～5 亿 t，占全国天然碱储量的 80%，位居亚洲第一、世界第二位。纯碱各生产工艺的优、缺点见表 2-1。本章以氨碱法生产纯碱为例讲解审核技巧。

表 2-1　　纯碱生产工艺比对表

生产工艺	优点	缺点
天然碱法	(1)生产成本低 (2)产品盐分非常低,粒度好	容易和芒硝矿共生,产品中硫酸根含量比氨碱法要高;受制于天然碱资源
氨碱法 (索尔维法)	(1)产品纯度高 (2)副产品氨和二氧化碳可以回收循环利用 (3)制造步骤简单,适合于大规模生产	(1)原材料消耗高,原盐的利用率低,氯利用率为 0,总利用率为 28% (2)产品成本高 (3)产生大量废液、废渣,生成用途不大的 $CaCl_2$
联碱法 (侯氏制碱法)	(1)原料利用率高 (2)不需石灰石和焦炭,生产成本低 (3)不产生大量废渣、废液排放 (4)可在内地建厂	(1)产品质量差,纯碱盐分最多只能控制在 0.6%左右 (2)产品中硫酸盐的含量无法控制

②纯碱企业。截至 2010 年底,我国纯碱生产企业有 44 家,其中,生产能力达到或超过 60 万 t/a 的企业有 14 家(能力为 30 万～60 万 t/a 的企业有 9 家,能力为 30 万 t/a 以下的企业有 21 家)。2013 年全国纯碱、氯化铵产量排行榜见表 2-2。

表 2-2　　2013 年全国纯碱、氯化铵产量排行榜

序号	企业名称	纯碱产量(万 t)	序号	企业名称	氯化铵产量(万 t)
1	山东海化	210.03	1	湖北宜化	179.43
2	唐山三友	205.48	2	河南金山	149.13
3	湖北宜化	175.81	3	四川和邦	91.41
4	博源集团	167.25	4	江苏德邦	73.82
5	河南金山	139.66	5	华尔润	64.66
6	青海碱业	114.28	6	江苏华昌	61.46
7	连云港碱业	98.92	7	天津碱厂	53.17
8	昆仑碱业	97.63	8	新都化工	52.65
9	山东海天	94.79	9	大化集团	46.14
10	四川和邦	88.89	10	徐州丰成	43.58

③纯碱产量。2013 年全国纯碱产量 2429.4 万 t,其中,山东省 393.3 万 t,占总产量的 16.19%。2013 年全国各省市纯碱产量如图 2-1 所示。

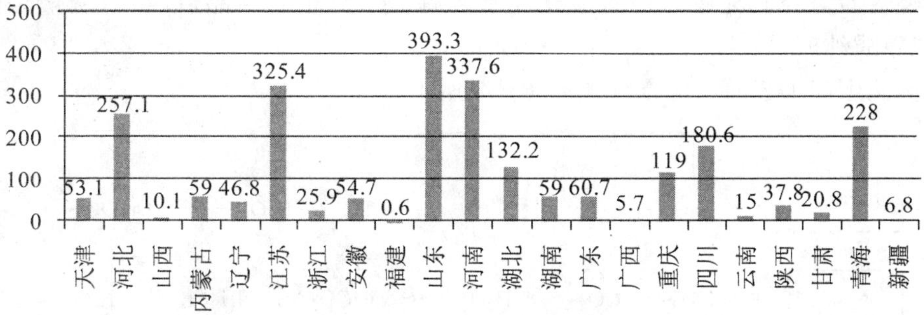

图 2-1　2013 年全国各省市纯碱产量(单位:万 t)

3. 了解专有名词

像基础化学原料制造业经常提到的"轻质纯碱"、"重质纯碱"等专有名词(详见附录一),应了解其含义,以便了解其工艺过程。

4. 了解政策和标准

对纯碱行业进行清洁生产审核前,应了解以下几个政策和标准:

(1)政策

《产业结构调整指导目录(2011 年本)》(2013 年修订)

《纯碱行业准入条件》(工产业〔2010〕第 99 号)

《高耗能落后机电设备(产品)淘汰目录(第一批)》

《高耗能落后机电设备(产品)淘汰目录(第二批)》

《部分工业行业淘汰落后生产工艺装备和产品指导目录(2010 年本)》(工产业〔2010〕第 122 号)

(2)标准

《纯碱行业清洁生产评价指标体系(试行)》

《清洁生产标准　纯碱行业》(HJ 474—2009)

《纯碱产品能耗限额(氨碱法)》(DB 37/734—2007)

《纯碱单位产品能源消耗限额》(GB 29140—2012)

5. 了解企业概况

对于氨碱法生产纯碱的企业,需重点关注原辅料和能源消耗情况(氨耗、盐耗、石灰石消耗、新鲜水耗、综合能耗),"三废"情况(废气主要为吸收尾气、碳化尾气、滤过尾气、煅烧尾气、凉碱尾气、石灰窑尾气等,废水主要为蒸氨废液,废渣主要为盐泥和蒸氨渣)。

举例:某纯碱厂 2005 年开工建设,设计生产能力为 100 万 t/a,自备热电厂配有 5×150 t/h 燃煤锅炉和 2×12 MW 汽轮发电机组。主要原料:原盐、石灰石、焦炭、液氨;主要产品:轻质纯碱、重质纯碱;主要能源:电、蒸汽。

6. 掌握工艺流程

采用氨碱法生产工艺生产纯碱,盐水精制采用石灰—纯碱法。原盐经海水溶解后,用石灰乳去除其中的 Mg^{2+}、Ca^{2+} 等杂质,制取精盐水。精盐水经吸氨后制成氨盐水,氨盐水在碳化塔内吸收 CO_2,生成 $NaHCO_3$ 悬浮液,悬浮液经真空过滤后,母液去蒸馏,滤饼经煅烧后即为轻质纯碱。轻质纯碱经水溶解（水合）重新结晶后，在重灰煅烧炉中煅烧，生成重质纯碱。

氨碱法生产工艺的反应方程式如图 2-2 所示。

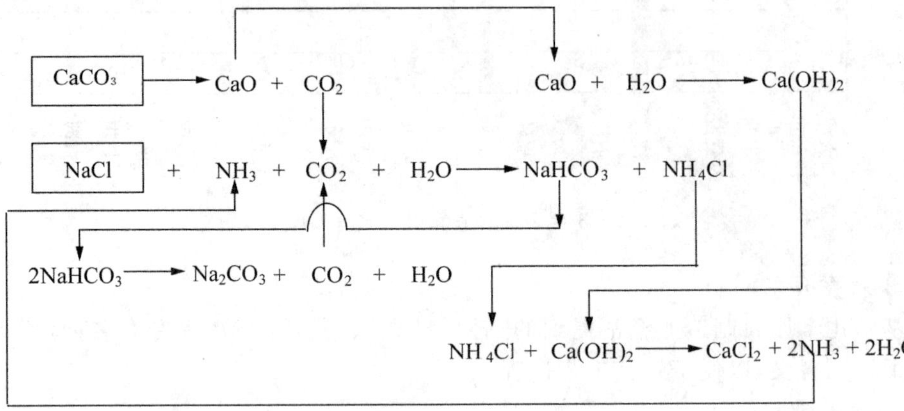

图 2-2 生产工艺总反应方程式

7. 明确产污环节

氨碱法生产纯碱的主要产污环节见表 2-3。

表 2-3 氨碱法制纯碱的“三废”情况

废物类型	产污环节	废物	有害成分（主要成分）
废水	生产设备、窑气洗涤塔	废海水	COD_{Mn}、BOD_5、SS、氨氮
	蒸氨塔	蒸氨废液①	$CaCl_2$、NaCl
废气	真空吸收塔	吸收尾气	NH_3
	碳化塔	碳化尾气	NH_3
	滤碱机	滤过尾气	NH_3
	重灰工段	煅烧尾气	颗粒物（碱尘）
	凉碱炉	凉碱尾气	颗粒物（碱尘）
	包装机	含尘废气	颗粒物（碱尘）
	石灰料口	石灰窑尾气	粉尘
固废	盐水工段洗泥桶	盐泥②	$CaCO_3$、$Mg(OH)_2$
	石灰窑	废砂石	CaO、$CaCO_3$
	蒸氨塔	蒸氨渣③	$CaCl_2$、$CaCO_3$、$Mg(OH)_2$、$CaSO_4$

① 蒸氨后的液固混合液。

② 盐泥由于企业生产原料和条件的不同，化学组成有所差异。

③ 蒸氨渣即碱渣，俗称“白泥”，是一种强碱性物质，具有腐蚀性。由于企业生产原料和条件的不同，化学组成有所差异。

二、政策和标准解读

1. 纯碱行业政策

纯碱行业政策主要是《纯碱行业准入条件》(工产业〔2010〕第99号)。

为加快各行业结构调整,规范各行业建设项目准入,推进各行业节能减排和淘汰落后产能,促进行业的可持续发展,根据国家有关法律、法规和产业政策,按照"优化布局、调整结构、节约能源、保护环境、安全生产、技术进步"的可持续发展原则,由中华人民共和国工业和信息化部会同有关部门制定。

▶**特别提示:**

(1)《纯碱行业准入条件》(工产业〔2010〕第99号)规定,新建、扩建纯碱项目,联碱厂设计能力不得小于60万t/a;已有纯碱生产企业必须在2015年底以前在节能降耗、环境保护、产品质量等方面达到要求,对2015年底前仍不能达到要求的企业应予停产、转产。

(2)纯碱为我国化学工业的耗能大户,单位产品耗标煤折算参考《综合能耗计算通则》(GB 2589—2008)。

(3)自备电厂脱硫装置废气排放标准GB 13223—2003已被GB 13223—2011代替。

2. 纯碱行业标准

(1)纯碱行业污染物排放标准

为贯彻《中华人民共和国环境保护法》,防治环境污染,保障人体健康,加强环境管理,由环境保护部与国家质量监督检验检疫总局联合发布了50个行业污染物排放标准。其中,基础化学原料制造业有3个:《硫酸工业污染物排放标准》(GB 26132—2010)、《硝酸工业污染物排放标准》(GB 26131—2010)和《烧碱、聚氯乙烯工业水污染物排放标准》(GB 15581—95)。涉及纯碱的目前只有《纯碱工业污染物排放标准(征求意见稿)》。

(2)纯碱行业清洁生产标准

截至目前,国家发展改革委及环境保护部对纯碱行业均下发了相应的清洁生产标准,具体情况见表2-4。

表2-4　相关清洁生产标准列表

序号	发布单位	标准名称
1	国家发展改革委	《纯碱行业清洁生产评价指标体系(试行)》
2	环境保护部	《清洁生产标准　纯碱行业》(HJ 474—2009)

▶**特别提示:**

(1)《纯碱行业准入条件》(工产业〔2010〕第99号)要求新建、扩建的纯碱项目,应达到《纯碱行业清洁生产评价指标体系》中的"清洁生产先进企业"水平。

(2)《纯碱行业清洁生产评价指标体系(试行)》和《清洁生产标准　纯碱行业》(HJ

474—2009)在指标的选取以及指标值的制定上,都存在一定的差异。清洁生产指标比对见表2-5、表2-6。

表2-5 氨碱法清洁生产指标比对

指标	评价指标体系	清洁生产标准
装备要求	无	有
资源能源利用指标	有	有
产品特征指标	有	无
污染物指标	排放指标(末端处理后)	产生指标(末端处理前)
资源综合利用指标	有,多"余热利用率"1项	有
环境管理要求	无	有
劳动安全卫生指标	有	无

由表2-5可知,《纯碱行业清洁生产评价指标体系(试行)》和《清洁生产标准 纯碱行业》(HJ 474—2009)在资源能源利用指标、资源综合利用指标均有规定,在清洁生产审核过程中,需重点了解。

表2-6 氨碱法清洁生产指标值比对

序号	评价指标		单位	评价指标体系	清洁生产标准		
					一级	二级	三级
1	资源与能源消耗指标	氨耗	kg/t	4.5	≤3.5	≤4.5	≤5.5
2		盐耗	t/t	1.5	≤1.42	≤1.45	≤1.50
3		石灰石消耗量	t/t	1.2	—	—	—
4		新鲜水消耗量	t/t	10	≤12	≤13	≤16
5		综合能耗	kg/t	443.7	≤400	≤500	≤550
6	资源综合利用指标	水循环利用率	%	98	—	—	—
		水重复利用率	%	—	≥92	≥90	≥85
7		废渣综合利用率	%	50	≥20	≥10	—
8		余热利用率	%	80	—	—	—

由表2-6可知,《纯碱行业清洁生产评价指标体系(试行)》和《清洁生产标准 纯碱行业》(HJ 474—2009)在氨耗、盐耗、综合能耗等具体指标值的制定上也略有不同,在评价企业单位产品综合能耗时,要考虑国家和地方对单位产品综合能耗有无相应的规定,如纯碱生产需考虑《纯碱产品能耗限额(氨碱法)》(DB 37/734—2007)和《纯碱单位产品能源消耗限额》(GB 29140—2012)。

▶特别提示：

注意水循环利用率和水重复利用率的区别：《纯碱行业清洁生产评价指标体系（试行）》中的指标为水循环利用率，循环利用率指在一定的计量时间内，一个单元生产过程中使用的循环水量与用水量的百分比。循环水量指在确定的用水单元或系统内，生产过程中已用过的水再循环用于同一过程的水量。其计算公式为：

水循环利用率（%）＝循环水利用量/（补充水量＋循环水利用量）

《清洁生产标准　纯碱行业》（HJ 474—2009）中的指标为水重复利用率，重复利用率指在一定的计量时间内，生产过程中使用的重复利用水量与用水量的百分比。重复利用水量指在确定的用水单元或系统内使用的所有未经处理和处理后重复使用的水量的总和，即循环水量和串联水量的总和。重复利用水量包括了循环水量。

（3）能耗限值相关标准

国家质量监督检验检疫总局和地方质量技术监督局对基础化学原料制造业中多种产品的单位产品能耗作了相应的规定。截至目前，涉及基础化学原料制造业的单位产品能耗限额国家标准有《烧碱单位产品能源消耗限额》（GB 21257—2007）、《电石单位产品能源消耗限额》（GB 21343—2008）、《纯碱单位产品能源消耗限额》（GB 29140—2012）等。

纯碱产品能耗限额有国家和地方标准，山东省在《纯碱产品能耗限额（氨碱法）》（DB 37/734—2007）中，对现有氨碱装置生产轻质碳酸钠和重质碳酸钠在不同时段综合能耗限额作了相应规定（见表 2-7）。在《纯碱单位产品能源消耗限额》（GB 29140—2012）中，对现有纯碱生产装置单位产品能耗限定值、新建纯碱生产装置单位产品能耗准入值、纯碱生产装置单位产品能耗先进值分别作了相应规定（见表 2-8）。

表 2-7　　《纯碱产品能耗限额（氨碱法）》（DB 37/734—2007）

产品名称	综合能耗限额（kgce/t）		
	2008 年	2010 年	2012 年
轻质碳酸钠	≤415	≤410	≤400
重质碳酸钠	≤485	≤480	≤470

表 2-8　　《纯碱单位产品能源消耗限额》（GB 29140—2012）

产品名称	现有纯碱生产装置单位产品能耗限额（kgce/t）		新建纯碱生产装置单位产品能耗准入值（kgce/t）		纯碱生产装置单位产品能耗先进值（kgce/t）	
	轻质纯碱	重质纯碱	轻质纯碱	重质纯碱	轻质纯碱	重质纯碱
氨碱法	≤420	≤480	≤370	≤420	≤370	≤420
联碱法	≤265	≤325	≤245	≤295	≤225	≤275

▶**特别提示：**

(1)《纯碱产品能耗限额(氨碱法)》(DB 37/734—2007)仅规定了到2012年的纯碱产品能耗限额。

(2)《纯碱行业准入条件》(工产业〔2010〕第99号)中氨碱法轻质纯碱综合能耗小于等于370 kgce/t,与先进值一致。

(3)工信部在其印发的《关于发布2011年度化工行业重点用能产品能效标杆指标及企业的通知》中,对于纯碱行业标杆企业的推荐见表2-9、表2-10。

表2-9　　氨碱法纯碱生产企业

名次	企业名称	吨纯碱综合能耗(kgce)
1	青岛碱业股份有限公司	341
2	唐山三友化工股份有限公司	365
3	中石化南京化学工业集团连云港碱厂	366

表2-10　　联碱法纯碱生产企业

名次	企业名称	吨纯碱综合能耗(kgce)
1	河南金山化工集团	168
2	江苏华昌化工股份有限公司	176
3	杭州龙山化工有限公司	182

备注:对于以上数据,吨纯碱综合能耗统计范围和计算方法参照中国纯碱工业协会编制的《纯碱生产技术经济指标核算办法》。企业排名以吨纯碱综合能耗为主要参考指标进行。

三、审核过程解析

1. "三废"产排分析

氨碱法生产纯碱的过程中有废水、废气和固废产生。某纯碱厂的生产工艺及产排污情况如图2-3所示。

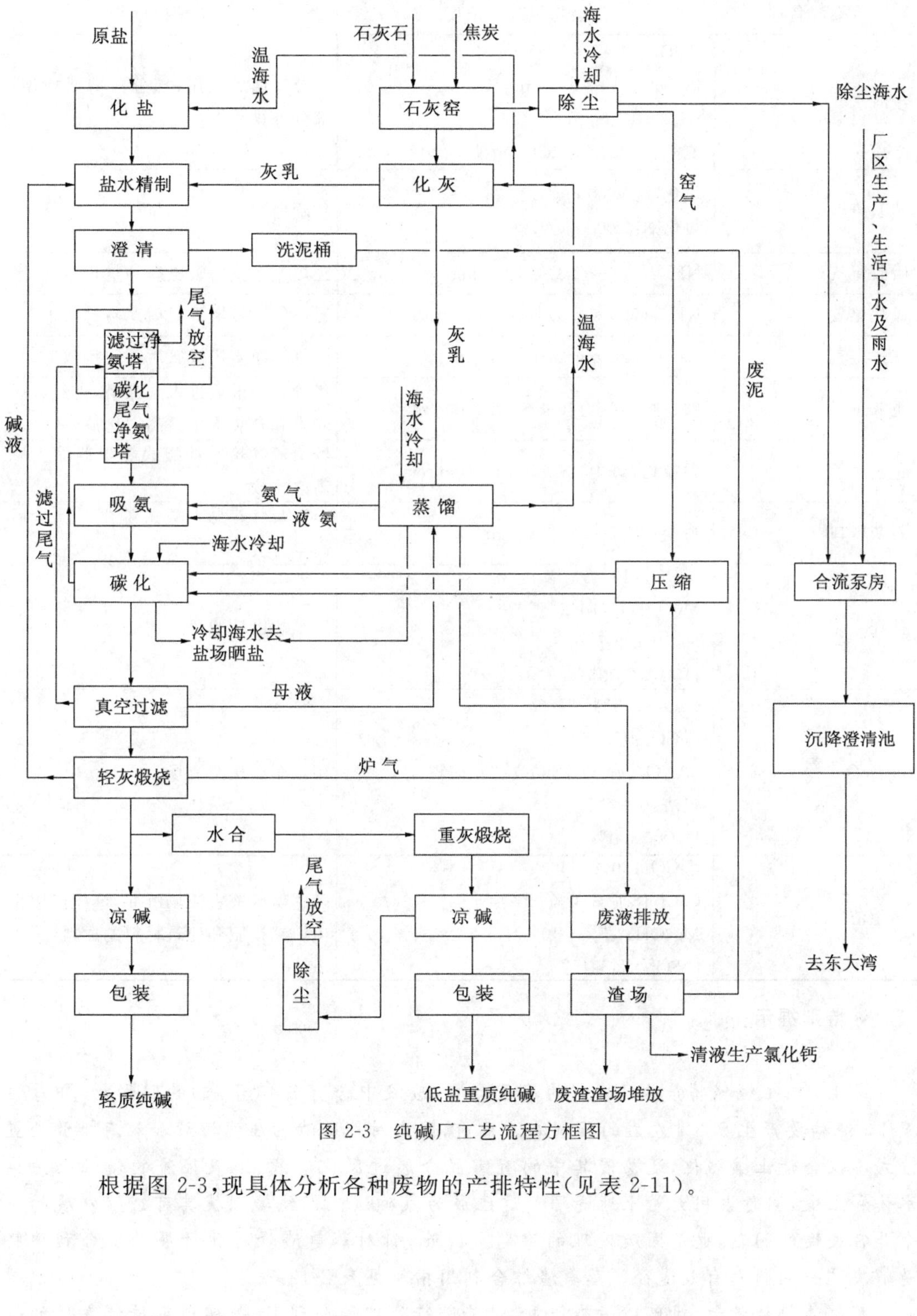

图 2-3　纯碱厂工艺流程方框图

根据图 2-3，现具体分析各种废物的产排特性（见表 2-11）。

表 2-11　废物的产排特性

污染源名称	污染物组成及浓度	治理措施
废海水	COD_{Mn}:0.88～1.68 mg/L BOD_5:0.19～0.39 mg/L SS:8～12 mg/L 氨氮:0.026～0.030 mg/L	部分降温后使用;部分澄清后使用;部分外排
蒸氨废液	氯化钙:80000 mg/L 氯化钠:42000 mg/L	复晒增浓后在渣场暂存
吸收尾气	NH_3:$(1.8～5.3)\times10^{-3}$ mg/m^3	经尾气净氨塔吸氨后高空排放
碳化尾气	NH_3:$(5.3～6.5)\times10^{-2}$ mg/m^3	经尾气净氨塔吸氨后高空排放
滤过尾气	NH_3:0.20 mg/m^3	经尾气净氨塔吸氨后高空排放
重灰工段	颗粒物(碱尘):6.8～73.2 mg/m^3	经管道喷淋后进入洗涤塔,再经旋风除尘和布袋除尘后高空排放
包装	颗粒物(碱尘):19.9～42.6 mg/m^3	经清灰气箱脉冲袋式除尘器除尘后高空排放
石灰料口	粉尘:33.7～98.4 mg/m^3	经清灰气箱脉冲袋式除尘器除尘后高空排放
盐泥	$CaCO_3$:46.4% $Mg(OH)_2$:10.2% NaCl:9.14% H_2O:34.26%	运至热电厂脱硫
砂石	CaO:17.83% $CaCO_3$:17.16% (Al_2O_3、Fe_2O_3、SiO_2):10.49% 煤渣:0.62% H_2O:53.9%	用汽车运送至渣场
蒸氨渣	$CaCO_3$:30%～50% $CaCl_2$:8%～10% $Mg(OH)_2$:5%～10% $CaSO_4$:2%～4%	随蒸氨废液去渣场沉淀,堆积待用作生产钙镁肥和建筑材料的原料

▶**特别提示:**

(1)蒸氨渣

每生产 1 t 纯碱将产生 10 m^3 的蒸氨废液,废液中含有 3%(干基)的固形物,即每生产 1 t 纯碱要产生 0.3 t 左右的蒸氨渣。目前,国内对蒸氨渣的压滤堆放和入海排放处置方式不仅会使土壤碱化,还易使其中的有害成分经过风化淋滤、地表径流的侵蚀而污染水体和土壤,同时占用大量土地资源。这已成为氨碱法生产纯碱困扰其可持续发展的一个非常关键的问题,也是固废处理的难题。因此,针对蒸氨渣资源化开展的综合利用将是解决这一问题的有效途径。蒸氨渣综合利用措施见表 2-12。

蒸氨渣排放量大,对环境污染严重,对其进行处理综合利用,是实现可持续发展的根本。但是蒸氨渣单独作为一种原材料，具有质轻、无强度、Cl^- 含量高等特点，Cl^- 会对工程的安全性带来不良影响。因此，开展蒸氨渣去除 Cl^- 是其在建筑材料领域应用的关键。

表 2-12　　蒸氨渣综合利用措施列表

应用领域		可行性	存在问题
建筑材料	制备水泥	蒸氨渣中 $CaCO_3$ 含量高，同时含有一定量的 Si、Al、Fe 的氧化物，可用作生产硅酸盐水泥的原料	蒸氨渣含有可溶氯化物和镁盐，氯化物含量高，具有吸水性强、易潮解、易腐蚀钢筋等特点；镁盐影响水泥品质
	制工程土	蒸氨渣中的主要化学成分 $CaCO_3$、Si、Al、Fe 等，可作为工程土骨架的组成部分	氯化物等盐类易溶解流失，会引发塌陷；工程土易风干粉化
	制砖	蒸氨渣中含有 $CaCO_3$、$CaCl_2$ 等，以蒸氨渣为主要原料，再加入一定比例的添加剂可制备碱渣砖	可溶性氯化物盐类会使砖产生泛霜现象
环保	烟气湿法脱硫	蒸氨渣的主要成分 $CaCO_3$，粒径远小于石灰石—石膏烟气脱硫法中的石灰石粒径，且碱渣 pH 值一般为 10～12，具有很好的脱硫作用	—
	废水处理	蒸氨渣颗粒细、比表面积大、空隙大，具有良好的吸附性能，特别适用于高浓度磷废水的处理	—
农业	土壤改良剂（钙镁肥）	蒸氨渣中含有大量的 Ca、Mg、K、Si 等多种矿物元素，并具有高碱性特点，对酸性土壤有明显的改良效果	蒸氨渣中过高含量的 Cl^- 和较高的 pH 值会影响农作物生长，只能在弱酸性土壤中使用

(2)特征污染物

在清洁生产审核过程中，需要注意特征污染物分析，如在纯碱生产过程中氨作为一种媒介在系统中循环使用，没有最终进入产品之中；氨在制碱过程中参与了化学反应，一度以碳酸铵、碳酸氢铵的形式存在，所以与一般的催化剂有质的区别。

通过分析工艺流程图和“三废”产排，结合企业实际，可得出以下清洁生产方案：

▶方案 1：循环水冷却塔风机驱动方式由电力（电动机）驱动改造为液力（水能机）驱动，既完全省去了冷却塔风机所用的电机，又没有增加循环水泵的电流，省电达 100%。

▶方案 2：重灰煅烧炉产生的炉气温度较高，热量部分用于冷母液提温，部分用于冬季采暖。

▶方案 3：将堆料机皮带尾部角度及高度进行调整，防止卸料时发生溢料，造成皮带机卡死，避免电机烧毁。

▶方案 4：碳化塔海水导淋外排蝶阀直冲地面，碳化塔倒冲水箱外排水或检修查样时，海水易大量喷溅，不方便开关阀门及近距离观察水箱水质情况。现取消大小头，增加 DN250 90°弯头＋DN250 蝶阀。

▶方案5:原来的冷凝液泵壳材料为铸铁,现更换为不锈钢材,避免因冷凝液腐蚀及汽蚀造成泵损坏,泵的运行寿命大大延长。

▶方案6:包装车间增加一套化碱槽系统,使除尘碱通过刮板机进入化碱槽里,用重灰冷凝液溶化后送往化碱槽。降低了人工成本,改善了工作环境。

2. 审核重点选择

纯碱工艺由盐水工段、石灰工段、蒸吸工段、碳化工段、轻灰煅烧工段、重灰煅烧工段、压缩工段、包装工段8个工段构成。氨碱法生产纯碱连续性强,故将整个生产工艺作为清洁生产审核重点。

3. 审核目标设置

(1)目标设置依据

①清洁生产标准。《清洁生产标准　纯碱行业》(HJ 474—2009)对资源能源利用指标(单位产品氨耗、单位产品盐耗、单位产品新鲜水耗和单位产品综合能耗)、污染物产生指标[末端处理前(废水产生量、废水中氨氮产生量)]等清洁生产指标进行分级,设置清洁生产目标时,将企业现状与清洁生产标准进行比对后进行目标设置。

②总量文件。"十二五"期间,环保主管部门对企业主要污染物进行总量控制,在目标设置过程中,可参考总量文件。

(2)目标选择方法

①对照国家环保部发布的《清洁生产标准　纯碱行业》(HJ 474—2009),国家发改委发布的《纯碱行业清洁生产评价指标体系(试行)》《纯碱单位产品能源消耗限额(GB 29140—2012)》,企业单位产品盐耗、石灰石消耗、综合能耗等指标较好,单位产品氨耗、单位产品新鲜水耗与清洁生产标准相比,还有一定的挖掘潜力,故设置为清洁生产目标。

②同时,总量文件对粉尘、SO_2、烟尘、NO_x有总量控制要求,考虑到"十二五"期间更为严格的环保形式,亦设置为清洁生产目标。

某企业具体的目标设置见表2-13。

表2-13　目标设置

指标	单位	现状	近期目标(2016年底)		中期目标(2017年底)	
			绝对量	变化率	绝对量	变化率
单位产品氨耗	kg/t	*	*	削减 * %	*	削减 * %
单位产品新鲜水耗	t/t	*	*	削减 * %	*	削减 * %
纯碱厂粉尘排放量	t/a	*	*	削减 * %	*	削减 * %
热电厂SO_2排放量	t/a	*	*	削减 * %	*	削减 * %
热电厂烟尘排放量	t/a	*	*	削减 * %	*	削减 * %
热电厂NO_x排放量	t/a	*	*	削减 * %	*	削减 * %

注:不同企业由于工艺、生产规模等不同,各目标值差别较大,此处不列具体数值,仅对如何选取目标对象提供参考(*代表省略的数据)。

4. 平衡数据分析

物料平衡

列出整个生产工艺，按照每个工序测定（或理论计算）的输入物料、输出物料及损耗，绘制出物料平衡图和物料流程图（流程图此处暂略），据此可以找出物料主要损耗和流失环节。以下以纯碱生产线的物料平衡图（见图 2-4）为例说明。

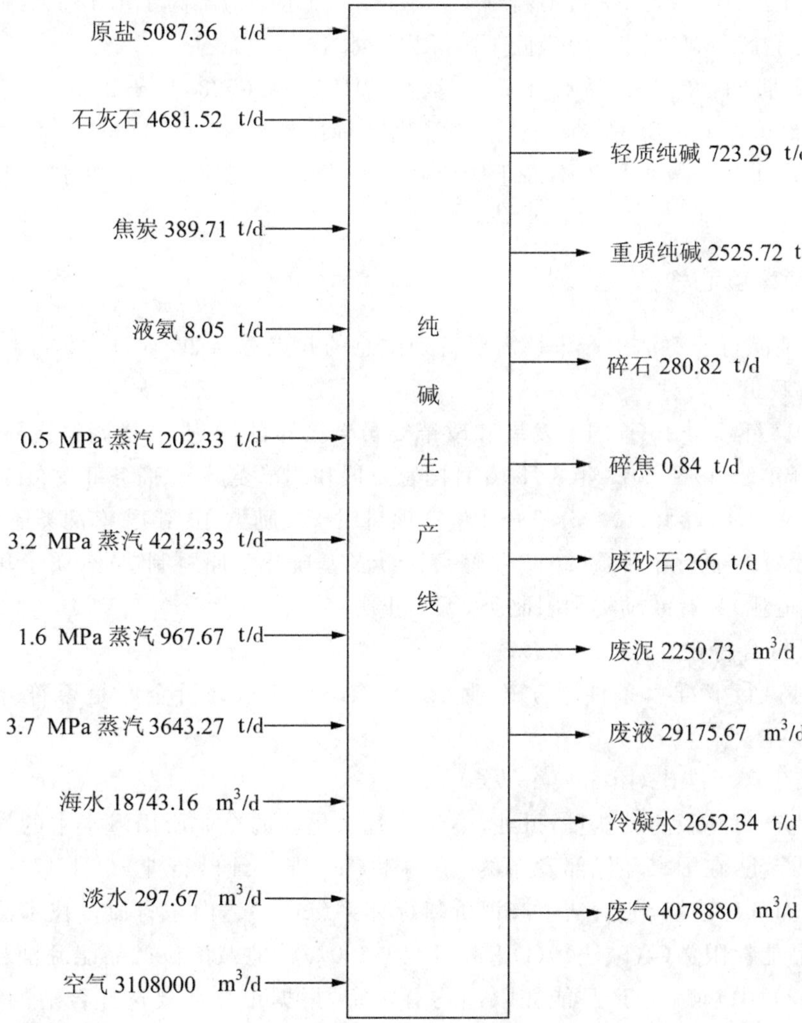

图 2-4　物料平衡示意图

由图可知：

(1)实测期间，每天输入原盐 5087.36 t，石灰石 4681.52 t，焦炭 389.71 t，液氨 8.05 t，0.5 MPa 蒸汽 202.33 t，3.2 MPa 蒸汽 4212.33 t，1.6 MPa 蒸汽 967.67 t，3.7 MPa蒸汽 3643.27 t，淡水 297.67 m^3，海水 18743.16 m^3，空气 3108000 m^3。每天输出轻质纯碱 723.29 t，重质纯碱 2525.72 t，碎石 280.52 t，碎焦 0.84 t，废砂石 266 t，废泥

2250.73 m^3，废液 29175.67 m^3，冷凝水 2652.34 t，废气 4078880 m^3。

(2)实测期间，单位产品氨耗＝8.05/(723.29＋2525.72×1.02)＝8.05/3299.5244＝2.44(kg/t)，《清洁生产标准　纯碱行业》(HJ 474—2009)中单位产品氨耗一级水平为不高于 3.5 kg/t，则公司实则期间单位产品氨耗较低，处于国际先进水平。

(3)单位产品盐耗(NaCl 折百)＝5087.36×0.9251/(723.29＋2525.72×1.02)＝4706.32/3299.5244＝1.426(t/t)，《清洁生产标准　纯碱行业》(HJ 474—2009)中单位产品盐耗(NaCl 折百)一级水平为不高于 1.42 t/t，二级水平为不高于 1.45 t/t，则公司实测期间单位产品盐耗(NaCl 折百)略低于国际先进水平。

(4)实测期间，单位产品废水产生量＝29175.67/(723.29＋2525.72×1.02)＝29175.67/3299.5244＝8.842(m^3/t)，《清洁生产标准　纯碱行业》(HJ 474—2009)中单位产品废水产生量一级水平为不高于 10 m^3/t，则公司实测期间单位废水产生量处于国际先进水平。

四、注意事项汇总

下面将纯碱行业清洁生产审核需要特别注意的几点总结如下：

1. 产业政策符合性

对照 2013 年 2 月 16 日国家发展和改革委员会公布的《产业结构调整指导目录(2011 年本)》(2013 年修订)和 2015 年 3 月 10 日国家发展和改革委员会、商务部发布的《外商投资产业指导目录(2015 年修订)》，分析企业生产项目属于鼓励类、限制类、淘汰类还是禁止类。

《外商投资产业指导目录(2015 年修订)》涉及基础化学原料制造业(属于化学原料和化学制品制造业)只有鼓励类和限制类，无禁止类。

2. 是否符合行业准入

参照《纯碱行业准入条件》(工产业〔2010〕第 99 号)，分析企业是否符合行业准入条件。

3. 清洁生产标准比对

盐耗：生产每吨碱的用盐量，折纯，不包括海水化验的企业所用海水中的含盐量。单位产品综合能耗：在国家环保部发布的《清洁生产标准　纯碱行业》(HJ 474—2009)，国家发改委发布的《纯碱行业清洁生产评价指标体系(试行)》，山东省质量技术监督局发布的《纯碱产品能耗限额(氨碱法)》(DB 37/734—2007)、《纯碱单位产品能源消耗限额(GB 29140—2012)》中，对单位产品能耗限额均有规定，根据审核需要选择合适的标准比对。清洁生产标准中，单位产品综合能耗指生产轻质纯碱及辅助生产系统用能分摊给纯碱的能耗量，不含重质纯碱的能耗。

4. 蒸馏工序节能

纯碱为我国化学工业的耗能大户，蒸馏工序是氨碱法纯碱生产的重要环节之一，蒸馏工序的生产质量，将在很大程度上影响全厂的能源、氨、石灰乳等的消耗和纯碱生产成本。可通过以下措施降低蒸馏工序能耗：①减轻蒸馏设备的结疤速度，延长使用周期，降低精盐水硫酸根含量是解决结疤堵塔的根本方法。②合理选择氨气冷却器形式，使出气的热量得到回收利用。③选择合理工艺流程，回收废液热量，降低能耗。其中，闪发废液并回收利用闪发气体是降低蒸氨能耗的一项有效途径。

5. 氨耗控制

产品的质量和成本是影响纯碱企业生存发展和效益高低的关键。在氨碱法纯碱生产过程中，氨作为中间介质参与生产过程并循环使用，蒸氨工序是主要的氨耗控制操作单元。氨耗主要由下列两方面产生：①气相损失，如各种含氨尾气洗涤吸收不完全，含氨气体管道爆裂等。②液相损失，如废液、废淡液含氨，含氨液体的排放，"跑冒滴漏"等。

减少气相氨排放的途径：①降低吸收洗涤塔尾气氨的排放。随着生产负荷的提高，蒸吸冷却系统无法控制蒸馏塔的出气温度指标，从而引起氨盐水温度比较高，导致吸收洗涤塔尾气含氨高。可通过降低冷却器出气温度控制氨盐水温度，从而控制尾气氨的排放。②降低碳化洗涤塔尾气氨的排放。生产负荷大时，海水从碳化尾气洗涤塔顶喷出，造成氨排放。可采用外溢流降液管，增大洗涤塔通道面积，提高其洗涤能力，降低尾气氨的排放。③减少碳化尾气总管漏氨排放。由于吸收塔至桶区真空管线距离长，管线内易积存大量冷凝液，积多后易导致桶区无真空或真空度小，容易造成桶区水封加不住，跑氨现象严重。现在真空管线低处增加导淋排液，减少氨的无组织排放。

减少液相氨排放的途径：①减少废淡液含氨排放；②回收脱盐水中的氨；③避免氨进入碳化塔冷却水管造成氨损失；④延长蒸馏塔运行周期；⑤回收热碱液中的氨。

6. 产品中铁含量的控制

纯碱生产物料的腐蚀性属于中度，国内设备多采用铸铁或碳钢制造，设备腐蚀会使产品中含有铁杂质。可通过以下措施控制产品中铁的含量：①减少系统中的氧含量。系统中的氧主要来自炉气和窑气，减少中、下段气中的氧含量对控制产品中铁的含量至关重要。②向氨盐水中添加硫化物，使铁制设备或管道的表面形成硫化亚铁的坚固薄膜，即硫膜，具有保护层的作用。③生产波动大或两段气氧含量偏高时，向氨盐水中添加$MgCl_2$或向中和水中加硫。④采用耐腐蚀材料和防腐技术，如在各类储桶和塔壁上进行涂层防腐，碳化塔、吸收塔冷却管采用钛材等。

7. 清洁生产方案

在《关于印发聚氯乙烯等17个重点行业清洁生产技术推行方案的通知》（工信部节〔2010〕104号）文件中，涉及基础化学原料制造业的有纯碱行业清洁生产技术推行方案、硫酸行业清洁生产技术推行方案和烧碱行业清洁生产技术推行方案3个。审核师在开展清洁生产审核过程中可参考。

五、典型方案参考

表2-14列出了从节电、节水、节约物料、热量回收利用4个角度精选的几个已在纯碱生产企业中实施过的典型方案（效益数据仅供参考）。

表 2-14　纯碱生产企业中的典型方案

方案名称	方案简介	效益分析
方案类型：节电		
重灰洗水泵、母液泵、冷凝液泵增加变频器控制系统	重灰洗水泵、母液泵、冷凝液泵原设计为工频控制，为满足生产要求，需要经常对阀门进行操作，以调节流量。而阀门材质为低碳钢，由于频繁操作，阀门损坏率高，平均每三个月更换一次阀门，维修强度大，维修费用高，增加了成本。现将六台泵增加变频器，通过改变电动机转速，调节泵的流量，这样无须频繁对阀门进行操作，既满足了生产需求，又降低了维修强度，节约了成本	增加变频器后，电机运行电流下降了 10 A，年节电17.3 万 kW·h，按 0.65 元/(kW·h)计算，年折合节省电费 11.28 万元
方案类型：节水		
石灰车间物料喷淋系统用水改造	用热电提供的反渗透水替代淡水对输送物料过程中的粉尘进行喷淋	节省了大量的生产用水，节约 5000 m^3的生产水，年可节约水费 1 万元
方案类型：节约物料		
重碱车间灰乳返回管线改造	由于当前设计灰乳分配槽需返回憋压才能有效控制分配各蒸氨灰乳用量，当灰乳返回阀门关小控制时，灰乳流速增加且形成偏流，对管线冲刷力非常大，生产投用后，返回管磨破 3 次，灰乳浪费很大，且隔离倒换处置危险、困难。设计改造在原 DN200 管线出口阀以上直管增设 DN200×150 大小头＋DN150 短节，弯头改为铸石弯头，目的是减缓流速，改善偏流磨损	经改造后，灰乳返回管线不再因磨损漏，既节约了灰乳，又降低了维修及操作工作量，年节约石灰石 3300 t，年节约资金 20 万元
盐水车间雨水回收泵改型	原设计的雨水回收泵在实际生产中存在上量小、易堵塞的缺点，现利用盐泥泵改型替换下来的渣浆泵代替	一年暴雨期按 3 天计，期间每小时回收 50 m^3 盐水，一年比以前多回收原盐 263 t，节约资金 6.36 万元
气氨压缩机改造	气氨压缩机采用四通阀，吸收塔至桶区真空管线距离长，管线内易积存大量冷凝液，积多后易导致桶区无真空或真空度小，造成桶区水封不严，氨气泄漏现象严重。重碱车间将对气氨压缩机和吸收塔至桶区真空管线进行改造，减少氨的损耗	年节约液氨 51.84 t，每吨液氨按 2869 元计，年节约资金 14.87 万元。每年减少的氨气外排量为 51.84 t

续表

方案名称	方案简介	效益分析
方案类型:热量回收利用		
高温冷凝水三次闪发	重灰车间高温冷凝水二闪,温度过高,直接送至蒸氨塔造成能源浪费。安装三闪装置,将经过二闪后的高温冷凝水输送到三闪罐降压后经行再次闪发。压力由 0.5 MPa 降至 0.1 MPa以下,冷凝水温度由 150 ℃降至 113～120 ℃	每生产 1 t 重质纯碱,可以闪发 85.7 kg 0.1 MPa 120 ℃蒸汽,按年产 74 万 t 重质纯碱计算,年节约标煤 5788.67 t,年回收蒸汽冷凝水 35.64 万 t,年增加经济效益 744.08 万元。年减少 SO_2 排放 17.8 t,年减少烟尘排放 2.53 t
重灰炉气中水蒸气回收利用	在重灰炉气洗涤塔后出气管线上增加一根蒸汽管线,利用蒸氨塔二闪汽管线真空将炉气洗涤塔出气吸入蒸馏二闪汽总管,最终送入蒸吸工序,蒸氨使用	每生产 1 t 重质纯碱可以闪发 50～60 kg 低温蒸汽,按年产 74 万 t重质纯碱计算,年节约 3703.7 t 标煤,年增加经济效益 370.37 万元

第二节　肥料制造业

根据环境保护部《关于深入推进重点企业清洁生产的通知》(环发〔2010〕54 号)文件要求,肥料制造业属于《重点企业清洁生产行业分类管理名录》确定的其他重污染行业,每五年开展一轮清洁生产审核。本节即对该行业进行实战讲解。

一、基础知识普及

1. 了解定义和原理

肥料制造是用化学和(或)物理方法人工制成含有一种或几种农作物生长需要的营养元素的肥料的生产过程。

肥料制造行业主要包括氮肥制造、磷肥制造、钾肥制造、复混肥制造、有机肥料及微生物肥料制造、其他肥料制造几个大类(见表 2-15)。

只含有一种可标明含量的营养元素的化肥称为单元肥料,如氮肥、磷肥、钾肥以及次要常量元素肥料和微量元素肥料。含有氮、磷、钾三种营养元素中的两种或三种且可标明其含量的化肥,称为复合肥料或混合肥料。

磷肥、氮肥、钾肥是植物需求量较大的化学肥料。

表 2-15 肥料制造分类一览表

代码				类别名称	说明
门类	大类	中类	小类		
C	26	262		肥料制造	指化学肥料、有机肥料及微生物肥料的制造
			2621	氮肥制造	指矿物氮肥及用化学方法制成含有作物营养元素氮的化肥的生产活动
			2622	磷肥制造	指以磷矿石为主要原料，用化学或物理方法制成含有作物营养元素磷的化肥的生产活动
			2623	钾肥制造	指用天然钾盐矿经富集、精制加工，制成含有作物营养元素钾的化肥的生产活动
			2624	复混肥料制造	指经过化学或物理方法加工制成的，含有两种以上作物所需主要营养元素（氮、磷、钾）的化肥的生产活动；包括通用型复混肥料和专用型复混肥料
			2625	有机肥料及微生物肥料制造	指来源于动植物，经发酵或腐熟等化学处理后，适用于土壤并提供植物养分供给的，其主要成分为含氮物质的肥料制造
			2629	其他肥料制造	指上述未列明的微量元素肥料及其他肥料的生产

2. 了解行业概况

化肥是重要的农业生产资料，是建设现代化农业的重要支撑，是关系国计民生的重要基础产业。经过多年持续快速发展，我国已成为化肥生产和消费大国。

“十二五”以来，我国化肥总量保持快速增长，氮肥、磷肥的产能、产量及消费量已居世界首位，并实现自给有余；钾肥生产跃居世界第四，自给率大幅提升。其中：氮肥总量年均增速4.5%以上，2014年产能6000万t（折纯氮，下同），产量4651.70万t，尿素实物产量6593万t；磷肥总量年均增速1.6%，2014年产能2350万t（折纯P_2O_5，下同），产量1669.90万t，磷铵实物产量3880万t，复合肥实物产量6500万t；钾肥总量年均增速14.7%，2014年产能677万t（折纯K_2O，下同），产量610.5万t，自给率提升至50.3%。国内化肥行业未来5年的产量和产品结构目标是：氮肥、磷肥自给率保持110%～120%，钾肥自给率达到60%以上，高浓度肥料维持合理比例。

氮肥产量在我国化肥生产中约占70%。我国氮肥的主要品种有尿素、碳酸氢铵、硫酸铵和氯化铵等。尿素和碳酸氢铵年产量占氮肥总产量的90%左右，为氮肥中最主要的品种。目前，我国共引进大型氮肥装置29套，其规模一般为年产30万t合成氨和52万t尿素。我国中型氮肥企业主要以煤为原料，其能力占中型氮肥的65.6%，氨加工呈多样化，其中尿素生产能力为285万t（纯氮计），硝酸铵生产能力为85万t（纯氮计）。小型氮肥企业目前仍是我国化肥工业的“半壁江山”，其生产主要原料是无烟煤，全国以天然气为原料的小型氮肥企业约70家。

氮肥行业污染物排放主要以废水为主。由于废水排放量较大，废水中氨氮含量高，

COD 相对较低，以煤为原料的氮肥生产废水中还含有一定量的氰化物，因此，处理工艺比较复杂，难度较大。目前，氮肥工业废水处理存在的主要问题：一是废水处理项目基建投资很大，约占工程总投资的 5%。如若采用 A/O 流程处理废水中的氨氮，根据一些氮肥厂兴建废水处理设施的经验，处理每吨氨氮需投资约 10 万元。本来氨的流失已经造成经济损失，为达到环境排放标准，还要付出几十倍的费用来处理这些流失的氨氮和油，这是极不合理的，一般企业难以承受。二是废水处理工程占地面积大，尤其是采用厌氧好氧处理方法。三是运转费用高，每处理 1 t 氨氮约需 3 万元。四是含氰废水处理有二次污染问题；五是传统的末端处理方法存在某些技术上的弱点，如生物凉水塔去除氰化物法受气温影响大；生物接触氧化法存在填料易堵塞，布水、布气不均匀，气水比高等缺点；活性污泥法易产生污泥膨胀等，给运行管理带来难度。六是现有设施处理能力有限，随着生产的发展，废水排放量不断增大，存在超负荷运行状况，处理效果难以达到标准要求。再加上企业以追求自身利润最大化为目的的特点，氮肥行业废水处理的现状并不尽如人意。一些工厂虽建了废水处理设施，但由于资金或管理等原因，运转率不高，处理效果不佳，直排、偷排现象时有发生。经过长期的研究和实践，目前已有一些成熟的氮肥行业废水治理技术，如含氰废水处理技术、氨氮废水处理技术、两水闭路循环技术等在我国氮肥行业废水治理中应用，并成为解决废水污染问题的主要方法。近年来，又开发了含碳氨水分离集成技术、含氰废水处理技术。在国外，尿素冷凝液深度水解技术、含氨废水回收氨技术等工艺已被广泛应用于氮肥行业废水的处理。

此外，氮肥行业还排放一定量含有氨、氰化物、烟尘等的废气。

单纯进行末端治理不是控制氮肥行业污染问题的有效途径，必须从污染源头着手，使资源、能源得到充分利用，将排污量削减至最少，再辅之以最佳实用污染治理技术，即将污染物的治理方针由单纯的末端治理转移到生产全过程的控制，把污染消除在生产过程中，才能真正取得经济效益、环境效益、社会效益的统一。实施这种策略的方法是推行清洁生产的技术和方法。

3. 了解专有名词

像肥料制造行业经常提到的“造气”“净化”“变换”“造粒”等专有名词（详见附录一），应了解其含义，以便了解其工艺过程。

4. 了解政策和标准

对肥料制造行业进行清洁生产审核前，应了解以下几个政策和标准：

(1)政策

《产业结构调整指导目录(2011 年本)》(2013 年修订)

《部分工业行业淘汰落后生产工艺装备和产品指导目录(2010 年本)》

《当前工商领域固定资产投资重点》

《国家禁止发展项目表》

《严重污染环境(大气)的淘汰工艺与设备名录(第一批)》

《合成氨行业准入条件》(工信部公告〔2012〕第 64 号)

(2)标准

《合成氨单位产品能源消耗限额》(GB 21344—2008)

《合成氨产品能源消耗限额》(山东省地方标准 DB 37/757—2007)

《清洁生产标准　氮肥制造业》(HJ/T 188—2006)

《氮肥行业清洁生产评价指标体系(试行)》

《磷肥行业清洁生产评价指标体系(试行)》

《合成氨工业水污染物排放标准》(GB 13458—2013)

《磷肥工业水污染物排放标准》(GB 15580—2011)

《工业炉窑大气污染物排放标准》(GB 9078—1996)

《恶臭污染物排放标准》(GB 14554—1993)

《山东省工业炉窑大气污染物排放标准》(山东省地方标准 DB 37/2375—2013)

5. 了解企业概况

审核肥料制造企业时,应首先了解企业现有生产单元是合成氨生产装置还是复合肥生产装置或者其他装置,企业采用的生产工艺,企业产生的主要污染物,企业采取的污染治理措施及污染设施运行情况,企业主要污染物排放去向等。

举例:某化肥厂是某化工集团的下属企业,现有员工 600 余人。企业具有合成氨 26 万 t/a、甲醇 10 万 t/a、尿素 47 万 t/a 的生产能力。企业生产车间包括供气车间、净化车间、压缩车间、合成车间、尿素车间、包装车间(见图 2-5)。

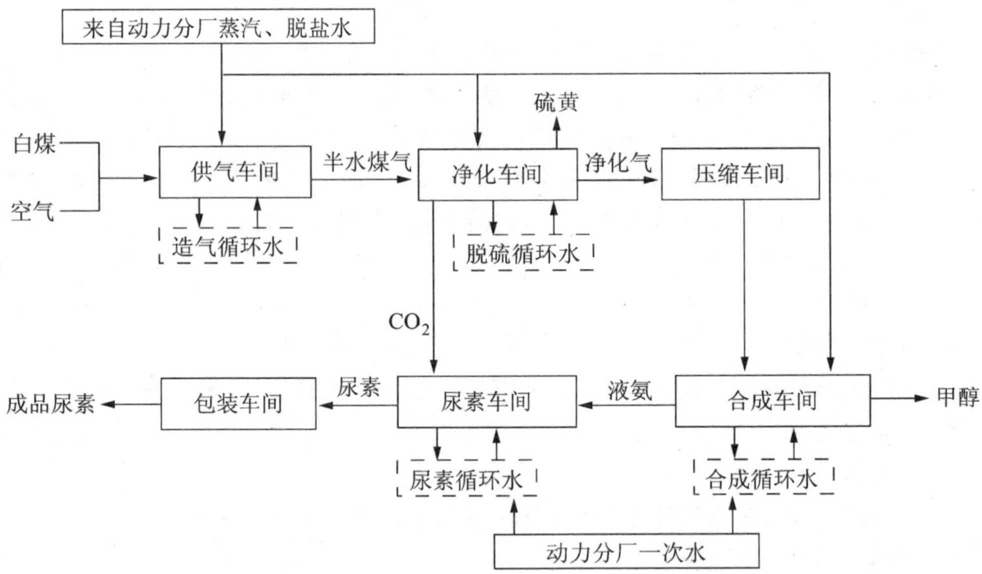

图 2-5　企业各生产车间生产关系图

6. 掌握工艺流程

(1)合成氨生产工艺

合成氨的生产工序主要包括造气、脱硫、CO 变换、脱碳、精制、压缩与合成。目前,我国采用的合成氨生产工艺主要有:无烟煤固定床间歇气化制氨、水煤浆加压气化制氨、天然气蒸汽转化(连续加压)制氨、天然气常压间歇制氨等。

以无烟块煤为原料采用固定床间歇气化制氨生产过程中产生的废水主要有含酚、氰等的造气、脱硫洗涤冷却水，煤气脱硫工艺过程脱硫液再生排放的硫泡沫废液，含油废水，含氨废水，循环冷却水排水。视工艺路线不同，吨氨废水排放量为5～50 t。

以水煤浆气化工艺制氨的过程中，污染物主要是气化装置产生的含有细灰的黑水，大部分循环使用及用于制水煤浆。

天然气是生产合成氨的理想原料，生产过程中的污染物主要是含氨废水，其主要污染物成分是氨氮。

另外，碳酸氢铵生产实质上是合成氨生产的一个气体净化过程，即脱碳工段，合成氨的产排污量已包括了碳酸氢铵产品生产的产排污量。

(2)尿素生产工艺

尿素以氨和二氧化碳为原料进行生产，分为尿素的合成、未反应物的分解与回收、尿素的浓缩与造粒、工艺废液回收几个工序。生产工艺主要有水溶液全循环法、二氧化碳汽提法、氨汽提法，少数企业采用双汽提法或ACES法。

尿素生产中的废水主要为含尿素、氨的工艺废液，部分企业采用深度水解解吸方式回收其中的氨氮，回收后废液用于锅炉或循环水系统补水；大多数中小型企业采用解吸方式回收其中的氨，回收后废液中含约0.07%(700 mg/L)的氨和约2%(20000 mg/L)的尿素，经末端处理后排放。

(3)某企业的生产工艺流程

将白煤通过皮带输送到造气炉中，空气、水蒸气交替通入，与炉内炙热的炭反应制取半水煤气。由造气炉出来依次经过除尘器、废热锅炉、洗气塔，温度降到40 ℃以下进入气柜。半水煤气由气柜缓冲储存，依次经过气柜后洗涤降温塔、静电除焦油器后，由罗茨风机加压到250 mmHg进入脱硫系统。

半水煤气经洗涤降温后进入脱硫塔，与脱硫液逆流接触脱除H_2S，脱硫后气体经清洗塔清洗和压缩机压缩送变换工序。由半脱工序来的半水煤气，进入除油器，再次除去气体中夹带的油雾，经中变炉、低变炉将煤气中的CO转化为CO_2和H_2，同时CO的体积降至2%～3%。由低变炉出来的变换气依次经水冷、水加热器、饱和热水塔的热水段，将变换气冷却降温至40 ℃左右送变脱工序。自变换工序来的变换气含H_2S，进入变脱塔底部，与上部喷洒下的DDS脱硫液逆流接触吸收除去。变换气经分离器分离液滴后，去脱碳工段。

由变换脱硫工序来的2.8 MPa的气体，经气水分离器分离气体中夹带的油沫后进入脱碳塔底部，被碳丙液洗涤吸收，完成变换气的脱碳，使CO_2体积含量降至0.3%以下。再经碳丙分离器和净化气洗涤段除去夹带的碳丙雾沫，送蒸汽透平驱动离心压缩机压缩后，进入甲醇、甲烷化工序。脱碳后原料气经油分、活性炭塔脱除油和微量H_2S后进入甲醇合成塔，大部分CO和CO_2与H_2合成甲醇，经水冷、醇分、水洗塔后送甲烷化工序，粗甲醇送入储存槽储存，再送入精馏工序进行提纯。甲醇化后的原料气，其CO和CO_2的体积含量小于0.3%，经塔前预热器加热后进入甲烷化炉，在催化剂作用下气体进行转化反应，经冷却降温和分离水分后送压缩机，压缩后的原料气送至氨合成工序。

甲烷化后的N_2和H_2混合气体在氨合成塔内在高温、高压及催化剂作用下合成

NH_3。经换热冷凝后，分离出液氨，液氨送入储存槽储存。分离后气体经过加压循环再返回合成塔合成 NH_3。从合成氨净化工段来的 CO_2 气体，加入一定量的防腐空气后进入离心式压缩机。CO_2 被加压到 14.1 MPa 进入脱氢反应器，使 CO_2 气体中的 H_2 转化为 H_2O。

液氨来自氨库，经氨升压泵升压到 2.5 MPa，送尿素系统经氨预热器升温到 40 ℃，然后进入高压液氨泵入口。液氨泵为往复式柱塞泵并带变频调速装置，可以在负荷 35%～110%范围内变化调节。氨泵将液氨升压到 16.5 MPa 后经高压液氨加热器加热到70 ℃左右，送到高压液氨喷射器作为动力，将高压洗涤器来的甲铵液带入高压甲铵冷凝器。

合成塔、汽提塔、高压甲铵冷凝器、高压洗涤器这四个设备组成高压圈，完成尿素的合成、高压分解和高压回收，并副产低压蒸汽。从高压冷凝器底部流出的液体甲铵和少部分未冷凝的氨和 CO_2，分别由两条管线送入尿素合成塔，保持物料总 NH_3 与 CO_2 的比为 2.9(分子比)，温度为167～171 ℃。合成塔内设有 18 块塔板，物料从塔底上升到塔顶，大约需 1 h 的时间，使 CO_2 转化率达到 58%～60%。

尿素合成反应液从塔内上升到正常液位，温度将升高到183～184 ℃，经溢流管从塔的下部流出，通过合成塔液位调节阀控制合成塔液位为 50%～80%。从尿素合成塔流出的尿液通过控制阀流入汽提塔上部，再经液体分布器均匀地流入每根汽提管中，沿管壁成液膜下降。由汽提塔下部进入的 CO_2 气体在汽提管内与下流的尿液逆流接触，在管外蒸汽的加热下，尿液中的甲铵被分解，游离氨被蒸出。在汽提塔内氨蒸出率为 85%，甲铵分解率为 75%。

在汽提塔内被分解出的 CO_2 和蒸出的 NH_3，从汽提塔的顶部排出进入高压冷凝器的上部，与新鲜氨和高压洗涤器来的甲铵液在高压冷凝器的管内进行反应，管间走水用来副产低压蒸汽。为了使气相和液相更好地混合，在高压冷凝器上部设有液体分布器，保证气液的较好分布。

来自汽提塔底部的尿素溶液，经汽提塔的液位控制阀减压到 0.25～0.35 MPa，尿液中 41.5%的 CO_2 和 69%的氨得到闪蒸，使液相温度从 170 ℃降到 107 ℃，然后进入精馏塔顶部液体分布器均匀地喷洒到填料上，并下流到加热段进行加热分解，温度升到 135 ℃。然后经尿液控制阀流入闪蒸槽。被分解的气体经精馏段后由顶部流出精馏塔进入低压甲铵冷凝器，进行冷凝吸收成低压甲铵液流到高压甲铵泵入口。未冷凝的部分气体进入尾气吸收塔再次吸收后放空。

送到闪蒸槽的尿液经闪蒸压力降至 0.045 MPa，温度由 135 ℃降到 92 ℃，有一部分水、NH_3 和 CO_2 闪蒸出来。离开闪蒸槽的尿液浓度约 73%(质量)流入尿液储槽。然后由尿液泵打入一段蒸发器、二段蒸发器，使尿素浓度达到 99.5%，由熔融泵送到尿素造粒塔进行造粒，变成成品尿素，送包装车间进行包装入库。

7. 明确产污环节

氮肥制造行业的主要产污环节见表 2-16。

表 2-16 产污环节

装置	排放源	主要污染物
合成氨	空压机段间冷凝液	COD、SS、石油类
	合成气压缩机段间分离器排污水	COD、石油类
	废热锅炉吹风放空气	SO_2、NO_x、颗粒物
	驰放气、放空气	NH_3、CH_4
	脱硫槽废脱硫剂	ZnS
	中变废催化剂	Fe_2O_3
	低变废催化剂	Co、Mo
	甲烷化炉废催化剂	Cu、Ni
	氨合成塔废催化剂	Fe_3O_4
	硫黄	S
	造气炉灰炉渣	—
尿素	工艺冷凝液	COD、氨氮
	造粒尾气	NH_3、颗粒物
公用工程及辅助	循环水排污	COD、SS
	空压站循环水排污	COD、SS
	脱盐水站排水	COD、SS
	分析、化验废水	COD、氨氮
	锅炉烟气	SO_2、NO_x、颗粒物
	锅炉炉灰炉渣	—
	锅炉脱硫石膏	—
	污水处理污泥	—
其他	初期雨水	COD、氨氮、石油类
	设备、地面冲洗水	COD、SS、氨氮、石油类
	生活废水	COD、氨氮、石油类
	生活垃圾	—

二、政策和标准解读

1. 化肥行业政策

(1)《产业结构调整指导目录(2011 年本)》(2013 年修订)

①鼓励类:“十一、石化化工”中的“5、优质钾肥及各种专用肥、缓控释肥的生产,氮肥企业节能减排和原料结构调整,磷石膏综合利用技术开发与应用,10 万吨/年及以上湿法

磷酸净化生产装置”。

②限制类:“四、石化化工”中的“7、新建以石油(高硫石油焦除外)、天然气为原料的氮肥,采用固定层间歇气化技术合成氨,磷铵生产装置,铜洗法氨合成原料气净化工艺”。

③淘汰类:“(五)石化化工”中的“6、半水煤气氨水液相脱硫、天然气常压间歇转化工艺制合成氨、一氧化碳常压变化及全中温变换(高温变换)工艺、没有配套硫磺回收装置的湿法脱硫工艺,没有配套建设吹风气余热回收、造气炉渣综合利用装置的固定层间歇式煤气化装置”。

▶特别提示:

根据我国化学工业发展思路,氮肥工业主要是提高技术水平,节能降耗,提高效益。对以油为原料的大中型氮肥企业,进行原料路线改造;对以无烟块煤为原料的企业,采用当地廉价煤和先进的煤气化技术进行改造,实行原料本地化;大中型氮肥厂主要是进行节能技术改造。新建氮肥装置应向天然气和煤炭资源丰富的地区集中,实现基础肥向资源地转移;复合(混)肥向市场地集中,实现二次加工肥向市场地转移。部分没有资源优势和竞争力的企业将退出基础肥料的生产。在产品结构调整方面,氮肥企业要向综合化工企业发展,延伸氮肥及甲醇的产品链,搞深度加工,提高经济效益和市场竞争力。

(2)《合成氨行业准入条件》(工信部公告〔2012〕第 64 号)

该准入条件从生产企业布局、装置规模及技术装备、资源能源消耗和综合利用、环境保护、安全、消防及职业卫生、监督与管理六方面,对合成氨企业提出了要求。如:新建合成氨生产装置,单系列生产规模应不低于 1000 t/d(综合利用和联产项目除外),造气炉按需设置。现有生产企业合成氨单位产品能耗应符合现行的《合成氨单位产品能源消耗限额》(GB 21344—2008)国家标准规定的限定值,新建生产企业合成氨单位产品能耗应符合现行的《合成氨单位产品能源消耗限额》(GB 21344—2008)国家标准规定的准入值(见表 2-17)。

表 2-17　《合成氨单位产品能源消耗限额》(GB 21344—2008)

原料类型	现有合成氨生产企业单位产品能耗限额限定值(kgce/t)	新建合成氨生产企业单位产品能耗限额准入值(kgce/t)	合成氨生产企业单位产品能耗限额先进值(kgce/t)
优质无烟块煤	≤1900	≤1500	≤1500
非优质无烟块煤、焦炭、型煤	≤2200	≤1800	≤1800
天然气、焦炉气	≤1650	≤1150	≤1150

2. 化肥行业标准

(1)能耗限额相关标准

国家质量监督检验检疫总局和地方质量技术监督局对合成氨单位产品能耗作了相应的规定。山东省在《合成氨产品能源消耗限额》(DB 37/757—2007)中根据山东省的具体情况,对合成氨单位产品能耗作了相应的规定(见表 2-18)。

表 2-18 《合成氨产品能源消耗限额》(DB 37/757—2007)

时间	产品规格	综合能耗限额(kgce/t)
2008 年	液体无水氨	1680
2010 年	液体无水氨	1640
2012 年	液体无水氨	1610

▶**特别提示：**

(1)《合成氨单位产品能源消耗限额》(GB 21344—2008)适用于以无烟块煤、各种型煤、土焦、天然气、焦炉气等为原料，采用不同工艺技术生产合成氨产品的企业能耗的计算、考核，以及对新建项目的能耗控制。

(2)国家标准 GB 21344—2008 给出了合成氨能耗的 3 项技术指标：现有合成氨生产企业单位产品能耗限额限定值，新建合成氨生产企业单位产品能耗限额准入值，合成氨单位产品能耗限额先进值(准入值与先进值是相等的)。准入值和限定值是一个强制性指标，新建合成氨生产企业的综合能耗应符合准入值，现有合成氨生产企业的综合能耗应不高于限定值。各省(市)合成氨生产企业现状、生产能力和水平差别较大，且近几年随着合成氨生产企业不断进行节能技术改进，比如工艺改造、耗能设备效率提高等，现有合成氨企业的产品综合能耗有了明显下降。

(3)合成氨综合能耗包括生产系统、辅助生产系统和附属生产系统所消耗的各种一次能源量、二次能源量和损失量，不包括建设和改造过程中用能和生活用能。

合成氨输出能量是指合成氨系统向外输出的供其他产品或装置使用的能量。

合成氨生产回收利用的能量用于本系统时不得作为输入能量再计入。向外系统输出时，应计入合成氨向外输出能量。

(4)2014 年，合成氨综合能耗为 1348.7 kgce/t，同比持平。《工业和信息化部关于推进化肥行业转型发展的指导意见》(工信部原〔2015〕251 号)中提出：到 2020 年，所有合成氨企业能源消耗水平达到《合成氨单位产品能源消耗限额》要求，其中 70%的企业达到新建企业准入值要求；所有磷铵企业能源消耗水平达到《磷酸一铵、磷酸二铵和工业硫酸单位产品能源消耗限额》要求。所有加工型硫酸钾企业能源消耗水平达到《硫酸钾单位产品能源消耗限额》要求。合成氨企业吨氨排水、氨氮、COD 达到《合成氨工业水污染物排放标准》要求；磷铵企业污水排放达到《磷肥工业水污染物排放标准》要求。提升磷石膏开发利用水平，到 2020 年，磷石膏综合利用量从目前年产生量的 30%提高到 50%。

(5)工信部在其发布的《关于发布 2011 年度化工行业重点用能产品能效标杆指标及企业的通知》中，对于合成氨行业标杆企业的推荐见表 2-19、表 2-20、表 2-21。

表 2-19 以无烟煤为原料的合成氨生产企业

名次	企业名称	吨氨综合能耗(kgce)	吨氨电耗(kW·h)
1	河南心连心化肥有限公司	1118	1114
2	河南骏化发展股份有限公司	1122	1237
3	山西天泽煤化工集团股份公司	1156	1289

表 2-20　　以烟煤(包括褐煤)为原料的合成氨生产企业

名次	企业名称	吨氨综合能耗(kgce)	吨氨电耗(kW·h)
1	江苏灵谷化工有限公司	1554	371
2	安徽淮化集团有限公司	1639	204
3	山西天脊煤化工集团有限公司	1728	775

表 2-21　　以天然气为原料的合成氨生产企业

名次	企业名称	吨氨综合能耗(kgce)	吨氨电耗(kW·h)
1	重庆建峰工业集团有限公司	1024	186
2	四川天华股份有限公司	1051	57
3	河南煤业化工集团中原大化公司	1058	199

备注:对于以上数据,吨氨综合能耗统计范围和计算方法参照《合成氨单位产品能源消耗限额》(GB 21344—2008)。企业排名以吨氨综合能耗为主要参考指标进行。

(2)《清洁生产标准　氮肥制造业》(HJ/T 188—2006)

本标准为推荐性标准,可用于以煤油或天然气为原料生产尿素或碳铵的企业的清洁生产审核和清洁生产潜力与机会的判断,以及清洁生产绩效评定和清洁生产绩效公告制度。

▶特别提示:

(1)对于氮肥制造企业来讲,生产装置只是企业中的一部分,还有一部分是公用工程,如动力车间(有锅炉)、氨储罐、循环水、脱盐水等。由于氮肥制造业之间存在差异,特别是原料工艺路线和装置组成的不同,以及企业之间所包含的公用工程设施的范围不同,作为清洁生产企业,应具备基本的清洁生产和污染预防措施,所以生产工艺与装备这项指标中提出了清洁生产企业(无论是一级、二级还是三级)应具备的基本清洁生产和污染预防装备。

(2)综合能耗是指合成氨工艺消耗的各种能源(包括一次能源和二次能源)折算为标准煤之和,再转换为热值(GJ)与合成氨产量之比。氮肥制造业的资源能源消耗主要是煤(或天然气、石油)、水蒸气、电等。

(3)新鲜水用量是指生产每吨氨所消耗的生产给水量,但不包括软水、脱盐水、循环水等。

(4)氮肥生产中主要产生的废物为废水、废气和固废。其中,废水主要有含氰废水、含氨废水、含油废水和含硫废水,废气主要有含 H_2S 的气体、含 CO_2 的气体、CO 再生气,固废主要有煤灰炭黑和催化剂。因此,该标准规定了这些主要污染物的回收利用率。

(3)《合成氨工业水污染物排放标准》(GB 13458—2013)

该标准规定了合成氨工业企业或生产设施水污染物排放限值、监测和监控要求,以及标准的实施与监督等相关规定。

▶**特别提示：**

以下为合成氨工业部分污染控制技术：

(1)两水闭路循环技术

两水闭路循环技术是指将合成、压缩、碳化、变换、精制等工段排放的设备间接冷却水，经统一收集后，采用冷却降温＋加药水质稳定＋过滤处理后循环利用，即所谓的“清循环系统”；将造气、脱硫工段排放的半水煤气洗涤废水，采用混凝沉淀＋过滤＋冷却降温等措施后循环使用，即所谓的“浊循环系统”。

对于“浊循环系统”的造气、脱硫工段的洗气废水，首先流至平流式混凝沉淀池，通过药剂混凝和重力作用，将水中的绝大部分悬浮物沉淀去除，澄清后的废水再由热水泵加压送至防腐型冷却塔中，经冷却降温后流入冷水池，再由冷水泵加压通过管道送回至造气、脱硫工段各洗气塔循环利用。

上述工艺中沉淀池的作用是依靠水中悬浮物自身重量沉降分离，但是，仅靠自然沉降方式，只能将水中较大颗粒沉降下来；而小颗粒悬浮物，单靠这种方式是沉降不下来的。因此，在曝气冷却塔中堵塞喷嘴及填料，影响冷却效果。为有效地去除悬浮物，有企业在冷却塔前增加澄清器，并加入絮凝剂。澄清器的作用是将污水中直径小于一定数值的悬浮物颗粒进行加药混合，生成大的絮体后进行分离，从而达到净化水质、除去杂质的效果，该装置SS的出水浓度小于50 mg/L。

另外，为防止废水中氰化物、酚等有害成分在冷却塔中大量挥发，造成二次污染，许多企业将冷却塔改为填料式生物滤塔，利用微生物的吸附和氧化作用来降解废水中的部分污染物质。冷却型塔式生物滤池对氰化物的去除率为85％～90％，对挥发酚的去除率为50％～90％，对硫化物的去除率为40％～80％。

(2)含氨废水的治理技术及氨氮减排工艺

为从源头上减少氨氮的排放量，目前许多企业都淘汰氨水脱硫工艺，并采用醇烃化技术替代铜洗工艺等，实现了氨氮的减排。

以煤、天然气或重油为原料制取的合成氨原料气，都含有一定量的硫化物。硫化物的存在不仅能腐蚀设备和管道，而且能使合成氨生产所用的催化剂中毒，因此必须经过脱硫。目前，我国许多中小型合成氨厂使用氨水脱硫工艺，但脱硫废水中氨氮含量较高，1万t/a的合成氨企业每小时排放氨氮浓度为4000～5000 mg/L的废水约10 t。为有效降低氨氮的总排放量，脱硫工艺可改进为非氨碱源工艺脱硫，如改良ADA法、栲胶法、活性炭法等。

(3)尿素工艺冷凝液深度解吸水解技术

尿素生产中的废水主要为尿素装置工艺冷凝液，主要含有氨、尿素。对于尿素装置工艺冷凝液的含氨废水，目前普遍采用的是深度解吸水解法，处理后的废水中NH_3和尿素的浓度均小于5 mg/L，该技术也是欧盟尿素生产工艺废水处理BAT技术。

三、审核过程解析

1.“三废”产排分析

肥料制造行业企业开展清洁生产审核工作前，应对照企业生产工艺流程，逐一分析每一个工段、工序是否有“三废”产生，主要含有哪些污染物，对这些污染物企业是如何处理、处置的，这些处理、处置方法是否合理。某企业生产工艺流程及“三废”情况如图2-6所示。

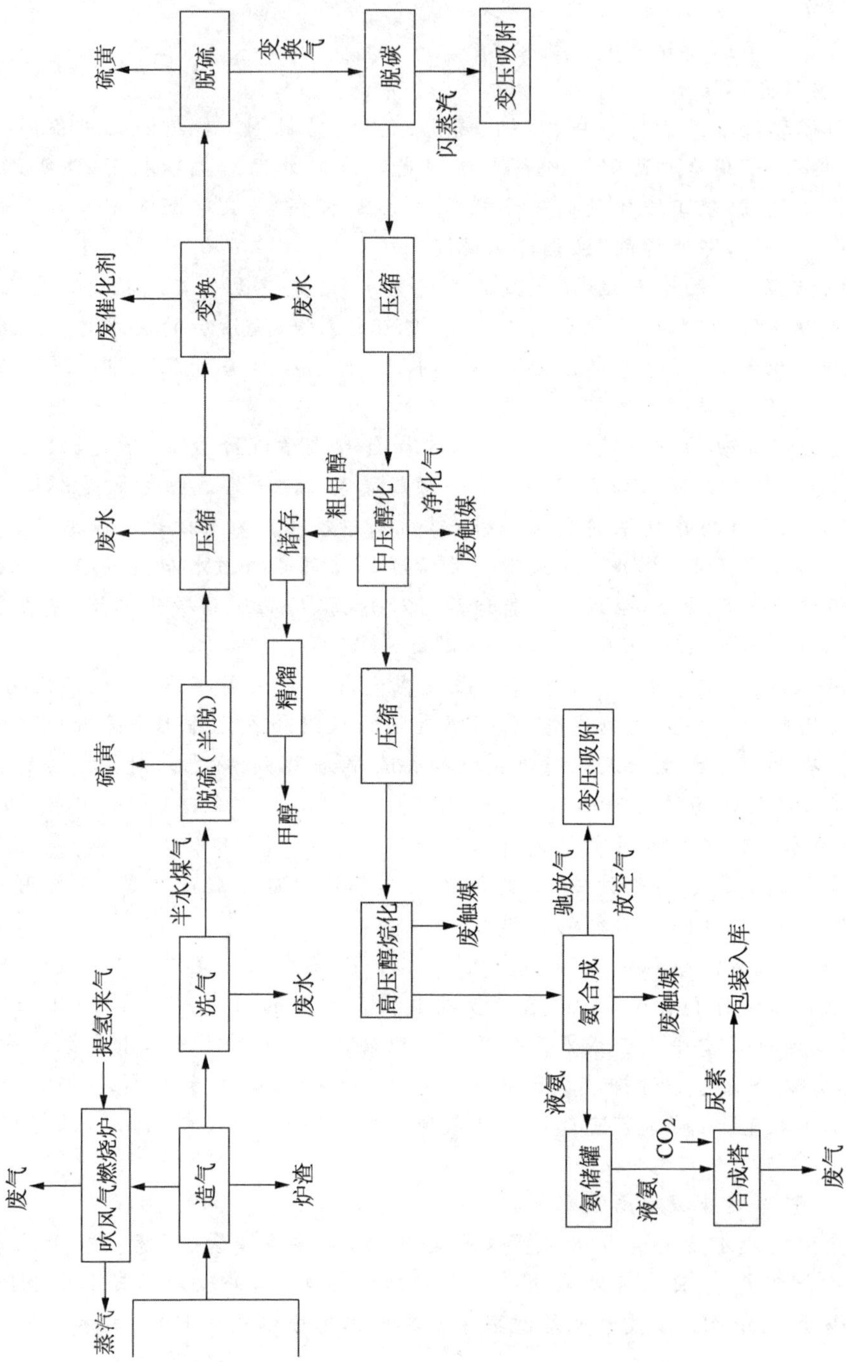

图2-6 全厂生产工艺流程及排污节点示意图

根据图 2-6,下面具体分析一下各种废物的产排特性(见表 2-22)。

表 2-22 废物的产排特性

装置	废物种类	主要污染物	产生浓度	处理方法	排放去向
合成氨	空压机段间冷凝液	COD、SS、石油类	COD:150 mg/L SS:40 mg/L 石油类:100 mg/L	生化处理	经污水处理站处理后排入城市污水管网
	合成气压缩机段间分离器排污水	COD、SS、石油类	COD:150 mg/L 石油类:100 mg/L	生化处理	经污水处理站处理后排入城市污水管网
	废热锅炉吹风放空气	SO_2、NO_x、颗粒物	SO_2、NO_x、颗粒物	—	大气中
	驰放气、放空气	NH_3、CH_4	NH_3:60% CH_4:18%	回收燃烧	生产厂家
	脱硫槽废脱硫剂	ZnS	—	生产厂家回收	生产厂家
	中变废催化剂	Fe_2O_3	—	生产厂家回收	生产厂家
	低变废催化剂	Co、Mo	—	生产厂家回收	生产厂家
	甲烷化炉废催化剂	Cu、Ni	—	生产厂家回收	生产厂家
	氨合成塔废催化剂	Fe_3O_4	—	生产厂家回收	生产厂家
	硫黄	S	—	外售做硫酸生产原料	外售
	炉灰炉渣	—	—	外售做建材生产原料	外售
合成尿素	工艺冷凝液	COD、氨氮	COD:5 mg/L 氨氮:5 mg/L	深度水解	经污水处理站处理后排入城市污水管网
	造粒尾气	NH_3、颗粒物	NH_3、颗粒物	洗涤	大气中

续表

装置	废物种类	主要污染物	产生浓度	处理方法	排放去向
公用工程及辅助	循环水排污	COD、SS	COD:50 mg/L SS:30 mg/L	生化处理	经污水处理站处理后排入城市污水管网
	空压站循环水排污	COD、SS	COD:50 mg/L SS:30 mg/L	生化处理	经污水处理站处理后排入城市污水管网
	脱盐水站排水	COD、SS	COD:50 mg/L SS:30 mg/L	生化处理	经污水处理站处理后排入城市污水管网
	分析、化验废水	COD、氨氮	COD:300 mg/L 氨氮:50 mg/L	生化处理	经污水处理站处理后排入城市污水管网
	锅炉烟气	SO_2、NO_x、颗粒物	SO_2、NO_x、颗粒物	双碱法脱硫除尘	大气中
	锅炉炉灰、炉渣	—	—	外售做建材生产原料	外售
	锅炉脱硫石膏	—	—	外售做建材生产原料	外售
	污水处理污泥	—	—	环卫部门收集处理	垃圾填埋场
其他	初期雨水	COD、氨氮、石油类	COD:300 mg/L 氨氮:50 mg/L 石油类:100 mg/L	生化处理	经污水处理站处理后排入城市污水管网
	设备、地面冲洗水	COD、SS、氨氮、石油类	COD:120 mg/L SS:180 mg/L 氨氮:50 mg/L 石油类:20 mg/L	生化处理	经污水处理站处理后排入城市污水管网
	生活废水	COD、氨氮、石油类	COD:300 mg/L 氨氮:200 mg/L 石油类:60 mg/L	生化处理	经污水处理站处理后排入城市污水管网
	生活垃圾	—	—	环卫部门收集处理	垃圾填埋场

通过分析工艺流程图和“三废”产排，结合企业实际，可以得出以下清洁生产方案：

▶方案1：现在的燃烧炉使用无烟煤，煤块较大，燃烧不充分，造成煤渣热值高，燃煤利用率低，能源浪费。可将无烟煤改为烟煤，提高燃烧率，降低煤渣热值。实践证明：无烟煤单位能耗为 33 kg/t，改用烟煤后单位能耗为 40 kg/t。现燃煤价格：无烟煤为1200元/t，烟煤为880元/t。每吨复合肥燃煤成本：使用无烟煤成本为1200×0.033=39.6(元/t)；使用烟煤成本为880×0.04=35.2(元/t)。每年按产12万t复合肥计算，增加经济效益：120000×(39.6－35.2)=52.8(万元)。

▶方案2：加强对原料煤质量的管理，对含硫量、灰分量较高的原料煤不予进厂。

▶方案3：目前造气工段生产的半水煤气含硫量较高，影响了产品质量，对脱硫工段进行改造，安装半水煤气脱硫塔，降低半水煤气的含硫量。

▶方案4：造气炉加炭保持均匀，保证入炉煤粒度，使燃料充分燃烧。

▶方案5：以前高闪气直接排空，现将其与来自等压吸氨岗位的氨水及合成回收氨水反应制碳酸氢铵，外售。

2. 审核重点选择

根据肥料制造行业特点，选择废物产生量、原料消耗、水耗、能耗、环保费用作为筛选审核重点主要考虑的几个因素，分别计算几个备选审核重点的几个指标的数量，再结合权重总和计分排序法计算结果确定审核重点。

举例：将某企业的供气车间、净化车间、压缩车间、合成车间作为一个合成氨系统，整体确定为一个备选审核重点，尿素车间确定为一个备选审核重点。由权重总和计分排序法得出，合成氨系统得分最高，合成氨系统生产工艺较复杂，能耗、物耗高，污染物产生量大，清洁生产潜力较大。此外，合成氨系统为企业主要生产单元，考虑以上因素，最终确定合成氨系统为本次清洁生产审核重点。

3. 审核目标设置

(1)目标设置依据

在确定合成氨系统为本次清洁生产审核重点后，为减轻污染物排放造成的末端治理负担，减少物耗、能耗，降低生产成本，提高生产效率，审核小组在综合考虑审核重点的生产情况和污染物排放情况后，结合《清洁生产标准　氮肥制造业》(HJ/T 188—2006)、《氮肥行业清洁生产评价指标体系(试行)》、国内同行业企业水平和环境治理要求，制定了清洁生产目标。为了使清洁生产目标更具有实际意义和可操作性，审核小组将清洁生产目标分为近期目标和远期目标。

(2)目标选择方法

某企业具体的目标设置见表2-23。

表 2-23 目标设置

指标	单位	现状	近期目标（2016年底）		中期目标（2017年底）	
			绝对量	变化率	绝对量	变化率
合成氨系统						
耗煤	$t/t_{氨}$	*	*	削减 * %	*	削减 * %
新鲜水用量	$t/t_{氨}$	*	*	削减 * %	*	削减 * %
综合能耗	$GJ/t_{氨}$	*	*	削减 * %	*	削减 * %
废水排放量	$t/t_{氨}$	*	*	削减 * %	*	削减 * %
氨氮产生量	$kg/t_{氨}$	*	*	削减 * %	*	削减 * %
石油类产生量	$kg/t_{氨}$	*	*	削减 * %	*	削减 * %
颗粒物产生量	$kg/t_{氨}$	*	*	削减 * %	*	削减 * %
全厂						
尿素生产氨消耗量	$kg/t_{尿素}$	*	*	削减 * %	*	削减 * %
氨利用率	%	*	*	提高 * %	*	提高 * %
水循环利用率	%	*	*	提高 * %	*	提高 * %
COD 排放量	t/a	*	*	削减 * %	*	削减 * %
氨氮排放量	t/a	*	*	削减 * %	*	削减 * %

注：不同企业由于工艺、生产规模等不同，各目标值差别较大，此处不列具体数值，仅对如何选取目标对象提供参考（ * 代表省略的数据）。

4. 平衡数据分析

物料平衡

列出生产工艺，按照每个工序测定（或估算）的输入物料、输出物料及损耗，绘制出物料平衡图和物料流程图（流程图此处暂略），据此可以找出物料主要损耗和流失环节。图2-7 给出了某合成氨系统的物料平衡。

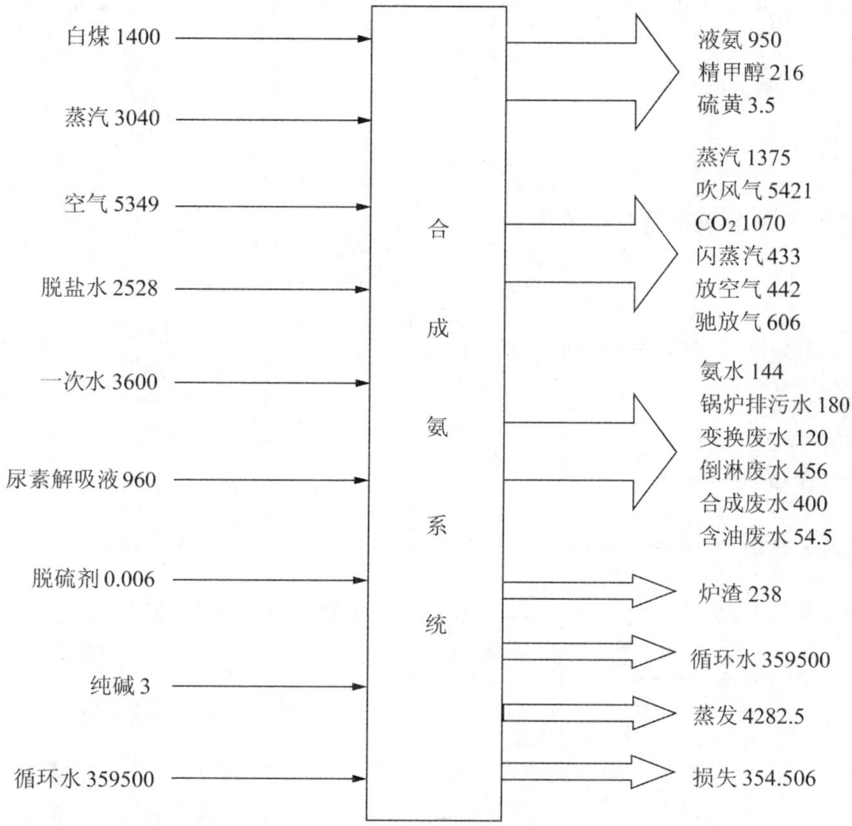

图 2-7　合成氨系统的物料平衡图(单位:t/d)

(1)产排污环节

①造气工段:锅炉排污水 180 t/d,去往尿素车间循环水塔,作为尿素车间循环补充水;各设备倒淋废水 456 t/d,进入造气循环水塔,作为造气循环补充水;吹风气锅炉吹风气 5421 t/d,驰放气及闪蒸汽等气体燃烧有用部分后排放的废气,排入大气中;炉渣 238 t/d,送往动力分厂掺杂在煤里燃烧。

②净化工段:变换废水 120 t/d,排入工业园污水处理站进行深度处理;氨水 144 t/d,送尿素车间与解吸废液进行深度水解后利用;闪蒸汽 433 t/d,送变压吸附装置,回收氢气后利用;硫黄 3.5 t/d,集团内部使用。

③压缩工段:含油废水 54 t/d,经过油回收系统回收其中的油,废水补充造气循环水。

④合成工段:含油废水 0.5 t/d,经过油回收系统回收其中的油,废水补充造气循环水;循环水排污水 400 t/d,排入工业园污水处理站进行深度处理;驰放气 606 t/d、放空气 442 t/d,送变压吸附装置,回收氢气后利用。

⑤精甲醇工段:冷凝液 237 t/d,去脱盐水系统;甲醇废液 17 t/d,送尿素车间与解吸废液进行深度水解后利用。

(2)蒸发及损耗环节

①造气工段:蒸发 971 t/d,主要为造气循环水塔的蒸发和车间各设备倒淋等的损耗。

②净化工段：蒸发 198 t/d，主要为脱硫循环水塔的蒸发和车间各设备倒淋等的损耗。

③合成工段：蒸发 3226.5 t/d，主要为合成循环水塔的蒸发。

水平衡

图 2-8 给出了某合成氨系统的水平衡。

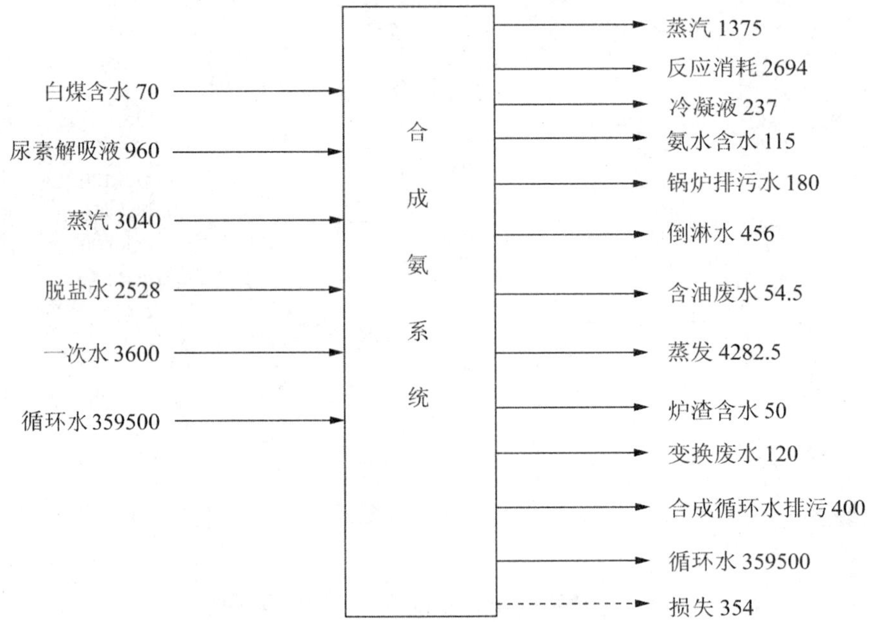

图 2-8 合成氨系统的水平衡图(单位：t/d)

合成氨系统主要原料白煤投入量 1400 t/d，蒸汽 3040 t/d，脱盐水 2528 t/d，尿素解吸液 960 t/d，一次水 3600 t/d，产出主要产品液氨 950 t/d，精甲醇 216 t/d，副产硫黄 3.5 t/d；产生废弃物造气炉炉渣为 238 t/d，废气 1481 t/d，废水 1471.5 t/d，蒸发及损耗 4637.006 t/d。

炉渣产生量占白煤投入量的 17%，固废产生量较大，且经化验分析炉渣含碳量较高，含量达 10%～14%，白煤燃烧不完全，炉渣送动力分厂燃烧。

合成氨系统产生的废气中的闪蒸汽、驰放气送变压吸附装置，回收氢气后进一步利用。

特征污染物平衡

图 2-9、图 2-10 分别给出了某厂的硫平衡和氨平衡。

根据企业提供的资料，2008 年用煤为 38 万 t，据煤质化验单，企业所用煤含硫量为 0.3%，带入硫量为：38 万 t×0.3%＝1140 t。炉渣中含硫量为：1140 t×20%＝228 t；产生硫黄中的含硫量为 908 t；脱碳过程中活性炭吸附硫含量为 3.12 t。通过计算可以推算出当年吹风气外排气中含硫量为 0.88 t。

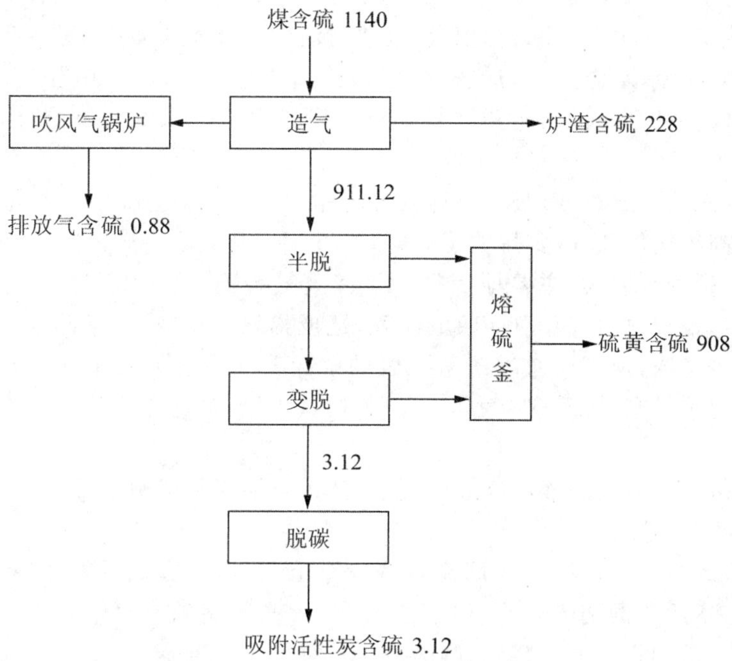

图 2-9 全厂硫平衡图(单位:t/a)

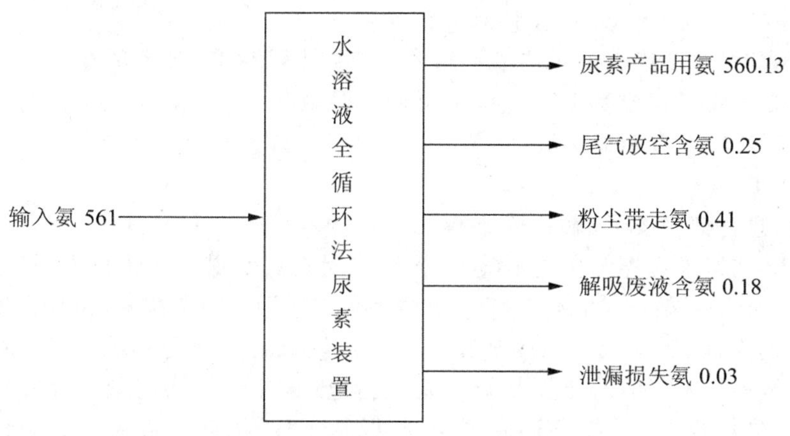

图 2-10 全厂氨平衡图(单位:$kg_{氨}/t_{尿素}$)

四、注意事项汇总

1. 关于环境治理

氮肥厂环境治理的大头是水的治理,首先要做到“水清楚”,即要有全厂水平衡图,对脱盐水站、造气、锅炉、脱硫、脱碳、合成尿素的用水量(分为一次水、循环水)、排水量、排污量应该清楚,水质情况应该清楚,其中造气污水、循环冷却水应达到完全闭路循环。

关于造气污水:以煤为原料的化肥厂在生产过程中产生大量的含酚、含氰、含硫和大量煤粉的造气污水，此部分水污染物含量高、品种多。首先要将其中的悬浮物降下来，否则会引起逆流冷却塔内填料堵塞、沉积，甚至造成填料支架不堪重负而塌落，冷却塔不能正常运行，冷却效果差，水温高，增加补水和排污，造成恶性循环，影响生产，特别是其中的酚、氰等物质的存在会使排污水质严重超标。所以造气污水绝对不能外排，必须达到闭路循环。

冷却循环水系统要通过合理调节，达到各工序用水的水量、水质要求，通过选用合理的水处理剂，提高浓缩倍数，减少排放量。

部分氮肥厂稀氨水量大，主要原因是无等压吸氨装置，某些工艺控制不太合理。比如，用脱盐水洗涤铜洗再生气及氢回收的净氨，造成稀氨水量较大，又因为没有等压吸氨装置，氨水得不到增浓，现在仅通过尿素工段的解吸及一个能力较小的氨水提浓装置消化不了，造成稀氨水过剩，应采取有力措施减少稀氨水量，提高氨水浓度并有效地回收氨加以利用。

此外，为了解决夏季碳丙液温度高的问题，建议增加溴化锂制冷机组。

2. 关于醇烃化工艺

传统的合成氨原料气精制多采用铜氨液洗涤工艺，用合成氨原料气甲醇化、甲烷净化精制工艺代替落后的铜洗工艺是合成氨生产的一次大突破。双甲新工艺与铜洗工艺比较有下述优点：节约贵重原材料铜、醋酸、液氨，降低合成氨成本；消除铜洗再生气对大气的污染；消除“跑冒滴漏”铜液及大量稀氨水对江河水系的污染；被铜洗除掉的 2% CO 变成了粗甲醇，每吨氨生成甲醇 42 kg；双甲工艺比铜洗工艺操作稳定，精制后 $CO+CO_2$ 由 20～30 mg/L 降至 10 mg/L 以下。

醇烃化工艺技术取代醇烷化技术是双甲工艺技术的提升，其突破技术和创新点主要可归纳为：一是实现了合成氨生产过程中可调节醇氨比；二是实现了醇烃工艺代替传统铜洗工艺，比双甲工艺有新的突破，其经济效益和社会效益均十分可观。

3. 关于推广技术

工业与信息化部印发了《氮肥行业清洁生产技术推行方案》，其中，啤酒行业推荐了以下推广技术：连续加压煤气化技术（包括多喷嘴对置式水煤浆气化技术、经济型气流床分级气化技术、HT-L 航天炉粉煤加压气化技术），气体深度净化技术（包括常温精脱硫工艺技术，脱羰基金属、脱氯、脱氨、脱油技术），合成氨原料气微量 CO、CO_2 脱除清洁生产工艺（包括合成氨原料气醇烃化精制新工艺、全自热非等压醇烷化净化合成氨原料气新工艺技术），先进氨合成技术及预还原催化剂（包括ⅢJD 氨合成系统，GC 型轴径向低阻力大型氨合成反应技术，JR 型氨合成塔系统，XA201-H 预还原氨合成催化剂），氮肥生产污水零排放技术，循环冷却水超低排放技术，氮肥生产废气废固处理及清洁生产综合利用技术，氨法锅炉烟气脱硫技术，LH 型等蒸发式冷却（冷凝）器技术，氮肥行业工业冷却与锅炉系统节水及废水近零排放技术，尿素 CO_2 脱氢技术。此外，还对其适用范围、主要内容、解决的主要问题、前景分析等进行了详细的说明，在审核过程中可结合所审核的企业特点参考。

五、典型方案参考

表 2-24 列出了从原辅材料和能源替代、节电、废物处理和处置等多个角度精选的几

个已在肥料制造企业中实施过的典型方案(效益数据仅供参考)。

表 2-24　　肥料制造企业中的典型方案

方案名称	方案简介	效益分析
方案类型:节能		
氮氢气压缩机一进、三进新增水冷改造	半水煤气通过新上水冷器降低温度,使气体中饱和水蒸气冷凝,提高压缩机打气量。半水煤气温度的降低利于气体质量的改善,利于压缩机进口油水的分离,减少压缩机气体带油水量,降低对触媒、脱硫剂、脱氯剂的危害,提高使用寿命	年节电 65 万 kW·h,年增加经济效益 30 万元
二次气化炉改造项目	造气炉产生的半水煤气中约 50%的蒸汽未得到充分利用,随半水煤气进入洗气塔中被洗掉造成能源的浪费,而且增加了污水系统的负荷。经过对造气炉流程改造,将三台造气炉串联在一起,提高造气炉蒸汽分解率,降低蒸汽消耗	年可节省蒸汽 1.42 万 t,每吨蒸汽按 100 元计算,年增加经济效益 142 万元
甲醇精馏加压塔保压改加低压蒸汽	甲醇精馏停运后加压塔用中压蒸汽维持塔内正压,这样消耗了大量的高品位蒸汽,给企业造成了较大的经济损失。利用富余的尿素低压乏蒸汽进行加压塔停运保压	年节约蒸汽 2600 t,吨蒸汽按 100 元计算,年增加经济效益 26 万元
脱硫罗茨风机变频改造	改造前,风机依靠回路阀门进行调节,既造成了能量的浪费,也给操作带来了不便。装上变频器后,值班人员可以根据生产负荷情况方便地对风机的转速进行调节,达到节电的目的	每年可节电 212.64 万 kW·h,每千瓦时电按 0.46 元计算,年增加经济效益 95.6 万元
脱碳汽提风机变频改造	改造前,风机依靠出口阀门进行调节,既造成了能量的浪费,也给操作带来了不便。装上变频器后,值班人员可以根据生产负荷情况方便地对风机的转速进行调节,达到节电的目的	每年可节电 36 万 kW·h,每千瓦时电按 0.46 元计算,年增加经济效益 16.2 万元

续表

方案名称	方案简介	效益分析
方案类型:节约物耗		
杂醇油回收技术	利用低压蒸汽加热回收塔,对杂醇油和合成来的含醇量 20%的稀醇水进行回收,回收后的醇度 85%左右的粗醇送往罐区粗醇槽,降低醇耗	年回收 400 t 杂醇油,年增加经济效益为 40 万元
溴化锂制冷项目	尿素生产中产生的 90 ℃左右的热水,运用余热制冷技术,将其应用到氨冷器等降温设备,有利于改善系统夏季运行条件,提高尿素产品质量,降低消耗,达到冬季运行效果	按照 1 t 尿素降低 5 kg 液氨计算,若每天生产 1500 t 尿素,运行 180 天折合回收液氨为:$0.005\times1500\times180=1350$(t),年增加经济效益为:1350 t×2000 元/t=270 万元
方案类型:过程优化控制		
脱碳 CO_2 放空管道增设气动调节阀	在 CO_2 放空阀后增设气动调节阀,并增设旁通阀,通过改造,当生产出现应急情况时,CO_2 放空阀在室内就可以控制开启	提高了装置运行的安全性
甲醇精馏萃取水改加蒸汽冷凝液	甲醇精馏正常开车需用 3.5~3.7 m^3 稀醇水,稀醇水中的醇含量为 16%~17%,醇含量较低,甲醇系统每小时产稀醇水 2.5 m^3 左右,比精馏正常开车需用萃取水量少 1.2 m^3。针对稀醇水少、蒸汽冷凝液过剩的情况,对精馏预塔所加萃取水改加蒸汽冷凝液,进预塔的萃取水温度增加,由 25 ℃增加至 80 ℃左右	进预塔的萃取水温增加,提高了塔内物料的温度,同时提高了稀醇水浓度
方案类型:废物处理和处置		
回收蓝威氢气至合成氨系统	蓝威制碱副产的氢气经脱氯塔脱氯后,氢气不再放空,将其回收至合成氨系统作为合成氨的原料气,增加了合成氨产量	蓝威氢气成功回收至合成氨系统后,每小时回收氢气 3000 m^3,年增加合成氨产量 960 t,折合尿素产量增加 1680 t,年增加经济效益为:1680×1500 元=252 万元
变换倒淋水回收至水解废液处理装置	改造前,将变换倒淋废水排至污水沟。通过改造,将变换废水回收至水解废液处理装置,处理合格后送至供气车间	年节约脱盐水 39600 t,脱盐水按 6 元/t 计算,年增加经济效益 11.88 万元。年减少废水排放 39600 t,减少 COD 排放 2.03 t,年增加经济效益 7.92 万元

第三节　农药制造业

根据环境保护部《关于深入推进重点企业清洁生产的通知》(环发〔2010〕54 号)文件要求,农药制造业属于《重点企业清洁生产行业分类管理名录》确定的其他重污染行业,每五年开展一轮清洁生产审核。本节即对该行业进行实战讲解。

一、基础知识普及

1. 了解定义和原理

农药制造业是指用于防治农业、林业作物的病、虫、草、鼠和其他有害生物,调节植物生长的各种化学农药、微生物农药、生物化学农药,以及仓储、农林产品的防蚀、河流堤坝、铁路、机场、建筑物及其他场所用药的原药和制剂的生产。

农药制造业分类见表 2-25。

表 2-25　农药制造业分类一览表

<table>
<tr><th colspan="4">代码</th><th rowspan="2">类别名称</th><th rowspan="2">说明</th></tr>
<tr><th>门类</th><th>大类</th><th>中类</th><th>小类</th></tr>
<tr><td rowspan="3">C</td><td rowspan="3">26</td><td rowspan="3">262</td><td></td><td>农药制造</td><td>指用于防治农业、林业作物的病、虫、草、鼠和其他有害生物,调节植物生长的各种化学农药、微生物农药、生物化学农药,以及仓储、农林产品的防蚀、河流堤坝、铁路、机场、建筑物及其他场所用药的原药和制剂的生产活动</td></tr>
<tr><td>2631</td><td>化学农药制造</td><td>指化学农药原药,以及经过机械粉碎、混合或稀释制成粉状、乳状和水状的化学农药制剂的生产活动</td></tr>
<tr><td>2632</td><td>生物化学农药及微生物农药制造</td><td>指由细菌、真菌、病毒和原生动物或基因修饰的微生物等自然产生,以及由植物提取的防治病、虫、草、鼠和其他有害生物的农药制剂的生产活动</td></tr>
</table>

2. 了解行业概况

农药的使用是保证农业生产经济效益的重要手段,在中国,农药行业属于重要的支农产业之一。我国已成为全球第一大农药生产国和农药出口国。数据显示:截至 2012 年第 2 季度末,我国农药生产企业 1800 多家,其中原药生产企业 500 多家,全行业从业人员 16 余万人。经过多年的发展,我国农药产量逐年上升,2014 年,我国农药产量 374.4 万 t,增长 1.4%。

农药制造业是我国化工行业中规模较小、企业数量较少的一个子行业。农药制造企业主要集中在江苏、浙江、山东等地区,企业数量占全国企业总数的 47.67%。此外,农药制造行业总资产也集中在江苏、山东、浙江等省份,三省总资产占全国总资产的 60.46%。江苏农药制造行业资产规模占比为 36.60%,高于浙江省和山东省;江苏农药制造行业利润总额占比为46.42%，远远高于河北省和辽宁省。山东省整体情况好于浙江省，但在资产比重上，浙江省高于山东省，山东省收入和利润比重均高于浙江省。

我国农药制造企业存在以下问题：整体规模较小，产业集中度较低，自主创新能力弱，技术水平较低，高端技术产品匮乏，产品结构尚需进一步调整，特征污染物缺乏有效处理手段。

近年来，虽然加大了科技开发投入，建立了南北方农药创制中心，依托现有国内农药科研力量，创造出了一批均有独立知识产权的高效农药品种，但与跨国公司相比，国内农药企业的自主创新水平仍然较低。截至目前，国内绝大多数农药企业的研发投入占销售收入的比例仅为1%，我国独创的农药品种只有27个。而先正达、拜耳、陶氏、杜邦、巴斯夫这5家跨国农药企业，在中国获得登记的农药产品就有74个。

我国创制农药产品少的原因主要是成本太高。开发一个新的农药化学品平均耗资超过2.56亿美元，开发周期超过9年。国内农药企业由于规模小、利润薄，往往不愿加大投入。国际农药巨头一直延续"专利农药—丰厚利润—加大研发投入—新专利农药"的发展路线，凭借研发和专利优势占领了大量的农药市场；而国内企业以仿制生产国外到期专利品种为主，一些企业甚至在对方产品还在专利保护期时就在市场上投放销售，导致侵权纠纷时有发生。在这种情况下，国内农药企业加快创制已经刻不容缓。《农药工业"十二五"发展规划》指出，到2015年，我国农药创新品种要累计达到50个以上，重点农药企业研发投入占销售收入的比例要达到5%以上，农药全行业的研发投入要占到销售收入的2%以上，这为我国农药企业加快研发提出新要求。

3. 了解专有名词

像农药制造业经常提到的"缩合""醇化""水解""精馏""复配"等专有名词（详见附录一），应了解其含义，以便了解其工艺过程。

4. 了解政策和标准

对农药制造业进行清洁生产审核前，应了解以下几个政策和标准：

(1)政策

《产业结构调整指导目录(2011年本)》(2013年修订)

《部分工业行业淘汰落后生产工艺装备和产品指导目录(2010年本)》

《当前工商领域固定资产投资重点》

《国家禁止发展项目表》

《严重污染环境(大气)的淘汰工艺与设备名录(第一批)》

《中华人民共和国农药管理条例(2001年修订)》

《关于进一步加强农药行业管理工作的通知》(发改办工业〔2008〕485号)

《农药产业政策》(工联产业政策〔2010〕第1号)

(2)标准

《有机磷农药行业清洁生产评价指标体系(试行)》

《杂环类农药工业水污染物排放标准》(GB 21523—2008)

《大气污染物综合排放标准》(GB 16297—1996)

《恶臭污染物排放标准》(GB 14554—93)

5. 了解企业概况

审核农药制造企业前，应首先了解企业现有生产单元的构成(可对照企业总平面图，查看企业主体装置有几套，配套设施有哪些，是否有上下游产品生产装置；查看危化品储存库、液体原辅材料储罐、污水处理站的情况；同时，查看企业是否有三效蒸发装置、焚烧装置、事故水池等)、企业采用的生产工艺、企业产生的主要污染物、企业采取的污染治理措施及污染设施运行情况、企业主要污染物排放去向等。

图 2-11 给出了农药生产与上下游产品的关系。

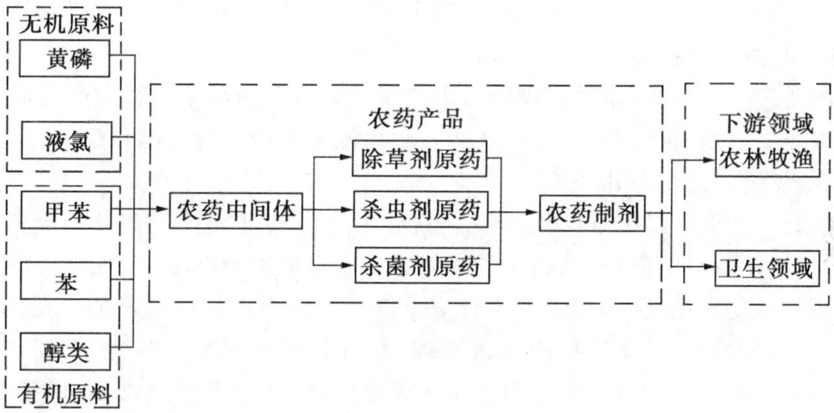

图 2-11　农药生产与上下游产品关系图

举例：某化工有限公司于 2004 年落户某经济技术开发区，是一家集植保产品的研发、原药合成、制剂加工和销售于一体的中外合资企业，拥有自营进出口权，是国家定点的农药生产企业、高新技术企业。目前有一套 6000 t/a 甘氨酸法草甘膦生产装置、一套 12000 t/a 三氯化磷项目、一套 12000 t/a 莠去津生产装置正常生产，产品主要是草甘膦类、莠去津类。企业各装署生产关系如图 2-12 所示。

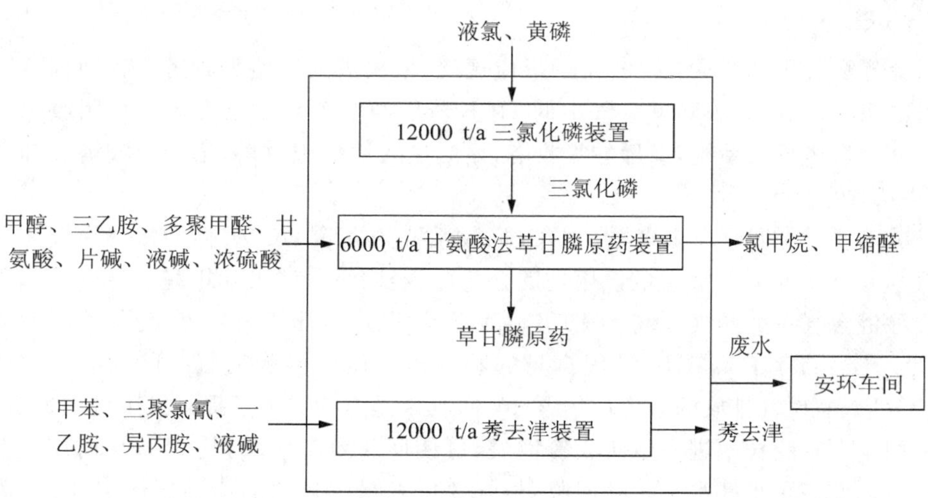

图 2-12　企业各装置生产关系图

6. 掌握工艺流程

(1)三氯化磷生产装置

从液氯钢瓶来的液氯经工艺热水预热汽化后,经缓冲罐、调节阀调节压力、流量计测定流量后进入反应釜。黄磷从熔磷池泵入计量罐,经调节加入量后进入反应釜。反应生成的三氯化磷在提馏塔内与回流的液态三氯化磷进行传质传热后进入冷凝器冷凝,冷凝后的三氯化磷一部分进入提馏塔回流,其余进入成品槽。冷凝器的出水对液氯进行气化换热。主要化学反应方程式如下:

$$2P + 3Cl_2 \longrightarrow 2PCl_3 + 313.95\ kJ/mol$$

(2)甘氨酸法草甘膦原药生产装置

该生产装置分为两套:原料亚磷酸二甲酯生产装置和产品草甘膦生产装置。

①亚磷酸二甲酯生产装置。整个亚磷酸二甲酯的生产可分为酯化反应、尾气 HCl 回收处理、尾气氯甲烷回收等几个工序。

a. 酯化反应。采用以称重模块和控制软件为核心的准确计量和控制流量的自动控制系统,将三氯化磷与甲醇有效、稳定、准确地按配比投入酯化釜中,控制酯化温度不高于 20 ℃(可有效抑制副反应)即可发生合成反应。在合成过程中放出的大量的热及时由夹套内的冷冻盐水带走。而后料液进入脱酸,釜进行快速脱酸,去除溶解在其中的氯甲烷、HCl 气体,尾气进入尾气回收系统。脱酸后的物料进入粗酯接收槽,得到粗二甲酯。将粗二甲酯用泵打至再沸器,升温回流,全回流稳定后,连续进料、出料,待再沸器达到一定温度出尽成品,出高沸物——副产品亚磷酸。

b. 尾气 HCl 回收处理。每生产 1 t 亚磷酸二甲酯副产 0.66 t HCl 和 0.50 t 氯甲烷气体。在常温常压下,HCl 易溶于水生成盐酸,氯甲烷难溶于水,故用水吸收尾气中的 HCl,并使其与氯甲烷分离。

为提高 HCl 的吸收效率和脱出率,得到高浓度的商品盐酸,采用三级逆流水洗涤+一级碱洗涤的回收 HCl 处理工艺,洗涤塔全部采用高效率的填料塔,HCl 总的吸收效率达到 99.98%以上。

由亚磷酸二甲酯合成工序排出的反应尾气,依次进入浓酸吸收塔、稀酸吸收塔、水洗塔和碱洗塔,以回收和脱除反应气中的 HCl,最后经罗茨真空泵去氯甲烷回收工序。吸收剂水从水洗塔进入系统,经稀酸吸收塔,最后进入浓酸吸收塔,浓酸吸收塔底部即可排出 30%以上的盐酸。

c. 尾气氯甲烷回收。来自尾气 HCl 回收系统的去除 HCl 气体的氯甲烷气体混合气和来自 6000 t/a 草甘膦装置的氯甲烷混合气体,经四级水洗去除甲醛、甲缩醛后,再经碱洗后去除混合气中的酸气,最后经四级硫酸干燥塔脱水,压缩机压缩,冷却冷凝后得氯甲烷成品。产品储存于储槽中,利用自身的蒸汽压力压入包装钢瓶。在氯甲烷压缩过程中,随不可压缩尾气排放的氯甲烷约含 20%,其余是空气。为了提高氯甲烷的回收率,该工艺采用了专利膜技术进一步回收氯甲烷,可使回收效率提高到 90%,从而使整个氯甲烷的回收达到一个很高水平。经回收,最终氯甲烷系统排放的惰性气体由 30 m 高排气筒排放。

②草甘膦生产装置。

a. 合成。首先将物料甲醇、三乙胺和多聚甲醛同时投入合成釜当中，开始解聚反应，多聚甲醛在甲醇体系中以及催化剂三乙胺存在的条件下，解聚成甲醛，然后甲醛与甲醇生成不稳定的中间体半缩醛。反应结束后，加入甘氨酸，反应生成加成产物。反应 1 h 以后，向反应釜内投入亚磷酸二甲酯进行缩合反应，得到缩合产物。

b. 水解。合成工序所得到的合成料液进入水解脱溶反应器后，定时定量加入 30%的盐酸作为萃取剂，在 40～120 ℃条件下进行水解反应，将合成产物草甘膦从有机相中萃取到酸性水溶液中，然后脱去溶剂，除去盐酸，得到草甘膦。

当盐酸加入合成料液后，会产生大量热量，要及时地处理这些反应热。加酸结束后，用蒸汽通过夹套进行加热，按工艺要求给定的温度曲线控制水解釜温度，进入脱溶阶段时，首先加热进行蒸馏，将气相产物甲缩醛、甲醇等低沸物蒸出。反应上升到一定温度后将蒸馏改为回流，进行负压脱酸。脱酸过程结束后，就进入下一过程——草甘膦原药的结晶以及溶剂、尾气去氯甲烷回收工序。

c. 结晶和分离。将含草甘膦的水解物泵入结晶釜，经水冷却结晶，然后进入抽滤槽，经一次洗涤分离，得到含湿量为 12%～18%的草甘膦原药和母液。

d. 烘干。将湿料经气流烘干，得到含量为 95%的草甘膦原药。烘干废气经旋风＋布袋＋水洗的三级收料除尘后，通过 15 m 高排气筒放空，总收料效率达到 99.99%以上。

e. 溶剂回收。出合成工序的反应物经水解、蒸馏、冷凝，再用 30%的液碱中和至 pH 值为 8～10 产生稀甲醇溶液，其中除含 55%左右的甲醇外，尚含 10%左右的合成反应副产物甲缩醛等。

水解得到的稀甲醇液首先进入甲缩醛精馏塔，蒸馏冷凝(两级冷却水＋冷冻盐水冷凝)得到副产物甲缩醛。甲缩醛精馏塔釜液再经甲醇精馏塔精馏，蒸馏冷凝(两级冷却水＋冷冻盐水冷凝)得到含量为 98%以上的甲醇，回收甲醇循环至合成工序继续使用。甲醇精馏塔釜液进入污水站生化处理。蒸馏不凝尾气进一步深度盐冷后放空。

f. 催化剂三乙胺回收。三乙胺作为催化剂参与草甘膦合成反应之后，反应物加盐酸水解，然后经结晶、过滤、洗涤得草甘膦原粉和结晶母液。三乙胺以其盐酸盐的形式溶解于母液中。

过滤出的草甘膦结晶母液进入中和釜，用 30%的液碱中和至 pH 值大于 10，静置分层。上层油相进三乙胺脱水器用片碱脱水后得 98%以上的三乙胺，回用于合成工序。下层水相母液经处理后进精馏塔。塔釜出料去母液浓缩工序，浓缩后配制成草甘膦水剂。塔顶馏出蒸汽经冷凝后进液位自动平衡式油水分离器。下层水相回流，上层油相去三乙胺脱水器。脱水器下层的碱液用于中和草甘膦结晶母液(去配制母液处置系统)。

(3)莠去津生产装置

企业采用甲苯为溶剂将三聚氯氰溶解后，用异丙胺、乙胺分别取代三聚氯氰中的两个氯离子，反应结束后用蒸汽蒸馏，回收溶剂后得到产品莠去津。生产过程包括溶解、合成、水洗、蒸馏、压滤、烘干等工序。

①溶解。先向溶解釜中投加溶剂甲苯，然后加入三聚氯氰，搅拌后转入合成釜。

②合成。将溶解后的三聚氯氰溶液输送至合成釜，降低反应温度到 5 ℃，然后滴加

异丙胺，搅拌均匀后滴加液碱，滴加完液碱后搅拌 30 min，静置分层，分出一取代水。然后滴加乙胺，滴加完毕后搅拌 10 min，开始滴加液碱，滴加完液碱后搅拌30 min，然后静置分层，分出二取代水。合成反应在低温条件下，采用盘管冷冻盐水降温。

取代反应结束后将溶液静置使其水油分层，合成的莠去津在上层油相中，先将合成釜中的取代水排出，然后将油层放入蒸馏釜中。

取代废水去取代水预处理系统，先经萃取回收的有机物会用于合成，萃取分离水再经三效蒸发脱盐，蒸发冷凝水部分回用于合成工序，部分去污水处理站。蒸发浓缩得到的废盐经重结晶得到较纯净的废盐，作为副产品工业盐由山东海恒化学有限公司综合利用。

一取代反应方程式为：

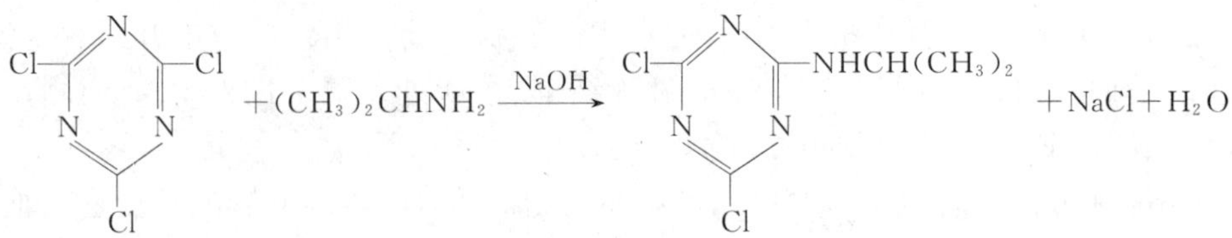

二取代反应方程式为：

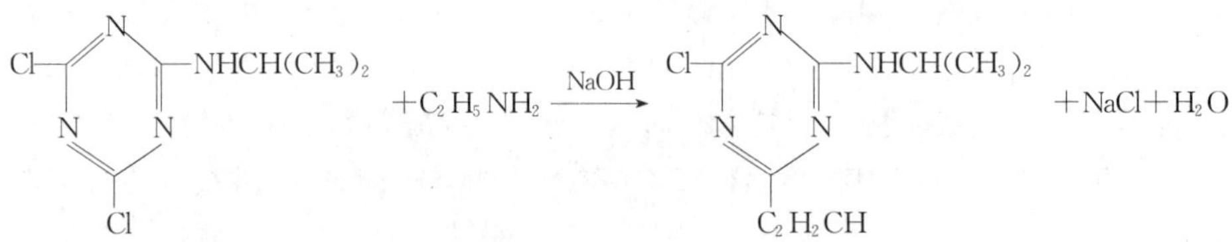

③水洗。将料液转入蒸馏釜中，加入水将料液进行洗涤，将剩余氯化钠洗出。该过程将产生高盐有机水洗废水，水洗废水先经电渗析系统处理，得到的淡盐水用于蒸馏工序，得到的浓盐水并入高盐废水蒸发浓缩结晶处理系统。

④蒸馏。将洗涤好的料液，加入一定量的甲苯分水，开启夹套蒸汽，利用水和甲苯共沸将甲苯蒸出，经两级水冷和一级盐冷后，凝结液经静置分层，上层甲苯相送甲苯罐中回用，分离的水套用到下一批蒸馏。蒸馏回收溶剂后的物料转入压滤分离工序。蒸馏不凝气经冷冻盐水进一步冷凝回收甲苯后放空。

⑤压滤。蒸馏釜底得到的莠去津蒸馏湿料，经压滤去除大部分水分后，得到湿料莠去津，废水回用于水洗工序。

⑥烘干。将压滤工段得到的莠去津湿料通过闪蒸干燥机予以干燥，夹带莠去津颗粒物的气流经旋风＋布袋收料器高效捕集物料后的产品去莠去津加工车间包装外售。

烘干收料尾气再经水膜洗涤器通过排气筒放空，洗涤水经沉淀后循环使用，沉淀物送湿料压滤工序。

7. 明确产污环节

农药制造业主要的产污环节（以三氯化磷、草甘膦和莠去津为例）见表 2-26。

表 2-26　污染环节

装置	排放源	主要污染物
三氯化磷	地面冲洗水	COD、SS、氨氮、磷酸盐
甘氨酸法草甘膦原药	甲醇精馏回收废水	COD、全盐量
	配制母液	COD、氨氮、TP、全盐量
	设备地面冲洗废水	COD、SS、氨氮、磷酸盐
	氯甲烷洗涤废水	COD、氨氮、TP、全盐量
	氯甲烷回收系统废气	甲醇、氯化氢、氯甲烷
	甲缩醛精馏回收系统产生的不凝尾气	甲醇
	甲醇回收系统废气	甲醇
	三乙胺回收系统废气	三乙胺
	烘干废气	颗粒物
	盐	盐
	废包装物	含有草甘膦除草剂成分
莠去津	合成取代废水	COD、氨氮、全盐量
	水洗废水	COD、氨氮、全盐量
	设备冲洗水	COD、SS、氨氮
	蒸馏不凝尾气	甲苯
	烘干尾气	颗粒物
	盐	盐
	废包装物	含莠去津物料
公用工程及辅助	循环水排污	COD、SS
	空压站循环水排污	COD、SS
	脱盐水站排水	COD、SS
	分析、化验废水	COD、氨氮
	高盐水重结晶盐	盐
	污水处理污泥	除草剂
其他	初期雨水	COD、氨氮
	设备、地面冲洗水	COD、SS、氨氮、石油类

二、政策和标准解读

1. 农药行业政策

(1)《产业结构调整指导目录(2011年本)》(2013年修订)

①鼓励类:“十一、石化化工”中的“6、高效、安全、环境友好的农药新品种、新剂型(水基化剂型等)、专用中间体、助剂(水基化助剂等)的开发与生产,甲叉法乙草胺、水相法毒死蜱工艺、草甘膦回收氯甲烷工艺、定向合成法手性和立体结构农药生产、乙基氯化物合成技术等清洁生产工艺的开发和应用,生物农药新产品、新技术的开发与生产”。

②限制类:“四、石化化工”中的“8、新建高毒、高残留以及对环境影响大的农药原药(包括氧乐果、水胺硫磷、甲基异柳磷、甲拌磷、特丁磷、杀扑磷、溴甲烷、灭多威、涕灭威、克百威、敌鼠钠、敌鼠酮、杀鼠灵、杀鼠醚、溴敌隆、溴鼠灵、肉毒素、杀虫双、灭线磷、硫丹、磷化铝、三氯杀螨醇,有机氯类、有机锡类杀虫剂,福美类杀菌剂,复硝酚钠(钾)等)生产装置”“9、新建草甘膦、毒死蜱(水相法工艺除外)、三唑磷、百草枯、百菌清、阿维菌素、吡虫啉、乙草胺(甲叉法工艺除外)生产装置”。

③淘汰类:“(四)石化化工”中的“7、钠法百草枯生产工艺,敌百虫碱法敌敌畏生产工艺,小包装(1公斤及以下)农药产品手工包(灌)装工艺及设备,雷蒙机法生产农药粉剂,以六氯苯为原料生产五氯酚(钠)装置”。

▶特别提示:

(1)审核过程中应关注国家及国务院各部委对高毒农药的禁用政策。国家定期发布高毒农药禁用政策,对部分高毒农药的生产、销售及使用作出严格规定,如农业部发布的《高毒农药采取进一步禁限用管理措施》(农业部第1586号公告)。

(2)目前,我国农药行业存在生产企业数量众多、生产规模较小、产品重复登记严重和产能过剩等特点,市场竞争十分激烈。而部分高毒农药的淘汰将为低毒高效的相关替代产品让出一部分市场空间,同时也能促进相关企业进行产品结构调整,这对我国农药行业的健康发展十分有利。

(2)《有机磷农药行业清洁生产评价指标体系(试行)》

该指标体系将企业清洁生产等级划分为两级:一级代表国内清洁生产先进水平,二级代表国内清洁生产一般水平。它适用于以黄磷为起始原料生产敌百虫、敌敌畏、三唑磷、毒死蜱、辛硫磷以及草甘膦为主导产品的农药企业,且有机磷类农药产量须占企业农药总产量的50%以上。

其中分不同产品对资源与能源消耗指标、污染物产生指标、资源综合利用指标均进行了定量化规定,在清洁生产审核过程中,需重点了解。

2. 农药行业标准

农药行业标准主要是《杂环类农药工业水污染物排放标准》(GB 21523—2008)。该标准规定了杂环类农药吡虫啉、三唑酮、多菌灵、百草枯、莠去津、氟虫腈原药生产过程中水污染物排放限值。

▶**特别提示：**

（1）生产设施或车间排放口莠去津、氟虫腈排放浓度应符合相应的标准限值，类似于综合排放标准对一类污染物的规定。

（2）在蒸馏后的产品抽滤操作过程中，应采取有效措施控制产品流失，以减少悬浮物的产生量，提高产品回收率。

（3）农药生产企业应严格实施"清污分流"，对废水储存池、管网进行防腐、防渗漏处理，避免废水渗漏到清下水管网中；加强管理，增加集水池，杜绝地面冲洗水、设备冲洗水进入清水沟，把这类废水引入稀废水收集池。

（4）《农药生产准入条件（征求意见稿）》中，有禁止采用的落后工艺和禁止生产的产品，可用作审核参考。

（5）不同的农药产品排放污染物有所差别，其污染物排放标准目前正在征求意见，可在具体审核过程中针对不同农药产品参考其污染物排放标准征求意见稿。如：《农药工业水污染物排放标准 菊酯类（征求意见稿）》、《有机磷类农药工业水污染物排放标准（二次征求意见稿）》、《酰胺类农药工业水污染物排放标准（征求意见稿）》、《有机氯类农药工业水污染物排放标准（征求意见稿）》、《有机硫类农药工业水污染物排放标准（征求意见稿）》等。

三、审核过程解析

1．"三废"产排分析

农药制造行业企业开展清洁生产审核工作前，应对照企业生产工艺流程，逐一分析每一个工段、工序是否有"三废"产生，主要含有哪些污染物，对这些污染物企业是如何处理、处置的，这些处理、处置方法是否合理。

下面以某化工有限公司为例进行详细分析。某化工有限公司现有一套 6000 t/a 甘氨酸法草甘膦生产装置、一套 12000 t/a 三氯化磷项目、一套 12000 t/a 莠去津生产装置。企业生产工艺流程及产污节点分别如图 2-13、图 2-14、图 2-15 所示。

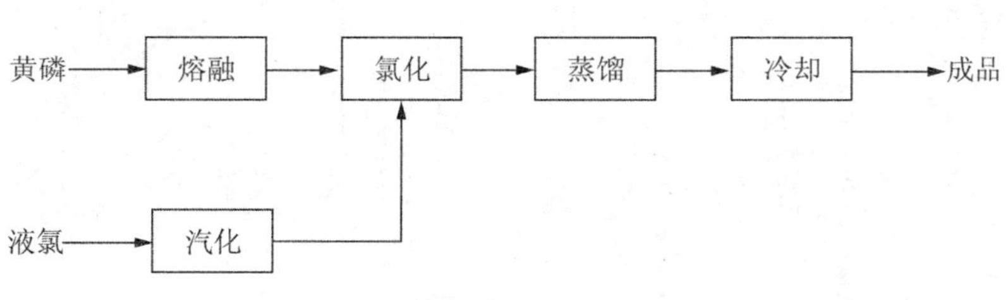

图 2-13 三氯化磷生产工艺流程及排污节点示意图

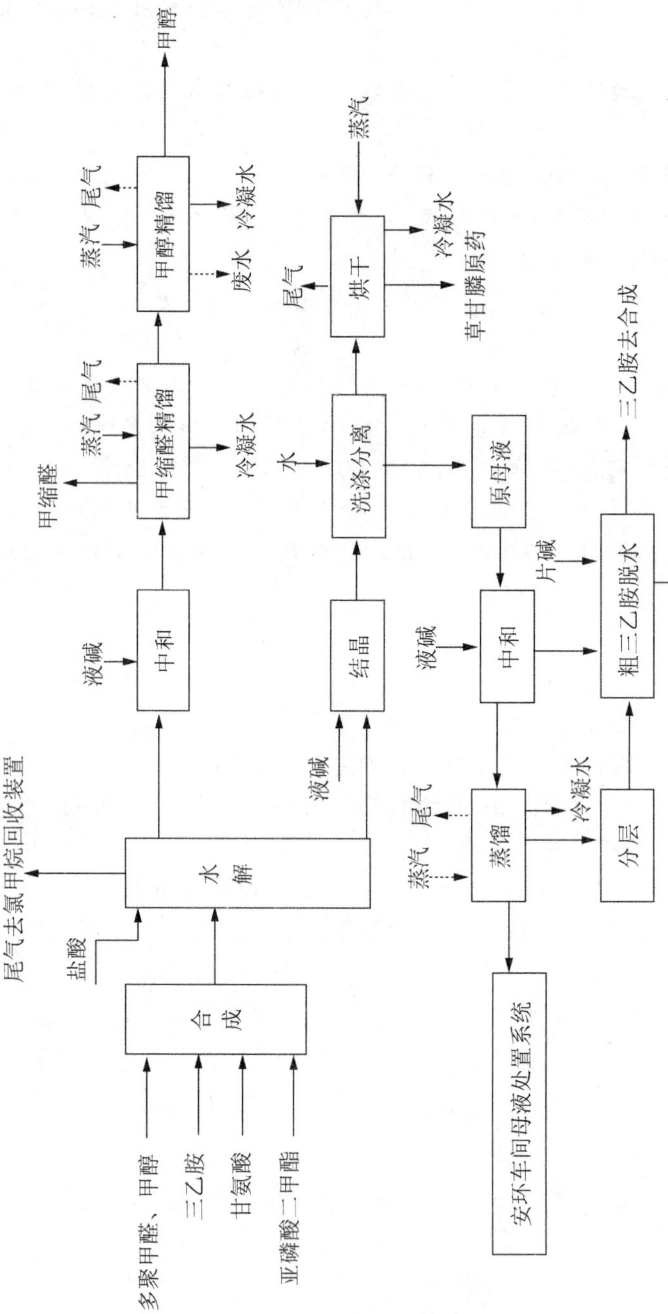

图2-14 甘氨酸法草甘膦原药生产工艺流程及排污节点示意图

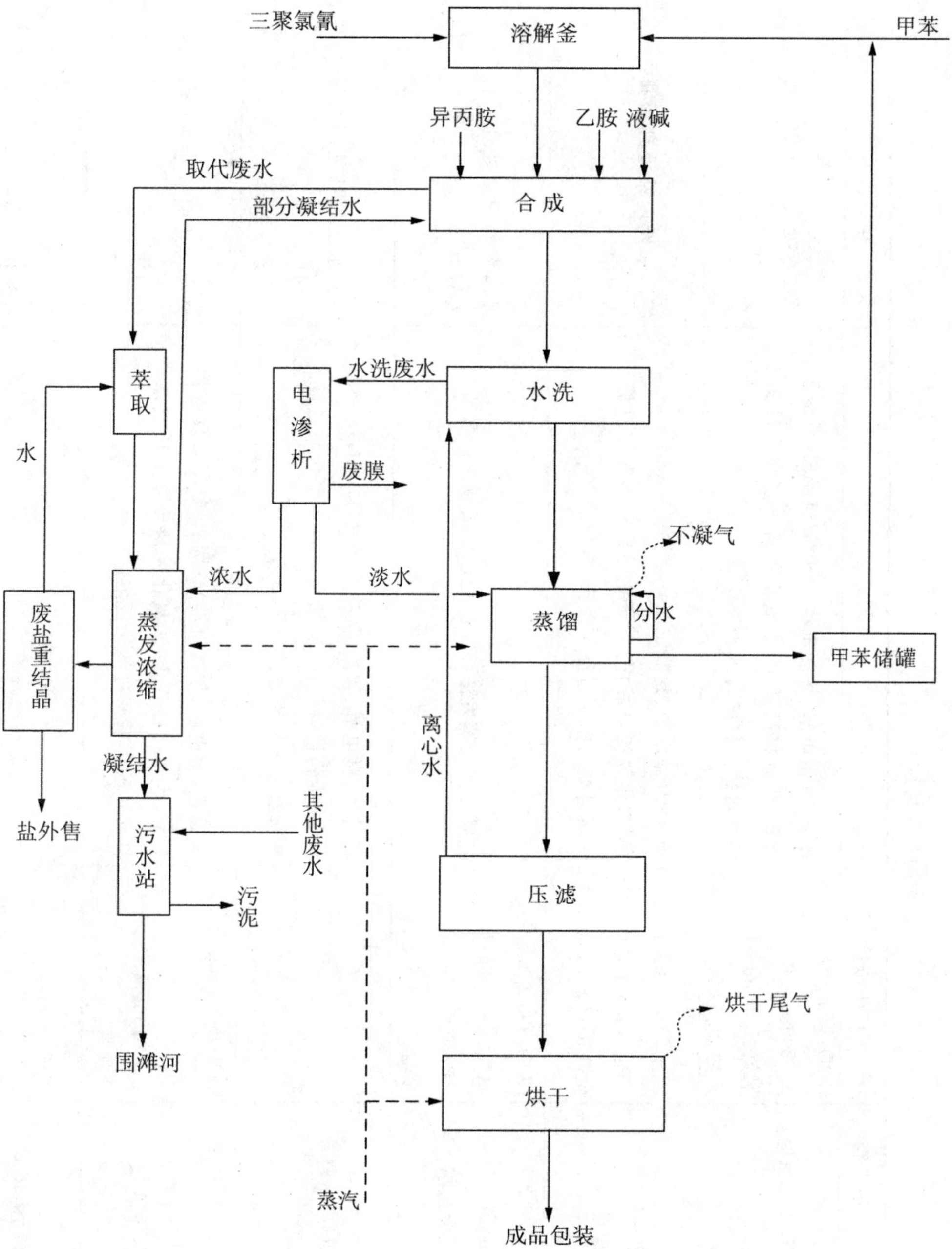

图 2-15　莠去津生产工艺流程及排污节点示意图

根据以上工艺流程图，下面具体分析各种废物的产排特性（见表 2-27）。

表 2-27 废物的产排特性

装置	废物种类	主要污染物	产生浓度	处理方法	排放去向
三氯化磷	地面冲洗水	COD、SS、氨氮、磷酸盐	COD:44 mg/L SS:200 mg/L 氨氮:1.16 mg/L 磷酸盐:53 mg/L	预处理(微电解、絮凝沉淀)+厌氧(UASB反应器)+好氧(生物接触氧化)+氧化除磷+多介质过滤+活性炭过滤+精密过滤+反渗透	经污水处理站处理后排入河中
甘氨酸法草甘膦原药	甲醇精馏回收废水	COD、TP、全盐量	COD:3142 mg/L TP:45 mg/L 全盐量:4000 mg/L	预处理(微电解、絮凝沉淀)+厌氧(UASB反应器)+好氧(生物接触氧化)+氧化除磷+多介质过滤+活性炭过滤+精密过滤+反渗透	经污水处理站处理后排入河中
	配制母液	COD、氨氮、TP、全盐量	COD:39000 mg/L 氨氮:1500 mg/L TP:20000 mg/L 全盐量:130000 mg/L	经膜分离+蒸发浓缩结晶处理后淡液去污水站	经污水处理站处理后排入河中
	设备、地面冲洗废水	COD、SS、氨氮、磷酸盐	COD:600 mg/L SS:25 mg/L 氨氮:15 mg/L 全盐量:500 mg/L	预处理(微电解、絮凝沉淀)+厌氧(UASB反应器)+好氧(生物接触氧化)+氧化除磷+多介质过滤+活性炭过滤+精密过滤+反渗透	经污水处理站处理后排入河中
	氯甲烷洗涤废水	COD、氨氮、TP、全盐量	COD:6000 mg/L 氨氮:90 mg/L TP:20 mg/L 全盐量:5000 mg/L	预处理(微电解、絮凝沉淀)+厌氧(UASB反应器)+好氧(生物接触氧化)+氧化除磷+多介质过滤+活性炭过滤+精密过滤+反渗透	经污水处理站处理后排入河中
	氯甲烷回收系统废气	甲醇、氯化氢、氯甲烷	甲醇:4.69 mg/m^3 氯化氢:29.1 mg/m^3 氯甲烷:5.0 mg/m^3	膜分离技术	大气中

续表

装置	废物种类	主要污染物	产生浓度	处理方法	排放去向
甘氨酸法草甘膦原药	甲缩醛精馏回收系统产生的不凝尾气	甲醇	60 mg/m^3	两级冷却水＋冷冻盐水＋深度盐水冷凝	大气中
	甲醇回收系统废气	甲醇	＜0.30 mg/m^3	两级冷却水＋冷冻盐水＋深度盐水冷凝	大气中
	三乙胺回收系统废气	三乙胺	325 mg/m^3	两级冷却水＋冷冻盐水＋深度盐水冷凝	大气中
	烘干废气	颗粒物	19.5 mg/m^3	旋风分离器＋布袋收尘器＋水膜捕集器	大气中
	盐	盐	—	统一收集后外售	外售
	废包装物	含有草甘膦除草剂成分	—	交由有资质单位处理	交由有资质单位处理
莠去津	合成取代废水	COD、氨氮、全盐量	COD:3690 mg/L 氨氮:60.8 mg/L 全盐量:150000 mg/L	萃取＋蒸发结晶浓缩后进入厂区污水站	经污水处理站处理后排入河中
	水洗废水	COD、氨氮、全盐量	COD:2610 mg/L 氨氮:82.8 mg/L 全盐量:11000 mg/L	电渗析＋蒸发浓缩脱盐后进入厂区污水站	经污水处理站处理后排入河中

续表

装置	废物种类	主要污染物	产生浓度	处理方法	排放去向
莠去津	设备冲洗水	COD、SS、氨氮全盐量	COD:600 mg/L SS:25 mg/L 氨氮:25 mg/L 全盐量:500 mg/L	预处理(微电解、絮凝沉淀)+厌氧(UASB反应器)+好氧(生物接触氧化)+氧化除磷+多介质过滤+活性炭过滤+精密过滤+反渗透	经污水处理站处理后排入河中
	蒸馏不凝尾气	甲苯	6 mg/m^3	两级冷却水+冷冻盐水+深度盐水冷凝	大气中
	烘干尾气	颗粒物	65.6 mg/m^3	旋风分离器+布袋收尘器+水膜捕集器	大气中
	盐	盐	—	作为工业盐综合利用	综合利用
	废包装物	含莠去津物料	—	交由有资质单位处理	交由有资质单位处理
公用工程及辅助	循环水排污	COD、SS	COD:50 mg/L SS:30 mg/L	预处理(微电解、絮凝沉淀)+厌氧(UASB反应器)+好氧(生物接触氧化)+氧化除磷+多介质过滤+活性炭过滤+精密过滤+反渗透	经污水处理站处理后排入河中
	空压站循环水排污	COD、SS	COD:50 mg/L SS:30 mg/L	预处理(微电解、絮凝沉淀)+厌氧(UASB反应器)+好氧(生物接触氧化)+氧化除磷+多介质过滤+活性炭过滤+精密过滤+反渗透	经污水处理站处理后排入河中
	脱盐水站排水	COD、SS	COD:50 mg/L SS:30 mg/L	预处理(微电解、絮凝沉淀)+厌氧(UASB反应器)+好氧(生物接触氧化)+氧化除磷+多介质过滤+活性炭过滤+精密过滤+反渗透	经污水处理站处理后排入河中
	分析、化验废水	COD、氨氮	COD:300 mg/L 氨氮:50 mg/L	预处理(微电解、絮凝沉淀)+厌氧(UASB反应器)+好氧(生物接触氧化)+氧化除磷+多介质过滤+活性炭过滤+精密过滤+反渗透	经污水处理站处理后排入河中

续表

装置	废物种类	主要污染物	产生浓度	处理方法	排放去向
公用工程及辅助	高盐水重结晶盐	盐	—	作为工业盐综合利用	综合利用
	污水处理污泥	除草剂	—	交由有资质单位处理	交由有资质单位处理
其他	初期雨水	COD、氨氮、石油类	COD:300 mg/L 氨氮:50 mg/L 石油类:100 mg/L	预处理(微电解、絮凝沉淀)+厌氧(UASB反应器)+好氧(生物接触氧化)+氧化除磷+多介质过滤+活性炭过滤+精密过滤+反渗透	经污水处理站处理后排入河中
	设备、地面冲洗水	COD、SS、氨氮、石油类	COD:120 mg/L SS:180 mg/L 氨氮:50 mg/L 石油类:20 mg/L	预处理(微电解、絮凝沉淀)+厌氧(UASB反应器)+好氧(生物接触氧化)+氧化除磷+多介质过滤+活性炭过滤+精密过滤+反渗透	经污水处理站处理后排入河中

通过分析工艺流程图和“三废”产排，结合企业实际，可以得出以下清洁生产方案：

▶方案1：原来的莠去津装置原材料和半成品包装物采用割口方式投料，造成了包装物的浪废。现改变投料方式，不破坏包装物，将包装物清洗后重新利用。

▶方案2：原来的莠去津装置压滤工段产生的压滤水采用人工操作的方式回用至水洗，回用率为20%。现增加浮球开关，提高回用率至90%。

▶方案3：原来的草甘膦装置清洗设备表面时直接用自来水冲洗，浪费严重。现制定设备清洗制度，规定清洗设备表面时需用抹布擦拭，减少设备清洗用水量。

2. 审核重点选择

根据农药制药行业特点，选择废物产生量、原料消耗、水耗、能耗、环保费用作为筛选审核重点主要考虑的几个因素，分别计算几个备选审核重点的几个指标的数量，再结合权重总和计分排序法计算结果确定审核重点。

举例：某企业现有哒螨灵车间、二氯车间、动力车间和环保站四个车间，动力车间和环保站为辅助车间。首先确定哒螨灵车间和二氯车间作为备选审核重点。再由权重总和计分排序法得出，二氯车间得分最高，其次是哒螨灵车间，且二氯车间清洁生产潜力较大，一旦采取措施，容易产生显著的经济效益和环境效益，因此，确定二氯车间为审核重点。

3. 审核目标设置

(1)目标设置依据

根据对企业的清洁生产水平评估情况，参照企业最高水平，针对审核重点和全厂情况设置清洁生产目标。

(2)目标选择方法

某企业具体的目标设置见表2-28。

表2-28　　目标设置

指标	单位	现状	近期目标(2016年底)		中期目标(2017年底)	
			绝对量	变化率	绝对量	变化率
二氯车间						
双环戊二烯消耗量	$kg/t_{产品}$	*	*	削减*%	*	削减*%
丙烯醛消耗量	$kg/t_{产品}$	*	*	削减*%	*	削减*%
丙烯腈消耗量	$kg/t_{产品}$	*	*	削减*%	*	削减*%
甲苯消耗量	$kg/t_{产品}$	*	*	削减*%	*	削减*%
水耗	$t/t_{产品}$	*	*	削减*%	*	削减*%
电耗	$kW\cdot h/t_{产品}$	*	*	削减*%	*	削减*%
蒸汽消耗	$t/t_{产品}$	*	*	削减*%	*	削减*%
废水产生量	$t/t_{产品}$	*	*	削减*%	*	削减*%
固废综合利用率	%	*	*	提高*%	*	提高*%

续表

指标	单位	现状	近期目标(2016 年底)		中期目标(2017 年底)	
			绝对量	变化率	绝对量	变化率
全厂						
水循环利用率	%	*	*	提高 * %	*	提高 * %
COD 排放量	t/a	*	*	削减 * %	*	削减 * %
氨氮排放量	t/a	*	*	削减 * %	*	削减 * %
SO_2 排放量	t/a	*	*	削减 * %	*	削减 * %
NO_x 排放量	t/a	*	*	削减 * %	*	削减 * %

注:不同企业由于工艺、生产规模等不同,各目标值差别较大,此处不列具体数值,仅对如何选取目标对象提供参考(* 代表省略的数据)。

4. 平衡数据分析

物料平衡

列出整个农药制造生产工艺,按照每个工序测定(或估算)的输入物料、输出物料及损耗,绘制出物料平衡图和物料流程图(流程图此处暂略),据此可以找出物料主要损耗和流失环节。图 2-16、图 2-17 分别给出了某二氯车间及其单位产品的物料平衡。

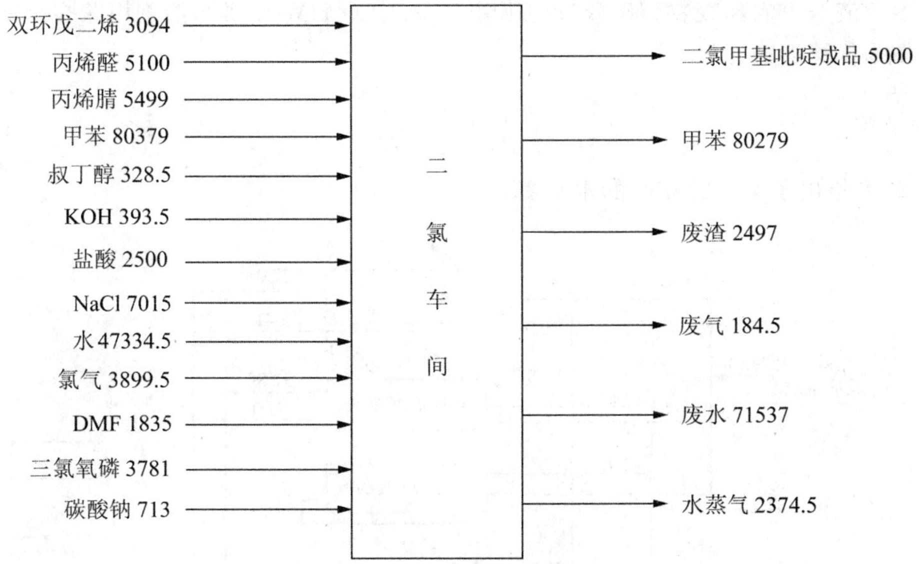

图 2-16　二氯车间的物料平衡图(单位:kg/d)

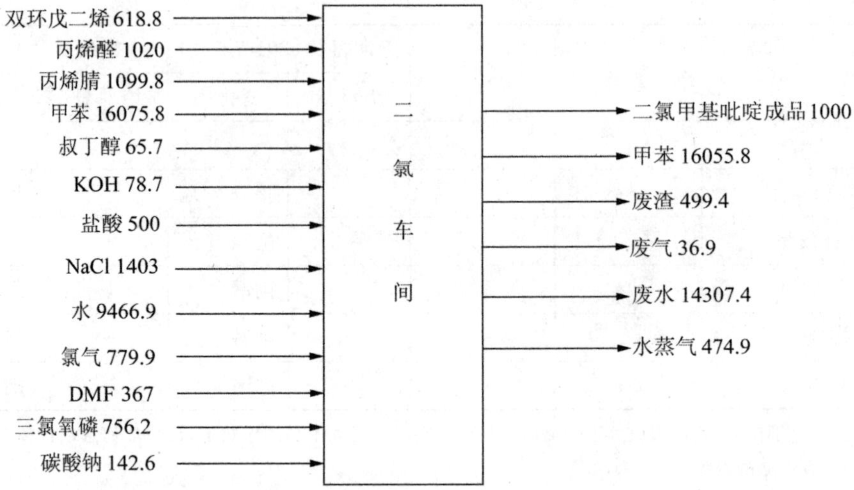

图 2-17 二氯车间单位产品的物料平衡图(单位:kg/kg)

从物料平衡图中可以看出:总输出物料为 161872 kg/d,二氯甲基吡啶成品占 3.09%,甲苯占 49.59%(甲苯可循环利用),废渣占 1.54%,废气占 0.11%,废水占 44.19%,水蒸气占 1.47%,其中误差主要来自水蒸气和废气。

企业生产使用的原料大多数属于有毒有害物质,通过二氯车间单位产品物料平衡图可知,有毒有害的原料经反应生成产品,其中双环戊二烯、丙烯醛和丙烯腈在反应过程中部分产生废渣——农药废物(《国家危险废物名录》中的 HW04 类),溶剂甲苯在多次循环使用后作为低档溶剂外售。

水平衡

图 2-18 给出了某二氯车间的水平衡。

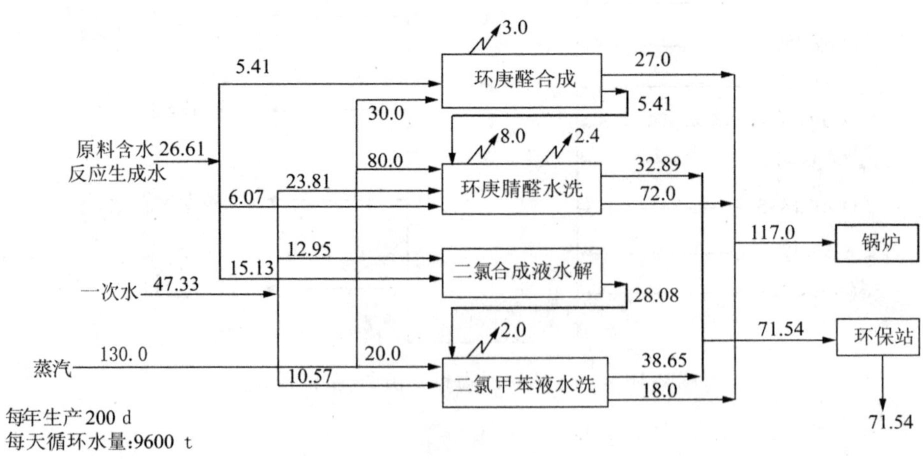

图 2-18 二氯车间的水平衡图(单位:t/d)

从水平衡图中可以看出：

二氯车间环庚腈醛水洗工段一次水为 23.81 t/d，占 50.31%；二氯合成液水解工段一次水为 12.95 t/d，占 27.36%；二氯甲苯液水洗工段一次水为 10.57t/d，占 22.33%。环庚腈醛水洗工段排废水 32.89 t/d，占 45.97%；二氯甲苯液水洗工段排废水38.65 t/d，占 54.03%。由此可知，二氯车间水的使用和排放有待进一步挖掘清洁生产潜力，将循环水系统进行改造，节约清水，减少废水排放。根据平衡分析，可将加成工段分出的废水，利用活性炭进行吸附过滤加以净化，再一次地回收利用。

四、注意事项汇总

(1)农药废水水质、水量不稳定。废水主要包括以下几类：①含苯废水：生产 1 t 六六六排出 3～4 t 废水，含苯量为 1500～2000 mg/L，可采用蒸馏、煤矸矿渣吸附处理。②含有机磷废水：COD 在 10000 mg/L 以上，含有机磷约 1000 mg/L，可先用萃取或蒸馏法回收废水中的乐果、甲醇、二甲胺等物质，然后用生物法进行无害化处理。③高浓度含盐废水：生产 1 t 敌敌畏产生废水 5～7 t，含 COD 达数万毫克/升，含有机磷 1000 mg/L 及约 0.6%敌敌畏有毒物质，采用浓缩焚烧法或湿式氧化法处理。④高浓度含酚废水：先通过萃取法回收酚使其含量小于 300 mg/L，并经适当前处理后再进行生化法或化学氧化处理。⑤含汞废水：废水呈酸性，汞化物呈溶解状态，可用硫化物沉淀法进行处理。近年来，还有采用反渗透法、活性炭—生物膜法对农药废水进行处理的。一些国家已禁止使用、生产六六六等有机氯、有机汞农药，积极研究微生物农药，这是防止农药污染的根本途径。

常见的农药废水处理方法有：焚烧法、光催化法、超声波法、生物法、电解法、氧化法。在处理实际废水时，由于水中的有机污染物呈现出复杂多样的特点，仅采用单一的处理工艺往往达不到预期目的。在处理实际废水时，可以综合考虑技术特点与具体废水水质情况，选择适宜的工艺组合形式。

(2)农药生产企业产生的危险废物主要包括废物料包装袋和料桶、污水处理站产生的污泥、蒸馏残渣及含有机物的废盐分等，危废种类多、数量大，危险废物的储存、转移、处理等要严格按照相关标准及规范操作。

(3)农药行业清洁生产审核可按照生产装置进行分析，从装置的生产工艺、原辅料消耗、水耗、能耗、产排污情况等方面进行审核，寻找清洁生产审核潜力。农药行业无清洁生产标准，农药生产企业清洁生产水平可从生产过程的八个方面入手进行分析，同时比对国内外同行业清洁生产指标。

(4)农药行业清洁生产审核要注意异味治理问题，着重关注、控制大小罐区、罐区卸车、污水处理站等处的异味。

(5)化学合成类农药生产企业使用的溶剂，在清洁生产审核过程中应关注溶剂的使用消耗情况，掌握其去向及利用率，并对其使用消耗进行物料实测，建立溶剂物料平衡。

(6)农药行业原料复杂，工艺灵活，产品种类多，在进行审核前要多收集与企业相关的资料，审核过程中多与技术人员交流。

(7)工业和信息化部印发的《农药行业清洁生产技术推行方案》中，推荐了11个应用技术：二苯醚类除草剂原药生产废酸、废水、废渣中有利用价值的物质回收利用技术，常压空气氧化技术，生产二苯醚酸、加氢还原生产邻苯二胺技术，农药中间体菊酸酰氯化合成清洁生产技术，拟除虫菊酯类农药清洁生产技术，乐果原药清洁生产技术，草甘膦母液资源化回收利用，除草剂莠灭净的一锅法绿色合成新工艺，不对称催化合成精异丙甲草胺技术，高品质甲基嘧啶磷清洁生产技术，甲叉法酰胺类除草剂生产技术；1个推广技术：草甘膦副产氯甲烷的清洁回收技术。此外，还对其适用范围、主要内容、解决的主要问题等进行了详细的说明，在审核过程中可结合所审核的企业特点参考。

五、典型方案参考

表2-29列出了从废物处理和处置、节电、工艺优化三个角度精选的几个已在农药制造企业中实施过的典型方案(效益数据仅供参考)。

表2-29　农药制造企业中的典型方案

方案名称	方案简介	效益分析
方案类型：废物处理和处置		
真空泵内加碱液对酸性废气进行二次吸收	真空泵内加碱液对酸性废气进行二次吸收，使废气得到完全吸收，减少了废气的排放，节约了新鲜水用量	每年可减少废气排放2 m^3，减少废水排放5000 m^3，节约新鲜水5000 m^3，年增加经济效益1.3万元
碱精制母液重新利用	将碱精制母液重新回用到叶酸合成，节约了新鲜水用量，减少了废液的排放	每年可减少废水排放9800 m^3，节约新鲜水9800 m^3，年增加经济效益2.5万元
方案类型：节电		
部分设备变频改造	厂内空压机、乳油灌装线、破碎机变频设备老化，起不到自动控制、节电的功能，现更换8台变频器	全年可节电3万kW·h
转变双环戊二烯裂解加热方式	原外加热装接容量15 kW改为内加热装接容量12 kW，减少3 kW；原加热保温性能差，加热速度慢，现在加热保温性能好，加热速度快，以前要用30 min，现在只要5 min	全年可节电2.16万kW·h

续表

方案名称	方案简介	效益分析
方案类型:工艺优化		
压滤改变转料方式	精制料是颗粒状流态物料,物料本身的流动性差,放料时经常会发生管道堵塞但又不能及时发现,导致转料泵空转的现象,从而使压滤的转料泵经常性损坏,转料管线因为频繁疏通而出现漏点。现更改为真空转料,由原来的压力转料改成负压转料,降低了气味及动力消耗,减少了设备维护成本	通过改造压滤转料,管道漏点明显减少,减少了漏点导致的气味散发。每月节约维修费用1646元,每批料可以节约成本2.1元
压滤洗料方法改进	利用滤饼的氯化钠从上到下的浓度梯度控制洗料结果。随着市场的发展,对产品质量要求越来越高,原来的搅拌洗料会打破浓度的梯度分布,使底部高浓度的料重新均匀分布,当氯化钠降到一定程度,洗料控制的效果已不明显。改进洗料方法后,仅一次洗料时充分搅拌,压干后无须搅拌,加水后通过空气吹压起到对上层滤饼的深度清洗及对下层高浓度滤饼的有效清洗,使洗料达到更好的效果	年节约新水7339 t,同时提高了产品合格率,年减少废水排放7339 t

第三章 石油开采加工业审核实战指南

通俗地讲，石油开采加工业包括石油勘探、油田开发、油气集输和石油炼制四个环节。一般将前三个环节称为石油开采业，第四个环节称为石油加工业，分别属于《国民经济行业分类》(GB/T 4754—2011)中的石油开采业(B07)和石油加工业(C25)。环保部发布的《重点企业清洁生产审核程序的规定》(环发〔2005〕151 号)、《关于深入推进重点企业清洁生产的通知》(环发〔2010〕54 号)等文件均将石化行业纳入清洁生产审核重点行业之列。下面分别对石油开采业和石油加工业清洁生产审核进行实战讲解。

第一节　石油开采业

一、基础知识普及

1. 了解定义和原理

(1)定义

石油指自然界中以气态、液态、固态形式存在于地下的烃类混合物。棕黑色可燃黏稠液体，主要是各种烷烃、环烷烃、芳香烃的混合物。石油包括原油、天然气、原油伴生气、天然沥青等。石油开采就是把油、气在油井中从井底举升到井口的整个过程。一般石油开采方式有自喷采油和机械采油两种。

(2)原理

石油开采主要有石油地质勘探、石油测井生产、井下作业生产、采油生产、油气集输以及其他辅助生产过程。现有石油开采企业清洁生产审核一般关注采油生产、油气集输以及其他辅助生产过程。

2. 了解行业概况

石化行业在我国国民经济的发展中起着举足轻重的作用。2014 年，我国原油产量 2.1 亿 t，同比增长 0.6%；原油加工量 5.03 亿 t，增长 5.3%；原油进口量 3.08 亿 t(进口金额 2281.4 亿美元)，同比增长 9.3%；天然气进口 598.1 亿 m^3，增长 12.6%；已建成的炼油装置产能有2200万t，在建的产能有1000万t。原油开采行业效益增速大幅下滑。

我国石油资源主要分布在渤海湾、松辽、塔里木、鄂尔多斯、准噶尔、珠江口、柴达木和东海陆架八大盆地，其可采资源量172亿t，占全国的81.13%。从地理环境分布看，我国石油可采资源有76%分布在平原、浅海、戈壁和沙漠；从资源品位看，我国可采资源中优质资源占63%，低渗透资源占28%，重油占9%。

石油开采过程既有生态影响，又有污染影响。如道路、管道、井场建设的环境破坏属生态型影响，油气开采排放的废水、废气、含油污泥等属污染型影响。从污染源空间分布上，既有面源，又有点源。如几千个单井组成的油气田属面源污染，联合站属点源污染。从污染源时间分布看，既有固定源，又有变化源。如联合站排放的废气为固定源，油田产出水会随着采油时间的变化逐年增加，为变化源。总之，石油开采除对水体、大气、土壤环境造成污染外，还会对地层和地表景观造成破坏并改变原始自然生态环境。

我国石油开采行业存在的主要问题是：①我国老油田相继进入开发中后期，采出液数量增加，三次采油规模扩大，废水处理量和处理难度增加。新投入开发的油气田多为低产、低渗、稠油等，单位产品污染产生量上升。②我国油气田分布地域广，环境条件（容量和敏感程度）差异大，而且油气藏性质、地质构造、生产工艺、废弃物处理（置）方式有很大不同，直接导致污染物产生和排放存在差异。③油气田的工业固体废物资源化及无害化处理、处置率低，今后将逐步实现对石油类污染物的总量控制。④中小企业还不能实现工业废水回用率达90%以上、工业固体废物资源化及无害化处理处置率达100%等。

3. 了解专有名词

像石油开采行业经常提到的“井喷”“压裂”“酸化”“原油稳定”“稠油”等专有名词（详见附录一），应了解其含义，以便了解其工艺过程。

4. 了解政策和标准

对石油开采行业进行清洁生产审核前，应了解以下几个政策和标准：

(1)政策

《产业结构调整指导目录(2011年本)》(2013年修订)

《国家危险废物名录(2008)》

《石油天然气开采业污染防治技术政策》(公告2012年第18号)

(2)标准

《污水综合排放标准》(GB 8978—1996)

《清洁生产技术要求　石油天然气开采业——稠油开采(征求意见稿)》(HJ/T ××—2002)

5. 了解企业概况

要了解的企业概况应包括企业名称、建立时间、地理位置、井田面积、可采储量、已采储量、主要生产技术路线、主要设备等。石油开采业既有环境污染，又有生态污染，因此，了解企业概况时，要调查井田位置和布局、管道占地、场地占地等生态影响。

举例：某采油厂1989年建厂，位于渤海之滨，辖区面积470 km^2，含油面积85.1 km^2；管理油水井2550多口，联合站4座，接转站5座，注水站6座，计量站170余座，配水间160余座，日产液量12.77万t。生产技术路线采用防砂工艺、堵水调剖、稠油热采、三次采油、注采集输等综合配套技术；主要设备为抽油机、分水器、分离器、稳定塔、水泵、油泵等；主要原料为井下原油、水、电、破乳剂、除油剂等；主要产品为原油。

6. 掌握工艺流程

石油开采企业大致分为两种类型：一种是自喷采油，由于地下含油层压力较高，凭其自身压力就可以使原油从井口喷出的采油方式；另一种是机械采油，利用各种类型的泵把原油从井中抽出。我国以机械采油为主。

机械开采方式因不同的地质情况、不同的油品性质而不同：黏度小于 50 mPa·s，密度小于 0.934 g/cm³ 的原油（称为“稀油”），一般用常规开采；黏度大于 50 mPa·s，密度大于 0.934 g/cm³ 的原油（称为“稠油”），一般用热力采油，即采用热蒸汽吞吐、掺稀油及伴热的采油方式。

①稀释开采：将一定量黏度小的稀油加入稠油中，降低黏度。

②热力采油：蒸汽吞吐、蒸汽驱，就是对油层注入高温、高压蒸汽，加热油层里的原油，使原油的温度升高，黏度降低，增加原油的流动性，推动油层里的原油流向生产井。另外，注入蒸汽对油层加热后，蒸汽变成热水流动，置换油层里原油滞流空隙。原油受注入蒸汽加热，其中轻质成分将气化，烃体积膨胀也会将原油推流到生产井。

③乳化降黏：将含有表面活性剂的水溶液混入稠油中，并在油管和抽油管表面上形成亲水的润湿表面，大大降低油流时的阻力，使油能够正常开采出来。

应提前跟企业沟通，以便掌握整个工艺流程。

7. 明确产污环节

石油开采行业的主要产污环节见表 3-1。

表 3-1 产污环节

环节	废物	有害成分
采油（气）、油气集输、油气处理	采油（气）废水、生活污水	石油类、SS、COD、氨氮、BOD
	锅炉烟气、窑炉烟气、烃类废气	SO_2、NO_x、烟尘和烃类
	油气	烃类
	落地原油	石油类
	油泥（砂）、污水处理设施污泥	—

二、政策和标准解读

1. 石油开采行业政策

（1）《产业结构调整指导目录（2011 年本）》（2013 年修订）

鼓励类：“七、石油、天然气”中的“1、常规石油、天然气勘探与开采”“2、页岩气、油页岩、油砂、天然气水合物等非常规资源勘探开发”“3、原油、天然气、液化天然气、成品油的储运和管道输送设施及网络建设”“4、油气伴生资源综合利用”“5、油气田提高采收率技术、安全生产保障技术、生态环境恢复与污染防治工程技术开发利用”“8、石油储运设施挥发油气回收技术开发与应用”。

(2)《国家危险废物名录(2008)》

该名录中对于石油开采行业废物的规定如下：

废物类别：HW08 废矿物油。

主要包括：071-001-08 石油开采和炼制产生的油泥和油脚；071-002-08 废弃钻井液处理产生的污泥。

(3)《石油天然气开采业污染防治技术政策》(公告 2012 年第 18 号)

该技术政策在清洁生产方面重视油田总体规划，不使用禁用化学助剂，落地原油100%回收，钻井液循环率达 95%以上，钻井废水应回用，酸化、压裂作业和试油(气)过程应采取防喷、地面管线防刺、防漏、防溢等措施。鼓励注水油田采出水处理满足标准后回注，鼓励稠油注气油田采出水处理后回用于注气锅炉，新、改、扩建油气田油气集输损耗率不高于 0.5%，净化过程控制二氧化硫排放。

鼓励研究、开发、推广技术方面：环境友好油田化学剂替代，钻井废物随钻处理，天然气净化厂硫回收；二氧化碳驱采油技术，低渗透地层的注水处理技术；废液、油泥资源化无害化处理，污染物快速降解技术，受污染土壤、地下水修复技术。

2. 石油开采行业标准

石油开采行业标准主要是《清洁生产技术要求　石油天然气开采业——稠油开采(征求意见稿)》(HJ/T ××—2002)。该标准根据石油开采行业特点，将清洁生产标准分为六类：生产工艺与装备要求、资源能源利用指标、产品指标、污染物产生指标(末端处理前)、废物回收利用指标和环境管理要求。

该标准适用于石油天然气开采业中稠油开采企业的清洁生产审核。

▶特别提示：

(1)由于我国油田分布地域广，油藏性质、地质构造、开发方式有很大不同，这些条件直接导致了生产工艺与装备要求、资源能源利用指标、污染物产生指标、废物回收利用指标要求的不同。该技术要求适用于稠油开采业。

(2)该标准中的表 1 对原油集输流程的指标要求如下：一级：密闭，并全部具备轻烃回收设施；二级：密闭；三级：半密闭。应注意：对于个别因技术经济条件限制，而无法连接至集输流程中的油井不作此要求。

(3)废物回收利用方面，采油废水用于回注油层时，水质应达到《碎屑岩油藏注水水质推荐指标及分析方法》(SY/T 5329—94)的要求。

(4)《陆上石油天然气开采工业污染物排放标准》目前正在征求意见，可根据企业情况，在审核过程中加以参考。

三、审核过程解析

1. “三废”产排分析

石油开采行业“三废”较多，应严格按照企业工艺流程，分析每一个工序是否有“三废”产生。下面以一个石油开采企业为例进行详细分析。其工艺流程及“三废”情况如图 3-1 所示。

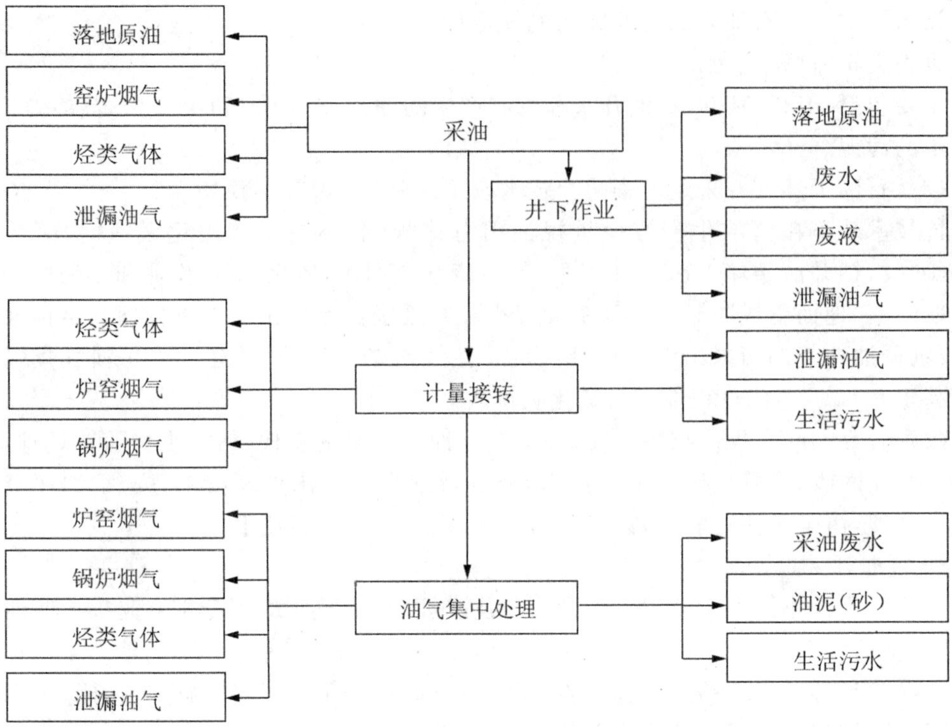

图 3-1 石油开采生产工艺及产排污环节

根据图 3-1，下面具体分析一下各种废物的产排特性(见表 3-2)。

表 3-2 废物的产排特性

环节	主要污染物	有害成分
井下作业	落地原油	石油类
	井下作业废液	石油类
	废水、生活污水	COD、氨氮、石油类
	油气	烃类
采油(气)、油气集输、油气处理	采油(气)废水、生活污水	COD、氨氮、石油类
	锅炉烟气、窑炉烟气、烃类废气	颗粒物、SO_2、NO_x、非甲烷总烃
	落地原油	石油类
	油泥(砂)、污水处理设施污泥	石油类
	油气	非甲烷总烃

通过分析工艺流程图和“三废”产排特性，结合企业实际，可以得出以下清洁生产方案：

▶方案1：油田出砂较多，而砂的磨蚀是造成管线穿孔的主要因素。因此，经常造成输油管线破损，造成地面污染，浪费人力、物力和财力，有时还会造成全部停井，影响产量。现在主输油管线加复线，保障一条管线在出现故障时输油畅通，保证油井正常生产。

▶方案2：抽油机毛辫子打扭不仅会造成抽油杆脱扣，还会使光杆断的概率增加，经常整改会严重缩短其使用寿命，增加成本消耗。现设计了一个专用卡子，该卡子两端卡在整改好打扭的毛辫子上，中间用圆环套在光杆上，卡子与圆环之间用可调节长度的铁杆连接，该装置处在悬绳器和测试板之间。每年可减少落地油水 200 t，每次节约人工、车辆费用 6400 元。

▶方案3：抽油杆脱扣后需对扣恢复，由于对扣成功率很低，容易导致躺井。现设计了一个对扣专用轴承，该轴承在对扣时装在悬绳器和方卡子之间，对扣时根据深度可承担部分负荷，这样既扶正了脱扣点以上的抽油杆，又减轻了脱扣点的压力，还不影响下方的对扣器旋转操作。

▶方案4：采用高压毛毡、金属组成的减磨材料，经混合、压型、冶炼加工成金属密封圈组。该零件内有弹簧压组使密封圈内孔收缩，保证抽油机减速箱密封轴径向滑动时的动态密封，并且该零件具有耐磨、抗老化、抗变形、不漏油的特点。减速箱的输入轴、输出轴漏油时，导油管及油盒利用回流原理使减速箱渗漏的机油回流至减速箱，实现减速箱堵漏的目的。每台每年可减少机油浪费 300 kg，并且能延长减速箱的使用寿命。

▶方案5：目前，油井泵下掺水对地层、井内管柱，以及油井的产量都有不良影响，而采用地面掺水方式，掺水方式过于直接、简单，效果又不好。现利用水流动学原理，改进地面掺水方式，从而提高了掺水效果。

▶方案6：套压高、含气量大的油井敞口放气时，易造成大量的能源浪费、严重的大气污染、套管油不能及时回收，以及操作不当造成躺井等问题。现采用高压胶管、活接头、压力表等装置对原有设备进行改造，使用时一端与套管阀连接，一端与取压阀连接，装上压力表，依次打开两个阀门即可。

▶方案7：轻烃站原料气中含硫严重，由于温度高造成了原料气在增压端结硫严重，影响了膨胀机的转速和制冷量，对膨胀机本身也造成了损坏，需要经常停机清硫，影响装置开工率。现将再生气流程的出口改向直接外输。

2. 审核重点选择

根据采油行业特点，选择原料消耗、水耗、电耗、“三废”产生量作为筛选审核重点主要考虑的几个因素，分别计算各备选审核重点四个指标的量，再结合权重总和计分排序法计算结果确定审核重点。

举例：某采油厂有采油一矿、采油二矿、采油三矿、采油四矿、集输大队和三采中心，结合采油行业的特殊性和该采油厂的实际情况，通过商讨直接选定了采油三矿、集输大队和三采中心三个能代表整个采油厂的三级单位作为审核重点。

由于各三级单位下面还有众多生产情况十分相似的基层单位，审核小组在确定了大方向的基础上，通过简单对比法，在采油三矿、集输大队、三采中心分别选出一个最具代表性的基层单位作为审核重点。

经过比较，采油7队由于长期以来的高速高效开采，地质开发后期含水高，易出砂，油层物性较差，大孔道、窜层现象严重，目前管理区块综合含水率已高达97.0%，个别单元甚至为98.3%，发育较好的砂体已全部动用，并且剩余油分布零散，挖潜难度越来越大，在众多采油队中具有代表性，因此把采油7队作为一个审核重点。

1号联合站在废物产生、能源物料消耗和环保成本等方面所占比例都是最大，且其规模、原油处理能力也是最大的一个，建成时间最早，因此，在集输大队确定1号联合站作为下步评估阶段的审核重点。

三采中心有三个注聚队，其中注聚2队所辖工作范围最广，在注聚队中具有代表性，因此，将注聚2队定为三采中心的审核重点。

根据以上分析，此次清洁生产审核工作的具体审核重点为采油7队、1号联合站和三采中心注聚2队。

3. 审核目标设置

(1)目标设置依据

对石油开采行业进行清洁生产审核时，可参考《清洁生产技术要求　石油天然气开采业——稠油开采(征求意见稿)》(HJ/T ××—2002)进行目标设置，还可考虑与同行业其他企业进行比较。需要注意的是，我国油田分布地域广，油藏性质、地质构造、开发方式有很大不同，这些条件直接导致了生产工艺与装备要求、资源能源利用指标、污染物产生指标、废物回收利用指标要求的不同。所选其他企业必须与该企业地理位置、工艺、规模都相近。

(2)目标选择方法

由于油层地质构造，以及开发时间不同，各采油厂的开采工艺及技术指标差别较大。采油行业有参考价值的技术指标和相关数据较少，而清洁生产标准《清洁生产技术要求　石油天然气开采业——稠油开采(征求意见稿)》(HJ/T ××—2002)中的衡量指标又过于笼统，因此，清洁生产目标应根据企业实际情况设置。

表3-3列出了某企业具体的目标设置。

表3-3　　目标设置

指标	单位	现状	近期目标(2016年底)		中期目标(2017年底)	
			绝对量	变化率	绝对量	变化率
电耗	$kW \cdot h/t_{油}$	*	*	削减 * %	*	削减 * %
落地油	kg/d	*	*	削减 * %	*	削减 * %

续表

指标	单位	现状	近期目标(2016 年底)		中期目标(2017 年底)	
			绝对量	变化率	绝对量	变化率
躺井率	%	*	*	削减 * %	*	削减 * %
油井免修期	d	*	*	提高 * %	*	提高 * %
水耗	$t/10^4 t_{油}$	*	*	削减 * %	*	削减 * %
油耗	$t/10^4 t_{油}$	*	*	削减 * %	*	削减 * %
汽耗	$m^3/10^4 t_{油}$	*	*	削减 * %	*	削减 * %
破乳剂消耗	$t/10^4 t_{油}$	*	*	削减 * %	*	削减 * %
天然气损失	m^3/d	*	*	削减 * %	*	削减 * %
材料费	元/d	*	*	削减 * %	*	削减 * %

注:不同企业由于工艺、生产规模等不同,各目标值差别较大,此处不列具体数值,仅对如何选取目标对象提供参考(*代表省略的数据)。

4. 平衡数据分析

物料平衡

列出整个石油开采生产工艺,按照每个工序测定的输入物料、输出物料及损耗,绘制出物料平衡图和物料流程图(流程图此处暂略),据此可以找出物料主要损耗和流失环节。

图 3-2 给出了某采油厂 1 号联合站的物料平衡。

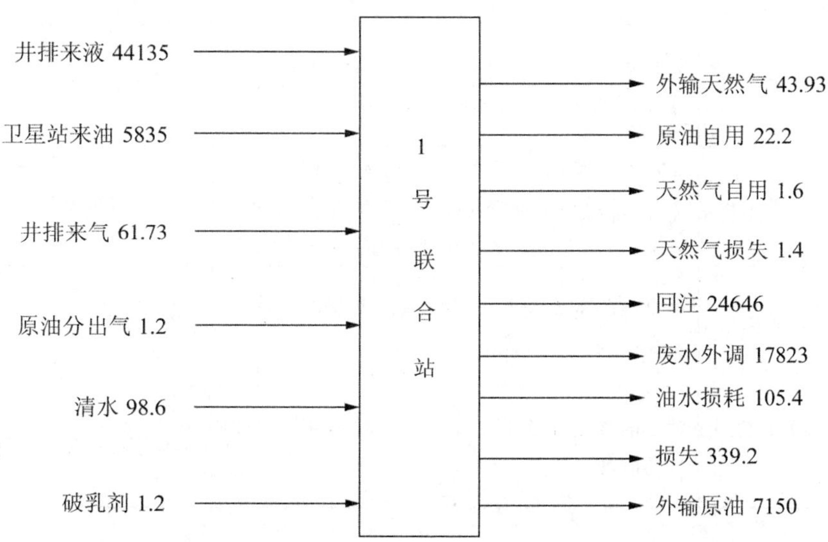

注：天然气比重按0.75 kg/m³进行折算。

图 3-2　1 号联合站的物料平衡图(单位:t/d)

通过物料平衡图可以看出，油气分离与回收、油水分离与再利用水平是联合站关注的重点。一些联合站从原油中出来的天然气大多数被放空燃烧，而该企业将天然气收集外输，能节约大量天然气资源，增加经济效益。地下采集的原油中含有一定量的地层水，处理后外排不仅容易造成污染，还浪费水资源。该企业将处理后的油水回注，从原油中分离出的油水又被输回油井，成为油田上"注水提油"的水源，既解决了油井生产中的用水需求，又解决了排污问题。另外，联合站产生的油泥(砂)为危险废物，应妥委托有资质单位处理。

四、注意事项汇总

下面将石油开采行业清洁生产审核需要特别注意的几点总结如下：

(1)石油开采产生的油泥和油脚以及废弃钻井液处理产生的污泥都是危险废物，应暂存于专门的危废储藏室，交给有资质的单位处理。

(2)集输管线管理不善容易穿孔，注聚站泵类密封不好，极易造成"跑冒滴漏"污染，应加强管理。

(3)石油开采行业既有污染型环境影响，又有生态型环境影响。

五、典型方案参考

表 3-4 列出了从节电、节水、节约物料、减少废弃物产生、提高工作效率多个角度精选的几个已在石油开采企业中实施过的典型方案(效益数据仅供参考)。

表 3-4 石油开采企业中的典型方案

方案名称	方案简介	效益分析
方案类型：节电		
利用节能新技术	根据实际情况，油井安装了一整套的新节能设备，引进节能箱，每年节电约 12 万 kW・h	每年可减少电耗 12 万 kW・h
改善生水泵传动结构	现有生水泵因长期使用，其传动结构发生了改变，已经不能正常运转。现改善生水泵传动结构，减少了生水泵的维修量，节约了电能	每年可减少电耗 17 万 kW・h
改造原油脱水泵	对原油脱水泵进行更新改造，将 8SH-6 离心泵改造为高效节能泵	每年可减少电耗 13.5 万 kW・h
东一联采用压缩机变频调速技术	对当前稳定压缩机进行技术改造，更有效地节约能源	每年可减少电耗 10 万 kW・h

续表

方案名称	方案简介	效益分析
方案类型：节水		
净化污水进行冲砂	采用净化污水进行冲砂，用净化后的污水代替清水冲砂	每年可节约清水 2800 t
稳定塔冷却水循环使用	稳定塔冷却水循环使用，节约用水	每年可节约清水 7200 t
用污水配聚代替清水	从影响聚合物驱的黏度的环境因素着手，配制用水中的金属离子组成与含量、溶解氧、细菌、悬浮物等对聚合物溶液的影响程度，在此基础上，分析了各种因素影响黏度的机理，针对这些影响因素和聚合物溶液的形态，设计出了驱油聚合物溶液稳黏保黏剂 JW-1 和快速水质改性处理剂 SC-1，可使用污水，节省了淡水资源、铺设淡水管线的资金和污水排放处理费用	每年可减少清水使用 55.85 万 t
方案类型：节约物料		
安装老化油处理装置和流程	在毛石池西侧的一块空余土地上安装老化油加热、脱水装置，提高老化油回收率	每年多回收原油 320 t
方案类型：减少废弃物产生		
完善油井作业中探冲绕丝防砂技术	绝大部分油井都采用绕丝管高压充填的防砂方法，防砂效果很好，但是作业费用比较高。依靠目前的冲管，无法将绕丝缝隙内的堵塞物冲出，提高绕丝渗透能力，而且目前探冲中心管都是返循环冲，在中心管与冲管之间很容易憋起高压，造成砂堵绕丝，影响绕丝的过液能力，探冲效果不理想。应完善油井作业中探冲绕丝防砂技术	每年减少油泥(砂)产生量 1580 t
原油单井管线更换	原油单井管线因长年使用，腐蚀严重，穿孔频繁，现更换新的管线	每年减少落地油水 200 t，每次减少人工费 2000 元，节约原油 10 t
干线管材采用新型复合管材	现有干线管材抗腐蚀性较差，为提高抗腐蚀性，干线管材采用玻璃钢管材，对现有外输管线进行调查、更换，减少落地液污染	每年减少落地油水 500 t，每次减少人工费 2000 元，节约原油 30 t

续表

方案名称	方案简介	效益分析
方案类型：提高工作效率		
改善阀、泵顺序，提高设备寿命	注聚站分散配制系统的清水泵属于离心泵，离心泵应该降压启动。日常工作中清水泵启动时，进出口处于常开状态，清水泵出口连着控制分散上水的电动阀，这样导致清水泵启动属于带压启动，启动瞬时电流较大，比空载启动清水泵时的启动电流大3～7倍，造成清水泵瞬时严重超载，降低清水泵及其配套电机的使用寿命。从分散配制系统自动控制程序上更改电动阀与清水泵的启动顺序，改为先空载启动清水泵，再启动电动阀。可以解决注聚站分散配制系统清水泵的负载不平稳现象	可显著提高工作效率
确定合理的注入浓度和注入量	注聚井由于地层厚度不同、渗透率不同等原因造成单井注入压力有较大差异，有些井注入压力上升快，导致有些井注不进去或不能正常混注的问题。根据单井注入压力上升幅度和目前压力确定进行注入预警，确定合理的注入浓度和注入量，以防止注入压力上升过快或注不进去。当注聚压力高于13 MPa时，采取低浓度注入，原则上注聚浓度不高于1500 mg/L；当注聚压力低于12 MPa时，按照地质方案要求注入，但当月注入上升0.5 MPa时，应加密检查，严格控制注入压力上升，以防止注入压力上升过快，造成注不进去；当注聚压力高于13.5 MPa时，采取间隙注聚，严格控制注入压力上升，原则上日折算注聚浓度不得高于1000 mg/L	可显著提高工作效率

第二节　石油加工业

一、基础知识普及

1. 了解定义和原理

(1)定义

石油加工是把原油或石油馏分加工或精制成目的产品的过程。从原油特性的角度来选择原油的加工方案，一般分燃料型、燃料—润滑油型、燃料化工型(拔头蒸馏、常减压蒸馏)、燃料—润滑油—化工型。

(2)原理

采用物理分离和化学反应相结合的方法，将原油和天然气加工成所需要的石油产品、工业原料和生活用品。

石油加工工艺一般为常减压蒸馏、催化裂化、催化重整、延迟焦化、加氢裂化、溶剂脱沥青、加氢精制、催化重整。

①常减压蒸馏：常减压蒸馏是常压蒸馏和减压蒸馏的合称，属物理过程，是原油的一次加工过程。原料油在蒸馏塔里按蒸发能力分成沸点范围不同的油品(称为“馏分”)，包括三个工序：原油的脱盐、脱水，常压蒸馏，减压蒸馏。

②催化裂化：以较重原油为原料，用硅酸铝或在硅酸铝上加入分子筛为催化剂来生产汽油、柴油和液化气等轻质产品。一般用减压馏分油、脱沥青油、焦化蜡油为原料。

③催化重整：以石脑油为原料，在催化剂和氢气作用下进行的重整过程，用于生产芳烃或高辛烷值的汽油。

④延迟焦化：延迟焦化是石油的二次加工技术，以贫氢的重质油为原料，在高温(约500℃)进行深度的热裂化和缩合反应，生产富气、粗汽油、柴油、蜡油和焦炭。

⑤加氢裂化：在一定温度和氢压下，靠催化剂的作用，使重质原料油发生裂化、加氢、异构化等反应，生产各种轻质油品或润滑油料的二次加工方法。

⑥溶剂脱沥青：溶剂脱沥青是加工重质油的一种石油炼制工艺，以减压渣油等重质油为原料，利用丙烷、丁烷等烃类作为溶剂进行萃取，萃取物即脱沥青油可作重质润滑油的原料或裂化原料，萃余物脱油沥青可作道路沥青或其他用途。

⑦加氢精制：加氢精制也称“加氢处理”，是石油产品最重要的精制方法之一，指在氢压和催化剂存在下，使油品中的硫、氧、氮等有害杂质转变为相应的硫化氢、水、氨而除去，并使烯烃和二烯烃加氢饱和、芳烃部分加氢饱和，以改善油品的质量。

⑧催化重整：在有催化剂作用的条件下，使汽油馏分中的烃类分子结构重新排列成新的分子结构的过程叫催化重整。

2. 了解行业概况

石油炼制工业是我国重要能源与基础原材料工业之一。石化行业关系国计民生，是国民经济的支柱产业，其产品用于国民生活和各个工业部门。石油炼制工业的加工能力常被用作衡量一个国家工业发展水平的标志。我国是世界炼油大国，原油一次加工能力居世界第二位。其中，中国石化的原油加工能力占49%，中国石油占37%。国内原油加工装置主要集中于华东(占36.9%)、东北地区(占26.9%)，其次为西北(占14.4%)、中南(占13.5%)和华北(占7.8%)地区。西南(占0.5%)地区炼油装置较少。虽然我国原油加工能力大，但目前我国石化行业从原料到产品对外依存度仍较高。

2014年，全国汽油产量1.1亿t，增长12.3%；柴油产量1.76亿t，增长2.4%；天然气产量1234.1亿m^3，增长6.9%；乙烯产量1704.4万t，增长7.6%；对二甲苯(PX)产量877万t，增长14%；合成橡胶产量532.4万t，增长10.1%；合成纤维单体产量2283万t，增长6%；合成树脂产量6950.7万t，增长10.3%。

我国石油加工行业存在的主要问题是：产能结构性过剩，下游产品创新能力弱，安全环保压力大；石油炼制业单位产品的资源消耗量、污染物产生量、加工吨原油耗水量和排水量指标偏高。石油加工行业是污染排放大户，“三废”排放量位居全国工业行业前列。我国石油加工行业在污染物排放、“三废”处理技术、能源利用效率等方面和国际先进水平仍有一定差距。

2007 年，中国石化废水排放量 6892.15 万 t，COD 5284.95 t，石油类 208.13 t；工艺废气排放量 4946001.96 万 m^3，SO_2 36593.46 t。预计到 2020 年，经济总量将在 2000 年基础上翻两番。要达到中等发达国家的经济水平，原油需求量将达到每人平均 0.5 t。随着我国石油工业的发展和原油的劣质化，预计随着炼油企业规模和原油加工量的增加，2020 年原油加工量将约 6.5 亿 t。据此测算，按照目前的排放控制水平，到 2020 年，石油炼制工业排放的 COD 为 18341 t/a，石油类为 722.3 t/a，SO_2 为 126993 t/a。由此可见，石油炼制工业污染物排放对生态环境的影响将越来越严重。

3. 了解专有名词

像石油加工行业经常提到的“一脱四注”“常减压蒸馏”“催化裂化”“催化重整”等专有名词（详见附录一），应了解其含义，以便了解其工艺过程。

4. 了解政策和标准

对石油加工行业进行清洁生产审核前，应了解以下几个政策和标准：

(1)政策

《产业结构调整指导目录(2011 年本)》(2013 年修订)

《国家危险废物名录(2008)》

《焦化行业准入条件(2014 年修订)》

(2)标准

《工业窑炉大气污染物排放标准》(GB 9078—1996)

《石油炼制工业污染物排放标准》(GB 31570—2015)

《石油炼制工业废水治理工程技术规范》(HJ 2045—2014)

《清洁生产标准　石油炼制业》(HJ/T 125—2003)

《清洁生产标准　石油炼制业(沥青)》(HJ 443—2008)

5. 了解企业概况

企业概况应该包括企业名称、建厂时间、发展简史、组织结构、人员状况、车间与装置、资产、原辅材料和产品等。

举例：某石油化工总厂 1986 年建厂，公司现有 8 套炼油装置，分属 4 个车间管理，员工 1000 余人，占地面积 50 多万平方米，拥有资产 14.6 亿元。主要原料：原油，大部分为进口；主要产品：93 号、90 号无铅汽油，－10 号、0 号柴油，煤油，溶剂油，重交沥青，液化气，丙烯，聚丙烯，燃料油，润滑油，MTBE 等十几个品种。

6. 掌握工艺流程

原油进入常减压装置，通过蒸馏后产出渣油、蜡油、汽油、柴油等，部分产品直接作为产品出厂；蜡油进入重油催化裂化装置原料油缓冲罐，在催化剂的反应下，原料不断进行反应，生成汽油、柴油、液化石油气、油浆等产物；渣油进入延迟焦化装置生产汽油及焦炭；柴油进入柴油加氢装置生产加氢柴油；液化石油气进入气体分馏装置进料缓冲罐，生成丙烯和混合碳四，丙烯进入聚丙烯装置生产聚丙烯，混合碳四进入 MTBE（甲基叔丁基醚）装置，采用催化蒸馏方式生成 MTBE 产品；各装置产生的酸性水经酸性水汽提装置汽提出酸性气，酸性气进入制硫装置生产硫黄。不同企业车间设置和生产工艺不尽相同，应提前跟企业沟通以便掌握整个工艺流程。

7. 明确产污环节

石油加工行业产污环节相对较多，其中主要的见表 3-5、表 3-6 和表 3-7。

表 3-5　废水产污环节

装置	环节	废物	有害成分
常减压蒸馏装置	电脱盐罐	含盐污水	OH^-、石油类、COD、硫化物、挥发酚
	塔顶回流罐	含硫污水	OH^-、石油类、COD、氨氮、硫化物、挥发酚
	碱洗塔	含碱废水	OH^-、COD
重交沥青装置	电脱盐罐	含盐污水	OH^-、石油类、COD、硫化物、挥发酚
	塔顶回流罐	含硫污水	OH^-、石油类、COD、氨氮、硫化物、挥发酚
	碱洗塔	含碱废水	OH^-、COD
重油催化裂化装置	油气分离器排水	含硫废水	OH^-、COD、石油类、挥发酚、硫化物、氨氮
	碱洗塔	含碱废水	OH^-、COD
加氢精制装置	分离器及回流罐	含硫废水	OH^-、COD、石油类、挥发酚、硫化物、氨氮
延迟焦化装置	焦化分馏塔汽液分离罐	含硫废水	硫化物、氨氮
	压缩气分液罐	含硫废水	硫化物、氨氮
	接触冷却塔	含油废水	COD、石油类
	接触冷却塔油水分离器	含油废水	石油类、COD
	溶剂再生塔冷凝水	清净下水	—

续表

装置	环节	废物	有害成分
各装置	机泵冷却	含油污水	OH^-、石油类、氨氮
化学除盐水装置	化学除盐水装置	酸碱废水	H^+、OH^-
循环水系统	循环水池	净下水	无机盐
罐区	原油罐	含油废水	OH^-、石油类、COD、硫化物、挥发酚
各装置	地面冲洗	含油废水	OH^-、石油类、氨氮、COD
酸性水汽提装置	汽提塔	净下水	—

表 3-6 废气产污环节

装置	有害成分
常减压装置常、减压炉	SO_2、NO_x
重交沥青装置常、减压炉	SO_2、NO_x
重油催化装置再生炉	SO_2、NO_x、烟尘
柴油加氢装置加热炉	SO_2、NO_x
延迟焦化装置加热炉	SO_2、NO_x
硫黄回收装置尾气	SO_2
火炬系统	SO_2

表 3-7 固废产污环节

装置	有害成分
催化再生塔装置	废催化剂
油品碱洗过程	废碱渣
柴油加氢装置	废催化剂
污水处理场	浮渣
污水处理场	污泥

二、政策和标准解读

1. 石油加工行业政策

(1)《产业结构调整指导目录(2011 年本)》(2013 年修订)

①限制类:“四、石化化工”中的“1、新建 1000 万吨/年以下常减压、150 万吨/年以下催化裂化、100 万吨/年以下连续重整(含芳烃抽提)、150 万吨/年以下加氢裂化生产装置”“2、新建 80 万吨/年以下石脑油裂解制乙烯”。

②淘汰类:“(四)石化化工”中的“1、200 万吨/年及以下常减压装置(2013 年,青海格

尔木、新疆泽普装置除外)，废旧橡胶和塑料土法炼油工艺，焦油间歇法生产沥青”。

(2)《国家危险废物名录(2008)》

该名录对于石油加工废物的规定如下：

石油加工危险废物主要包括废矿物油。

废物类别：HW08(包括 251-001-08 至 251-012-08 所有危废类型)。

(3)《焦化行业准入条件(2014 年修订)》

该准入条件对焦化项目的生产布局、工艺与装备、产品质量、资(能)源消耗、环境保护、安全生产和职业卫生等多方面都进行了明确的说明。表 3-8、表 3-9 列出了一些焦化项目对资(能)源消耗的规定。

表 3-8　　炼焦企业焦炭单位产品能耗限定值

项目	常规焦炉	热回收焦炉	半焦炉
焦炭单位产品能耗 ($kgce/t_{焦}$)	≤150(顶装) ≤155(捣固)	≤155	≤240(内热) ≤230(外热)
吨焦耗新水(m^3)	≤2.4	≤1.2	≤2.4
焦炉煤气利用率(%)	≥98	—	≥98
水循环利用率(%)	≥96	≥96	≥96
炼焦煤烧损率(%)	—	≤1.5	—

注：电力折算系数取 0.1229 kgce/(kW·h)。

表 3-9　　焦炉煤气制甲醇、煤焦油加工、苯精制生产企业焦炭单位产品能耗限定值

产品	单位产品能耗
焦炉煤气制甲醇	≤1570 $kgce/t_{甲醇}$
煤焦油加工	≤75 $kgce/t_{焦油}$
苯精制	≤270 $kgce/t_{轻苯}$ ≤297 $kgce/t_{粗苯}$

注：①煤焦油加工单位产品能耗计算范围：无水焦油经过焦油蒸馏和工业萘蒸馏装置加工主体部分所消耗的能量。

②苯精制单位产品能耗计算范围：粗苯或轻苯加氢、萃取蒸馏工艺主装置所消耗的能量(不包含制氢和油库部分的工艺耗能)。

③电力折算系数取 0.1229 kgce/(kW·h)。

▶**特别提示：**

(1)该准入条件适用于新(改、扩)建焦化企业，包括炼焦、焦炉煤气制甲醇、煤焦油加工、苯精制生产企业。

(2)应特别注意该准入条件中提到的环保、安全、综合利用设施的要求及环境保护方面的要求，认真核对企业实际情况的符合程度。

2. 石油加工行业标准

(1)《清洁生产标准　石油炼制业》(HJ/T 125—2003)

该标准规定了石油炼制工业企业及其生产设施的水污染物和大气污染物排放限值、检测和监督管理要求。

石油炼制工业企业排放的恶臭污染物、环境噪声使用相应的国家污染物排放标准，产生的固体废物的鉴别、处理和处置使用相应的国家固体废物污染控制标准，配套的动力锅炉执行《锅炉大气污染物排放标准》或《火电厂大气污染物排放标准》。

新建企业自2015年7月1日起，现有企业自2017年7月1日起，其水污染物和大气污染物排放控制按该标准的规定执行，不再执行《污水综合排放标准》(GB 8978—1996)、《大气污染物综合排放标准》(GB 16297—1996)和《工业窑炉大气污染物排放标准》(GB 9078—1996)中的相关规定。

(2)《石油炼制工业废水治理工程技术规范》(HJ 2045—2014)

该规范对石油炼制工业废水的水质水量、总体要求、工艺设计、主要工艺设备和材料等方面进行了详细的描述和规定，尤其对于废水来源和分类进行了分析，可以在审核过程中加以参考。

(3)《清洁生产标准　石油炼制业》(HJ/T 125—2003)

该标准根据石油炼制行业特点将清洁生产标准分为五类：生产工艺与装备要求、资源能源利用指标、污染物产生指标、产品指标和环境管理要求。

①范围规定。适用于石油炼制业燃料型炼油厂的清洁生产审核。燃料—润滑油型、燃料—化工型石油炼制企业可参照执行。

②指标分类。石油炼制业企业清洁生产标准的指标要求、常减压装置清洁生产标准的指标要求、催化裂化装置清洁生产标准的指标要求、焦化装置清洁生产标准的指标要求。

▶特别提示：

(1)石油炼制业

①石油炼制业水污染物主要是石油类、硫化物、挥发酚、COD、悬浮物。大气污染物主要是硫化物、烃类、氮氧化物、烟尘。

②石油加工过程往往是在高温下进行的，这就需要消耗燃料及冷却介质(水)，产品精制用水和机泵轴封冷却水与油品直接接触，使水受到污染。催化反应或化学加工将原油中的硫、氮分离转化为新的化合物，随气体排出或溶入水里，不凝气体放空。加热炉、锅炉和燃烧炉的燃烧，催化再生烟气、制硫尾气、挥发性原料、中间及最终产品的储存及运输，都造成大气污染。

③对于石油炼制企业来讲，生产装置只是企业中的一部分，还有一部分是公用工程，如动力车间(有锅炉)、油品储运车间、循环水场、火炬系统等。由于石油炼制企业之间存在差异，特别是原料、工艺路线和装置组成的不同，以及企业之间所包含的公用工程设施的范围不同，在生产工艺与装备、废物回收利用这两方面无法用同一指标衡量。

④石油炼制业消耗的资源能源主要是原油、水、蒸汽、电等。按石油炼制业常规考核方法，将蒸汽、电等指标统一为综合能耗指标，单位为：$kg_{标油}/t_{原油}$。含硫污水本身是软化

水，由于与油品直接接触使水中含有硫化物和氨氮，通过汽提将硫化物和氨氮去除后，完全可以回用于生产装置，节约取水用量。

(2)常减压装置

①常减压生产装置是石油炼制业的第一道生产工序，它采用蒸馏的方法，从原料油中分离出各种石油馏分。目前，国内常减压装置基本采用成熟先进的同一种工艺，从生产工艺和装备上很难分出三级档次，这里只对有利于清洁生产的改进部分提出要求，未对指标分级。由于此类指标难以量化，这里只作定性描述。采用“三顶”瓦斯气回收技术，将初顶、常顶、减顶不凝气引入加热炉作燃料，这样对节能、安全、环保均有利。现场安装可回收式密闭采样设备，加热炉采用节能技术。

②常减压装置消耗的资源能源主要是原油、新鲜水、蒸汽、电等。按常减压装置常规考核方法，将蒸汽、电等指标统一为综合能耗指标，单位为：$kg_{标油}/t_{原油}$。

(3)催化裂化装置

①高效催化剂的选择、自动化控制的先进性、节能设备的选用等都会影响资源能源的利用率和污染物产生量。由于生产工艺与装备要求难以用量化指标描述，这里只用几项定性指标描述，包括：采用提升管催化裂化工艺，设有烟气能量回收设施，现场安装可回收式密闭采样设备等，未对指标分级。

②催化裂化装置消耗的资源能源主要是催化原料、新鲜纯碱、水、蒸汽、电等。按催化裂化装置常规考核方法，将蒸汽、电等指标统一为综合能耗指标，单位为：$kg_{标油}/t_{原油}$。由于影响催化裂化装置资源能源利用指标的因素很多，如加工量、原料含硫量、掺渣油量和渣油残碳值等，为了便于考核，将催化裂化分为三类，即掺渣量小于35%的为第一类，掺渣量为35%～70%的为第二类，掺渣量大于70%的为第三类(掺渣量中的渣油指减压渣油)。

③催化裂化装置废气污染源主要是催化剂再生烧焦过程所排出的烟气，含有大量使人窒息的CO气体，占8%～10%(体积比)。这种烟气通常在CO锅炉中烧掉，以防止空气污染，同时回收热量。近年来，国内多数催化裂化装置采用CO助燃剂及烟气能量回收新技术，使烟气中的CO降至2%～0.2%(体积比)。催化再生烟气中目前所控制的污染物主要是SO_2和粉尘，在此指标中只对SO_2和粉尘提出了要求。

(4)焦化装置

①密闭除焦工艺。除焦、冷焦排出的废气是一个重要污染源。过去焦化装置的焦炭塔放空工艺，采用直接冷却敞开放空系统，即焦炭塔除焦、冷焦排出的大量油气进入放空塔，放空塔顶敞开，不凝气和蒸汽直接排入大气，这样既严重污染了大气，又造成了油气的浪费。所以应采用焦炭塔密闭除焦和冷焦工艺。

②冷焦密闭循环处理工艺技术。将液—液混合注水降温技术、重力沉降与旋流分离组合的焦粉—重油—水三相分离技术、空冷器密闭冷却技术合为一体处理冷焦水，实现了焦化冷焦水的密闭处理。指标对采用此项技术提出了要求。

③采样口。装置设有汽油、柴油、轻蜡、干气、液态烃等采样口，采样时要排放一定量的油品。干气和液态烃有气体挥发到大气中，所以应采用密闭采样器。

④含油雨水。下雨时，初期雨水将管线、设备等静密封处泄漏的油污及机泵设备泄

漏至地面的油污冲洗出来，造成水污染。另外，地面的焦粉也使地面水污染。初期雨水应进入含油污水系统，后期雨水改向明沟，可减少污染。

⑤处理部分污水处理厂废渣。利用焦化装置处理污水处理厂废渣是一项成熟的新技术，国内外已有应用。该项技术可节省污水处理厂废渣的处理费用，是一项清洁生产技术，应给予鼓励。指标中采用此项技术。

⑥焦化装置产生的废气主要是加热炉烟气，烟气中的污染物主要是 SO_2。SO_2的排放量主要取决于燃料性质。目前，我国大多数加热炉使用脱硫燃料气，燃料中的硫含量一般低于 20 mg/L。

(4)《清洁生产标准　石油炼制业(沥青)》(HJ 443—2008)

该标准根据石油炼制业(沥青)特点将清洁生产标准分为四类：生产工艺与装备要求、资源能源利用指标、污染物产生指标(末端处理前)和环境管理要求。

①范围规定。适用于以石油为原料用连续氧化法(氧化沥青装置)和溶剂法(丙烷、丁烷脱沥青装置)生产沥青的企业。以蒸馏法生产沥青的企业不适用本标准。

②指标分类。氧化沥青装置清洁生产指标要求、溶剂脱沥青装置清洁生产指标要求。

▶特别提示：

(1)综合能耗：加工每吨原料所消耗的各种能源折合为标油的量。

(2)单耗量：装置每加工 1 t 原油所使用或消耗的其他原辅材料的量，包括水、蒸汽、催化剂等。

(3)含硫污水：来源于加工装置分离罐的排水、富气洗涤水等，含有较高的硫化物、氨的污水，同时含有挥发酚、氰化物和石油类等污染物。

(4)沥青生产有蒸馏法、溶剂法、氧化法等三种生产工艺，其产品有道路沥青、建筑沥青、专用沥青(如电极沥青)等。因目前用溶剂法和氧化法生产沥青产品占有较大比重，且同类装置的可比性大于其他生产工艺，所以在本标准中只制定了溶剂法(丙烷、丁烷脱沥青装置)和氧化法(氧化沥青装置)的清洁生产标准。

三、审核过程解析

1. “三废”产排分析

石油加工行业“三废”较多，应严格按照企业工艺流程，分析每一个工序是否有“三废”产生。下面以一个石油化工厂为例进行详细分析。其工艺流程及“三废”情况如图3-3至图 3-6 所示。

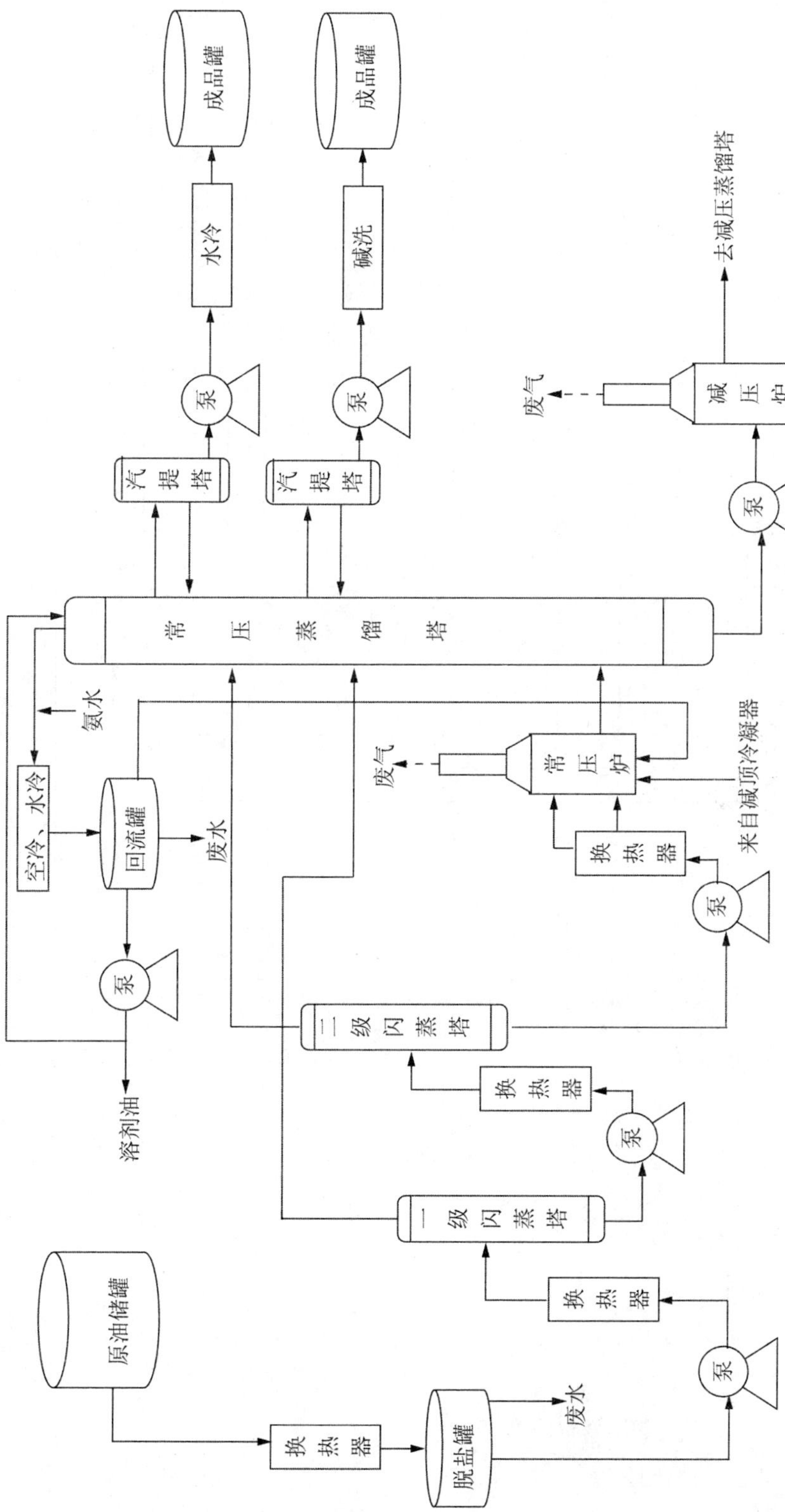

图3-3　常减压装置生产工艺流程图（常压部分）

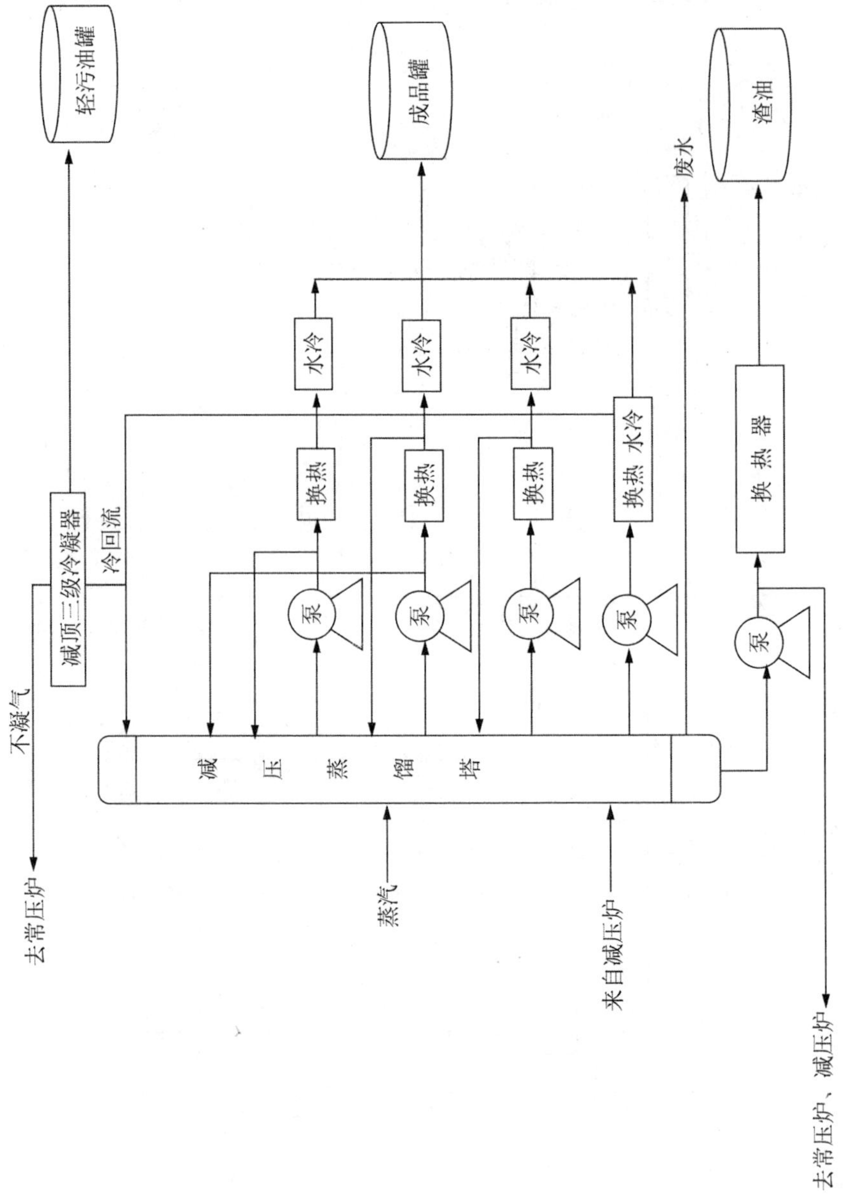

图3-4 常减压装置生产工艺流程图（减压部分）

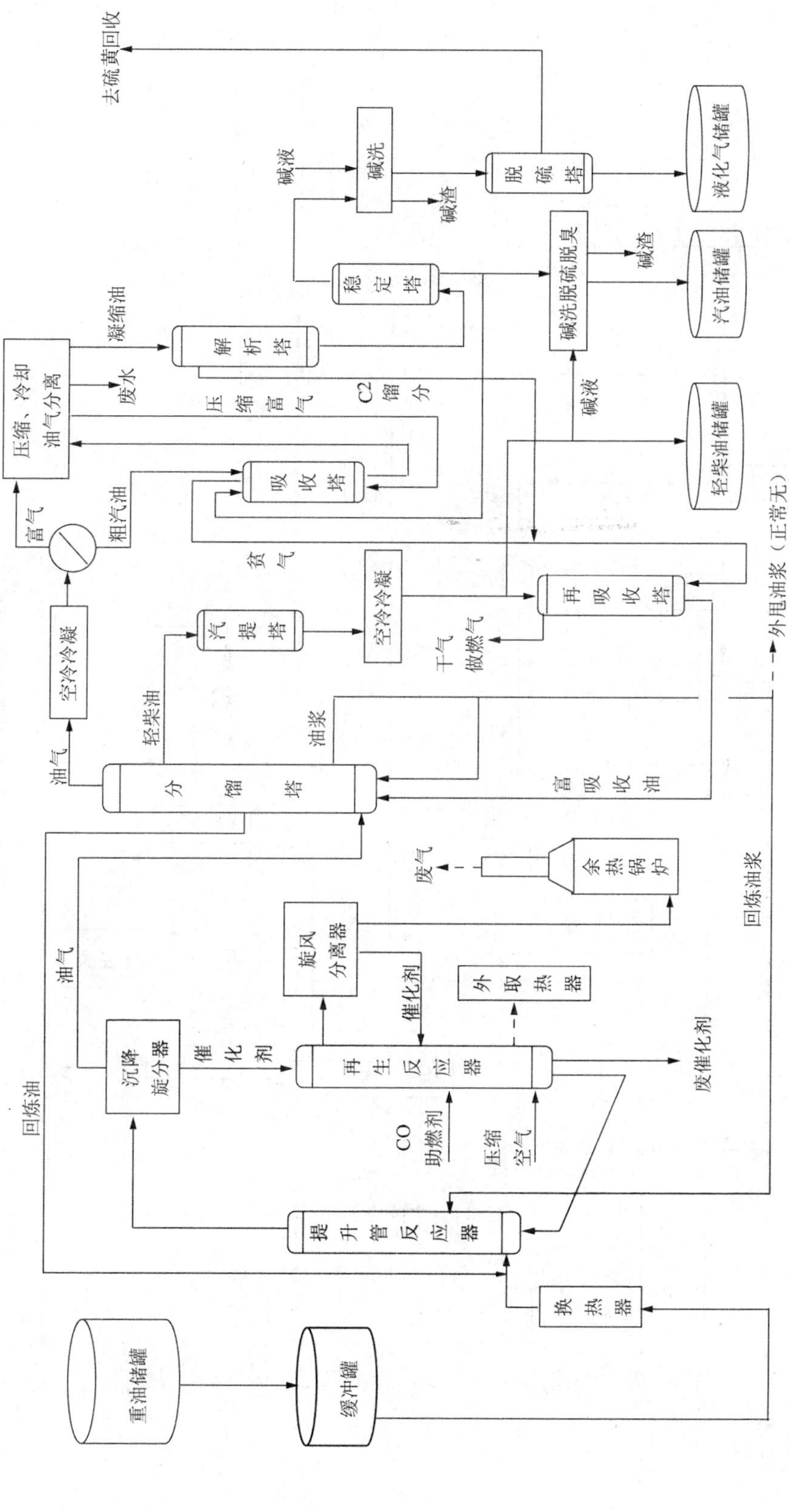

图3-5　催化裂化装置工艺流程图

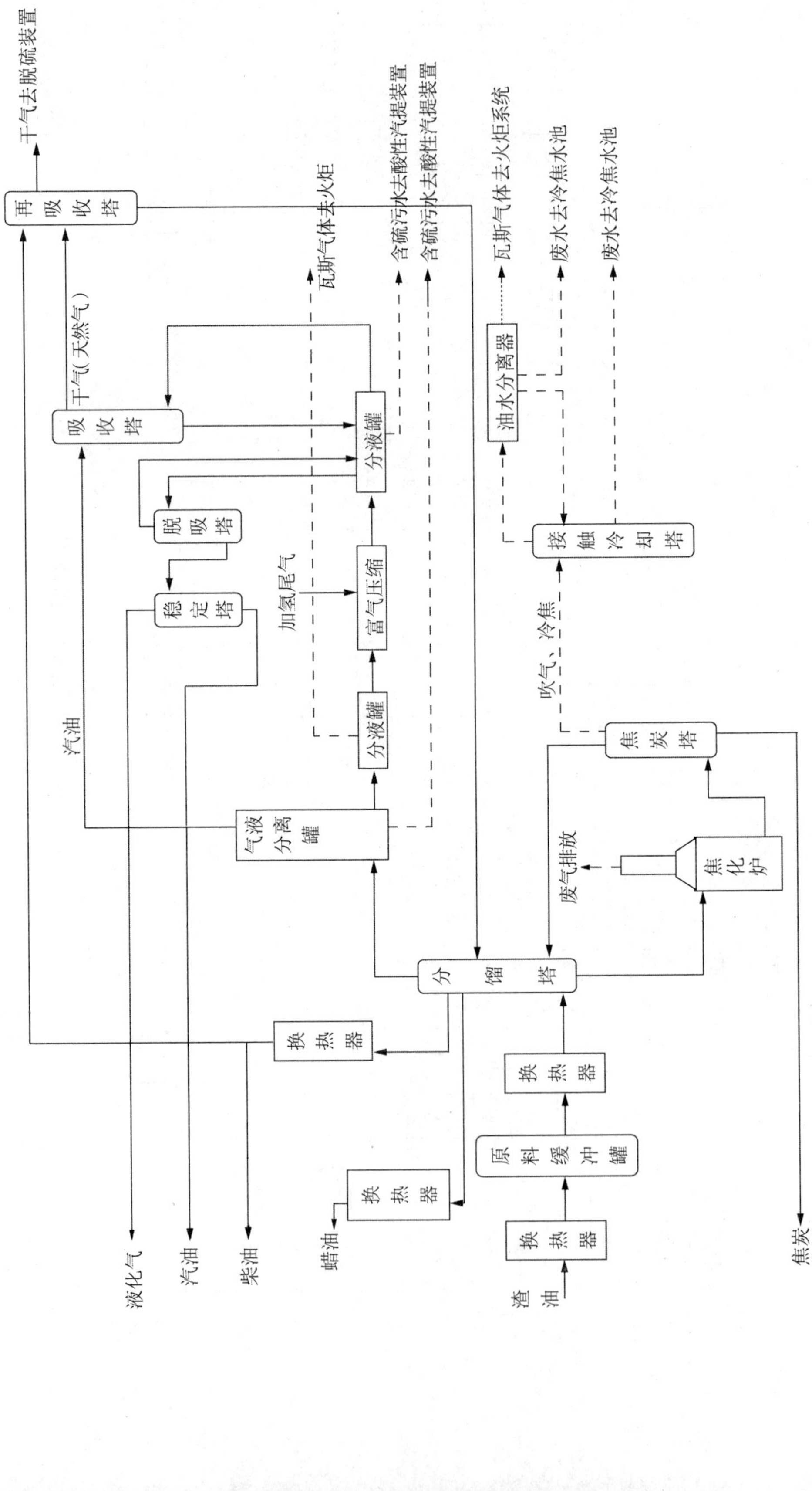

图3-6 延迟焦化装置工艺流程图

根据以上工艺流程图，下面具体分析一下各种废物的产排特性（见表 3-10、表 3-11、表 3-12）。

表 3-10　　废水的产排特性

装置名称	排放源	各污染源浓度	污水类别	治理措施
常减压蒸馏装置	电脱盐罐	pH 值：8～9 石油类：160～200 mg/L COD：300～400 mg/L 硫化物：1～2 mg/L 挥发酚：2～3 mg/L	含盐污水	单独处理破乳脱盐
	塔顶回流罐	pH 值：7～8 石油类：30～40 mg/L COD：700～800 mg/L 氨氮：200～300 mg/L 硫化物：200～300 mg/L 挥发酚：30～60 mg/L	含硫污水	送酸性水汽提装置处理
	碱洗塔	pH 值：8～11 COD_{cr}：500～700 mg/L	含碱废水	酸碱综合处理
重油催化裂化装置	油气分离器排水	pH：8～10 COD：7000～9000 mg/L 石油类：100－200 mg/L 挥发酚：50～80 mg/L 硫化物：7000～9000 mg/L 氨氮：4000～5000 mg/L	含硫废水	送酸性水汽提装置处理
	碱洗塔	pH 值：8～11 COD_{cr}：500～700 mg/L	含碱废水	去污水处理场处理后排放
延迟焦化装置	焦化分馏塔、气液分离罐	硫化物：1500～1600 mg/L 氨氮：1200～1300 mg/L	含硫污水	送酸性水汽提装置处理
	压缩气分液罐	硫化物：800～900 mg/L 氨氮：600～700 mg/L	含硫污水	送酸性水汽提装置处理
	接触冷却塔	COD：300～400 mg/L 石油类：100～200 mg/L	含油污水	去冷焦水池回用

表 3-11 废气的产排特性

项目	SO_2 排放浓度（mg/m^3）	NO_x 排放浓度（mg/m^3）	烟尘排放浓度（mg/m^3）
常减压装置常、减压炉	50～100	100～180	30～50
催化装置再生塔	50～200	100～300	30～50
延迟焦化装置焦化炉	50～100	100～200	30～50

表 3-12 固废的产排特性

固废名称及编号	来源
废催化剂（HW06）	催化再生塔装置
废碱渣（HW46）	油品碱洗过程
污水站污泥（HW08）	污水处理

▶特别提示：

（1）石油炼制工业产生的废水经污水处理设施处理后，排放的废水中尚没有检测出持久性有机污染物（POPs）和《剧毒化学品名录》中的物质以及对人体造成“三致”效应或对生态造成环境危害的物质。由于原油中所含金属主要是镍、钒、钠、钙和非常低量的其他金属，所以废水污染控制因子中也设一类污染物。

（2）石油炼制工业排放的污水中含有很多成分，主要有石油类、COD、氨氮、挥发酚、总悬浮固体、pH 值、硫化物、BOD、总磷、总氮、金属等 17 个污染因子。此外，还应注意基于原油加工能力的基准排水量。

通过分析工艺流程图和“三废”产排，结合企业实际，可以得出以下清洁生产方案：

▶方案 1：气分装置采样阀的连接管存在过长现象，采样过程中有废气排放，缩短后可以减少采样排放量，降低损耗。

▶方案 2：焦化装置高温油泵较多，在长期运行中，原循环水极易发生结垢，造成循环水不畅。为解决这一问题，在除氧水泵出口接一根冷却水线至高温油泵冷却水系统。

▶方案 3：为在正常生产状态下将中变空冷器维修好，另外增加了一条临时管线，将开工冷却器作为中变气的临时冷却器使用，可在一定程度上保证生产的持续性。

▶方案 4：酸性水汽提装置脱气罐、脱轻烃组分去低压瓦斯管网的蒸汽冷凝带水液位控制不好，易产生废水，在火炬系统下方利用废旧设备修建一个 6 m^3 分液罐，将油、水沉降分离，定期收集处理。

▶方案 5：之前聚合反应釜加氢气需要手动控制，但人工加氢气时数量不好控制，现安装自动计量装置后，既能节约氢气，又能提高熔融指数的可控率，生产出满足客户需求的产品。

▶方案6:储焦场为露天开放式,粉焦、污水对周围环境污染严重。经车间研究,在焦场周围修建高0.5 m的隔离墙,在焦场东面留有出口,供运焦车辆出入。在出口处修一条高10 cm的堰,防止除焦水外流。在焦场西面修建一条疏水道,随焦炭带出的除焦水慢慢渗透到地面,最后汇集到疏水道内,流回焦池。

▶方案7:由于冷焦水池为露天排放,对空气的污染严重,现在池顶用玻璃钢材料制作回收装置,将污染气体回收,通过无害化处理后集中排放,使焦化装置对空气的污染达到最低,符合排放要求。

2. 审核重点选择

根据石油行业特点,选择原料消耗、水耗、电耗、"三废"产生量作为筛选审核重点主要考虑的几个因素,分别计算各备选审核重点四个指标的量,再结合权重总和计分排序法计算结果确定审核重点。

举例:某石油加工企业有原料车间、常减压车间、催化裂化车间、重交沥青车间、延迟焦化车间、加氢精制车间,审核过程中应根据各装置的实际情况进行综合比较确定。本指南中以常减压装置为代表进行后续介绍。

3. 审核目标设置

(1)目标设置依据

对石油加工行业进行清洁生产审核时,可参考《清洁生产标准　石油炼制业》(HJ/T 125—2003)和《清洁生产标准　石油炼制业(沥青)》(HJ 443—2008)进行目标设置,还可考虑与同行业其他企业进行比较。需要注意的是,所选其他企业必须与该企业产品、工艺、规模都相近。

(2)目标选择方法

石油加工企业水耗和电耗都相对较多,因此,水耗和电耗可选作目标;石油加工生产过程中产生的废水及石油类是该行业的特征污染物,也是主要污染物,应设置成目标。此外,根据行业清洁生产标准,结合企业实际,设置相应目标。

某企业具体的目标设置见表3-13。

表3-13　　目标设置

指标	单位	现状	近期目标(2016年底)		中期目标(2017年底)	
			绝对量	变化率	绝对率	变化率
常减压装置						
综合能耗	$kg_{标油}/t_{原料}$	*	*	削减 * %	*	削减 * %
新鲜水用量	$t_{水}/t_{油}$	*	*	削减 * %	*	削减 * %
原油加工损失率	%	*	*	削减 * %	*	削减 * %
含油污水单排量	$kg/t_{原料}$	*	*	削减 * %	*	削减 * %
含油污水石油类含量	mg/L	*	*	削减 * %	*	削减 * %
含硫污水单排量	$kg/t_{原料}$	*	*	削减 * %	*	削减 * %
加热炉烟气中的SO_2含量	mg/m^3	*	*	削减 * %	*	削减 * %

续表

指标	单位	现状	近期目标(2016 年底)		中期目标(2017 年底)	
			绝对量	变化率	绝对率	变化率
全厂						
综合能耗	$kg_{标油}/t_{原油}$	*	*	削减 * %	*	削减 * %
取水量	$t_{水}/t_{原油}$	*	*	削减 * %	*	削减 * %
净化水回用率	%	*	*	提高 * %	*	提高 * %
石油类产生量	$kg/t_{原油}$	*	*	削减 * %	*	削减 * %
硫化物产生量	$kg/t_{原油}$	*	*	削减 * %	*	削减 * %
挥发酚产生量	$kg/t_{原油}$	*	*	削减 * %	*	削减 * %
COD 产生量	$kg/t_{原油}$	*	*	削减 * %	*	削减 * %
废水产生量	$kg/t_{原油}$	*	*	削减 * %	*	削减 * %

注：不同企业由于工艺、生产规模等不同，各目标值差别较大，此处不列具体数值，仅对如何选取目标对象提供参考（*代表省略的数据）。

4．平衡数据分析

物料平衡

列出石油加工生产工艺，按照每个工序测定的输入物料、输出物料及损耗，绘制出物料平衡图和流程图(流程图此处暂略)，据此可以找出物料主要损耗和流失环节。图 3-7 给出了某常减压装置的物料平衡。

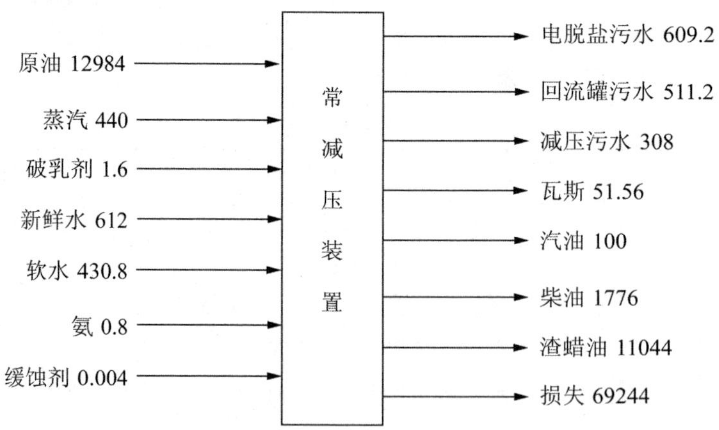

图 3-7　常减压装置的物料平衡图(单位：t/d)

特征污染物平衡

根据实际情况适当绘制硫平衡图(见图 3-8)。

(1)产排污环节

常减压装置废水包括电脱盐污水、回流罐污水和减压污水，废气主要是瓦斯气。

(2)损耗环节

损耗主要产生于电脱盐过程脱除的原油及原料油中盐和其他杂质没有计量导致产生损失，常减压塔侧线产品电碱精制产生的碱渣中含有油，减压塔顶抽真空系统产生放空量。

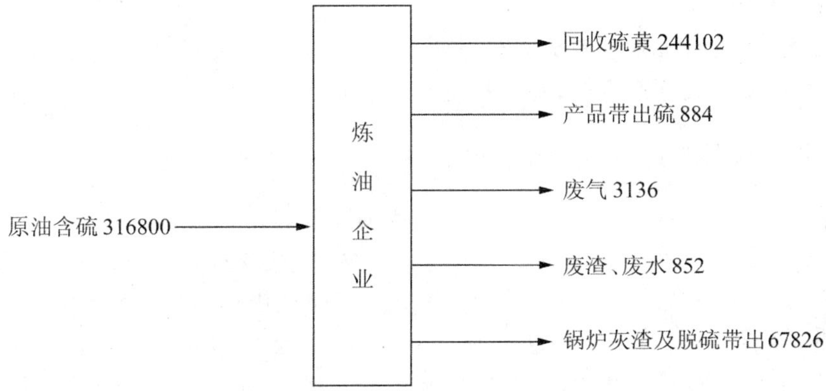

图 3-8　硫平衡图(单位：t/a)

能量平衡

根据实际情况绘制能量平衡图(见图 3-9)。

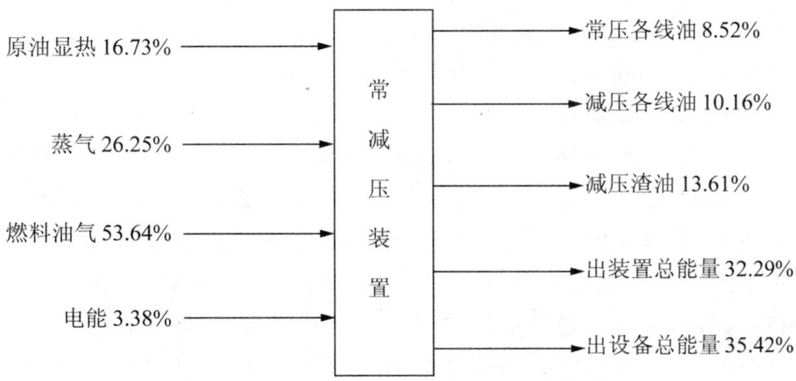

图 3-9　能量平衡图

▶特别提示：

对平衡反映出的问题以及造成现状的原因进行全方位的探析，可产生相应的解决方案。例如：

(1)常减压装置原加热炉烟道挡板为原始的手动装置，调节费时费力，且不灵活，跟不上调整，炉子热效率低。

解决方案：加热炉 F1201、F1301、F1401 烟道挡板加装 ZSLD-2 型气动长行程执行机构四台；DCS 系统中增四路控制回路，四个调节器供司炉人员调节挡板开度，遇停电、风机停运时快速将加热炉的垂直烟道挡板全开。

(2)常减压装置原减顶抽真空系统为蒸汽抽真空装置,能耗高不经济。

解决方案:在原蒸汽抽空器的基础上并联一组机械机组,机组由三级真空泵组成;第一、二级真空泵采用罗茨泵,第三级采用水环式真空泵。

(3)常减压装置常压塔顶系统防腐三注工艺的注水使用注除盐水,系统冷凝水直接排放,系统浪费很大。

解决方案:利用原常顶冷凝水水箱作储水罐,增加注水泵一台,出口管接至原注水系统,利用原有流量计调节注水量,重复利用系统冷凝水。

四、注意事项汇总

下面将石油加工行业清洁生产审核需要特别注意的几点总结如下:

(1)石油化工行业产生危险废物的环节、种类、数量较多,审核过程中要重点关注。如废碱渣和废催化剂都是危险废物,应暂存于专门的危废储藏室,交给有资质的单位处理。油泥废渣的处理方法有焚烧法和循环利用法,但焚烧费用高,能量大,烟气需要处理。循环利用经济实惠,主要方法有:①循环入焦化塔;②循环入水泥炉;③高温热蒸发;④循环入 VebaCombi 工艺。此外,对油泥进行生物处理也是一种办法。废催化剂采取的处理方法有掩埋、回收金属、再生复活、用作生产其他商品的原料。

(2)石油加工行业在大气污染物减排、水污染物减排及节能清洁生产方面的技术主要包括:工艺加热炉低氮燃烧技术,保证了工艺加热炉烟气中氮氧化物排放浓度低于 400 mg/L;燃料气二乙醇胺脱硫技术,可以把燃料气中的硫化物降低到 20 mg/L 以下,保证了工艺加热炉烟气中二氧化硫排放浓度小于 100 mg/L;催化裂化再生尾气一氧化碳锅炉能量回收技术,消除了催化裂化尾气中一氧化碳、烃类对大气的污染。

(3)工艺释放气气柜回收技术,解决了 95%以上工艺释放气送火炬系统焚烧对大气的污染问题;轻质油品及原油储存浮顶罐技术,减少了约 95%的油品储存呼吸排放;焦化冷焦水密闭循环技术,解决了焦化生产过程中烃类及恶臭物质释放的面源污染问题;催化原料预加氢技术,有效降低了催化裂化装置二氧化硫的排放,同时催化裂化生焦率下降了 2%左右;焦化干气水洗水串级实用技术,有效降低了含硫酸性水的产生量;生产装置的热联合技术,有效降低了燃料消耗、烟气排放量及循环水使用量和排污水量;生产装置规模大型化技术,有效降低了石油炼制企业的综合能耗;循环氢脱硫技术,保证了加氢生产装置的稳定运行,同时消除了高污染循环氢的排放问题;油罐自动脱水技术,降低原油加工损耗的同时降低了排出含油污水的石油类含量,降低了污水处理厂的污染处理负荷,也减低了废水输送过程中烃类挥发造成的污染;密闭采样技术,消除了采样过程中烃类的排放。

(4)焦化装置鼓励采用装炉煤水分控制、配煤专家系统,干法、低水分、稳定熄焦,焦炉烟道气、荒煤气余热回收利用,单孔炭化室压力单调,负压蒸馏,热管换热,焦化废水深度处理回用,焦炉煤气高效净化,焦炉煤气脱硫废液提盐及其深加工,焦炉煤气制天然气、合成氨、氢气、联产甲醇合成氨等工艺,煤焦油产品深加工,煤焦油加氢,低阶煤应用等先进适用的节能减排、清洁生产和综合利用技术。

五、典型方案参考

表 3-14 列出了从节电、节水、节约物料三个角度精选的几个已在石油加工企业中实施过的典型方案(效益数据仅供参考)。

表 3-14　　石油加工企业中的典型方案

方案名称	方案简介	效益分析
方案类型:节电		
循环水场循环水泵高压变频节电	气分装置的循环水场现有 1 号、2 号、3 号、4 号四台循环水泵,正常运转时“三用一备”,三台电机均为直接工频启动,启动电流大,调节不及时或不满负荷时流量过大或过小,影响生产工艺及设备的安全运行。现采用 HARSVERT-A 变频器对循环水泵进行节能改造	每年可减少电耗 133.2 kW·h
过程能量优化改造	在低温热回收利用项目、重交沥青装置能量系统优化改造项目机泵变频改造和70 万 t/a DCC 项目机泵变频改造、常减压装置预热器改造等方面采用先进适用的技术,制定切实可行的节能减排生产方案,实施清洁生产	每年可减少电耗 1188 万 kW·h
汽提空冷风机安装变频器	30 kW·h 汽提塔顶空冷不能随塔顶馏出的温度变化而自动调节运行功率,耗电高,不利于工艺操作,现在 30 kW·h 汽提空冷风机上安装变频器 2 台,实行了自动控制	每年可减少电耗 12.9 万 kW·h
方案类型:节水		
催化装置余热锅炉技术改造	原余热锅炉不但热效率低,导致装置能耗升高,经济效益下降,而且存在严重的安全隐患,影响装置长周期安全运行。现对该余热锅炉进行综合技术改造,拆除该余热锅炉,在原有位置上重新建造一台效率高、结构合理、维修简单、可靠性高的余热锅炉	每年可减少水耗 9900 t
汽提净化水可用于电脱盐和常顶注水	汽提装置处理后的净化水可取代软化水作为电脱盐、常顶注水等注水回用,增加管线 250 m,节约了软化水	每年可减少水耗 3600 t
常减压装置常压塔顶冷凝水循环利用	原常减压装置常压塔顶系统防腐三注工艺的注水使用注除盐水,系统冷凝水直接排入污水系统,系统浪费很大。现确定技改方案:利用原常顶冷凝水水箱作储水罐,增加注水泵一台,出口管接至原注水系统,利用原有流量计调节注水量,重复利用系统冷凝水	每年可节约除盐水 3200 t

续表

方案名称	方案简介	效益分析
方案类型：节约物料		
闪蒸抽真空排放气体的回收、分离再利用	以前闪蒸釜抽真空系统易向大气中排放丙烯气，造成污染和浪费。现加装一台真空压缩机，用压缩机将丙烯气压缩后送往气柜，使其中的氮气与丙烯气分离，氮气收集重复利用	每年可回收丙烯气 600 t，每吨按 9000 元计，每年可节约资金 540 万元
方案类型："三废"治理		
H_2S 酸性气直接制硫酸	由于原油中含有硫化物，在催化裂化、加氢精制、加氢裂化等生产装置中形成 H_2S 的酸性气，排出装置。将含 H_2S 的酸性气在焚烧炉内过氧状态下充分燃烧，生成 SO_2 和 H_2O。过程气经降温后进入反应器，在催化剂作用下，SO_2 转化为 SO_3，从反应器出来的过程气进入 WSA 冷凝器，温度降低，硫酸蒸气在冷凝器内冷凝，形成硫酸，从气体中分离出来。硫回收率高达 99%以上，尾气中的 SO_2 浓度低，生产过程不产生废水，流程简单，布置紧凑，操作弹性大，热能回收利用充分，可生产高压过热蒸汽	减少 SO_2 排放，充分回收热能
水的重复利用和循环使用	有些炼油企业爱用直流供水对设备冷却，冷却后的水直接排入环境，增加了污水的排放量。根据炼油工艺过程对水质的不同要求，采用一水多用、重复循环使用等方法，以提高水的循环利用率，降低用水量。压缩排污量。最大限度地采用循环水作为冷却水，一水多用、重复串联使用。根据炼油装置中被冷却油品的终温要求不同，可采用一水多用、重复串联使用等节约用水的措施	节约新鲜水，减少废水排放

第四章

煤炭开采洗选业审核实战指南

我国的能源结构是“富煤、缺油、少气”，煤炭是国家能源的主要来源，在经济发展中发挥着重要作用，然而，长期传统的粗放型生产经营方式引起了许多环境污染和生态破坏问题。因此，《关于深入推进重点企业清洁生产的通知》（环发〔2010〕54 号）将该行业列入重点审核行业。本章即对煤炭开采洗选行业清洁生产审核进行实战讲解。

一、基础知识普及

1. 了解定义和原理

对各种煤炭的开采、洗选、分级等生产活动构成煤炭开采和洗选业。在我国国民经济行业分类中，煤炭开采和洗选业属于采矿业，包括地下或地上采掘、矿井的运行，以及一般在矿址上或矿址附近从事的旨在加工原材料的所有辅助性工作，如碾磨、选矿和处理，但不包括煤制品的生产、煤炭勘探和建筑工程活动。

2. 了解行业概况

按照煤炭资源开采方式的不同，可将煤炭开采分为矿井开采（埋藏较深）和露天开采（埋藏较浅）两种。目前，我国采煤以矿井开采为主，如山西、山东、江苏及东北地区大多数采用这一开采方式；也有些采用露天开采，如哈尔乌素露天煤矿就是我国目前最大的露天矿区。

目前，全国煤炭开采和洗选业企业大约为 7700 家。我国煤炭工业存在的主要问题是：资源开发秩序乱，资源回收率低；矿区环境（恶化）保护投入少，综合治理滞后；安全基础依然薄弱，安全生产形势严峻；科技水平差距大，创新能力不足；生产力落后，产业集中度低；企业负担沉重，职工收入水平低。以上问题，严重影响了煤炭工业的可持续发展。

煤炭采选业对环境的影响，除了一般传统的工业污染物特征外，其显著的行业特征是煤炭开采造成的地表形态变化所带来的对地面建（构）筑物、生态环境和地下水资源的影响和破坏，而且影响时间厂、范围大。煤炭采选业对环境的影响特征表现在以下几个方面：

（1）井工矿采煤沉陷或露天矿地表剥离、外排土场占压，将引起不同程度的地表沉陷、挖损、裂缝、滑坡和崩塌等地表形态变化，改变土地利用功能，对生态环境产生较大的直接或间接影响。采煤沉陷对地面建(构)筑物、基础设施、农田水利设施等造成破坏,引起部分村庄和居民搬迁,产生一定的社会、经济、环境问题。

(2)采煤沉陷对地下含水层的影响或露天开采地下水疏干对地下水资源的影响和破坏。

(3)煤矸石或露天矿剥离物的堆存大量占用土地,造成区域内土地利用方式的转变、水土流失加重、生态和景观影响。

(4)煤炭开发和加工过程产生的污废水对地表水环境的影响。

(5)工业场地锅炉房排放的废气和储煤场、排矸场、排土场以及筛分破碎、煤炭储运过程产生的粉尘对大气环境的影响。

(6)工业场地锅炉房、提升系统、通风系统、压风系统、筛分破碎车间、物料转载车间、机修车间和坑木加工房等各类噪声源,铁路专用线的机车运行、鸣笛噪声及道路交通噪声对声学环境的影响,露天矿采煤爆破对声环境和振动环境的影响。

3. 了解专有名词

像煤炭开采洗选业经常提到的“矿井储量”“选煤”“回采”“跳汰选煤”“重介质选煤”等专有名词(详见附录一),应了解其含义,以便了解其工艺过程。

4. 了解政策和标准

对煤炭开采洗选行业进行清洁生产审核前,应了解以下几个政策和标准:

(1)政策

《煤炭工业环境保护暂行管理办法》(煤生字〔1994〕第 355 号)

《煤矸石综合利用管理办法(2014 年修订版)》

《国务院关于全面整顿和规范矿产资源开发秩序的通知》(国发〔2005〕28 号)

《矿山生态环境保护与污染防治技术政策》(环发〔2005〕109 号)

《国家发展改革委 国家环保总局关于印发煤炭工业节能减排工作意见的通知》(发改能源〔2007〕1456 号)

《煤炭产业政策》(修订稿)(2013 年)

《产业结构调整指导目录(2011 年本)》(2013 年修订)

(2)标准

《煤炭工业污染物排放标准》(GB 20426—2006)

《洗煤厂洗水闭路循环等级》(MT/T 810—1999)

《清洁生产标准 煤矿采选业》(HJ 446—2008)

《煤炭行业清洁生产评价指标体系(试行)》

5. 了解企业概况

审核煤炭采选企业前,首先应重点了解企业煤炭资源地质条件、企业生产能力及设备先进性情况,其次了解企业采掘、选煤的主要生产工艺,还应了解相关职能辅助单位及企业环保状况等。

举例:某煤矿于 1978 年建矿投产,现全矿职工有 5 千余人,生产能力为 140 万 t/a,井田东西宽 12~15.9 km,南北长约 9.9 km,面积为 143.356 km^2;拥有地质储量约 10.76 亿 t,可采储量 2.54 亿 t,主要可采煤层为 3(3 上)煤层,埋深为 −700~−1200 m,

煤厚平均为 6.19 m，煤种主要以 1/3 焦煤、气肥煤、气煤为主。构造程度中等，低瓦斯矿井，煤尘具有爆炸性，煤层自然倾向等级为Ⅱ类自燃，水文地质条件类型为中等。井田为全隐蔽的华北型石炭、二迭系煤田，采用立井开拓方式，−860 m 单一水平开采，采煤方法为长壁综合机械化放顶煤开采。整个矿井划分为七个采区，以南部大巷为界，大巷南部 Fz14 断层两侧及 Fd47 断层以东划分为三个采区，即一、二、三采区，Fd47 断层以西为五采区，南部大巷以北、中部大巷以东为四采区，北部大巷两侧分别为六、七采区。采区开采按由近而远的顺序进行，先开采南部块段，中后期再北部块段。3 煤层为项目主要开采煤层及首采煤层，目前开采工作面为 1302 工作面。

矿内配套建有一座采用跳汰选煤工艺、入洗能力为 140 万 t/a 的洗煤厂。除相关职能部室外，煤矿生产单位可以分成三类：煤炭开采单位（掘进、采煤）、煤炭洗选单位（选煤厂）、辅助生产单位（巷修工区、安装工区、机电工区、通防工区、运输工区等）。各辅助生产单位职责：巷修工区主要负责巷道的日常维护和保养；安装工区负责采煤、掘进工作面所需物料的调配、运送工作及运输机、采煤机的安装、撤除工作；机电工区负责井下高低压供电系统、排水设备和各水平大巷主压风、主供水、主排水的管路管理与维护和井下斜井运人系统、提升系统的运转及检修维护；通防工区负责矿井的瓦斯检查，井下沿线通防设施检查及全矿井下贯通巷道排放瓦斯；运输工区负责人员上下井、设备输送、原煤运输、矸石排放、物料运送及轨道铺设的生产任务。

6. 掌握工艺流程

煤炭开采洗选业工艺包括两大部分：一是井下煤炭开采（掘进和采煤）；二是地面煤炭洗选。

掘进通常包括破岩、装岩、运输和支护四大工序，其中根据破岩方式的不同，又分为爆破采掘和综合机械化掘进。爆破采掘是根据炮眼布置图采用人工抱风钻湿式打眼后装药爆破从而形成巷道的掘进方式。综合机械化掘进是利用综掘机按规定的切割迹切割原始岩体而形成巷道的掘进方式。

采煤通常包括破（落）煤、装煤、运煤、支护和采空区处理五大工序，其中根据破煤方式的不同，又分为爆破采煤工艺、普通机械化采煤工艺和综合机械化采煤工艺。爆破采煤为人工打眼装药爆破落煤及人工支护顶板。普通机械化采煤工艺是用机械化方法破煤、装煤、输送机运煤和单体支柱支护顶板的采煤工艺。综合机械化采煤工艺是破煤、装煤、运煤、支护和采空区处理全部实现机械化的采煤工艺

洗煤系统由受煤、筛分、破碎、选煤、储存、装车等主要工序组成。选煤有跳汰选煤、重介选煤和浮游选煤等工艺，其中跳汰选煤、重介选煤比较常见。

7. 明确产污环节

煤炭开采洗选业的主要产污环节见表 4-1。

表 4-1 产污环节

废物种类	环节	废物	有害成分
废水	煤炭采掘	矿井水(包括掘进废水、采煤废水、大巷冲尘水和井下涌出水)	COD、SS、石油类等
	洗煤厂	洗煤废水	COD、SS 等
	办公、生活区	生活污水	COD、SS 等
废气	洗煤厂(筛分、破碎工序)	含尘废气	粉尘
	煤炭及煤矸石生产、运输、转载等环节	无组织排放废气	扬尘
	煤炭及煤矸石堆置场	无组织排放废气	扬尘
	锅炉	燃煤废气	SO_2、NO_x、烟尘等
固废	煤炭采掘	煤矸石	一般固废
	洗煤厂	煤矸石	
	洗煤厂	煤泥	
	污水处理站	污泥	
	锅炉	炉渣	
	办公、生活区	生活垃圾	

二、政策和标准解读

1. 煤炭行业政策

(1)《国务院关于全面整顿和规范矿产资源开发秩序的通知》(国发〔2005〕28 号)

该通知于 2005 年 8 月由国务院发布。其中提出整顿矿产资源开发秩序的任务之一就是坚决关闭破坏环境、污染严重、不具备安全生产条件的矿山企业。对在各类保护区的禁采区内进行开采的矿山企业和影响大矿安全生产的小矿，由当地人民政府予以关闭。对严重污染环境、未进行环境影响评价的矿山企业，对不符合安全生产要求超通风能力生产、未按规定建立瓦斯抽放系统、未采取防突措施、未经“三同时”审查验收的矿山企业，环境、安全监管部门要依法责令限期整改或停产整顿，有关部门要及时收回所有证照；对拒不停产和整改后仍达不到要求的，要坚决及时予以关闭，有关部门要依法吊销所有证照。

(2)《产业结构调整指导目录(2011 年本)》(2013 年修订)

①鼓励类：“三、煤炭”中的“1、煤田地质及地球物理勘探”“2、120 万吨/年及以上高产高效煤矿(含矿井、露天)；高效选煤厂建设”“3、矿井灾害(瓦斯、煤尘、矿井水、火、围岩、地温、冲击地压等)防治”“4、型煤及水煤浆技术开发与应用”“5、煤炭共伴生资源加工与

综合利用”“6、煤层气勘探、开发、利用和煤矿瓦斯抽采、利用”“7、煤矸石、煤泥、洗中煤等低热值燃料综合利用”“8、管道输煤”“9、煤炭高效洗选脱硫技术开发与应用”“10、选煤工程技术开发与应用”“11、地面沉陷区治理、矿井水资源保护与利用”“12、煤电一体化建设”“13、提高资源回收率的采煤方法、工艺开发与应用”“14、矿井采空区矸石回填技术开发与应用”“15、井下救援技术及特种装备开发与应用”“16、煤矿生产过程综合监控技术、装备开发与应用”“17、大型煤炭储运中心、煤炭交易市场建设”“18、矿井进出人员自动监控记录系统开发与应用”“19、新型矿工避险自救器材开发与应用”“20、建筑物下、铁路等基础设施下、水体下采用煤矸石等物质充填采煤技术开发与应用”。

②限制类：“二、煤炭”中的“1、单井井型低于以下规模的煤矿项目：山西、内蒙古、陕西 120 万吨/年；重庆、四川、贵州、云南 15 万吨/年；福建、江西、湖北、湖南、广西 9 万吨/年；其他地区 30 万吨/年”“2、采用非机械化开采工艺的煤矿项目”“3、设计的煤炭资源回收率达不到国家规定要求的煤矿项目”“4、未按国家规定程序报批矿区总体规划的煤矿项目”“5、井下回采工作面超过 2 个的新建煤矿项目”。

③淘汰类：“（二）煤炭”中的“1、国有煤矿矿区范围（国有煤矿采矿登记确认的范围）内的各类小煤矿”“2、单井井型低于 3 万吨/年规模的矿井”“3、既无降硫措施，又无达标排放用户的高硫煤炭（含硫高于 3%）生产矿井”“4、不能就地使用的高灰煤炭（灰分高于 40%）生产矿井”“5、6AM、φM-2.5、PA-3 型煤用浮选机”“6、PB2、PB3、PB4 型矿用隔爆高压开关”“7、PG-27 型真空过滤机”“8、X-1 型箱式压滤机”“9、ZYZ、ZY3 型液压支架”“10、木支架”“11、不能实现洗煤废水闭路循环的选煤工艺、不能实现粉尘达标排放的干法选煤设备”。

(3)《煤矸石综合利用管理办法(2014 年修订版)》

国家发展改革委会同科技部、工业和信息化部、财政部、国土资源部、环境保护部、住房城乡建设部、税务总局、质检总局、安全监管总局、能源局、煤矿安监局等负责起草、拟订、发布煤矸石综合利用相关规划、产业和扶持政策、技术规范等，并在各自职责范围内开展煤矸石综合利用管理工作。其中对煤矸石发电项目有如下规定：“煤矸石发电项目应当按照国家有关部门低热值煤发电项目规定进行规划建设，煤矸石使用量不低于入炉燃料的 60%（重量比），且收到基低位发热量不低于 5020 千焦（1200 千卡）/千克，应根据煤矸石资源量合理配备循环流化床锅炉及发电机组，并在煤矸石的使用环节配备准确可靠的计量器具。鼓励能量梯级利用，满足周边用户热（冷）负荷需要。对申报资源综合利用认定的发电项目（机组），其入炉混合燃料收到基低位发热量应不高于 12550 千焦（3000 千卡）/千克。”

(4)《矿山生态环境保护与污染防治技术政策》(环发〔2005〕109 号)

该政策由国家环保总局、国土资源部、卫生部于 2005 年 9 月发布。其中对于矿产资源的开发规划与设计、矿山基建、采矿、选矿和废弃地复垦等阶段的生态保护与污染防治明确了技术方向和禁采、限采的范围，提出了 2010 年、2015 年应分别达到的目标要求，包括矿井水、瓦斯和煤矸石利用率、沉陷区土地复垦率、选煤厂洗水循环利用率等指标。

2. 煤炭行业标准

(1)《煤炭工业污染物排放标准》(GB 20426—2006)

该标准由国家环境保护局于2006年9月1日正式发布，同年10月1日实施。它规定了煤炭工业废水有毒污染物排放限值、采煤废水污染物排放限值、选煤废水污染物排放限值；煤炭开采(含露天)水资源化利用技术规定、煤炭工业地面生产系统大气污染物排放限值和控制要求；煤矸石堆置场污染物控制和其他管理规定；监测等方面的内容。

(2)《洗煤厂洗水闭路循环等级》(MT/T 810—1999)

1999年煤炭行业为推进选煤厂的清洁生产和洗水重复利用，制定此标准，它是选煤厂行业环保达标的重要技术标准。该标准按洗水闭路循环率高低分为三级，每级有5项细化指标。其中，洗水不外排、水重复利用率和单位补水量是环评和清洁生产需要考虑的重要指标。该标准规定1～3级的水重复利用率都为90%以上，入洗原煤补充水量分别为0.15 m/t、0.2 m/t、0.25 m/t；1～2级闭路循环洗水都不允许外排。

(3)《清洁生产标准　煤矿采选业》(HJ 446—2008)

该标准规定了煤炭采选业企业清洁生产的一般要求。本标准将清洁生产标准指标分为七类，即生产工艺与装备要求、资源能源利用指标、产品指标、污染物产生指标(末端处理前)、废物回收利用指标、矿山生态保护指标、环境管理要求。本标准既适用于煤炭采选业企业的清洁生产审核、清洁生产潜力与机会的判断，以及清洁生产绩效评定和清洁生产绩效公告制度，也适用于环境影响评价和排污许可证等环境管理制度。

▶**特别提示：**

(1)采煤生产工艺与装备要求

该标准对煤矿掘进、采煤机械化程度比例作了明确的要求。煤矿采掘机械化程度的高低代表着整个煤矿的生产工艺水平的高低。

(2)选煤生产工艺与装备要求

该标准对洗煤水有了明确的规定，洗煤水要达到闭路循环，不允许外排。同时，对各种物料的储存也有了明确的要求。

(3)资源能源利用指标

该标准对原煤生产的电耗、水耗和坑木耗，以及洗煤的电耗、浮选剂和重介质有了明确的要求。

(4)污染物产生指标(末端处理前)

该标准对矿井废水和洗煤废水中的各类污染物指标作了明确的规定。

三、审核过程解析

1. “三废”产排分析

下面以某煤矿为例进行详细分析。其工艺流程及“三废”情况如图4-1至图4-5所示。

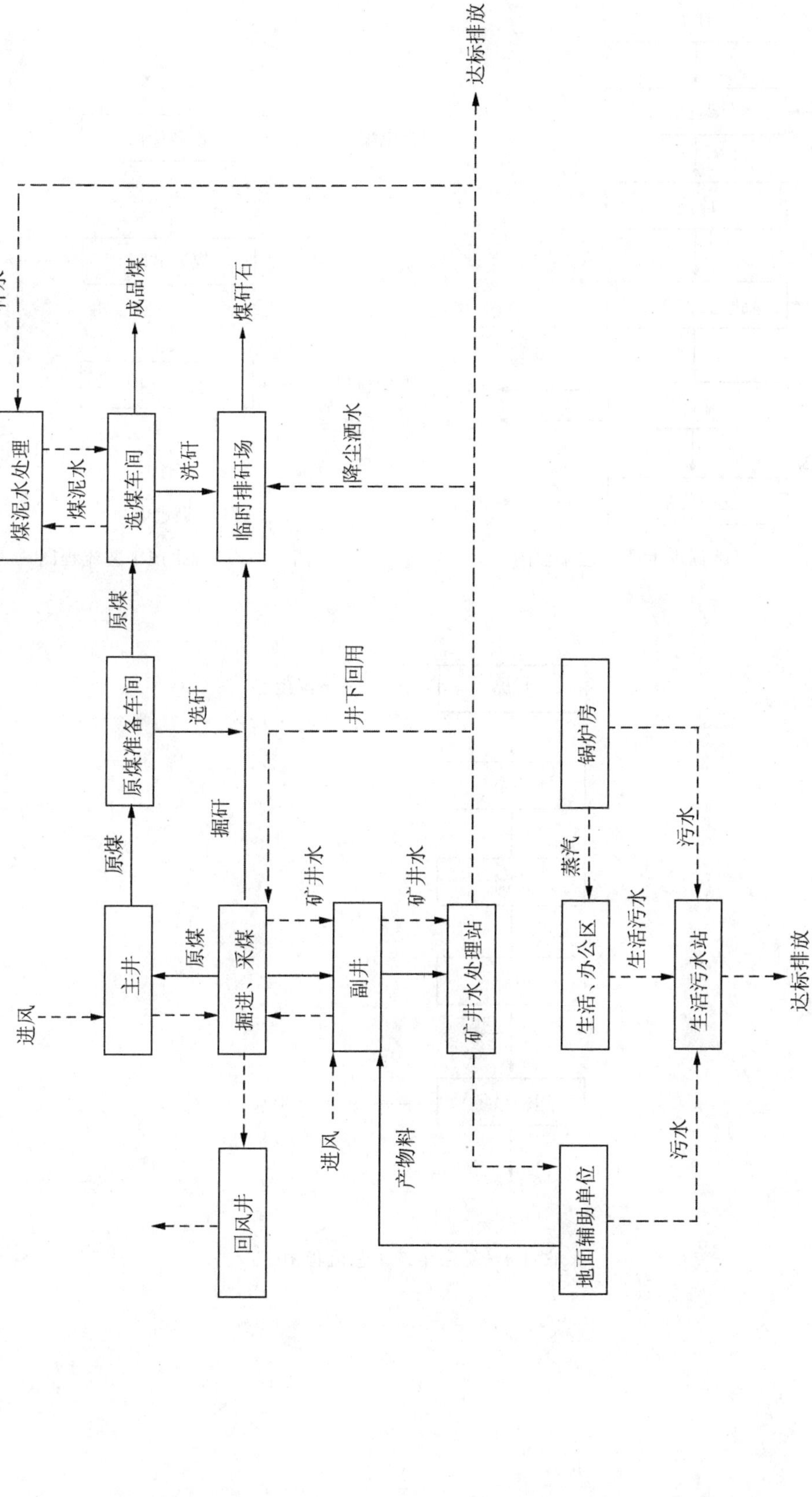

图4-1　煤矿主要生产工艺流程图

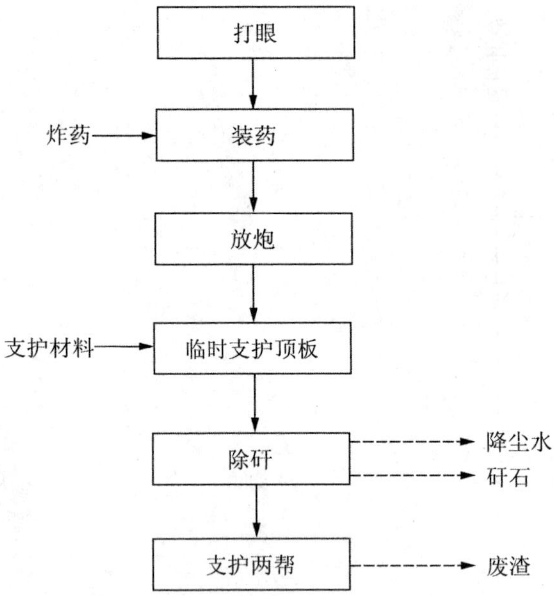

图 4-2 爆破掘进生产工艺流程图

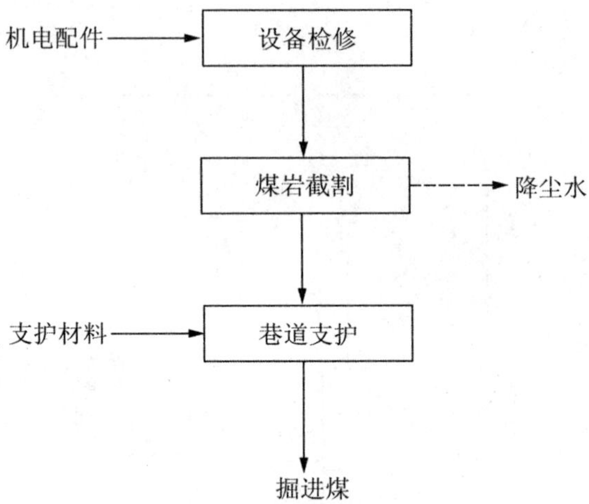

图 4-3 综掘生产工艺流程图

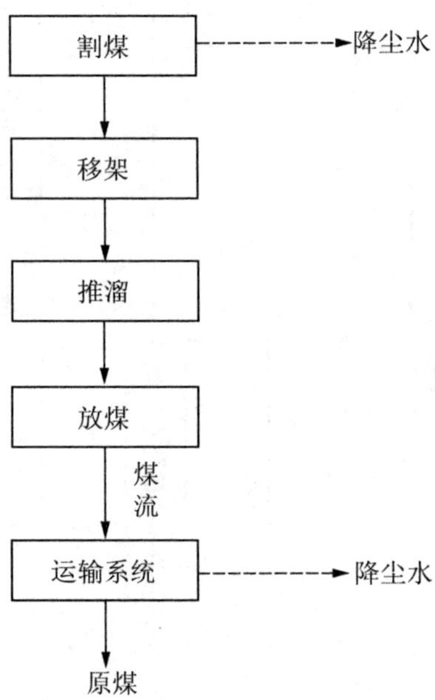

图 4-4 综采生产工艺流程图

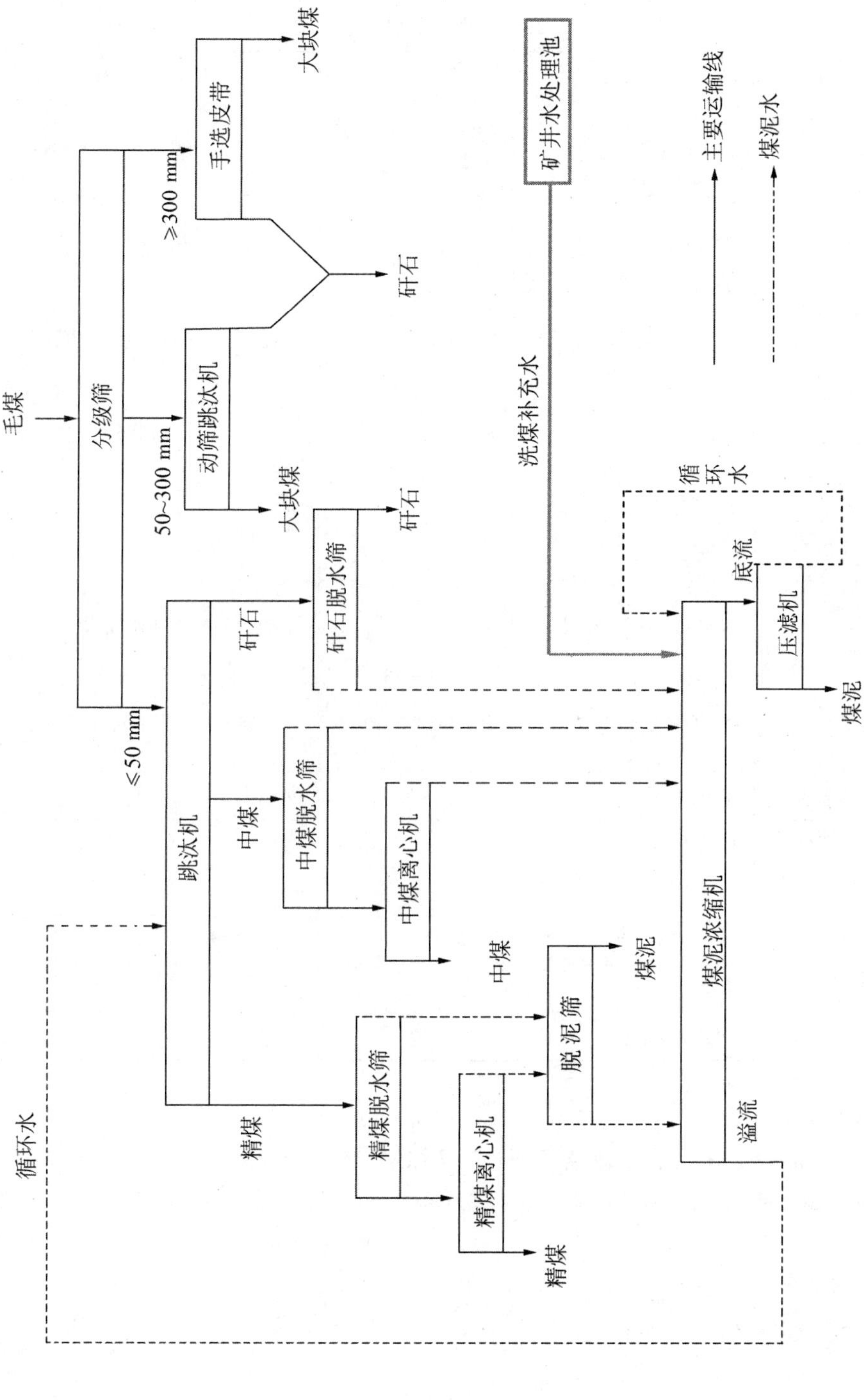

图4-5 选煤厂工艺流程示意图(跳汰选煤)

根据以上工艺流程图，下面具体分析一下各种废物的产排特性(见表4-2)。

表4-2 废物的产排特性

废物种类	废物	工序名称	有害成分	处理方式及去向
废水	矿井水	煤炭采掘	COD、SS、石油类等	经处理后回用，其余达标排放
	洗煤废水	洗煤厂	COD、SS等	闭路循环、不外排
	生活污水	办公、生活区	COD、SS等	经污水处理站处理后达标排放
废气	含尘废气	洗煤厂	粉尘	经布袋式除尘器处理后达标排放
	无组织排放废气	煤炭及煤矸石生产、运输、转载等环节	粉尘	洒水降尘
	无组织排放废气	煤炭及煤矸石堆置场	粉尘	煤棚、覆盖及洒水降尘
	燃煤废气	锅炉	SO_2、NO_x、烟尘等	经脱硫除尘装置处理后达标排放
固废	煤矸石	煤炭采掘	一般固废	回填井下、综合利用
	洗矸石	洗煤厂	一般固废	回填井下、综合利用
	煤泥	洗煤厂	一般固废	外卖
	污泥	矿井水处理站	一般固废	锅炉燃烧
	炉渣	锅炉	一般固废	外卖
	生活垃圾	办公、生活区	一般固废	环卫部门统一处理

▶**特别提示：**

(1)煤矿矿井水受当地水文地质条件、开采煤层、各种煤系伴生矿物成分以及所在地区环境条件等因素的影响，不同煤矿的矿井水质有很大的差异。对于矿井水治理措施的选取，应该按照一水多用、分质处理、分质供水的原则，采用不同处理深度的工艺处理后最大限度地回用。

(2)部分煤矿井口热风、浴室供热及办公、生活区供暖采用外购蒸汽，则矿区内不存在锅炉使用情况。

(3)矿井水处理站所产污泥主要成分为煤泥，可燃烧。

(4)由于矿区人口众多，办公、生活区生活废水及生活垃圾产生量较大。

(5)部分煤矿设有医院，医疗废水及医疗废物处置同样作为审核关注环节。

(6)洗煤厂含煤泥废水要求实现一级闭路循环，不外排。

(7)煤矸石的综合利用包括:利用煤矸发电、生产建筑材料、回收有益矿产品、制取化工产品、生产肥料等等。

(8)推广煤矸石井下充填技术,有条件的煤矿应采用掘进矸石不出井的采煤生产工艺,充填采空区,减少矸石排放量和地表下沉量。

(9)煤矿瓦斯分高浓度瓦斯(浓度高于25%)和低浓度瓦斯(浓度低于25%)。我国60%以上的瓦斯是含甲烷25%以下的低浓度瓦斯,按煤矿安全规程要求,瓦斯浓度在25%以下的就不能储存和输送。高浓度瓦斯可用于燃烧发电。

通过分析工艺流程图和“三废”产排,结合企业实际,可以得出以下清洁生产方案:

▶方案1:对煤矿塌陷区,利用煤矸石充填,然后覆盖上湖、河泥或土层进行造地复田,提高土地复垦率。

▶方案2:对现存矸石山坡顶、坡面进行削坡整平,覆盖土层后植树种草,达到护坡、绿化、美化环境的效果,同时减少扬尘污染及矸石山自燃风险。

▶方案3:通过安装、使用可调节多口(单口)喷雾喷头,只要控制水路开关,就可对煤场、矸石场进行全方位防尘,省时、安全又可大幅度减轻员工劳动强度,使煤场煤尘得到有效治理,操作环境大大改善。

▶方案4:利用峰谷电价,降低电费支出。对用电大户强化管理,避免峰时开机,调整生产周期作业流程,主运系统实现顺煤流开机,减少皮带空载。

▶方案5:井下在每条巷道的断层煤柱内,采取以矸换煤的方法,打设硐室,将矸石回填,减少矸石上井。

▶方案6:风井噪声治理方案:对风机机壳修建隔声房,在机房原有门洞、窗洞处,加装隔声门、隔声窗,减少噪声污染。

▶方案7:井下工作区下水口增加沉淀池,减少水煤流失,减少矿井水的危害程度。

▶方案8:综采、综掘区提高风、水管的密封效果,减少漏风、漏水现象,保证各地点风、水压力正常生产,节水、节电。

▶方案9:井下应用细径型短壁注水器,能放在打钻的炮眼孔内,确保注水孔与炮眼孔一致,避免钻头的更换,节约钻头。

▶方案10:在综掘工区井下各卸载点、转载点安装矸石筛,将矸石与原煤分离,然后使用矿车运输至各充填工作面或报废巷道进行充填,可使煤矿产出矸石量大大减少并降低后续选煤成本。

2. 审核重点选择

根据煤炭开采洗选业行业特点,选择原料消耗、水耗、电耗、“三废”产生量作为筛选审核重点主要考虑的几个因素,分别计算各备选审核重点这几个指标的量,再结合权重总和计分排序法计算结果确定审核重点。

举例:某煤矿生产单位有采煤工区、综掘工区和选煤厂。一般来说,井下生产采煤工区废物产生量及物耗、能耗相对更大,结合权重总和计分排序法结果,应选择采煤工区作为审核重点。另外，洗煤厂作为井上生产构筑物，也可考虑作为审核重点。

3. 审核目标设置

(1)目标设置依据

对煤炭开采洗选业行业进行清洁生产审核时，可参考《清洁生产标准　煤矿采选业》(HJ 446—2008)进行目标设置，还可考虑与同行业其他企业进行比较。需要注意的是，所选其他企业必须与该企业工艺、规模都相近。

(2)目标选择方法

煤炭开采洗选业企业电耗、水耗都相对较多，因此，原煤生产电耗、原煤生产水耗、原煤生产坑木消耗都可以设为清洁生产目标。另外，选煤电耗以及采区、工作面回采率都可以设为清洁生产目标。

某企业具体的目标设置见表 4-3。

表 4-3　目标设置

指标	单位	现状	近期目标(2016 年底)		中期目标(2017 年底)	
			绝对量	变化率	绝对量	变化率
原煤生产电耗	kW·h/t	*	*	削减 * %	*	削减 * %
原煤生产水耗	m^3/t	*	*	削减 * %	*	削减 * %
原煤生产坑木消耗	m^3/万 t	*	*	削减 * %	*	削减 * %
原煤生产综合能耗	kgce/t	*	*	削减 * %	*	削减 * %
选煤电耗	kW·h/t	*	*	削减 * %	*	削减 * %
采区回采率	%	*	*	提高 * %	*	提高 * %
矿井水利用率	%	*	*	提高 * %	*	提高 * %

注：不同企业由于工艺、生产规模等不同，各目标值差别较大，此处不列具体数值，仅对如何选取目标对象提供参考(*代表省略的数据)。

4. 平衡数据分析

物料平衡

以采煤工区某工作面和洗煤厂(跳汰选煤)为审核重点，列出整个生产工艺，按照每个工序测定(或估算)的输入物料、输出物料及损耗，绘制出物料平衡图(见图 4-6、图 4-7)和物料流程图(流程图此处暂略)，据此可以找出物料主要损耗和流失环节。

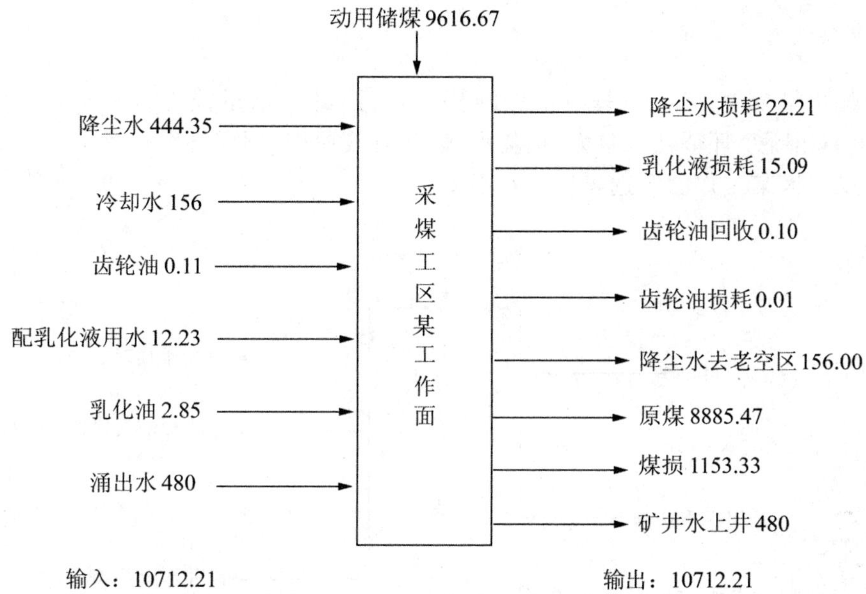

图 4-6　采煤工区某工作面的物料平衡图(单位：t/d)

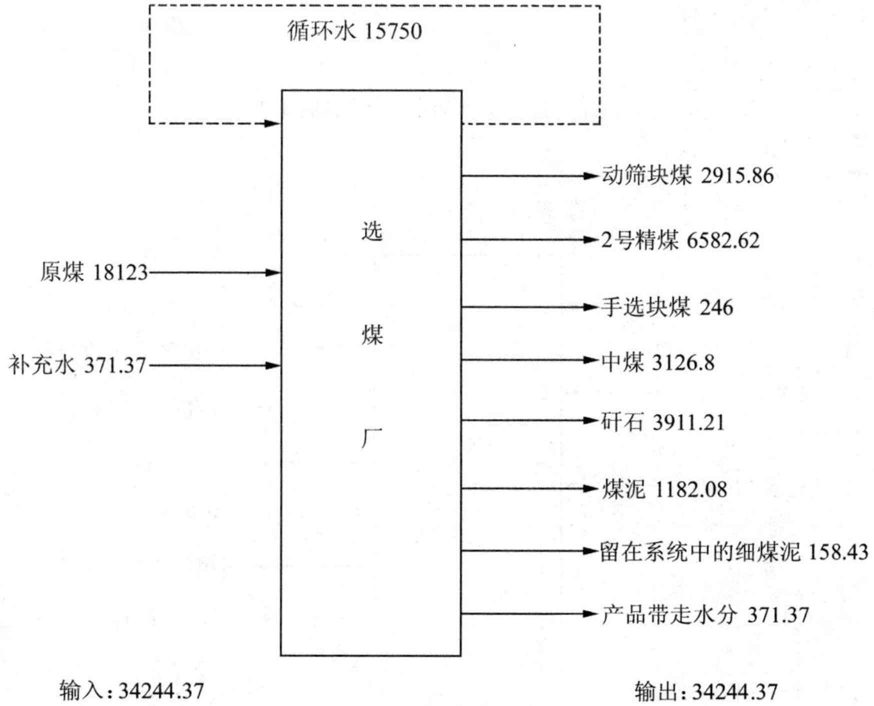

图 4-7　选煤厂的物料平衡图(单位：t/15h)

水平衡

采煤耗水量较大，应针对每道工序的特点，实测其耗水量或外排水量，并估算损耗量，据此可看出哪个环节耗水量大、损耗大，以便查找原因、制定方案。图 4-8、图 4-9 分别给出了采煤工区某工作面和选煤厂的水平衡。

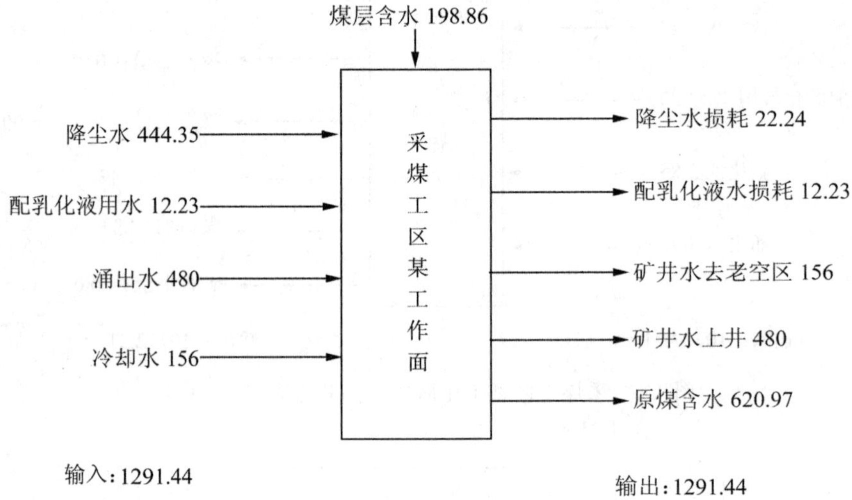

图 4-8　采煤工区某工作面的水平衡图(单位：t/d)

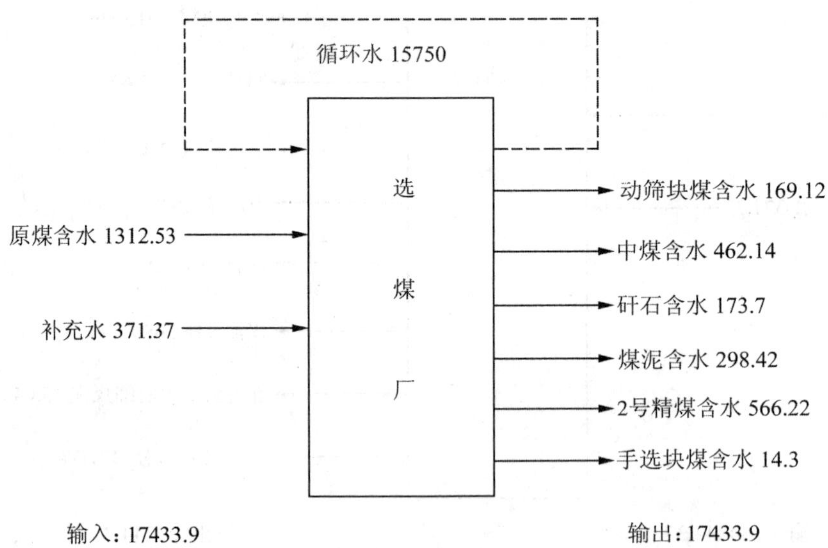

图 4-9　选煤厂的水平衡图(单位：t/15h)

四、注意事项汇总

下面将煤炭开采洗选业行业清洁生产审核需要特别注意的几点总结如下：

(1)选煤厂采用重介质选煤工艺时，清洁生产目标还可增加浮选药剂消耗、重介质消耗指标等。

(2)煤炭工业除尘设备排气筒高度应不低于 15 m。

(3)煤矸石堆置场选址应符合《一般工业固体废物储存、处置场污染控制标准》(GB 18599—2001)的有关要求，应采取防渗透和防自燃的技术措施。

五、典型方案参考

表 4-4 列出了从节电、节约物料、节水和环保等多个角度精选的几个已在煤炭开采洗选业企业中实施过的典型方案(效益数据仅供参考)。

表 4-4　　煤炭开采洗选业企业中的典型方案

方案名称	方案简介	效益分析
方案类型：节电		
选煤厂水泵变频节能改造	对于大功率泵，可采用变频调速的方法来实现节能，推广高效能设备的应用，采用调速装置和微机自动控制系统，达到设备系统经济运行	每年可减少电耗 25 万 kW·h
蓄电电瓶车(或架线电机车)节能改造	将现有的直流架线电机车改造为直流架线变频调速电机车，采用性能可靠的三相鼠笼异步交流电机和节电显著的变频调速器，取代落后的直流电动机及电阻调速器。变频调速器的节电率为 35%	每年可减少电耗 16 万 kW·h
煤仓运输系统优化	根据生产情况，撤除煤仓 SGW-150 型溜子，更换成 40 kW 皮带，撤除 3 号煤仓 SGW-40T 型溜子，更换成 40 kW 皮带，可增加工作效率且节约电能	每年可减少电耗 38 万 kW·h
方案类型：节约蒸汽		
水源热泵空调系统节能研究应用	由于受地温影响，从井下排至地面的矿井水水温在 19 ℃左右，其低温热能具有较高的利用价值，可以充分利用。可根据实际情况架设水源热泵—溴化锂制冷机组联合空调系统对矿内办公、辅助区实行集中供热(冷)	节约了蒸汽
井口空压机余热回收	井口防冻热风采用外购蒸汽或锅炉房燃煤加热，通过回收井口空压机余热，减少蒸汽使用量	节约了蒸汽

续表

方案名称	方案简介	效益分析
方案类型：节水		
矿井水综合利用	将符合生产、生活使用标准的矿井水集中提升到地面代替自来水进行使用，减少浅层地下水的开采，降低地面塌陷的概率，减少矿井水排放的同时节省新鲜水	可节省自来水，减少矿井水的排放，提高矿井水综合利用率
澡堂淋浴由手动控制改成脚踏控制	澡堂淋浴由手动控制改成脚踏控制，人一离开水就停，降低水耗、蒸汽消耗和废水的排放	可减少水耗、蒸汽消耗，减少废水的排放
方案类型：节约物料		
选煤厂压滤机助滤剂加药桶改造	选煤厂在助滤剂箱上面安装一个搅拌装置，把助滤剂加入水箱内，转动搅拌器上的叶轮使助滤剂充分搅拌，再由泵将搅拌好的助滤剂打入缓冲仓。经过改造，大大缩短了滤饼成型时间，节约助滤剂，提高了压滤机的煤泥产量	节约了助滤剂
方案类型：提高环境效益		
选煤厂除尘器降低噪声改造	选煤厂洗煤车间为了降低现场物料运输过程中产生的煤尘，安装了除尘器，除尘器产生的噪声会影响职工的身体健康，形成新的职业病危害。在除尘器出风口安装消音器。该消音器采用了当前较为先进的阻抗型消声装置，选用的材料为吸引泡沫，吸引效果好，能很好地将除尘器排气口发出的高频、中频噪声吸收掉，其安装方便，消声效果好，使用寿命长，在全厂多个地点已经得到使用，并取得了很好的效果	减少了噪声污染
风力充填技术应用	利用破碎机将原生矸石破碎至一定大小颗粒(一般直径为 50 mm 以下)，用螺旋送料机作为送料设备，使用风力输送机产生的冲击风压作为动力源，螺旋送料机将矸石颗粒输送至风料混合器中，在冲击风压的作用下矸石和风流在混合器内形成气固两相的均匀混合体，使用输送管路将矸石颗粒输送至充填地点	可降低矸石升井后对环境的污染及耕地的占用

续表

方案名称	方案简介	效益分析
方案类型：提高环境效益		
综采(放)工作面煤层注水防尘卸压技术的应用	煤矿综放工作面开采过程中伴随有煤尘、冲击地压、自然发火等灾害，工作面安全生产以及工人身体健康等方面受到严重威胁。国内外实践证明，煤层注水是从根本上综合解决上述安全问题的有效方法。煤层注水既可以用于区域性预防危险的发生，又能应用于已有危险的区域进行解危，而且是有希望对顶板、断层冲击地压进行有效防治的措施。同时，它能降低割煤粉尘，提高其他防、降尘措施的使用效率，对矿井降温亦起到积极作用	工作面的综合降尘率提高了15%以上，降低了冲击地压、高浓度粉尘等灾害对人体的危害；延长了设备的使用年限，降低了检修、维护费用

第五章

金属冶炼业审核实战指南(钢铁)

金属矿一般指经冶炼可以从中提取金属元素的矿产,按其物质成分、性质和用途可分为五种:黑色金属矿产、有色金属矿产、贵金属矿产、稀有分散元素矿产、半金属矿产。本章着重介绍黑色金属中的钢铁在冶炼过程中的清洁生产审核实战经验。

一、基础知识普及

1. 了解定义和原理

(1)金属

金属是具有光泽,有良好的导电性、导热性与机械性能,并具有正的电阻温度系数的物质。目前,世界上共有86种金属。

(2)黑色金属

黑色金属是工业上对铁、铬和锰的统称,亦包括这三种金属的合金,尤其是合金钢及钢铁。

(3)炼铁

炼铁是将金属铁从含铁矿物(主要为铁的氧化物)中提炼出来的工艺过程,主要有高炉法、直接还原法、熔融还原法、等离子法。

高炉炼铁是指把铁矿石和焦炭、一氧化碳、氢气等燃料及熔剂(从理论上说,把活动性比铁强的金属和矿石混合后高温也可炼出铁来)装入高炉中冶炼,去掉杂质而得到金属铁(生铁)。

高炉炼铁的反应方程式为:

$$C+O_2 \xlongequal{高温} CO_2(高温)$$

$$C+CO_2 \xlongequal{高温} 2CO(高温)$$

$$Fe_2O_3+3CO \xlongequal{高温} 2Fe+3CO_2(还原反应)$$

$$Fe_3O_4+4CO \xlongequal{高温} 3Fe+4CO_2(还原反应)$$

炉渣形成的方程式为：

$$CaCO_3 \xlongequal{高温} CaO + CO_2$$

$$CaO + SiO_2 \xlongequal{高温} CaSiO_3$$

(4)炼钢

把炼钢用生铁放到炼钢炉内按一定工艺熔炼，即得到钢。炼钢的原理就是在高温条件下，用氧气或铁的氧化物把生铁中所含的过量的碳和其他杂质转化为气体或炉渣而除去。

钢的产品有钢锭、连铸坯和直接铸成各种钢铸件等。炼钢是指控制碳含量(一般小于2%)，消除P、S、O、N等有害元素，保留或增加Si、Mn、Ni、Cr等有益元素并调整元素之间的比例，获得最佳性能。

炼钢的方法一般有转炉炼钢、平炉炼钢和电炉炼钢三种。

炼钢的反应方程式为：

①氧化造渣。

$$2Fe + O_2 \xlongequal{} 2FeO + Q$$

$$2FeO + Si \xlongequal{} SiO_2 + 2Fe + Q$$

$$FeO + Mn \xlongequal{} Fe + MnO + Q$$

$$FeO + C \xlongequal{} CO + Fe - Q$$

生成的SiO_2、MnO与造渣材料生石灰相互作用成为炉渣。

②去硫、磷。

$$FeS + CaO \xlongequal{} FeO + CaS$$

$$2P + 5FeO + 3CaO \xlongequal{} 5Fe + Ca_3(PO_4)_2$$

③脱氧。用硅铁、锰铁或金属铝来还原钢水中含有的少量FeO。

$$2FeO + Si \xlongequal{} SiO_2 + 2Fe$$

$$3FeO + 2Al \xlongequal{} 3Fe + Al_2O_3$$

$$FeO + Mn \xlongequal{} Fe + MnO$$

生成的SiO_2等大部分形成炉渣而除去，部分的Si、Mn等留在钢里以调整钢的成分。钢水合格后，可以浇铸成钢的铸件或钢锭，钢锭可以再轧成各种钢材。

2. 了解行业概况

(1)了解行业整体情况

①粗钢产量小幅增长，国内表观消费量同比下降；②钢材出口大幅增长，产品档次有所提高；③钢材市场供大于求，价格持续下行；④铁矿石等原燃料供需格局逆转，价格大幅下降；⑤生产成本大幅降低，钢铁企业盈利有所好转；⑥固定资产投资下降，化解产能过剩矛盾初见成效；⑦节能环保再上新台阶，主要污染物排放和能源消耗指标均有所下降；⑧新技术、新产品开发取得突出进步，有力支撑我国装备制造业和重大工程发展。

(2)了解行业突出问题

①产能依然过剩，企业效益两极分化；②焦化工序仍然存在着规模小、装备水平落后、布置分散、集中度不高的问题；③我国钢铁工业烧结机多，平均容量小，漏风率高，余热回收普及率低；④我国有多家炼铁企业，产业集中度低，高炉平均炉容小，炼铁生产指

标先进与落后共存；⑤炼钢工序能耗与国际先进水平相比仍有较大差距，炼钢企业之间生产技术水平差距较大；⑥炼钢厂环境治理和废弃物回收利用与国外先进水平相比有较大差距；⑦企业管理不够精细，应加强对废钢、石灰等辅料、耐材和铁合金的分类管理，实现炼钢精料，进一步减少渣量，减轻转炉回炉，降低生产成本；⑧钢铁企业在推广普及(例如轧钢工序变频调速技术、钢铁联合电网经济运行的优化供电技术、加热炉蓄热式燃烧技术等)轧钢节能技术方面还存在一定的差距，需要进一步加大推广普及力度。

3. 关注实用技术

审核前可以关注一下钢铁行业一些常见的实用技术(见表 5-1)。

表 5-1　　钢铁行业一些常见的实用技术

工序名称	简介
焦化工序	我国钢铁企业焦化厂积极采用先进的炼焦技术(优化配煤和备煤，煤调湿、煤捣固，优化焦炉热工调节，干法熄焦，回收煤气上升管余热等)，使我国焦炭质量得到了显著提高，同时炼焦工序能耗不断下降。部分钢铁企业焦化厂新建了炭化室高度在6 m以上的现代化大型焦炉，促进了我国焦炉的大型化、高效化、信息化，焦炉的自动化程度也得到了提高。我国有 90 套干熄焦和蒸汽发电装置，年处理焦炭量约 9000 万 t，促进了我国焦炭质量的提高和工序能耗的降低
烧结工序	我国烧结工序生产工艺技术取得了较大进步，烧结机的大型化取得了新的进展。我国钢铁企业烧结厂积极采用强化制粒、优化配矿、小球烧结、厚料层、燃料分加、偏析布料、高效点火器、减少烧结矿粉化、烧结矿余热回收等先进技术。低硅高铁烧结、高配比褐铁矿烧结等技术也取得了突破性的进展。我国已能自主设计制造 360 m^2、459 m^2、600 m^2 等大型现代化烧结机，并且自动化控制已达到国际先进水平。这些技术的普及与提高，促进了我国烧结工序能耗的降低
球团工序	我国钢铁企业继首钢开发成功链篦机—回转窑、冷床工艺生产球团矿之后，球团生产工艺技术取得了较大进步。我国在球团的强化造球、优化配矿、生球烘烤、回转窑燃烧、窑内不结圈，以及机械传动和自动化控制技术等方面均取得了进步。链篦机—回转窑工艺在生产球团矿质量和能耗上要优于竖炉生产工艺。近年来，我国球团生产取得迅速发展。据统计，我国采用链篦机—回转窑工艺生产的球团矿产量已占球团总产量的 56.79％，竖炉球团比例为 39.77％，带式烧结机球团比例为 3.44％
炼铁工序	在全国重点钢铁企业高炉入炉品位不断下降的条件下，使炼铁焦比、燃料比和工序能耗得到下降的主要技术措施是：努力提高热风温度和炉顶煤气压力，降低生铁含 Si 量，提高高炉作业率，降低炼铁电耗和水耗；贯彻炼铁精料方针，提高原燃料转鼓强度和铁矿石还原性能等；充分利用热风炉废气预热(热风炉双预热和喷吹煤烘干等)；大中型高炉积极采用高炉煤气余压发电技术设备，采用干法除尘技术，提高高炉煤气余压发电量等
炼钢与连铸工序	我国在炼钢与连铸方面主要有以下技术：转炉溅渣护炉与长寿复吹技术；转炉高效吹炼工艺；高效连铸技术；连铸恒速浇铸技术；薄板坯连铸连轧技术(生产工艺已达到国际先进水平)；专线化生产技术；转炉负能炼钢技术；全自动转炉炼钢与终点控制技术等
轧钢工序	我国钢铁企业轧钢厂主要引用、推广普及以下轧钢技术：带钢紧凑型热连轧技术；带钢新型炉卷轧机技术；薄板坯连铸连轧技术；无头(半无头)轧制技术；带钢连铸连轧技术；加热炉预热和蓄热技术；热连轧超快速冷却技术；宽厚板轧制 TMCP 控制技术；全连续冷连轧技术；不锈钢全连续生产技术

续表

工序名称	简介
清洁生产推广技术	干法除尘、废气处理系统技术；含铁尘泥回收利用技术，污水综合处理技术，冶金炉渣综合利用技术，干熄焦技术与装备；烧结余热发电技术；转炉煤气、蒸汽回收和有效利用；电炉优化供电、废钢预热、电炉汽化冷却综合节能技术；蓄热式煤气、空气预热技术；优化连铸坯热送热装技术；电机节能技术；计算机综合管理能源或建立企业能源环保中心；钢铁生产全系统防温度散失技术与装备等

4. 了解专有名词

像钢铁行业经常提到的“入炉焦比”“小球烧结”等专有名词(详见附录一)，应了解其含义，以便了解其工艺过程。

5. 了解政策和标准

对钢铁行业进行清洁生产审核前，应了解以下几个政策和标准：

(1)政策

《产业结构调整指导目录(2011 年本)》(2013 年修订)

《国家危险废物名录(2008)》

《钢铁行业规范条件(2015 年修订)》

《钢铁产业发展政策》(发展和改革委员会令第 35 号)

《促进产业结构调整暂行规定》(国发〔2005〕40 号)

《淘汰落后生产能力、工艺和产品的目录》(第一批、第二批、第三批)

(2)标准

《铁矿采选工业污染物排放标准》(GB 28661—2012)

《钢铁工业水污染物排放标准》(GB 13456—2012)

《钢铁烧结、球团工业大气污染物排放标准》(GB 28662—2012)

《炼铁工业大气污染物排放标准》(GB 28663—2012)

《炼钢工业大气污染物排放标准》(GB 28664—2012)

《轧钢工业大气污染物排放标准》(GB 28665—2012)

《铁合金工业污染物排放标准》(GB 28666—2012)

《炼焦化学工业污染物排放标准》(GB 16171—2012)

《清洁生产标准　钢铁行业》(HJ/T 189—2006)

《清洁生产标准　铁矿采选业》(HJ/T 294—2006)

《清洁生产标准　钢铁行业(中厚板轧钢)》(HJ/T 318—2006)

《清洁生产标准　钢铁行业(烧结)》(HJ/T 426—2008)

《清洁生产标准　钢铁行业(高炉炼铁)》(HJ/T 427—2008)

《清洁生产标准　钢铁行业(炼钢)》(HJ/T 428—2008)

《清洁生产标准　钢铁行业(铁合金)》(HJ/T 470—2009)

《评价企业合理用电技术导则》(GB/T 3485—1998)

6. 了解企业概况

审核钢铁冶炼企业前，应重点了解企业包括哪些子公司或分厂（属于集团或同一厂区的其他单位要写清楚与集团或同一厂区其他单位的关系），各车间、科室设置及职责分工，企业采用的炉型及生产工艺情况，钢铁生产能力，企业所处流域、功能区及污染物排放执行标准等。

举例：某炼铁厂是某集团有限公司的主要生产单位之一，全厂下设 5 个车间。炼铁厂目前共有 6 座高炉，其中750 m^3高炉 3 座，1080 m^3高炉 2 座，1880 m^3高炉 1 座，具有年产300 万 t生铁的生产能力。炼铁厂处于南水北调流域一般保护区。根据所在地市的环境功能区划，厂区位于某工业集中区内，为三类空气环境功能区，执行三类空气环境质量标准。为严格控制污染影响，现严格执行二类区标准。

7. 掌握工艺流程

本书仅以钢铁行业中最常见的烧结、高炉炼铁和电炉、转炉炼钢工艺流程为典型介绍相关清洁生产实战指南。

(1)炼焦工艺流程

现代焦炭生产过程分为洗煤、配煤、炼焦和产品处理等工序。①洗煤：原煤在炼焦之前，先进行洗选，目的是降低煤中所含的灰分和去除其他杂质。②配煤：将各种结焦性能不同的煤按一定比例配合炼焦，目的是在保证焦炭质量的前提下，扩大炼焦用煤的使用范围，合理地利用国家资源，并尽可能地多得到一些化工产品。③炼焦：将配合好的煤装入炼焦炉的碳化室，在隔绝空气的条件下通过两侧燃烧室加热干馏，经过一定时间，最后形成焦炭。④产品处理：将炉内推出的红热焦炭送去熄焦塔熄火，然后进行破碎、筛分、分级，获得不同粒度的焦炭产品，分别送往高炉及烧结等用户。熄焦方法有干法和湿法两种。湿法熄焦是把红热焦炭运至熄焦塔，用高压水喷淋60～90 s。干法熄焦是将红热的焦炭放入熄焦室内，用惰性气体循环回收焦炭的物理热，时间为2～4 h。在炼焦过程中还会产生炼焦煤气及多种化学产品。焦炉煤气是烧结、炼焦、炼铁、炼钢和轧钢生产的主要燃料。

(2)烧结工艺流程

烧结是将精矿粉、熔剂、粉煤等混合，平摊在烧结机的篦子上，用煤气点火将煤粉点燃，使整个物料熔化，生成多孔而且坚硬的烧结矿。球团是在精矿粉中加入适量的黏结剂，制成小球，经干燥并在竖炉或回转窑内焙烧成球团矿。

(3)高炉炼铁工艺流程

由高炉顶部装入烧结矿（球团矿）等原料，并在其下部鼓入热空气，使铁矿石还原成金属铁成为熔融铁水，并将熔剂和矿石中的夹杂物生成液态渣（高炉渣）。

(4)电炉、转炉炼钢工艺流程

炼钢是对铁水进行脱碳、脱磷、脱硫、脱氧和合金化以及去气、去杂质。当前通用的炼钢工艺是转炉炼钢和电炉炼钢（平炉炼钢已列入淘汰工艺）。

以上各工艺及排污点示意图分别如图 5-1 至图 5-6 所示。

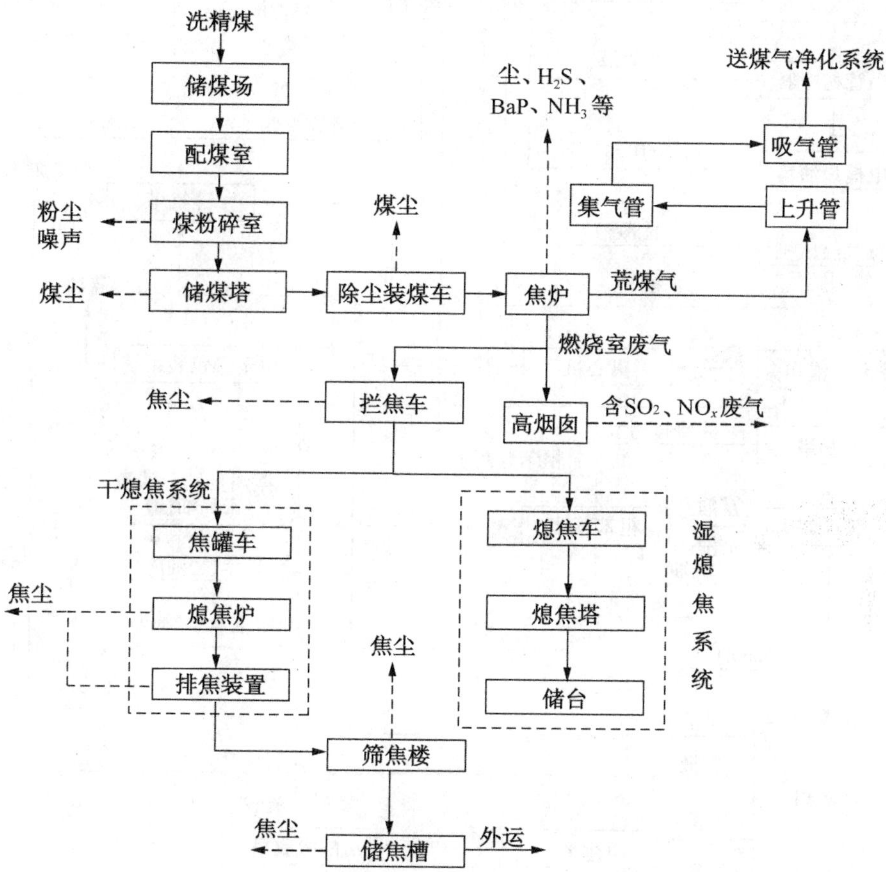

图 5-1 炼焦生产工艺流程及排污节点示意图

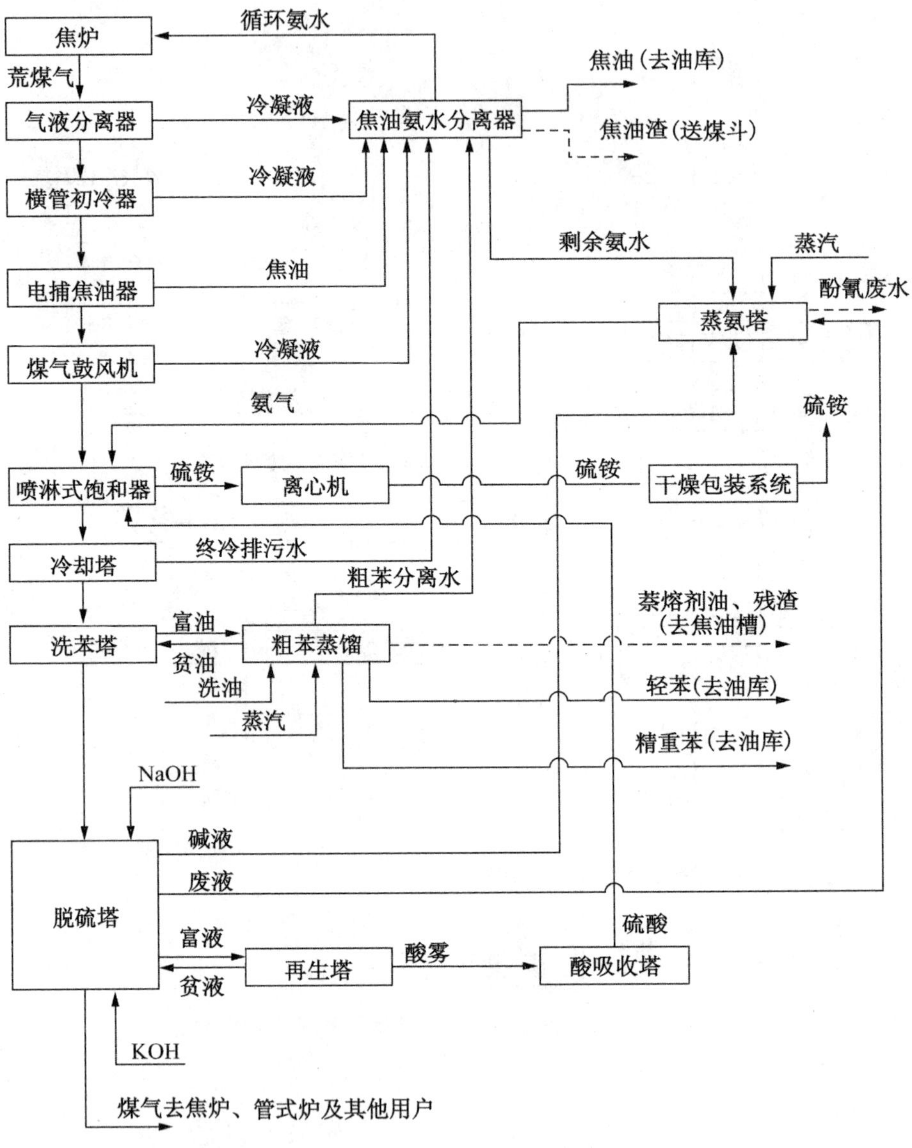

图 5-2　炼焦工序煤气净化工艺流程及排污节点示意图

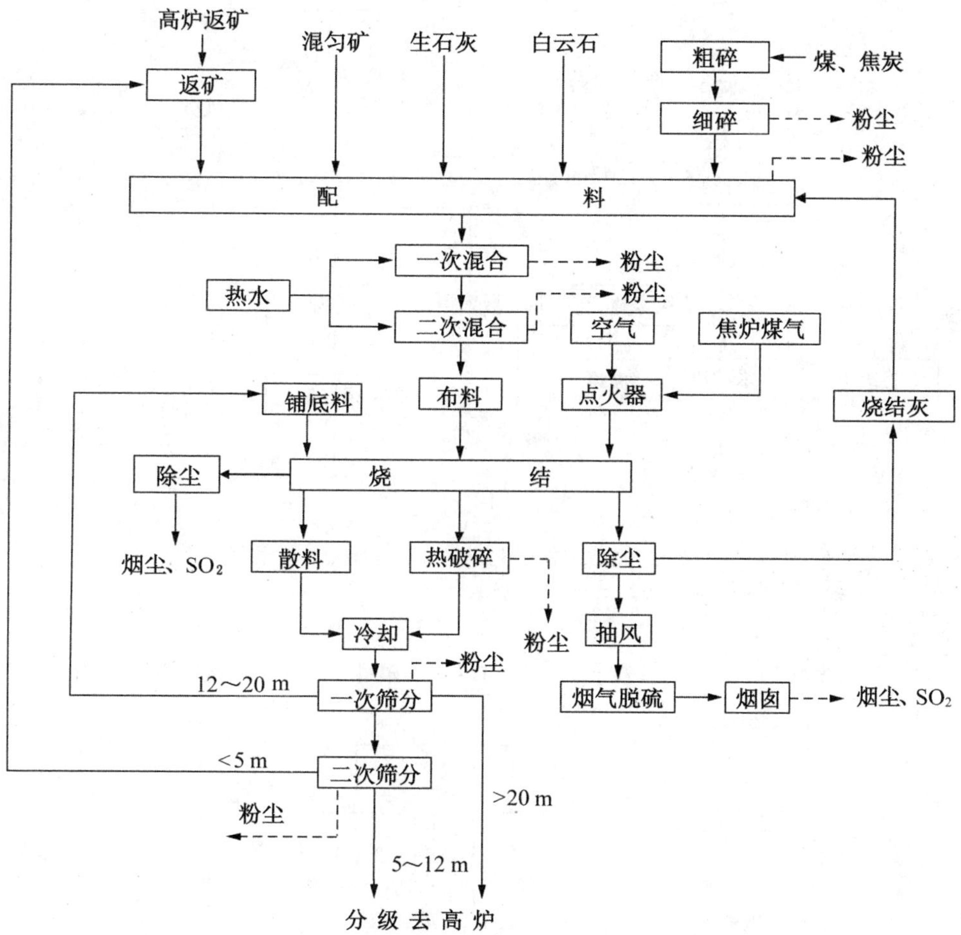

图 5-3　烧结工艺流程及排污节点示意图

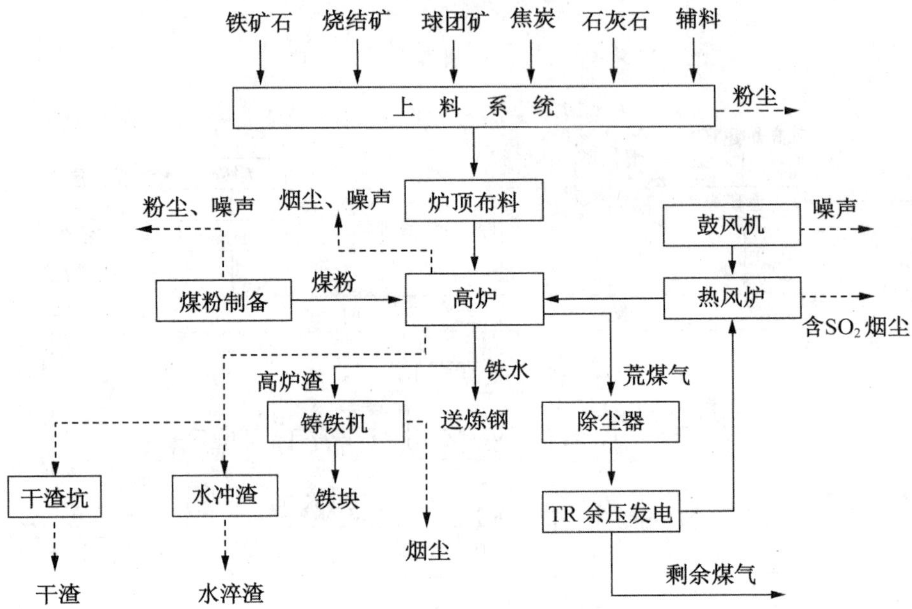

图 5-4 高炉炼铁工艺流程及排污节点示意图

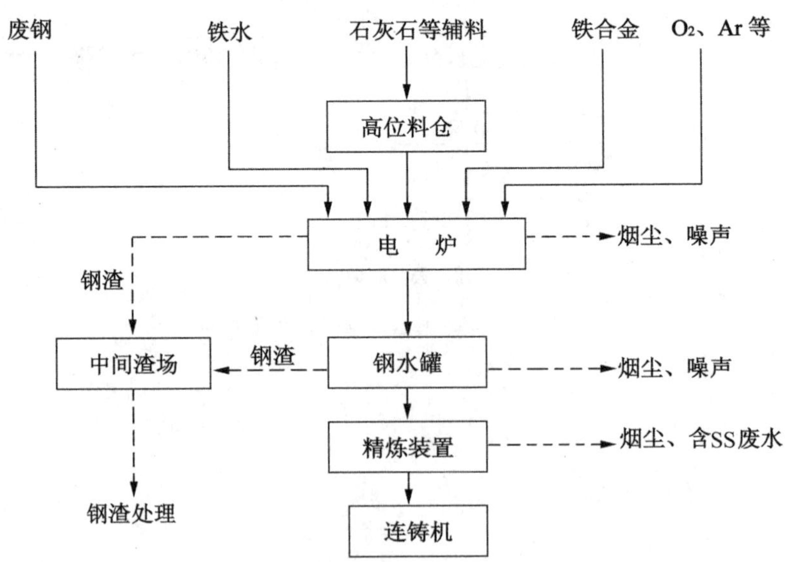

图 5-5 电炉炼钢及排污节点示意图

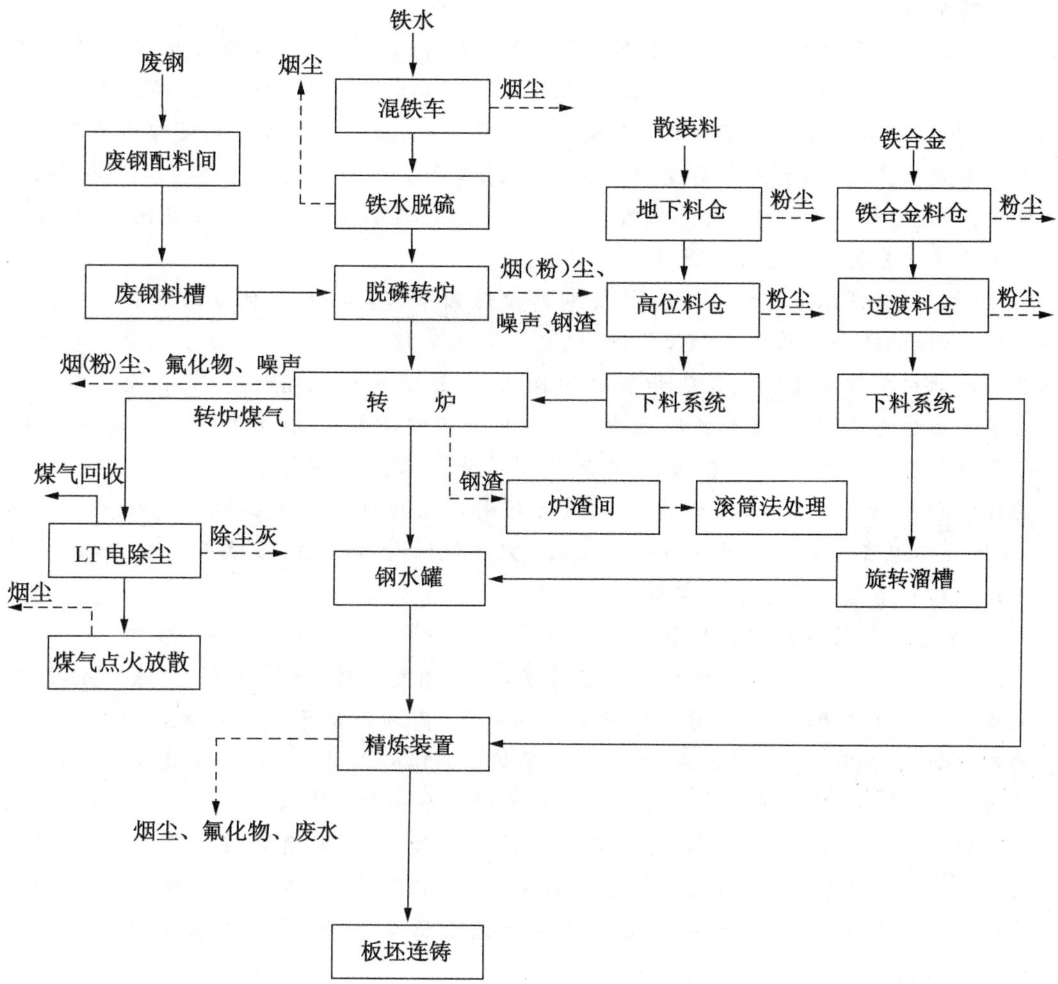

图 5-6 转炉炼钢及排污节点示意图

(5)轧钢工艺流程

轧钢有热轧和冷轧两种工艺。热轧是将加热到符合轧制要求温度的钢坯或钢锭,通过可逆式轧机或连轧机组,生产不同规格、性状的钢材产品。冷轧是将热轧钢板或钢带,经酸洗后在常温下通过可逆式轧机或连轧机组轧成冷轧钢板或带材。

中厚板轧钢:连铸坯——加热炉——除鳞机——轧机——控制冷却——矫直——冷床冷却——切头切倍尺——双边剪——定尺剪——表面检查和清理——垛板——入库。

热轧卷板:连铸——均热——热连轧(粗轧、精轧)——卷取——入库。

冷轧板:热轧钢板(卷)——酸洗——冷轧——脱脂——退火——整理——涂油——包转——入库。

高速线材轧制:钢坯——加热——粗轧——中轧——精轧——水冷——吐丝成圈——散卷冷却——集卷——压紧打包——卸卷——入库。

铁合金:配料——冶炼——浇铸——精整——入库。

▶**特别提示：**

(1)根据《产业结构调整指导目录(2011 年本)》(2013 年修订)，热轧硅钢片，普通松弛级别的钢丝、钢绞线，牌号为 HRB335、HPB235 的热轧钢筋属于落后产品。土法炼焦(含改良焦炉)；单炉产能 5 万 t/a 以下或者无煤气、焦油回收利用和污水处理达不到准入条件的半焦生产装置；炭化室高度小于4.3 m焦炉，无化产回收的单一炼焦生产设施；土烧结矿；热烧结矿等 44 项工艺技术属于落后生产工艺装备。在调查企业现状时，发现企业采用此类工艺时建议选择其他先进工艺。

(2)参照《钢铁工业"十二五"发展规划》，按照国家节能减排总体要求和地区分解任务指标，降低钢铁企业单位增加值能源消耗、二氧化碳排放和用水量，减少二氧化硫排放总量。烧结机全部加装烟气脱硫和余热回收装置，鼓励实施脱硝改造，钢铁企业焦炉基本采用干法熄焦，高炉全部配备高效喷煤和余热余压回收装置，提升转炉负能炼钢水平，进一步推广普及应用干法除尘、蓄热式燃烧等节能技术。加强冶金渣、尘泥等固体废弃物的综合利用，加快钢铁行业资源能源回收利用产业发展。促进钢铁与其他产业的融合，发展循环经济。健全能源计量管理制度，完善能源管理体系，依法开展能源审计、清洁生产审核和清洁生产方案的实施。

(3)节能减排技术推广应用重点

①铁前节能减排技术：低温烧结工艺技术，烧结烟气脱硫、脱硝技术，小球烧结技术，链篦机—回转窑球团技术，球团废热循环利用技术，高温高压干熄焦技术，煤调湿技术，捣固炼焦技术，焦炉、高炉利用废塑料技术，高炉高效喷煤技术，高炉脱湿鼓风技术，高炉干法除尘技术，高炉热风炉双预热技术，转底炉处理含铁尘泥技术。

②炼钢、轧钢节能减排技术：转炉煤气干法除尘技术，转炉负能炼钢工艺技术，电炉烟气余热回收利用除尘技术，蓄热式燃烧技术，低温轧制技术，在线热处理技术，轧钢氧化铁皮综合利用技术，高炉干法煤气清洗及干式余压发电(TRT) 技术，转炉烟气(LT 法)处理技术。

③综合节能减排技术：燃气—蒸汽联合循环发电技术，原料场粉尘抑制技术，双膜法污水处理回用技术，能源管理中心及优化调控技术。冶金渣综合利用技术，综合污水处理技术，余热余压综合利用技术，加大余能回收利用。例如：焦炉干熄焦回收蒸汽发电，高炉余压发电；采用蓄热式加热炉烧低热值高炉煤气、采用燃气轮机烧剩余煤气发电，减少煤气放散；回收转炉煤气和蒸汽，加热炉汽化冷却回收蒸汽，加热炉烟气回收预热空气、煤气，钢坯热送、热装，降低燃料消耗等。

8. 明确产污环节

钢铁行业的主要产污环节见表 5-2。

表 5-2　产污环节

环境影响	过程或活动		典型环境因素	污染处理措施
大气污染	焦化	备煤工序	粉尘	喷水抑尘、喷表面固化剂、建挡风墙、封闭车间等
		装煤工序	粉尘	集气吸尘后进入除尘系统,主要采取风动选择粉碎技术、入炉煤调湿等技术进行污染预防
		炼焦工序	粉尘、二氧化硫、氮氧化物	主要针对粉尘颗粒物,吸附在颗粒物上的多环芳烃等有害物质可随粉尘颗粒物一并去除,主要采取大型焦炉炼焦技术、捣固焦技术等进行污染预防
		推焦、运焦工序	粉尘	集气吸尘后进入除尘系统
		熄焦工序	粉尘、二氧化硫等	集气吸尘后进入除尘系统,主要采取干法熄焦、低水分熄焦等技术进行污染预防
		筛、贮焦工序	粉尘	集气吸尘后进入除尘系统
		煤气净化工序	粉尘、二氧化硫、氮氧化物、硫化氢、氰化氢、氨、二氧化碳等,有机类污染物包括苯类、酚类、多环和杂环芳烃等	真空碳酸盐法、萨尔费班法、HPF法焦炉煤气脱硫、脱氰技术
	烧结	原料堆场	粉尘无组织排放	喷水抑尘、喷表面固化剂、建挡风墙、封闭车间等
		热烧结矿冷却	粉尘	集气吸尘后进入除尘系统
		原料转运、储矿槽、破碎、筛分、铺底料	粉尘	封闭吸尘罩、车间隔尘墙等
		烧结(球团)生产	烟尘、二氧化硫、氮氧化物、一氧化碳、氟化物等	烧结机采用电除尘器,竖炉采用布袋除尘器等,烟气进行脱硫、脱硝
	高炉炼铁	原料堆场	粉尘	集气吸尘后进入除尘系统
		原料、燃料、熔剂的储运	粉尘	集气吸尘后进入除尘系统
		磨煤机制粉	粉尘	集气吸尘后进入除尘系统
		高炉熔炼	高炉煤气排放	净化后回用

续表

环境影响	过程或活动		典型环境因素	污染处理措施
大气污染	高炉炼铁	高炉出铁、出渣	炉顶烟尘、荒煤气的排放	集气吸尘后进入除尘系统
			炉前烟尘、二氧化硫、氮氧化物等废气排放	集气吸尘后进入除尘脱硫、脱硝系统
		热风炉	烟尘、二氧化硫、氮氧化物、一氧化碳等废气排放	集气吸尘后进入除尘脱硫、脱硝系统,采用高炉煤气作为燃料
	转炉、电炉炼钢	铁水储运、扒渣	烟尘、粉尘	集气吸尘后进入除尘系统
		转炉运行	一次、二次烟尘	集气后进入除尘系统
		电炉、精炼炉运行	烟尘、二氧化硫、氮氧化物、二噁英(电炉炼钢)、氟化物(特钢)等废气排放	集气后进入除尘系统
		连铸坯火焰切割	烟尘	集气后进入除尘系统
	轧钢(热轧、冷轧)	热轧加热炉	烟尘、二氧化硫、氮氧化物等排放	采用0号轻柴油或者煤气作为燃料,高空排放
		热轧机	烟尘	设置捕集罩进行净化
		冷轧机	含油雾废气	经捕集、净化后排放
		酸洗	酸雾	集气后经洗涤塔中和后排放
		铁合金	破碎粉尘	集气后进入除尘系统
			熔炼烟尘、二氧化硫、氮氧化物等排放	集气后进入除尘系统
水体污染	焦化	剩余氨水	氨、酚、氰、硫化物、石油类	以上废水全部汇入焦化废水处理站,集中处理后全部回用
		煤气终冷水	酚、氰、硫化物	
		蒸汽冷凝分离水	酚、氰、硫化物	
		清洗废水	氰、硫化物	
	烧结	原料堆场抑尘	抑尘废水	沉淀后循环使用
		湿式除尘	除尘废水	沉淀后循环使用
		车间地面冲洗	冲洗废水	沉淀后循环使用
	高炉炼铁	高炉煤气洗涤	含酚、氰洗涤废水	混凝沉淀法处理后循环使用
		高炉冲渣	冲渣废水(SS、硫化物等)	沉淀、冷却后循环使用
		设备冷却	冷却废水	沉淀、除油、冷却后循环使用

续表

环境影响	过程或活动		典型环境因素	污染处理措施
水体污染	炼钢	转炉运行	煤气洗涤(一次烟气)废水	混凝沉淀法处理后循环使用
			钢渣水淬废水	沉淀、除油、冷却后循环使用
		连铸	钢坯连铸冷却废水	沉淀、除油、冷却后循环使用
		转炉、电炉、连铸机冷却	冷却水	沉淀、除油、冷却后循环使用
	热轧	热轧除鳞	除鳞(氧化铁皮)	沉淀、除油、冷却后循环使用
		热轧冷却	含油冷却水	除油进入酸碱废水处理系统
		酸洗	酸洗废水	进入酸碱废水处理系统
		脱脂	碱洗废水	进入酸碱废水处理系统
		冷轧机冷却	含乳化液冷却废水	经超滤装置后进入酸碱废水处理系统
	铁合金生产		电炉冷却水	沉淀、除油、冷却后循环使用
			铬铁生产废水	排入污水处理系统
固体废物	焦化		焦油渣、酸焦油等	交由专门企业处理
	烧结		泥尘	脱水后做原料
	高炉炼铁		高炉水渣	用作水泥原料、铺路材料
			高炉干渣	堆放到渣场,用作铺路材料
	炼钢		钢渣	先破碎后用磁选法回用金属渣,剩余部分外卖给水泥厂
	轧钢		氧化铁皮、废酸碱、废油、废乳化液	氧化铁皮回用于电弧炉炉料,危险废物按法规处理
	铁合金		炉渣	堆放到渣场,用作铺路材料
	除尘系统		除尘灰	返回做原料
	煤气净化系统		灰泥	回收送焦化厂掺入煤中
	检修炉体		废炉料	选择性回收
	废水处理系统		污泥	污泥压滤后回收金属后交由专门企业处理

▶特别提示:

钢铁行业产生的“三废”较多,应严格按照企业工艺流程,分析每一个工序是否有“三废”产生。

(1)焦化工艺产生的大气污染物中含有颗粒物和多种无机、有机污染物。颗粒物主要为煤尘和焦尘，无机类污染物包括硫化氢、氰化氢、氨、二氧化碳等，有机类污染物包括苯类、酚类、多环和杂环芳烃等，多属有毒有害物质，特别是以苯并(α)芘为代表的多环芳烃，大多是致癌物质，会对环境和人体健康造成影响。

焦化污水是在煤高温炼焦、煤气净化、焦化产品回收及精制过程中产生的工艺废水。外排污水中含有酚类、苯类及吡啶类等多种有机化合物，其中以酚类含量为最多。另外，在高温炼焦过程中形成的氰酸盐、硫化硫酸盐、硫氰酸盐及氨等无机化合物也部分地转入工艺外排污水中。以上废水全部汇入焦化废水处理站，集中处理后全部回用。

(2)烧结生产过程中，大气污染较为严重，废气和粉尘量大，含尘浓度高，每生产 1 t 烧结矿产生 6000～15000 m^3 废气和 20～40 kg 粉尘；同时，烧结生产过程中粉尘产生点位较多，从原料、熔剂、燃料的准备，配料、混合到烧结机头、烧结机尾、破碎、筛分、整粒、除尘灰输送等生产环节均有粉尘产生，这就给有效收集粉尘提出了很高的要求。一般通过采用先进的高效除尘器，实现除尘系统的计算机自动控制、完善和优化粉尘产生点的集气功能等措施降低粉尘的排放浓度。此外，烧结使用的原辅料及燃料中含有硫分，烧结过程中绝大部分的硫分转化为二氧化硫，烧结烟气脱硫技术也是需要考虑的主要问题，一般通过实行选矿脱硫，降低精矿的含硫率，选用低硫的燃料和熔剂减少二氧化硫的产生量。采用干法除尘的烧结厂，不产生工业废水，冷却水循环系统所排污水可以作为混合制粒工艺用水和除尘灰加湿用水。除尘灰作为烧结原料予以回收利用。

(3)高炉炼铁的烟尘主要来自于出铁场和原料系统，高炉每生产 1 t 生铁，在出铁场平均散发出 2.5 kg 烟尘，其中正常出铁时，出铁沟、渣沟、撇渣器、摆动流嘴、铁水罐等各点产生的烟尘称为一次烟尘，其总量约为 2.15 kg，占全部烟尘量的 86%；高炉开、堵铁口时产生的烟尘称为二次烟尘，其量约为 0.35 kg，占 14%。国家环保标准中要求 1000 m^3 级以上高炉的出铁场都应设置一次烟尘和二次烟尘的净化设施，而小于 1000 m^3 级的高炉应设置一次烟尘的净化设施。

高炉原料系统产生粉尘的地方主要有原燃料槽上的卸料，皮带机的转运和槽下筛分，原燃料装入料车、集料斗等，含尘浓度一般为 5～8 g/m^3。国家标准要矿槽上、下都采用皮带机，所有转运站、槽上受料口及槽下筛分设施都应设除尘净化装置，用皮带机向炉顶上料时应设置单独的除尘装置。

高炉炼铁工序二次能源回收和利用主要体现在高炉煤气回收利用和炉顶压差发电，且这两项技术已得到广泛应用。

高炉工艺要求实现废水零排放，高炉炼铁工业废水主要来自高炉缸直接洒水、离炉冲渣水、铸铁机用水、高炉煤气洗涤水。这些废水中的污染物主要是一些悬浮物，通常用的处理技术是经过沉淀，上清水循环利用或到另外的工艺过程中去利用，唯有高炉煤气的洗涤水，是直接与煤气接触进行清洗和冷却而形成的废水，它含有大量的铁矿粉、焦炭粉等所组成的悬浮物，废水要经过沉淀处理后循环使用。为保持水的稳定，一方面需投加缓蚀剂及防垢剂，另一方面需排出少量的污水，其水量小于循环水量的 4%。排污水用作高炉冲渣水的补充水。

(4)转炉炼钢过程中，会产生大量含有 CO、少量 CO_2 及微量其他成分的高温气体。在气体中央带着大量氧化铁、金属铁和其他颗粒细小的固体烟尘，即炉口观察到的棕红色浓烟。这股高温含尘气流冲出炉口进入烟罩和净化系统,在气体流出炉口进入烟罩的同时,或多或少地会吸入部分空气使CO燃烧,炉内原生气体为炉气,炉气冲出炉口以后叫烟气。转炉烟气的特点是温度高,气体多,含尘量大,气体具有毒性和爆炸性。未燃法烟尘主要成分为氧化亚铁,即60%以上为氧化亚铁,其颜色呈黑色;燃烧法的主要成分为三氧化二铁,即90%以上为三氧化二铁,其颜色呈红棕色。氧气转炉的含尘浓度在80~150 g/m^3范围内变化。对于一个年产100万t钢的炼钢车间,一年内由炉口带出的尘粒可达到1万~2万t之多。转炉炼钢烟气的处理方法一般包括燃烧法和未燃法。燃烧法是将含有大量CO的炉气与大量空气混合使之完全燃烧,废气经冷却、除尘后外排。该方法操作简单,在不回收煤气的小型转炉中采用。未燃法是利用一个活动烟罩将炉口与烟罩之间的缝隙缩小并采取其他措施控制空气的渗入,使炉气中的CO只有少量(一般为8%~10%)燃烧成CO_2,而绝大部分不燃烧,然后经过冷却和除尘加以回收或者点火放散。未燃法具有能够回收煤气、烟气量小、烟尘粒度较大、易收集的优点。

转炉炼钢烟气除尘水是炼钢厂主要的废水源,该水含有大量的氧化铁皮等杂质,悬浮物含量很高,且在每个冶炼周期不同时段变化很大。另外,由于炼钢时需要投加石灰作造渣料,因此,大量的钙离子进入废水中,使之具有高碱度、高悬浮物、高硬度的特点。一般处理方法是首先采用混凝沉淀的方法去除悬浮物,然后投加水质稳定剂,以实现水质稳定,使循环水系统正常运行。钢铁企业一般称之为浊环系统。

(5)电炉炼钢原料以废钢为主,用废钢直接炼钢和用矿石炼铁后再用转炉炼钢相比,电炉炼钢可减少废气86%、废渣97%,有利于清洁生产和废物减量化。电炉炼钢生产过程中不可避免地要产生烟尘,其产生量大约为炉料量的1%,即每炼1 t钢,大约产生10 kg烟尘。烟尘的化学成分比较复杂,除铁及其化合物外,还有多种其他金属及其化合物,如锌、镍、铬及其化合物以及许多有害物质如铅、镉、六价铬、氰等金属及其化合物。可见,电炉烟尘是一种危害较高的固体废弃物。处理方法主要有火法(如ZTT法、MR/Elec法等)、湿法(EZINEX法、Rezade法等)、火法与湿法(如MRT法、Enviroplas法等)相结合、固化或玻化、磁选等。

二、政策和标准解读

1. 钢铁行业政策

(1)《产业结构调整指导目录(2011年本)》(2013年修订)

①鼓励类:"八、钢铁"中的"2、煤调湿、风选调湿、捣固炼焦、配型煤炼焦、干法熄焦、导热油换热、焦化废水深度处理回用、煤焦油精深加工、苯加氢精制、煤沥青制针状焦、焦油加氢处理、焦炉煤气高附加值利用等先进技术的研发与应用""3、非高炉炼铁技术""8、焦炉、高炉、热风炉用长寿节能环保耐火材料生产工艺;精炼钢用低碳、无碳耐火材料和高效连铸用功能环保性耐火材料生产工艺""11、烧结烟气脱硫、脱硝、脱二噁英等多功能干法脱除,以及副产物资源化、再利用化技术""16、新一代钢铁可循环流程(在做好钢铁产业内部循环的基础上,发展钢铁与电力、化工、装备制造等相关产业间的横向、纵向物流和能流的循环流程)工艺技术开发与应用""17、高炉、转炉煤气干法除尘"。

②限制类:"六、钢铁"中的"1、未同步配套建设干熄焦、装煤、推焦除尘装置的炼焦项

目”“2、180 平方米以下烧结机(铁合金烧结机除外)”“3、有效容积 400 立方米以上 1200 立方米以下炼铁高炉;1200 立方米及以上但未同步配套煤粉喷吹装置、除尘装置、余压发电装置,能源消耗大于 430 公斤标煤/吨、新水耗量大于 2.4 立方米/吨等达不到标准的炼铁高炉”“4、公称容量 30 吨以上 100 吨以下炼钢转炉;公称容量 100 吨及以上但未同步配套煤气回收、除尘装置,新水耗量大于 3 立方米/吨等达不到标准的炼钢转炉”“5、公称容量 30 吨以上 100 吨(合金钢 50 吨)以下电炉;公称容量 100 吨(合金钢 50 吨)及以上但未同步配套烟尘回收装置,能源消耗大于 98 公斤标煤/吨、新水耗量大于 3.2 立方米/吨等达不到标准的电炉”“13、单机 120 万吨/年以下的球团设备(铁合金球团除外)”“14、顶装焦炉炭化室高度<6.0 米、捣固焦炉炭化室高度<5.5 米,100 万吨/年以下焦化项目,热回收焦炉的项目,单炉 7.5 万吨/年以下、每组 30 万吨/年以下、总年产 60 万吨以下的半焦(兰炭)项目”。

③淘汰类:“(五)钢铁”中的“1、土法炼焦(含改良焦炉);单炉产能 5 万吨/年以下或无煤气、焦油回收利用和污水处理达不到准入条件的半焦(兰炭)生产装置”“2、炭化室高度小于 4.3 米焦炉(3.8 米及以上捣固焦炉除外)(西部地区 3.8 米捣固焦炉可延期至 2011 年);无化产回收的单一炼焦生产设施”“3、土烧结矿”“4、热烧结矿”“5、90 平方米以下烧结机(2013 年)、8 平方米以下球团竖炉;铁合金生产用 24 平方米以下带式锰矿、铬矿烧结机”“6、400 立方米及以下炼铁高炉(铸造铁企业除外,但需提供企业工商局注册证明、三年销售凭证和项目核准手续等),200 立方米及以下铁合金、铸铁管生产用高炉”“8、30吨及以下转炉(不含铁合金转炉)”“9、30 吨及以下电炉(不含机械铸造电炉)”。

(2)《国家危险废物名录(2008)》

该名录中对于钢铁行业废物的规定如下:

废物类别:HW11 炼焦制造过程中残渣等,HW21 铁合金冶炼含铬废物,HW31 炼钢电炉粗炼钢过程中尾气控制设施产生的飞灰和污泥,HW34 钢压延加工过程中产生的废酸性洗液,HW39 含酚废物。

(3)《钢铁行业规范条件(2015 年修订)》

该规范条件对钢铁企业的产品质量、工艺与装备、环境保护、能源消耗和资源综合利用、安全、职业卫生和社会责任等多方面都进行了明确的说明。例如,表 5-3、表 5-4 分别列出了钢铁企业主要装备要求,新建、改造钢铁企业和现有钢铁企业主要工序单位产品能耗要求。

表 5-3 钢铁企业主要装备要求

企业类型	焦炉(m)	烧结机(m^2)	高炉(m^3)	转炉(t)	电炉(t)	高合金钢电炉(t)
建设、改造钢铁企业	≥6(顶装) ≥5.5(捣固)	≥180	≥1200	≥120 (普钢板带材生产线) ≥70 (普钢管、棒线材生产线)	≥100 (普钢板带材生产线) ≥70 (普钢管、棒线材生产线)	>10
现有钢铁企业	≥4.3(顶装) ≥3.8(捣固)	≥90	>400	>30	>30	>10

表 5-4　　钢铁企业主要工序单位产品能耗

企业类型	焦化工序(kgce/t)	烧结工序(kgce/t)	高炉工序(kgce/t)	转炉工序(kgce/t)	普通电炉工序(kgce/t)	特钢电炉工序(kgce/t)
新建、改造钢铁企业	≤122(顶装) ≤127(捣固)	≤50	≤370	≤−25	≤90	≤159
现有钢铁企业	≤150(顶装) ≤155(捣固)	≤55	≤435 ≤485 (钒钛磁铁矿)	≤−10	≤92	≤171

▶特别提示：

(1)该规范条件适用于中华人民共和国境内(港澳台地区除外)的钢铁联合、冶炼企业(以下简称“钢铁企业”),包括国发〔2013〕41 号发布之后建设、改造完成的冶炼产能或主体工艺装备发生较大变化的钢铁联合、冶炼企业(以下简称“新建、改造钢铁企业”)。

(2)钢铁企业应注重资源综合利用,提高各种资源的循环利用率。吨钢新水消耗不高于3.8 m^3,固体废弃物综合利用率不低于 96%。严禁未经批准擅自开采地下水,鼓励企业采用城市中水。鼓励企业消纳城市及其他产业可利用废弃物。

(3)应特别注意该准入条件中提到的装备及环境保护方面的要求,认真核对企业实际情况的符合程度。

2. 钢铁行业标准

(1)钢铁工业污染物排放系列标准

按照钢铁工业的生产工序,该系列标准分为《铁矿采选工业污染物排放标准》(GB 28661—2012)、《钢铁烧结、球团工业大气污染物排放标准》(GB 28662—2012)、《炼铁工业大气污染物排放标准》(GB 28663—2012)、《炼钢工业大气污染物排放标准》(GB 28664—2012)、《轧钢工业大气污染物排放标准》(GB 28665—2012)、《铁合金工业污染物排放标准》(GB 28666—2012)、《炼焦化学工业污染物排放标准》(GB16171—2012)以及《钢铁工业水污染物排放标准》(GB 13456—2012)。上述标准对企业生产产生的大气和水污染物排放控制要求、执行时段等作了规定。钢铁联合企业的焦化、水泥、耐火、自备电厂等不执行此系列标准。

根据行业标准与综合标准不交叉执行的原则,有行业标准的优先执行行业标准。本系列标准适用于钢铁行业生产工艺和装置的大气和水污染物的排放控制。自上述标准实施之日起,钢铁工业停止执行《大气污染物综合排放标准》《工业炉窑大气污染物排放标准》等标准。《锅炉大气污染物排放标准》《火电厂大气污染物排放标准》《恶臭污染物排放标准》《炼焦炉大气污染物排放标准》等标准仍适用于钢铁生产企业的相应排放设施或者排放行为。

▶特别提示：

一些省份根据自己的情况制定了相应的地方标准,例如,山东省的《钢铁工业污染物排放标准》(DB 37/990—2008),该标准规定了山东省钢铁工业大气污染物和水污染物排放浓度限值和吨产品最高允许排放量,以及采样、监测和环境保护管理的相关规定。本标准适用于山东省钢铁工业的烧结、炼铁、炼钢、轧钢、铁合金和钢铁联合企业的污染物排放控制,也适用于钢铁工业建设项目环境影响评价,建设项目环境保护设施设计、竣工验收及其投产后污染物的排放管理。当出现上述情况时,企业应优先执行地方行业标准。

(2)钢铁行业清洁生产系列标准

按照钢铁工业的生产工序,该系列标准分为《清洁生产标准 钢铁行业》(HJ/T 189—2006)、《清洁生产标准 铁矿采选业》(HJ/T 294—2006)、《清洁生产标准 钢铁行业(烧结)》(HJ/T 426—2008)、《清洁生产标准 钢铁行业(高炉炼铁)》(HJ/T 427—2008)、《清洁生产标准 钢铁行业(炼钢)》(HJ/T 428—2008)、《清洁生产标准 钢铁行业(铁合金)》(HJ/T 470—2009)以及工信部编制的《钢铁行业清洁生产水平评价技术要求》。

《清洁生产标准 钢铁行业》(HJ/T 189—2006)为指导性标准,适用于钢铁联合企业和电炉钢厂(短流程)的清洁生产审核和清洁生产潜力与机会的判断,以及清洁生产绩效评定和清洁生产绩效公告制度。《清洁生产标准 钢铁行业(烧结)》(HJ/T 426—2008)等6个标准与《清洁生产标准 钢铁行业》(HJ/T 189—2006)涉及的术语定义和指标数据相近。若后6个标准的术语定义与指标数据与《清洁生产标准 钢铁行业》(HJ/T 189—2006)不一致,以后6个标准为准。

▶**特别提示:**

国家发展改革委、环保部和工信部联合颁布的《钢铁行业清洁生产评价指标体系》(以下简称《指标体系》),于2014年4月1日起正式实施。与上述标准相比,《指标体系》具有以下特点:

首先,《指标体系》统一了过去钢铁行业由多个部门颁布的清洁生产标准,通过整合国家发展改革委已颁布实施的《钢铁行业清洁生产评价指标体系(试行)》、环保部已颁布实施的《清洁生产标准 钢铁行业》、工信部组织编制的《钢铁行业清洁生产水平评价技术要求》,为政府、企业和社会提供了统一的钢铁行业清洁生产标准。

其次,《指标体系》适用于钢铁联合企业(长流程)清洁生产水平评价,清洁生产审核,新、扩、改建项目环境影响评价,新建项目审批核准,企业环保核查,节能评估,评选行业清洁生产先进企业或清洁生产示范企业等工作,为政府、咨询机构和钢铁企业开展相关工作提供了技术标准支撑。

再次,《指标体系》设有国际领先水平、国内先进水平、国内一般水平3个级别的清洁生产水平基准值,对钢铁行业淘汰落后产能,钢铁企业对标挖潜和技术进步,钢铁生产工艺升级换代具有积极的引领作用。

最后,《指标体系》除了对已出台的钢铁行业清洁生产标准、钢铁行业清洁生产评价指标体系进行整合外,还结合最新出台的钢铁行业污染物排放标准、粗钢单位产品能源消耗标准、先进适用的清洁生产技术和钢铁企业开展清洁生产审核工作的成功经验等,对新形势下钢铁行业推行清洁生产、钢铁企业实施转型升级和产业结构调整起到规范和积极的推动作用。

(3)《评价企业合理用电技术导则》(GB/T 3485—1998)

该导则规定了企业合理用电的基本要求、评价原则和方法。导则中的"电能转换为热能的合理化"特别针对钢铁行业中的电炉炼钢与电能消耗有关的主要技术经济指标提出了相应标准。在审核过程中，应充分调研企业电加热设备情况、电热元件、电炉壁炉的性能和形状、监测及计量仪表等用电设备的运行情况，确定企业各项用电指标实测值或计算值，将企业实际指标与该导则进行比照，以评价企业用电的合理性，为下一步制定节电清洁生产方案提供必要依据。

三、审核过程解析

1. "三废"产排分析

钢铁行业产生的"三废"较多，应严格按照企业工艺流程，分析每一个工序是否有"三废"产生。

以某烧结厂为例，该企业原辅材料及能源主要包括精粉、富矿粉、其他含铁原料、生石灰、白云石、无烟煤、焦粉、煤气、电、水，生产烧结矿和球团矿(见图 5-7)。

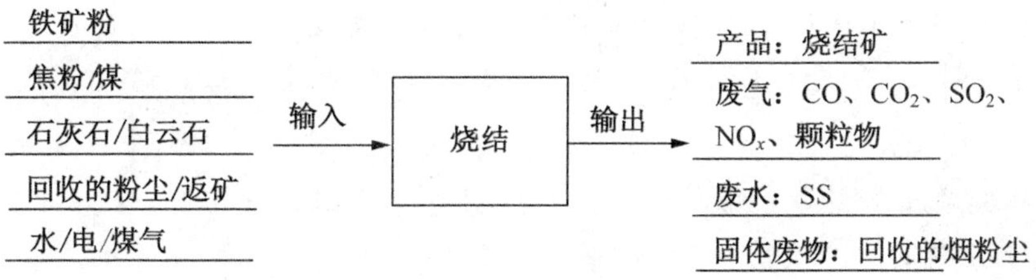

图 5-7　某烧结厂的输入、输出

下面具体分析一下各种废物的产排特性(见表 5-5)。

表 5-5　废物的产排特性

工序名称	废物种类	处理方式及去向
原料堆场	粉尘无组织排放	喷水抑尘、喷表面固化剂、建挡风墙、封闭车间等
热烧结矿冷却	粉尘	集气吸尘后进入除尘系统
原料转运、储矿槽、破碎、筛分、铺底料	粉尘	采用封闭式自吸尘吸尘罩，车间设置隔尘墙等
烧结(球团)生产	烟尘、二氧化硫、氮氧化物、一氧化碳、氟化物等排放	烧结机采用电除尘器、竖炉采用布袋除尘器等，烟气进行脱硫、脱硝
原料堆场抑尘	抑尘废水	沉淀后循环使用
湿式除尘	除尘废水	沉淀后循环使用
车间地面冲洗	冲洗废水	沉淀后循环使用
烧结	泥尘处理	脱水后作原料

通过分析“三废”产排，结合企业实际，可以得出以下清洁生产方案：

▶方案1：烧结厂原料YC-2除尘系统改造。通过对除尘箱体改造，年减少粉尘排放量44.35 t。

▶方案2：烧结厂机尾180 m^2电除尘系统改造。对管网、除尘器进行改造；除尘器放灰、输灰、加湿平台要全部用瓦楞板密闭。通过改造，年减少粉尘排放量125.46 t。

▶方案3：供料混匀车间外加焦雾化喷淋改造。设计、安装外加焦固定式雾化喷头；在R-1皮带机尾安装一个移动式雾化喷头；在外加焦收料过程中发现湿度、粒度不合标准的焦粉后，对已经组织卸车的立即开启外加焦沿线雾化喷淋系统。通过改造，年减少粉尘排放量8.67 t。

▶方案4：混匀料场喷淋系统改造。将长度增加为5000 mm的两截直径为20 mm的钢管连接作为喷水管，焊接中点为堆料机悬臂漏斗中点。为保证喷洒均匀，将钢管上的喷水孔密度由每隔150 mm钻一个提升为每隔100 mm钻两个，相邻喷水孔之间成90°空间角。通过改造，每天节约喷淋水11.8 m^3，年减少粉尘排放量6.93 t。

▶方案5：成品车间转10-1皮带放灰溜槽改造。将现在的直溜槽改成斜溜槽，前后端分别加焊密封板，用皮子进行密封；在密封罩上加喷淋水管道。通过改造，年减少粉尘排放量3.72 t。

▶方案6：烧结机机尾除尘系统改造。将原电除尘器本体拆除，保留目前的钢筋混凝土柱，将其改造为电袋复合除尘器，满足现行的污染物排放标准要求。通过改造，年减少粉尘排放量77.62 t。

▶方案7：烧结机机头除尘改造。对除尘器进行扩容改造，将除尘器规模提高一倍。通过改造，除尘效率大幅度提升。

▶方案8：调节原料结构。经过多方论证，发现自2005年以后，使用进口原料的比例增加，进口原料中含有的钾、钠、氯离子，产生的粉尘成絮状漂浮物，除尘器难以收集，调整原料结构可解决这个问题。

▶方案9：烧结机实施热风烧结。循环利用烧结余热，实施热风烧结工艺技术，是节能环保、提高烧结矿产质量的重要途径和发展方向。脱硫效果改善，降低烧结矿含硫量。

2. 审核重点选择

根据钢铁行业特点，选择原料消耗、水耗、电耗、“三废”产生量作为筛选审核重点主要考虑的几个因素，分别计算各备选审核重点四个指标的量，再结合权重总和计分排序法计算结果确定审核重点。

根据行业统计数据，在烟尘、粉尘、SO_2大气污染物排放中，烧结工序所占比重最大；在COD和氨氮水污染物排放中，焦化工序所占比重最大；在能耗消耗中，炼铁工序耗能所占比例最高，其次是烧结工序。如果钢铁企业包含焦化、烧结、炼铁、炼钢、轧钢工序，在确定审核重点时建议考虑以焦化和烧结工序为审核重点；如果钢铁企业只包含烧结、炼铁、炼钢、轧钢工序，在确定审核重点时建议考虑以烧结和炼铁工序为审核重点；如果钢铁企业只包含炼铁、炼钢、轧钢工序，在确定审核重点时建议考虑以炼铁工序为审核重点。

3. 审核目标设置

(1)目标设置依据

对钢铁行业进行清洁生产审核时，可参考《清洁生产标准　铁矿采选业》(HJ/T 294—2006)、《清洁生产标准　钢铁行业》(HJ/T 189—2006)、《清洁生产标准　钢铁行业(烧结)》(HJ/T 426—2006)、《清洁生产标准　钢铁行业(高炉炼铁)》(HJ/T 427—2008)、《清洁生产标准　钢铁行业(炼钢)》(HJ/T 428—2008)、《清洁生产标准　钢铁行业(铁合金)》(HJ/T 470—2009)进行目标设置。上述清洁生产标准根据当前的行业技术、管理水平、装备水平分为3级：一级代表国际清洁生产先进水平，二级代表国内清洁生产先进水平，三级代表国内清洁生产一般水平。企业可从生产工艺和装备要求、废物回收利用指标、资源能源利用指标、污染物产生指标、产品指标和环境管理要求等6个方面的指标入手进行比对，确认企业目前的清洁生产水平。

(2)目标选择方法

钢铁行业企业能耗、水耗都相对较高，因此，单位产品的能耗和水耗可选作目标；生产过程中产生的二氧化硫、粉尘是该行业的特征污染物，也是主要污染物，因此，二氧化硫、粉尘排放量可考虑设置成目标。此外，根据钢铁行业清洁生产标准，结合企业实际，也可以可选择未达到国际或者国内清洁生产先进水平的指标作为审核目标。

表5-6列出了某钢铁企业焦化厂的目标设置。

表 5-6　　目标设置

项目		单位	现状	近期目标(2016年底)		中期目标(2017年底)	
				绝对量	变化率	绝对量	变化率
工序能耗		$kg_{标煤}/t_{焦}$	*	*	削减 * %	*	削减 * %
新鲜水耗量		$t/t_{焦}$	*	*	削减 * %	*	削减 * %
耗汽量		$t/t_{焦}$	*	*	削减 * %	*	削减 * %
耗电量		$kW\cdot h/t_{焦}$	*	*	削减 * %	*	削减 * %
炼焦耗热量($7\%H_2O$)	焦炉煤气	$kJ/kg_{标煤}$	*	*	削减 * %	*	削减 * %
	高炉煤气	$kJ/kg_{标煤}$	*	*	削减 * %	*	削减 * %
水循环利用率		%	*	*	提高 * %	*	提高 * %
SO_2排放量		$kg/t_{焦}$	*	*	削减 * %	*	削减 * %

注：不同企业由于工艺、生产规模等不同，各目标值差别较大，此处不列具体数值，仅对如何选取目标对象提供参考(*代表省略的数据)。

4. 平衡数据分析

物料平衡

列出整个生产工艺，按照每个工序测定（或估算）的输入物料、输出物料及损耗，绘制出物料平衡图和物料流程图（流程图此处暂略），据此可以找出物料主要损耗和流失环节。以某烧结厂为例，其审核重点的物料平衡图如图 5-8 所示。

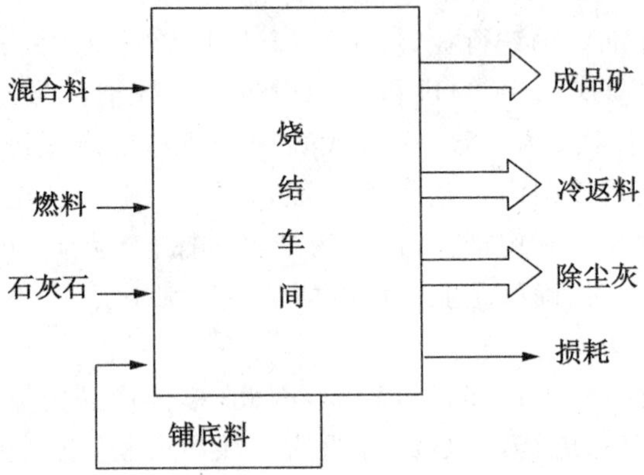

图 5-8 审核重点的物料平衡图（单位：t/d）

烧结车间损失主要发生在烧结过程中的原辅料损失及废气排放两个环节。

①烧损损失。白云石的烧损率约为 45.50%，烧结过程中损失部分物料；混匀料的烧损率约为 1.88%，烧结过程中损失部分物料；石灰石的烧损率约为 11.00%，烧结过程中损失部分物料。

②粉尘排放。烧结机机头废气；烧结机大烟道放灰落料点，烧结机尾，带冷机头尾落料口，转机尾；烧结配料室返矿，白云石等下料口；1 筛以及成品料线；2、3 筛，转运站；机头烧结矿倒运。这些环节排放的粉尘量约 28.27 t/d。

水平衡

钢铁行业生产过程耗水量较大，应针对每道工序特点，实测其耗水量、槽内剩余液量或外排水量，并估算损耗量，据此可看出哪个环节耗水量大、损耗大，以便查找原因，制定方案。以某炼铁厂为例，其水平衡情况如图 5-9 所示。

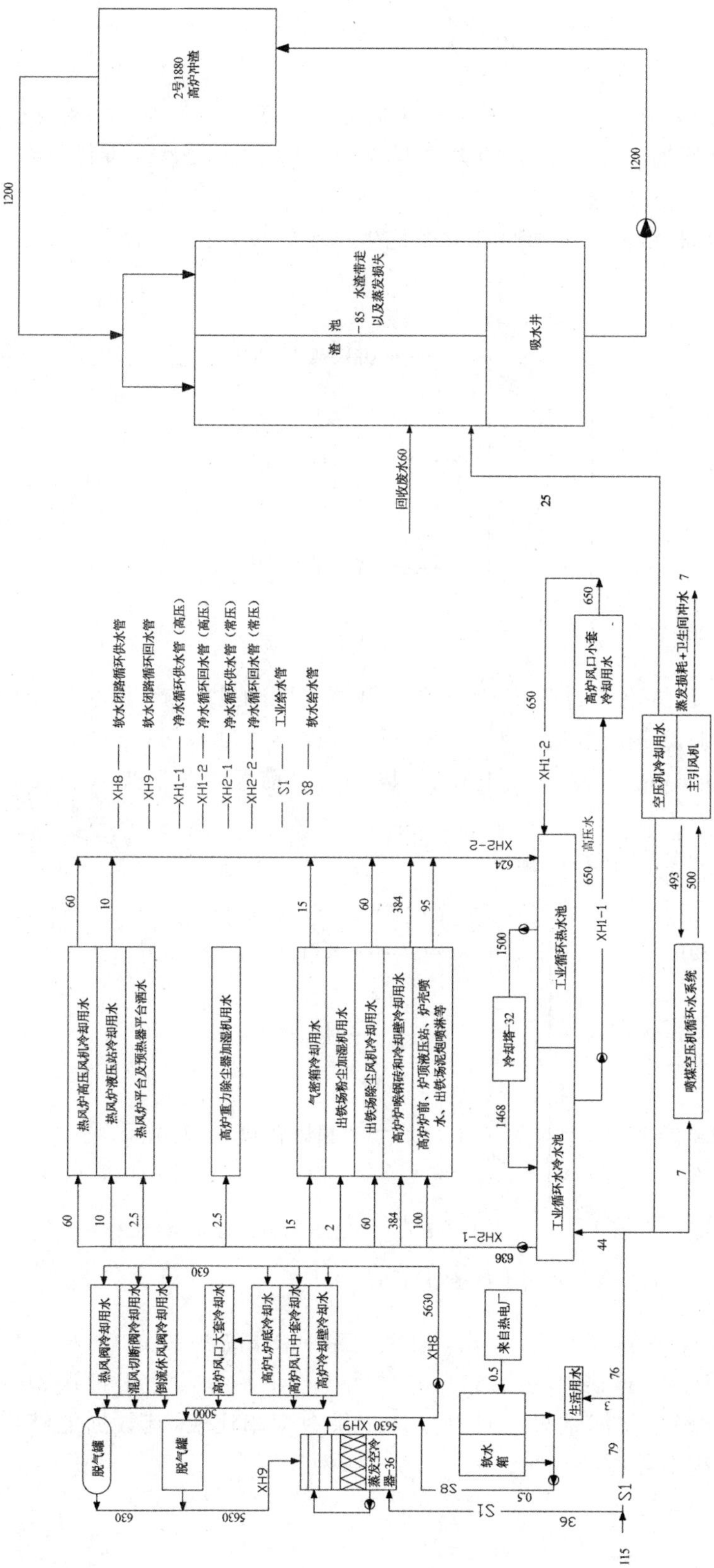

图5-9　审核重点的水平衡图（单位：m^3/h）

燃料平衡

对钢铁行业进行清洁生产审核时，需对审核重点主要生产元素、主要燃料以及特征污染物如硫等作平衡分析，以便通过了解它们的去向及含量，计算原料、燃料的利用率，也能从中找出物料流失环节。

以某炼钢厂为例：审核期间，审核小组参照日常煤气生产统计表，分别绘制了厂区的煤气平衡图（见图 5-10）。

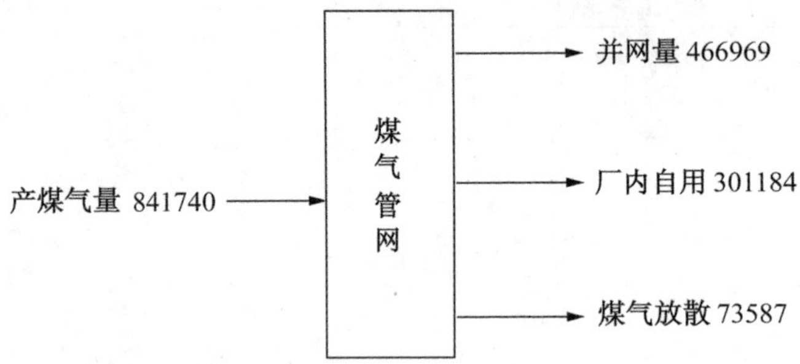

图 5-10　煤气平衡图（单位：m^3/d）

平衡分析：转炉煤气是在转炉冶炼过程中产生的，从平衡图中的煤气产生与输出量来看，转炉煤气的利用率为 91.3%，放散损失为 73587 m^3/d，放散率为 8.7%。针对煤气放散率较高的问题，集团公司准备上马燃气发电项目，以解决目前煤气放散带来的资源浪费问题。

图 5-11 给出了某炼钢厂的含铁物料平衡。

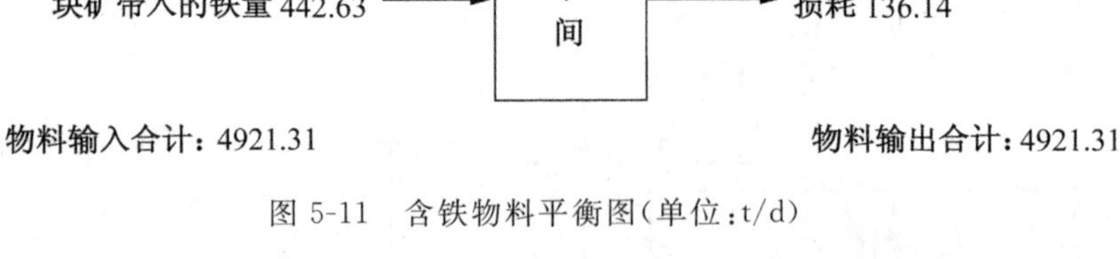

图 5-11　含铁物料平衡图（单位：t/d）

平衡分析：通过含铁物料平衡图可以看出，型钢炼铁 2 号高炉铁的输入量为 4921.31 t，铁的输出量为 4776.07 t，误差为 2.8%，各单元操作的输入与输出量误差较小，说明本次实测数据比较准确。实测结果与日常生产记录数据相比较，其数据能够比较准确地反映出装置运行过程中存在的问题。

特征污染物平衡

硫是对钢铁工业有重大影响的元素，它既影响着钢铁产品的质量，也是钢铁工业污染物的主要组成元素，因而需要对硫元素进行硫平衡分析。

图 5-12 给出了某焦化厂的硫平衡。

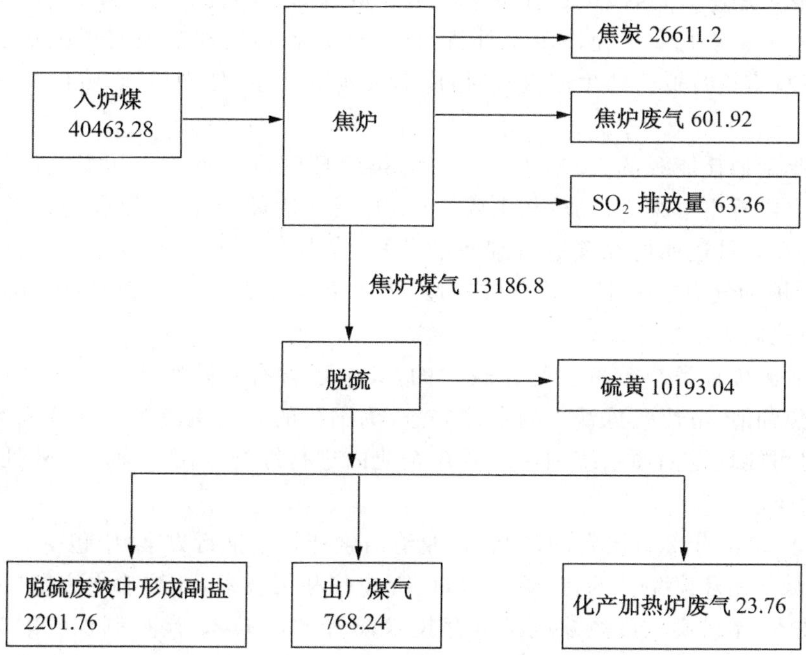

图 5-12　硫平衡图(单位：t/a)

平衡分析：由全厂硫平衡得知，输入：生产所用炼焦煤含硫 40463.28 t/a；输出：焦炭 26611.2 t/a、焦炉废气 601.92 t/a、生产工艺中 SO_2 排放量 63.36 t/a、硫膏10193.04 t/a、出厂煤气 768.24 t/a、化产加热炉废气 23.76 t/a、脱硫废液 2201.76 t/a。由此可知，目前煤气净化脱硫系统脱硫能力不足，导致部分出厂煤气含硫量较高。

氟化物也是对钢铁工业有重大影响的元素，它既影响着钢铁产品的质量，也是钢铁工业污染物的主要组成元素，因而需要通过对氟元素进行平衡分析。

图 5-13 给出了某特钢厂的氟平衡。

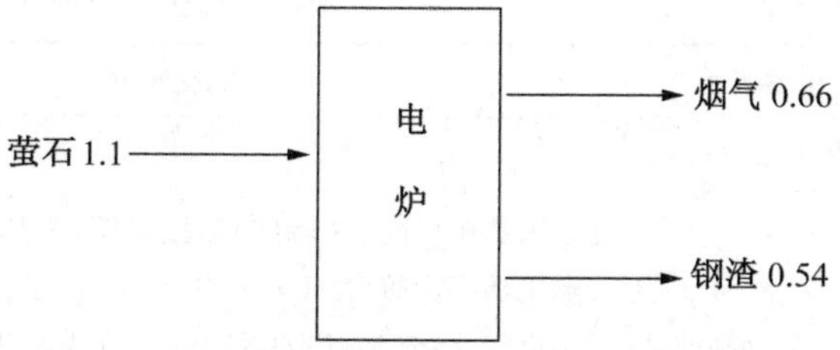

图 5-13　氟平衡图(单位：kg/d)

该特钢厂所用的含氟物质是萤石(主要成分是 CaF_2)，其在炼钢过程中的化学反应方程式为：

$$SiO_2 + 2CaF_2 = 2CaO + SiF_4 \uparrow$$

氟元素在反应后，主要以 SiF_4（气体）的形式进入电炉烟气中，少量的存在于电炉钢渣中。由于钢渣中氟元素含量极低，所以对社会危害不大。

四、注意事项汇总

下面将钢铁行业清洁生产审核需要特别注意的几点总结如下：

（1）钢铁企业是用水大户，生产过程中会产生大量的高炉和转炉煤气洗涤水、轧钢废水和酸洗废水等，但钢铁行业不允许废水外排，而是通过各种处理措施实现废水的综合利用，因此，在编写钢铁行业清洁生产报告时，应对废水的产生、处理措施、流向问题作相应调研和分析。

（2）钢铁行业是消耗能源的大户，也是大气污染治理的重点行业。其废气排放点很多，在审核过程中要着重对废气排放源、主要污染物、废气治理措施、环保设施处理效率、污染物排放浓度及总量达标情况等进行细致的分析，尤其是排放量大的环节，如烧结烟气、高炉煤气、转炉烟气、电炉烟气、轧钢酸洗废气、各除尘装置等。装卸、破碎、筛分、储运等过程要严格控制无组织排放。

（3）钢铁企业固废种类与数量也是比较大的，其中还含有危险废物。如烧结厂的除尘灰、焦化厂的焦油渣（危废）、炼铁厂的水淬矿渣、炼钢厂的转炉钢渣等。这些固废应在允许的条件下尽可能地返回原系统利用或者在企业内进行综合利用。确需厂外处理的，注意防止二次污染。

（4）工信部于 2010 年 2 月出台的《钢铁行业清洁生产技术推行方案》中包括 5 个应用示范技术：烧结烟气循环富集技术，焦炉废塑料、废橡胶利用技术，高炉喷吹废塑料技术、氯化钛白生产技术、尾矿高浓度浓缩尾矿堆存技术；6 个推广技术：尾矿制加气混凝土综合利用技术、洁净钢生产系统优化技术、转炉炼钢自动控制技术、转底炉处理含铁尘泥生产技术、废水膜处理回用技术、钢渣微粉生产技术。审核该行业时可参考。

五、典型方案参考

表 5-7 列出了从节电、节水、节约物料、减少污染物排放等多个角度精选的几个已在钢铁冶炼企业中实施过的典型方案（效益数据仅供参考）。

表 5-7 钢铁冶炼企业中的典型方案

方案名称	方案简介	效益分析
方案类型：节电		
选矿厂振动筛改造	原来选矿厂配有一台圆形振动筛，采用双电机激振器，电机功率为每台 11 kW，共两台，运行电耗较高，维修费用也较高，故改用 2ZkX1836 型直线振动筛，设计功率为 11 kW。相比原来的振动筛，该振动筛使电耗降低一半，达到了节能效果，同时大大提高了生产效率	年减少电耗 7.2 万 kW·h

续表

方案名称	方案简介	效益分析
方案类型:节电		
烧结厂水泵节电变频改造	采用交流变频调速技术,对水泵进行技术改造,使水泵由原来的阀门调节改为由水压力控制变频调速调节流量	年减少电耗 61.45 万 kW·h
炼钢厂 35 kV 配电系统增上 SVC 项目	LF 炉在运行中会产生大量谐波,产生无功冲击并导致电压波动和闪变、负荷功率因数低等电能质量问题,降低供电系统的可靠性,并危害其他设备安全。现在原 35 kV配电系统上装上一套 10 Mvar 的 TCR＋FC 型 SVC 装置,提高供电系统的稳定性	年减少电耗 200 万 kW·h
方案类型:节水		
转炉浊环水系统增上两台冷却塔	转炉浊环水浊度和硬度较高,循环水管道结垢速度较快,造成污水系统恶化,冷却塔喷头和管道经常堵塞,直接制约生产;此外,浊环水进水温度高,影响除尘效果。在 1～3 号转炉浊环水系统泵房集水井上部,安装 2 台 10NBG(W)-500 冷却塔,提高冷却效果	年减少清水使用 8 万 t
方案类型:节约物料		
加强连铸液压站的维护和管理	由于连铸液压站维护和管理不到位,经常出现液压油泄漏,污染环境,也增加了液压油费用。现加强操作人员管理,杜绝违规操作,减少液压油的泄漏	年可节约液压油 2 t,节省液压油费用 0.5 万元
转炉车间采用高效耐材	转炉车间采用高效耐材,提高耐材的使用寿命,降低耐材的消耗费用,同时提高脱硫喷枪的枪龄和利用率	年降低耐材消耗500 t,节省耐材费用 50 万元
方案类型:减少污染物排放		
矿区定期洒水	在厂区污染物运输过程中,有部分洒落在厂区道路上,在风的作用下容易飘散到空气中,影响厂区的空气质量,故增加洒水车 1 辆,安排固定人员间隔固定时间在厂区主要区域进行洒水操作	降低粉尘含量,改善厂区环境
炼钢厂原料车间脱硫系统除尘改造	由于原料车间操作平台与铁水罐间空间较小,烟气捕集罩容量小、深度不足,不能有效捕集喷吹产生的烟气。另外,整个除尘系统布局过于紧凑,喷吹产生的高温烟气直接烘烤系统中各部件,经常造成除尘布袋烧坏及支撑架变形,影响了除尘效果。现新上除尘风机 1 台,反冲脉冲式除尘器 1 套,除尘烟罩 10 套,以及相应的除尘管道,提高了除尘效果	年可回收除尘灰40 t,减少脱硫除尘系统维护费用 24 万元,获得直接经济效益 26.7 万元。改善了除尘效果,年减少粉尘排放 40 t,年节约排污费 0.6 万元。合计产生经济效益 32.7 万元

续表

方案名称	方案简介	效益分析
方案类型:减少污染物排放		
浊环水系统适应性优化改造	对浊环水系统化学除油及污泥处理设施、1号连铸机和2号连铸机二冷水管道及水泵进行改造,增加砂滤器,增设变间隙过滤器,提高1号浊环二冷水精密过滤	连铸循环水悬浮物由30 mg/L降到18 mg/L以内,铸坯质量合格率增大,每月降低废品100 t,年创造的经济效益达60万元
方案类型:废弃物再利用		
废砂石回填废弃巷道	利用废砂石回填废弃巷道,减少废砂石的排放,同时有利于生态恢复。方案的实施可同时减少因提升和水平运输带来的能耗	年节电18950 kW·h,年减少废砂石排放量5500 t
烧结机烧结矿余热回收利用	烧结厂烧结机采用无循环热返矿工艺,生产中为改善料层透气性,要求烧结料温提高到65 ℃以上。之前采用白灰加水消化、对混合料进行二次混合、小矿槽内加蒸汽等措施提高料温,料温在55 ℃左右,仍无法满足生产需求,影响了烧结产能的进一步提升,且烧结矿冷却后的余热一直没有回收利用。现采用余热锅炉以充分回收烧结机烧结矿余热,改用烧结矿余热回收生产蒸汽,可降低烧结成本	年产生经济效益240万元
方案类型:提高产品质量		
优化原料使用管理,降低5号连铸机的钢水氢含量	雨季期间,原材物料水分控制难度大,钢水氢含量对5号连铸机的产品质量影响较大。通过采用顶渣石灰+萤石+预熔料代替预熔合成渣进行渣洗,控制钢水氢含量。同时,利用在线定氢,对原材物料水分进行动态掌握,提高产品质量	提高新二区连铸产品合格率0.02%,每年增加经济收益24万元
方案类型:其他		
增设炉衬喷补机	新区各转炉进入炉役后期,转炉炉体变形严重,而因转炉炉体较大,炉口至炉底的距离可达到7.5 m以上,给转炉的耳轴及炉底的喷补带来了困难。目前仅能通过废钢斗向炉内倒料的方式进行补炉,而此种补炉方式仅能缓解渣面、钢面的侵蚀速度,却无法弥补耳轴及炉底的侵蚀。鉴于此,建议引进转炉喷补机	使转炉炉衬寿命增加了5000炉,降低了石灰、白云石的消耗,减少了喷溅造成的损失

第六章

非金属矿采选及制造业审核实战指南(水泥)

非金属矿采选及制造业从通俗意义上来讲可分为两大部分,即非金属矿采选业和非金属矿物制品业。《关于深入推进重点企业清洁生产的通知》(环发〔2010〕54 号)中规定,非金属矿采选及制造业中的重点审核行业为水泥、玻璃、陶瓷行业等。本章即对水泥行业的清洁生产审核进行实战讲解。

一、基础知识普及

1. 了解定义和原理

(1)定义

水泥即加水拌和成塑性浆体,能胶结砂、石等材料,既能在空气中硬化,又能在水中硬化的粉末状水硬性胶凝材料。水泥按用途及性能分为 3 类:

①通用水泥:一般土木建筑工程通常采用的水泥。通用水泥主要是指 GB 175—1999、GB 1344—1999 和 GB 12958—1999 规定的 6 大类水泥,即硅酸盐水泥、普通硅酸盐水泥、矿渣硅酸盐水泥、火山灰质硅酸盐水泥、粉煤灰硅酸盐水泥和复合硅酸盐水泥。

②专用水泥:专门用途的水泥。如 G 级油井水泥、道路硅酸盐水泥等。

③特性水泥:某种性能比较突出的水泥。如快硬硅酸盐水泥、低热矿渣硅酸盐水泥、膨胀硫铝酸盐水泥。

(2)原理

水泥生产的核心工艺是“两磨一烧”,即以石灰质原料、黏土质原料与少量校正原料,按一定比例配合,磨细成适当成分的生料,煅烧至部分熔融(1450 ℃),得到以硅酸钙为主要成分的熟料,经冷却后加入适量的石膏或其他混合材料,磨成细粉即制得水泥。

2. 了解行业概况

水泥工业是我国国民经济的重要基础行业。2012 年,我国水泥产销量为 21.84 亿 t,占世界总量的 55%。水泥产量年平均增速在 10%以上,目前正处于快速结构调整阶段,新型干法水泥生产线的数量、规模都在急速提高。目前,我国新型干法水泥单线规模已达到日产熟料 12000 t 以上,吨水泥综合电耗不超过 90 kW · h,粉尘排放率在 0.01%以下，全员劳动生产率达到 10000～15000 t/(人·a)。

目前，水泥工业发展具有如下特征：

(1)水泥生产线大型化

新型干法水泥生产技术提供了提高水泥设备的单机能力和功能的可能性，当前国内外已出现 12000 t/d 的水泥熟料烧成系统，用于生料粉磨的 600 t/h 立式磨已问世，水泥企业规模达到年产数百万吨到 1 亿吨以上。

(2)生产工艺节能化

各种节能工艺被普遍应用，例如，在生料粉磨中采用带磨外循环的立式磨，在水泥粉磨工艺中采用料间挤压粉磨设备，采用高效节能的新型选粉机，采用五级旋风预热器系统和改进型分解炉、余热发电、新型低氮燃烧器及第四代篦式冷却机实现高效冷却并高效热回收，熟料热耗可降至 3000 kJ/kg 以下，热效率提高 60%左右。

(3)操作管理自动化

DCS 集散型控制系统已在水泥工业中得到广泛应用。管理信息系统(MIS)作为全厂的生产、财务、营销、节资、备品备件、预检修计划制订与实施的管理并把 DCS 作为生产子系统纳入其中，实现操作自动化、管理科学化。

(4)环保措施生态化

除尘效率在 99.9%以上的电除尘器和袋式除尘器已普遍采用，粉尘排放标准已控制到 30～50 mg/m^3，并全面控制 SO_2、CO、NO_x 等的排放，利用其他工业废料、废渣的“绿色型”水泥工业已初具雏形。

但目前水泥行业仍是我国高耗能、高污染的行业之一。粉尘颗粒物排放量占全国粉尘颗粒物排放量的 20%～30%；SO_2 排放量占全国 SO_2 排放量的 5%～6%，NO_x 排放量占全国 NO_x 排放量的 12%～15%。有些立窑生产中加入萤石以降低烧成热耗，还造成周边地区的氟污染。根据 2010 年发布的《工信部关于水泥工业节能减排的指导意见》，2009 年水泥行业产值占全国 GDP 的 1.66%，水泥生产活动却消耗了全国约 5%的能源，是继电力、钢铁行业的第三大用煤大户，我国水泥熟料平均烧成热耗 115 kgce/t，比国际先进水平高 10%～20%。水泥行业也是我国重金属汞污染的主要工业排放源。中国环境与发展国际合作委员会数据显示，2007 年中国主要工业大气汞排放源中，水泥生产排放占 14%。水泥企业的矿山资源消耗与生态破坏也是突出问题。

“十二五”期间，我国在原 SO_2 总量控制基础上，增加了 NO_x 总量控制要求。目前，我国水泥企业采用的 NO_x 控制技术主要有低氮燃烧、选择性非催化还原(SNCR)技术、选择性催化还原(SCR)技术。采用 SCR 技术，NO_x 排放可控制在 100～200 mg/m^3；采用投入相对较低的 SNCR 技术，NO_x 排放可稳定在 200～400 mg/m^3，去除率为 50%～60%。

《水泥工业大气污染物排放标准》(GB 4915—2013)规定，现有企业自 2015 年 7 月 1 日起、新建企业自 2014 年 3 月 1 日起，颗粒物排放执行 20 mg/m^3 和 30 mg/m^3 标准，而国际先进地区已实现低于 10 mg/m^3 的粉尘排放标准，并对氟化物、汞及其化合物、氨的排放进行了具体的规定。

3. 了解专有名词

像水泥行业经常提到的“生料”“熟料”“均化”等专有名词(详见附录一)，应了解其含义,以便了解其工艺过程。

4. 了解政策和标准

对水泥行业进行清洁生产审核前,应了解以下几个政策和标准:

(1)政策

《产业结构调整指导目录(2011 年本)》(2013 年修订)

《水泥工业污染防治技术政策》(环境保护部公告 2013 年第 31 号)

《建材工业"十二五"发展规划》(工业和信息化部 2011 年 11 月 8 日)

《水泥行业规范条件(2015 年本)》

《水泥工业产业发展政策》(国家发展和改革委员会令第 50 号)

《关于加快水泥工业结构调整的若干意见》

《国务院关于进一步加强淘汰落后产能工作的通知》(国发〔2010〕7 号)

(2)标准

《水泥工业大气污染物排放标准》(GB 4915—2013)

《水泥窑协同处置固体废物污染控制标准》(GB 30485—2013)

《山东省建材工业大气污染物排放标准》(DB 37/2373—2013)

《水泥单位产品能源消耗限额》(GB 16780—2012)

《水泥行业清洁生产评价指标体系》

《清洁生产标准　水泥工业》(HJ 467—2009)

5. 了解企业概况

对于一个水泥生产企业,应了解的基本情况包括企业生产车间的构成、生产线数量及规模、主要原辅材料、水泥型号、磨机内径尺寸及数量、与产业政策的符合性等。

举例:某水泥厂 2003 年建厂,有 4 个车间——矿石开采车间、生料车间、烧成车间和熟料车间,现有从业人员 750 人。公司以砂岩、钢渣、铁粉、石灰石、石膏、煤等为原料,主要产品为 32.5 矿渣水泥、42.5 普硅水泥及矿渣微粉,目前年产水泥约 260 万 t。现有 1 条 4000 t/d 五级预热干法旋窑生产线(于 1997 年建成投产)以及 3 台水泥磨、2 台矿渣微粉磨。

6. 掌握工艺流程

水泥生产企业大致分为两种类型:一类是包括矿石开采、生料粉磨、熟料烧成和水泥粉磨的系统生产型企业;另一类只包括水泥粉磨站,即通过外购熟料,只进行水泥粉磨。

水泥熟料生产主要有两种方式:一种是以回转窑为主要生产设备,包括新型干法窑、预热器窑、余热发电窑、干法中空窑、立波尔窑、湿法回转窑;另一种则是以立式窑为主要生产设备,包括普通立窑和机械化立窑。其中,新型干法窑具有高产低耗、规模效益好、污染物排量相对少的特点,是技术发展的方向。

新型干法水泥生产工艺通常包含以下生产过程:矿山开采、原料破碎;原(燃)料预均化,原料配料,生料粉磨。煤粉制备,生料均化及窑尾喂料,生料预热分解,回转窑煅烧,熟料冷却,熟料储存与输送;水泥配料、粉磨、储存、包装和散装发送出厂。

水泥粉磨站通常包含以下生产过程:水泥熟料、混合材、石膏等原料运输进厂,水泥配料、水泥粉磨、水泥库储存、水泥散装或包装后发运出厂。

应提前跟企业沟通，以便掌握整个工艺流程。

7. 明确产污环节

水泥行业的主要产污环节见表6-1。

表6-1　　产污环节

<table>
<tr><th>工序</th><th>产污环节</th><th>主要污染物</th></tr>
<tr><td>石灰石矿山</td><td>开采、破碎、输送</td><td>颗粒物</td></tr>
<tr><td rowspan="2">原料均化、调配</td><td>石灰石、辅料、煤预均化堆场</td><td>颗粒物</td></tr>
<tr><td>原料调配站、输送</td><td>颗粒物</td></tr>
<tr><td rowspan="2">生料制备、均化</td><td>原料烘干、粉磨、煤粉制备</td><td rowspan="2">颗粒物</td></tr>
<tr><td>生料均化、输送</td></tr>
<tr><td rowspan="3">熟料生产</td><td>回转窑</td><td>颗粒物；氮氧化物、二氧化硫、一氧化碳、氟化物等，温室气体二氧化碳及少量或微量有害化合物，协同处置固废时会产生二噁英</td></tr>
<tr><td>熟料篦冷机</td><td>颗粒物</td></tr>
<tr><td>熟料库、熟料外运</td><td>颗粒物</td></tr>
<tr><td rowspan="3">水泥制成</td><td>水泥添加剂及配送</td><td>颗粒物及油污（水泥添加剂为液体时）</td></tr>
<tr><td>水泥粉磨</td><td>颗粒物；VOCs（助磨剂中的少量有机物挥发）</td></tr>
<tr><td>水泥储库、包装、散装及袋装</td><td>颗粒物</td></tr>
<tr><td>煤粉制备</td><td>煤磨、煤粉仓、煤粉秤、煤棚</td><td>颗粒物</td></tr>
<tr><td>循环冷却系统</td><td>循环排污</td><td>循环排污水（盐分）</td></tr>
<tr><td>余热发电</td><td>化学系统</td><td>化学排水（盐分）</td></tr>
<tr><td>熟料煅烧</td><td>回转窑转轮</td><td>冷却水（SS）</td></tr>
</table>

▶特别提示：

（1）若企业没有余热发电系统，则化学排水不用考虑；循环排污水和化学排水含盐分较高，回转窑转轮冷却水含有较多粉尘，三种废水可都排入沉淀池，经处理后用于增湿塔喷水、喷洒路面或绿化等。

（2）水泥窑在燃烧工业固废时可产生二噁英，二噁英属于持久性有机污染物，《关于加强二噁英污染防治的指导意见》（环发〔2010〕123号）要求，2015年二噁英排放强度应降低10%。

二、政策和标准解读

1. 水泥行业政策

(1)《产业结构调整指导目录(2011 年本)》(2013 年修订)

①鼓励类:“利用现有 2000 吨/日及以上新型干法水泥窑炉处置工业废弃物、城市污泥和生活垃圾,纯低温余热发电,粉磨系统等节能改造”。

②限制类:“2000 吨/日以下熟料新型干法水泥生产线,60 万吨/年以下水泥粉磨站”。

③淘汰类:“窑径 3 米及以上水泥机立窑(2012 年)、干法中空窑(生产高铝水泥、硫铝酸盐水泥等特种水泥除外)、立波尔窑、湿法窑”“直径 3 米以下水泥粉磨设备”“无复膜塑编水泥包装袋生产线”“使用非耐碱玻纤或非低碱水泥生产的玻纤增强水泥(GRC)空心条板”。

(2)《水泥工业污染防治技术政策》(环境保护部公告 2013 年第 31 号)

对于该政策,应重点把握以下几点:

①水泥工业污染防治目标。2015 年,水泥工业 NO_x 排放量控制在 150 万 t 以下,颗粒物排放量(含无组织排放量)控制在 200 万 t 以下;2020 年,水泥工业污染物排放得到全面控制,资源利用、能源消耗和污染排放指标达到国际先进水平。

②对于“源头控制”的要求。对高污染落后产能实施淘汰;提高石灰石、黏土等资源的利用率,新建水泥生产线应自备水泥矿山;控制原(燃)料品质,如合理硫碱比,较低 N、Cl、F、重金属含量等,淘汰使用萤石等含氟矿化剂;采用新型干法窑外预分解、低氮燃烧、节能粉磨、原(燃)料预均化、自动化与智能化控制等清洁生产技术。

③大气污染物排放控制。水泥窑废气经余热利用或降温后,输至袋式除尘器、静电除尘器或电袋复合除尘器处理,其他扬尘点采用袋式除尘器;控制袋式除尘器烟气温度,采取单元滤室设计;通过密闭、覆盖或负压操作等防止粉尘逸散,通过路面硬化、清扫洒水等减少道路扬尘,提高水泥散装比例;采用低氮燃烧、SNCR、SCR 或 SNCR-SCR 等技术控制 NO_x 产排量;采取湿法洗涤、活性炭吸附等措施控制 SO_2、氟化物等的产排量。

④利用水泥生产设施处置固体废物。合理利用水泥生产设施处置工业废物、生活垃圾、污泥等固废,并做好污染物监测工作,防范环境风险。

⑤其他污染物排放控制。水泥生产中的设备冷却水、冲洗水等可适当处理后重复使用;通过合理的生产布局、建(构)筑物阻隔、绿化等方法减少噪声污染;对水泥生产中的废矿石、窑灰、废旧耐火砖、废包装袋、废滤袋等进行分类收集处理;除尘系统收集的粉尘应回收利用;不宜使用铬镁砖作为水泥窑的耐火材料,废旧耐火砖需妥善处理。

⑥鼓励研究开发新技术、新材料。新技术:高效低阻低排放的新型熟料烧成技术,高效节能粉磨技术与装备,高性能低氮燃烧器,可减少石灰石用量和降低烧成热耗的低 CO_2 排放技术,CO_2 回收利用技术,水泥生产设施协同处置固体废物的资源化利用与安全

处置技术，适用于新型干法水泥窑的高效烟气脱硝技术（如SCR、SNCR-SCR技术），高性能催化剂、失效催化剂再生与安全处置技术；新材料：高性能过滤材料、水泥窑用生态环保型耐火材料和耐磨材料。

（3）《水泥工业产业发展政策》（国家发展和改革委员会令第50号）

该政策规定：2010年起，推广日产4000 t以上大型新型干法水泥生产线，技术经济指标达到吨水泥综合电耗小于95 kW·h，熟料热耗小于3093.2 kJ/kg（740 kcal/kg）。

（4）《关于加快水泥工业结构调整的若干意见》

该意见规定：2010年起，新型干法水泥生产鼓励采用余热发电生产线，颗粒物排放量大幅度减少。

（5）《国务院关于进一步加强淘汰落后产能工作的通知》（国发〔2010〕7号）

该通知规定："2012年底前，淘汰窑径3.0米以下水泥机械化立窑生产线、窑径2.5米以下水泥干法中空窑（生产高铝水泥的除外）、水泥湿法窑生产线（主要用于处理污泥、电石渣等的除外）、直径3.0米以下的水泥磨机（生产特种水泥的除外）以及水泥土（蛋）窑、普通立窑等落后水泥产能。"

（6）《建材工业"十二五"发展规划》（工业和信息化部2011年11月8日）

重点研发水泥窑炉高效节能工艺技术及装备，余热梯度利用技术及装备，新型节能粉磨技术与装备，粉尘、氮氧化物、低成本综合减排工艺及装备，二氧化碳的分离、捕获及转化利用技术。

对已建成的日产4000 t及以上熟料生产线，应尽快实施烟气脱硝改造。新建生产线必须配套建设效率不低于60%的烟气脱硝装置。

（7）《水泥行业规范条件（2015年本）》

该准入条件对水泥项目的建设要求与产业布局、生产工艺与技术装备、清洁生产与环境保护、节能降耗和综合利用等多方面都进行了明确的说明。其中有以下几条需要重点关注：

①水泥熟料项目应有设计开采年限不低于30年的石灰岩资源保障。水泥粉磨项目要配套建设适度规模的散装设施。

②水泥熟料项目采用抑制氮氧化物产生的工艺和原（燃）料，配套建设脱硝装置（效率不低于60%）和除尘装置。水泥粉磨项目配套建设除尘装置。

③单位产品能耗限额按《水泥单位产品能源消耗限额》（GB 16780）执行。

2. 水泥行业标准

（1）《水泥工业大气污染物排放标准》（GB 4915—2013）

该标准规定了水泥制造企业（含独立粉磨站）、水泥原料矿山、散装水泥中转站、水泥制品企业及其生产设施的大气污染物排放标准。产生固体废物的鉴别、处理和处置执行相应的国家固体废物污染控制标准。

时间规定：新建企业自2014年3月1日起，现有企业自2015年7月1日起，其大气污染物排放控制按该标准的规定执行，不再执行《水泥工业大气污染物排放标准》(GB 4915—2004)中的相关规定。

其他规定：利用水泥窑协同处置固体废物，除执行该标准外，还应执行国家相应的污染控制标准的规定。

(2)《水泥窑协同处置固体废物污染控制标准》(GB 30485—2013)

该标准规定了协同处置固体废物水泥窑的设施技术要求、入窑废物特性要求、运行技术要求、污染物排放限值、生产的水泥产品污染物控制要求、监测和监督管理要求。

该标准适用于利用水泥窑协同处置危险废物、生活垃圾(包括废塑料、废橡胶、废纸、废轮胎等)、城市和工业污水处理污泥、动植物加工废物、受污染土壤、应急事件废物等固体废物过程的污染控制和监督管理。当水泥窑协同处置生活垃圾时，若掺加生活垃圾的质量超过入窑(炉)物料总质量的30%，应执行《生活垃圾焚烧污染控制标准》。

▶特别提示：

(1)要特别注意掺加生活垃圾的质量比例。

(2)注意标准中对水泥窑及其所处位置、入窑固体废物、运行技术要求的具体规定。

(3)如果窑灰和旁路放风粉尘需要送至厂外进行处理或处置，应按危险废物进行管理。

(3)《山东省建材工业大气污染物排放标准》(DB 37/2373—2013)

该标准适用于山东省现有水泥企业的大气污染物排放管理，以及建设项目的环境影响评价、环境保护工程设计、竣工环境保护验收及其投产后的大气污染物排放管理。

▶特别提示：

(1)自该标准实施之日起，《山东省水泥工业大气污染物排放标准》(DB 37/532—2005)废止，同时代替《山东省固定源大气颗粒物综合排放标准》(DB 37/1996—2011)中建材工业部分的内容。因此，应经常关注行业政策及标准的修订更新。

(2)自2013年9月1日起，现有企业与新建企业分别执行该标准中表1规定的“现有企业”与“新建企业”大气污染物排放浓度限值；自2015年1月1日起，现有企业执行该标准中表1规定的“新建企业”大气污染物排放浓度限值。

(3)《山东省建材工业大气污染物排放标准》(DB 37/2373—2013)与《山东省水泥工业大气污染物排放标准》(DB 37/532—2005)相比，前者对颗粒物排放限值要求更加严格；2015年开始，对颗粒物、SO_2、NO_x排放限值要求将更加严格，对氟化物的排放限值要求不变。

(4)《水泥单位产品能源消耗限额》(GB 16780—2012)

该标准为强制性标准，对于可比熟料综合煤耗、可比熟料综合电耗、可比熟料综合能耗、可比水泥综合电耗和可比水泥综合能耗五个指标对“现有企业”和“新建企业”分别作出了准入值要求，同时也给出了水泥企业的能耗先进值。

(5)《水泥行业清洁生产评价指标体系》

该指标体系规定了水泥行业企业清洁生产的要求，主要包括生产工艺及装备指标、资源能源消耗指标、资源综合利用指标、污染物产生指标、产品特征指标和清洁生产管理指标等六类。该指标体系依据综合评价所得分值将清洁生产等级划分为三级：Ⅰ级为国际清洁生产领先水平；Ⅱ级为国内清洁生产先进水平；Ⅲ级为国内清洁生产基本水平。

范围规定：该指标体系既适用于通用水泥生产企业，包括水泥（熟料）生产企业、水泥粉磨站的清洁生产审核、清洁生产潜力与机会的判断、清洁生产绩效评定和清洁生产绩效公告制度，也适用于水泥行业环境影响评价、环保核查、排污许可证和行业准入等资源能源消耗清洁生产管理需求。

▶特别提示：

（1）该指标体系适用于熟料产能1500 t/d以上的生产线和年产能30万t以上的水泥粉磨站。

（2）该指标体系对水泥磨机直径有明确的要求，直径小于3 m的磨机不在该标准评价范围之内。

（3）该指标体系中的"可比熟料综合煤耗""可比熟料综合电耗"和"可比熟料综合能耗"指标在计算时，应考虑不同型号的水泥强度问题，需根据其强度根据熟料强度等级修正系数进行修正后再计算。

（4）对石灰石矿山的开采，要求是自上而下的水平开采方式，破碎为单段或二段破碎，并配备袋式收尘器。

（5）对污染物产生指标，只对"水泥窑及窑磨一体机"的污染物产生量作出了要求，并未对排放量作出明确要求。

（6）《清洁生产标准　水泥工业》（HJ 467—2009）

该标准规定了水泥工业企业清洁生产的一般要求。该标准将水泥工业清洁生产指标分为六类，即生产工艺与装备要求、资源能源利用指标、产品指标、污染物产生指标（末端处理前）、废物回收利用指标和环境管理要求。

该标准适用于水泥工业通用硅酸盐水泥、钢渣硅酸盐水泥制造及水泥生产配套石灰石矿山开采企业的清洁生产审核、清洁生产潜力与机会、清洁生产绩效评定和清洁生产绩效公告制度。

▶特别提示：

注意弄清标准中所指的"熟料综合煤耗""熟料综合电耗""水泥综合电耗""单位熟料新鲜水用量""单位产品污染物产生量"分别代表的具体意义。

三、审核过程解析

1．"三废"产排分析

水泥行业产生的"三废"较多，应严格按照企业工艺流程，分析每一个工序的废弃物产生节点。某企业的水泥生产工艺流程及"三废"情况如图6-1所示。

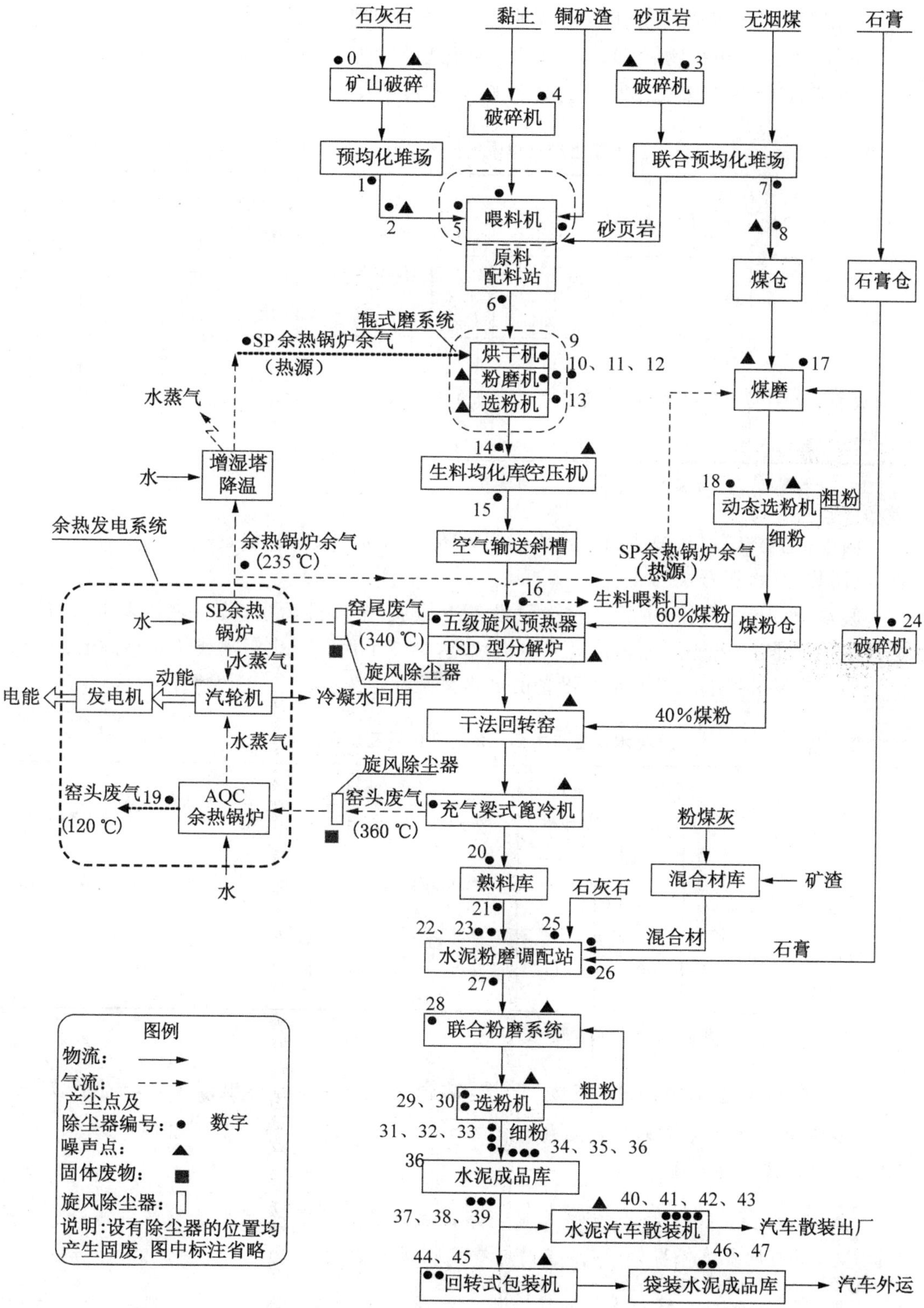

图 6-1　水泥生产工艺流程及主要产污环节图

根据图 6-1，下面具体分析一下各种废物的产排特性。

废气：主要有颗粒物、NO_x、SO_2、CO、氟化物等，还有少量或微量总有机残碳、重金属、二噁英、HCl 等有害气体及大量温室气体 CO_2（见表 6-2）。

表 6-2　水泥生产过程中气体污染物排放浓度

气体名称	SO_2	NO_x	氟化物	HCl	CO	CO_2	二噁英/呋喃类	有机残碳	重金属
排放浓度（mg/m^3）	0～50	500～1000	0～5	10	4.3	—	0.1ngI-TEQ/m^3	10	0.5
单位产品排放量（kg/t）	0～15	1.5～3.0	0～0.015	—	0.013	0.25～0.28	—	—	—

注：表中数据来源于某企业真实测量数据，仅供参考。

固废：主要有窑灰、炉渣、粉尘、废旧耐火砖、废水泥袋、废机油、废油桶、油棉纱、废钢材、废滤袋、废水泥石块等。

废水：水泥生产过程中只产生少量设备冷却水、循环排污水；若有余热发电系统，还会产生化学排水；若协同处置污泥或生活垃圾，会产生污泥干化污水或垃圾渗滤液。

表 6-3 列出了水泥生产主要设备的产尘量及含尘浓度。

表 6-3　水泥生产主要设备的产尘量及含尘浓度

设备名称	新型干法窑	篦式冷却机	立式磨粉磨			水泥管磨	高效选粉机
			生料	熟料	煤粉		
含尘浓度（g/m^3）	30～80	2～20	400～800	300～500	250～500	20～120	800～1100
单位产品产尘量（kg/t）	75～120	5～44	1000	1000	1000	60～180	1000

注：表中数据来源于某企业真实测量数据，仅供参考。

通过分析工艺流程图和“三废”产排，结合企业实际，可得出以下清洁生产方案：

▶方案 1：利用各石料厂的石粉作为石灰石原材料，既可减少员工工作量，又可减少破石机运转率和维修量。

▶方案 2：把原料车间和制成车间所用老式螺旋输送机全部更换空气斜槽，减小使用动力，节约设备维修费，一年节省的电费可收回改造成本。

▶方案 3：石灰石破碎入库的提升机电流高、负荷大，增加一台进相机，可改善该问题，还可节约用电。

▶方案4:对煤磨、原料磨等油站报警信号由分散控制改为中央控制室集中控制,对报警信号在微机上自动进行报警记录的同时进行响铃报警,便于及时发现隐患,消除故障。

▶方案5:煤磨磨尾除尘器由于供气不足,有的不喷灰,为所有除尘器设统一的气压站,电机功率为75 kW。

▶方案6:旋转窑中二挡托轮隔热板太小,隔热效果不好,利用废旧铁皮改成更大的隔热板。

▶方案7:在熟料库底、煤磨、水泥磨系统等处需设长明灯的地方,利用LED替代普通灯。

▶方案8:烧成车间电子秤、混合皮带由现在的单独开停改为连锁开停,减少混合皮带空载。

▶方案9:在保证生产和质量要求不变的情况下,在各个循环风机上安装变频器,有效降低电耗。

▶方案10:窑头、窑尾煤粉仓内煤粉结皮积块,导致温度上升,容易引发自燃或爆炸,安装一氧化碳检测仪器可解决这一问题。

▶方案11:浇注料闸门过于宽大,没有空间上下提降,卡住闸门造成链条滑动,更换小的浇注料闸门可解决这一问题。

▶方案12:尾排、头排、高温三台风机振动值没有显示装置,安装测振仪可更好地明确运行数据,确保设备的有效运行。

2. 审核重点选择

根据水泥行业特点,选择原料消耗、水耗、电耗、“三废”产生量作为筛选审核重点主要考虑的几个因素,分别计算各备选审核重点几个指标的量,再结合权重总和计分排序法计算结果确定审核重点。

举例:某水泥厂有原料车间、烧成车间、制成车间,应将三者都选作备选审核重点,对其物耗及废物产生量进行对比。由于水泥企业主要污染物为废气,而烧成车间粉尘、SO_2、NO_x产量大、污染重,同时物耗、能耗更高,因此,最终确定烧成车间为审核重点。

3. 审核目标设置

(1)目标设置依据

对水泥行业进行清洁生产审核时,可参考《水泥行业清洁生产评价指标体系》进行目标设置,还可考虑与同行业其他企业进行比较。需要注意的是,所选其他企业必须与该企业工艺、规模都相近。

(2)目标选择方法

水泥企业能耗较高,尤其是熟料烧成工艺,根据标准,可将可比熟料综合煤耗(折标煤)、可比熟料综合能耗(折标煤)、可比熟料综合电耗等设为目标。此外,结合企业实际,除标准中涉及的指标外,还可增加SO_2、粉尘排放量为指标。

某企业具体的目标设置见表6-4。

表 6-4 目标设置

指标	单位	现状	近期目标(2016年底)		中期目标(2017年底)	
			绝对量	变化率	绝对量	变化率
可比熟料综合煤耗(折标煤)	$kg/t_{熟料}$	*	*	削减 * %	*	削减 * %
可比熟料综合能耗(折标煤)	$kg/t_{熟料}$	*	*	削减 * %	*	削减 * %
可比熟料综合电耗	$kW\cdot h/t_{熟料}$	*	*	削减 * %	*	削减 * %
二氧化硫产生量	$kg/t_{熟料}$	*	*	削减 * %	*	削减 * %
NO_x产生量	$kg/t_{熟料}$	*	*	削减 * %	*	削减 * %
可比水泥综合电耗	$kW\cdot h/t_{水泥}$	*	*	削减 * %	*	削减 * %
可比水泥综合能耗(折标煤)	$kg/t_{水泥}$	*	*	削减 * %	*	削减 * %
粉尘排放量	t/a	*	*	削减 * %	*	削减 * %
SO_2排放量	t/a	*	*	削减 * %	*	削减 * %

注:不同企业由于工艺、生产规模等不同,各目标值差别较大,此处不列具体数值,仅对如何选取目标对象提供参考(*代表省略的数据)。

4. 平衡数据分析

物料平衡

列出整个水泥生产工艺,按照每个工序测定(或估算)的输入物料、输出物料及损耗,绘制出物料平衡图和物料流程图(流程图此处暂略),据此可以找出物料主要损耗和流失环节。

图6-2给出了某企业熟料煅烧系统的物料平衡。

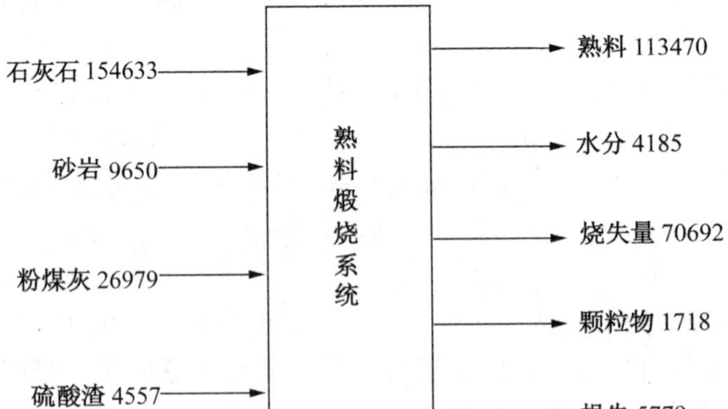

图6-2 熟料煅烧系统的物料平衡图(单位:kg/h)

(1)产排污环节

①回转窑废气:熟料煅烧过程中,石灰石高温分解产生的CO_2,煤燃烧产生的CO_2,

空气中的 N_2,少量的 SO_2、NO_x 及降温用水被空气带走。

②粉尘:产生于煤的粉磨、窑尾烟气的除尘、熟料冷却和入库。粉尘排放量为1718 kg/h。

(2)损耗环节

损耗产生于设备冷却过程,循环水损耗水量为 4185 kg/h。

水平衡

水泥行业耗水量主要是循环水用水和废气增湿塔补水。图 6-3 给出了某厂的水循环。

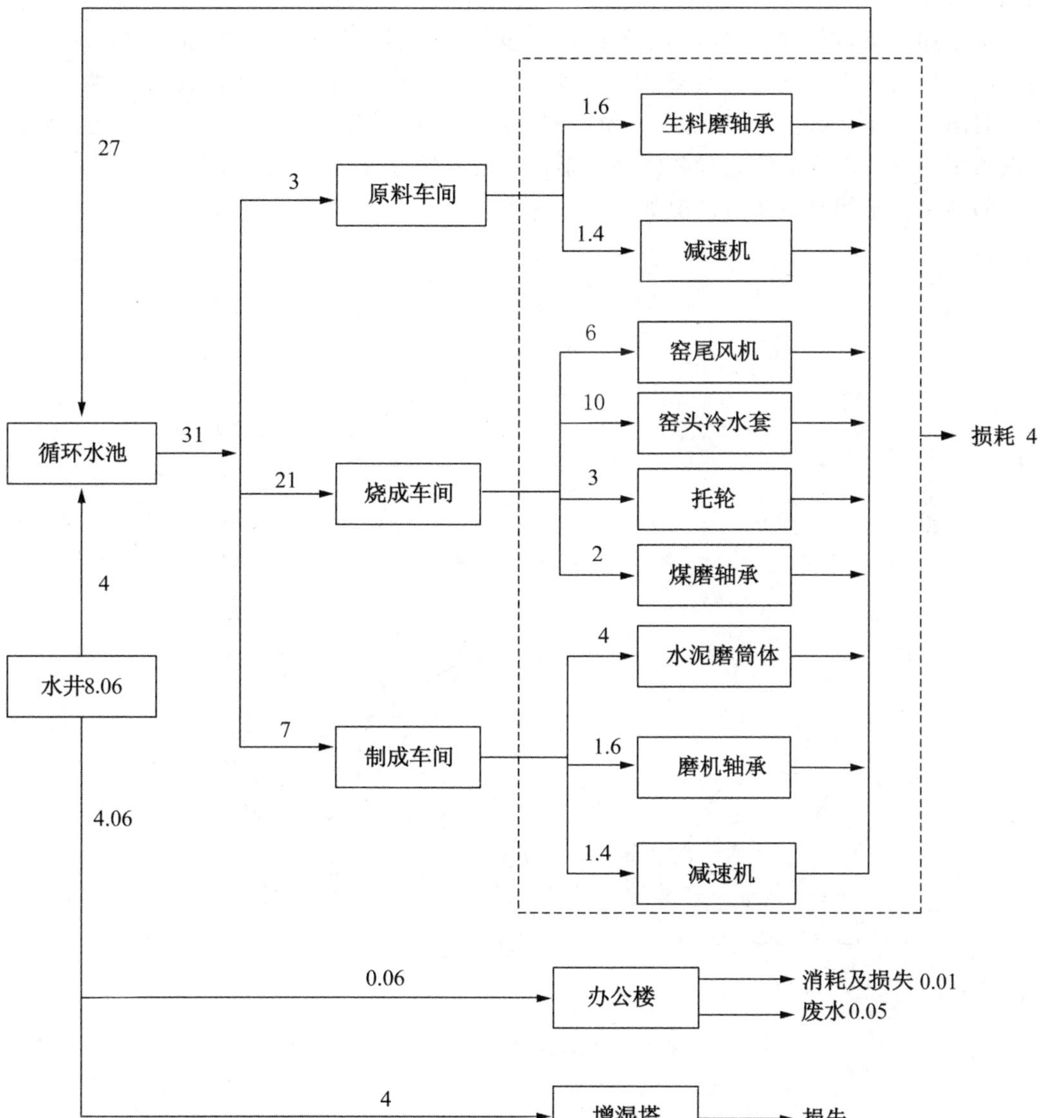

图 6-3　全厂的水平衡图(单位:t/h)

回转窑热平衡

水泥生产的能耗集中发生在回转窑，对回转窑进行热平衡测试，分析其利用情况，对查找能源损失有十分重要的意义。

举例：某水泥厂生产线采用新型干法窑外分解技术，窑尾预分解系统采用五级旋风预热器和 RSP 分解炉，冷却机为带空气梁的篦式冷却机，中央控制室采用集散式自动控制系统。由于原料中有害成分含量较高，再加之工艺、设备、操作等原因，暴露出了一些问题，如窑尾系统的结皮堵塞、窑内结圈、熟料结大球、部分煤粉不完全燃烧、熟料游离氧化钙等。

据上述分析，按生产实际，热平衡的范围包括预热器和分解炉、回转窑及冷却机。物料界面从生料气力提升泵开始至熟料从冷却机出口为止，气体界面由冷却机进风风机至预热器出口为止，测定中还增加了入窑生料、四级筒出口、分解炉中部、出口、窑尾及各级预热器出口气体温度的测定和各级预热器出口废弃成分分析等监测内容。

回转窑热平衡测试布点情况如图 6-4 所示。

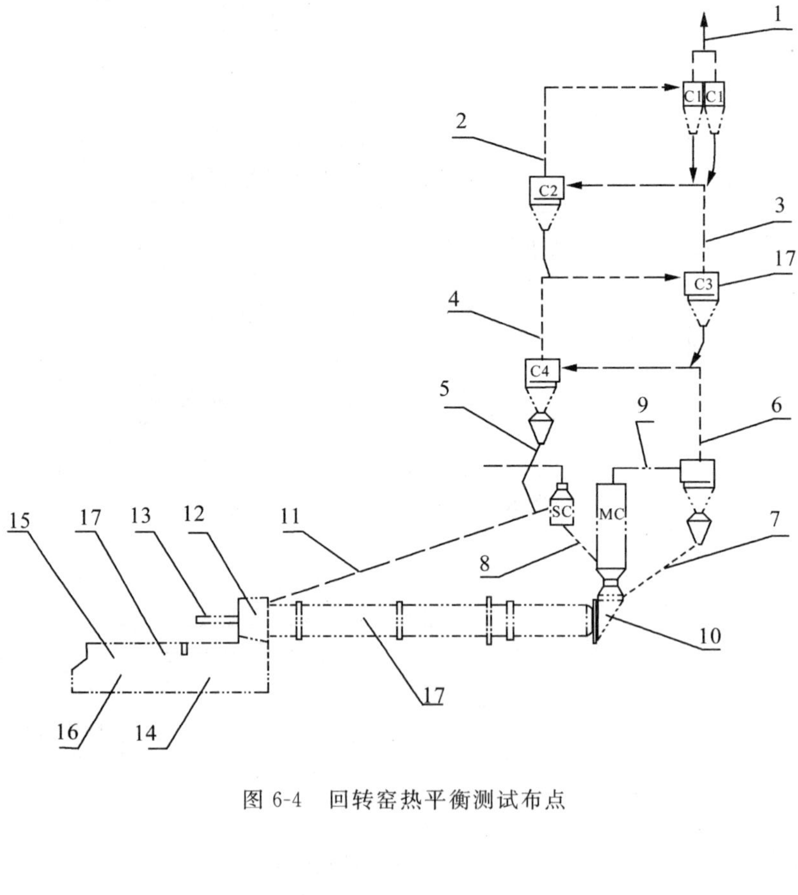

图 6-4 回转窑热平衡测试布点

测试的相应数据见表 6-5、表 6-6 和表 6-7。

表 6-5　　基本生产数据

测定项目		测定数据			备注
出窑熟料	产量	kg/h	147080		3530 t/d
	温度	℃	1420		
入窑生料	喂料量	kg/h	232380		
	水分	%	0.32		
	温度	℃	30		
入窑燃料	消耗量	窑头	kg/h	10235	
		分解炉	kg/h	14715	
		合计	kg/h	26750	窑：炉＝45：55
	温度	入窑	℃	46	
		入分解窑	℃	46	
	种类			烟煤	

表 6-6　　各部位气体量及温度、压力和含尘浓度

取样点＼内容		气体量	温度	压力
		m^3/h	℃	Pa
入窑一次空气	净风	12600	41	49050
	煤风	11800	52	29430
生料带入空气量		—	46	—
入分解炉三次风		9000	750	－220
入回转窑二次风		41100	1050	－100
入冷却机风		25590	28	－100
预热器出口风量		56000	345	－5964
冷却机余风		24000	—	－100

表 6-7　　各级预热器及分解炉出口温度及压力分布

项目	C1 出口	C2 出口	C3 出口	C4	C5	SC 出口	MC 出口	窑尾
出口温度(℃)	345	—	581	774	604	867	860	950
出口负压(Pa)	5964	—	3460	2369	1640	420	496	178
表观分解率(%)	—	—	—	16.34	84.82	—	—	—

注：1. 由 C2 出口测点处于提升机送料位置，受冷风影响，测不准。

2. C1、C2、C3 及窑尾测定项目为气体，无表观分解率。

此企业窑系统热量平衡计算采用南京工业大学硅酸盐工程研究所开发的“热工检测数据处理与平衡计算软件”，反求计算采用南京工业大学硅酸盐工程研究所开发的“水泥厂反求计算软件”。经计算整理，热平衡测试结果见表6-8。

表6-8 热平衡测试结果

序号	输入项	kJ/kg-CL	%	序号	输出项	kJ/kg-CL	%
1	生料显热	70.70	1.6	1	熟料生成热	2002.15	45.31
2	生料带入空气显热	7.95	0.18	2	预热器表面散热	177.63	4.02
3	分解炉燃烧显热	5.74	0.13	3	预热器出口废气显热	956.22	21.64
4	分解炉燃料燃烧热	2491.35	56.38	4	预热器出口飞灰显热	45.07	1.02
5	煤粉显热	9.27	0.21	5	分解炉表面散热	102.9	2.33
6	窑头煤粉显热	3.97	0.09	6	回转窑表面散热	294.29	6.66
7	一次空气显热	6.18	0.14	7	出冷却机熟料显热	139.19	3.15
8	窑头燃料燃烧热	1696.84	38.4	8	冷却机余风排灰显热	1.32	0.03
9	系统漏入空气显热	8.83	0.2	9	冷却机排出余风显热	476.34	10.78
10	入冷却机空气显热	44.18	1	10	冷却表面散热	88.92	2.01
11	水分蒸发热耗	73.79	1.67	11	其他热损失	134.77	3.05
合计		4418.8	100	合计		4418.8	100

注：kg-CL指每千克熟料。

图6-5给出了该企业窑系统的热平衡。

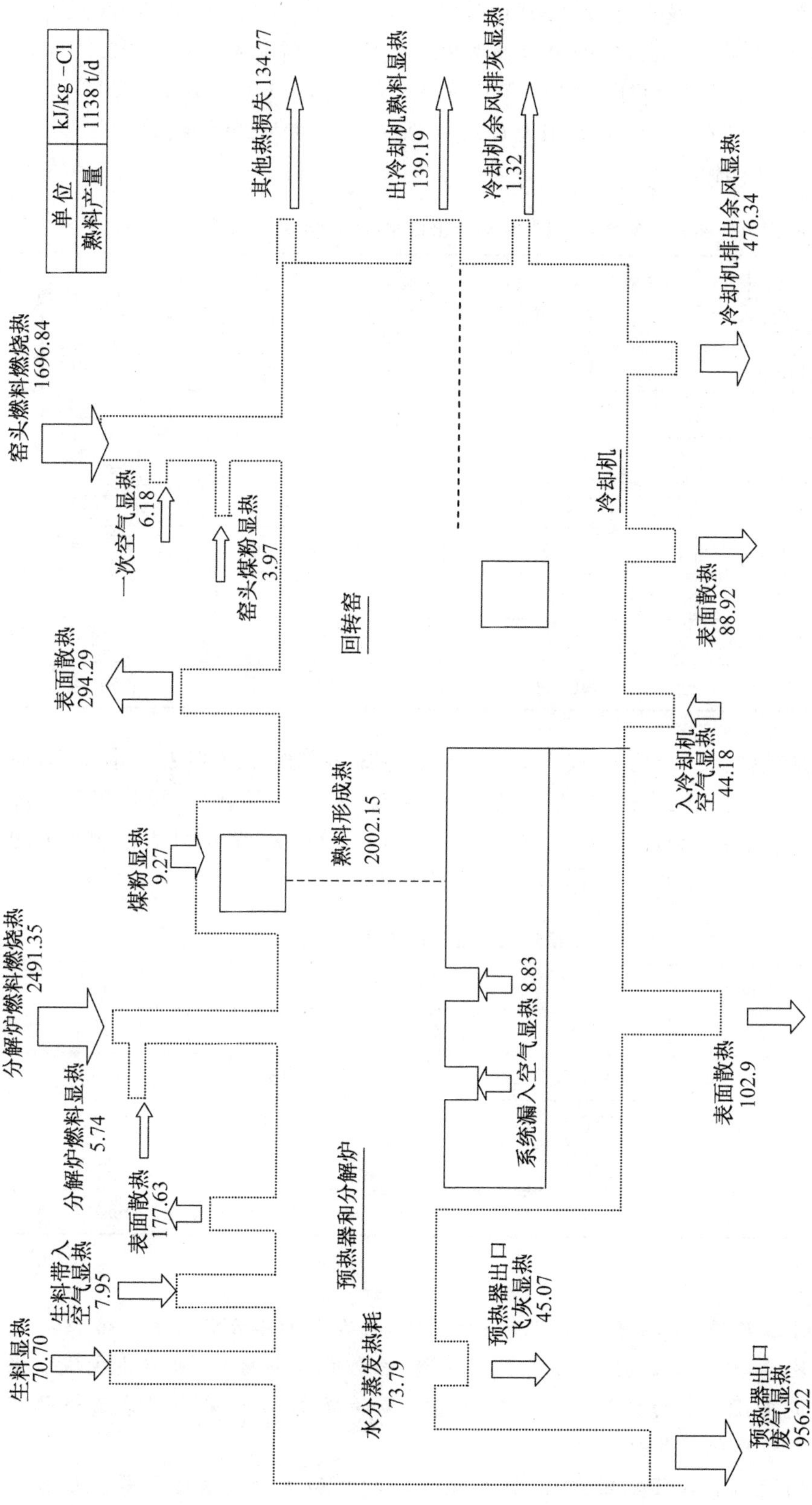
单位 kJ/kg -Cl
熟料产量 1138 t/d
窑头燃料燃烧热 1696.84
其他热损失 134.77
出冷却机熟料显热 139.19
冷却机余风排灰显热 1.32
冷却机排出余风显热 476.34
一次空气显热 6.18
窑头煤粉显热 3.97
表面散热 294.29
回转窑
冷却机
表面散热 88.92
入冷却机空气显热 44.18
煤粉显热 9.27
熟料形成热 2002.15
分解炉燃料燃烧热 2491.35
分解炉燃料显热 5.74
系统漏入空气显热 8.83
表面散热 102.9
表面散热 177.63
生料带入空气显热 7.95
生料显热 70.70
预热器和分解炉
水分蒸发热耗 73.79
预热器出口飞灰显热 45.07
预热器出口废气显热 956.22

图6-5　热平衡图

由热平衡图可知,该窑系统存在以下问题:

①预热器出口废气热损失大。预热器出口废气热损失占系统熟料热耗的26.2%,比日本RSP窑、UMFC窑、DD窑和丹麦SLC窑分别高出1.7%、7.7%、3.8%、3.5%(见表6-9)。导致预热器出口废气热损失大的根本原因是系统漏风量大、单位熟料废气量大。另外,系统用风量也略微偏大。

表6-9　与国内外部分厂家熟料热耗、预热器出口废气热损失的比较

厂家	熟料热耗(kJ/kg)	预热器出口废气热损失(kJ/kg)	预热器出口废气热损失占熟料热耗的比例(%)	预热器级数
A厂	3484.8	804.2	23.1	五级
B厂	3568.2	929.8	26.1	五级
C厂	3827.7	1086.9	28.4	五级
日本RSP窑	3075.2	752.8	24.5	五级
日本UMFC窑	2992.9	553.0	18.5	五级
日本DD窑	3136.2	703.3	22.4	四级
丹麦SLC窑	3191.2	724.0	22.7	四级
本系统	3780	956.22	26.2	五级

②烧成系统的散热损失较大。由表6-10可见,就系统各部分散热损失大小而言,回转窑最大,以下依次为预热器、分解炉、冷却机(篦式冷却机),其中回转窑、预热器两者散热损失之和高达471.92 kJ/kg,占系统总散热量的71.1%。除去两者的外表面积较大的原因外,设备的表面温度较高也不容忽视,特别是回转窑。

表6-10　与国内外部分厂家烧成系统的散热损失比较　单位:kJ/kg

厂家	回转窑	预热器	分解炉	冷却机	合计
A厂	197.6	98.8	7.5	4.8	308.7
B厂	207.9	213.7	36.7	18.2	476.5
C厂	317.5	177.6	28.0	353.0	876.1
日本DD窑	167.7	50.2	7.2	30.9	256
本系统	294.29	177.63	102.9	88.92	663.74

▶**特别提示:**

(1)回转窑窑体温度较高,在窑体外周加设换热管,将冷水加热后提供生活热水。

(2)加强密封堵漏,预热器保温,减少系统漏风量,合理煅烧与操作,可避免或减少煤粉的不完全燃烧,提高预热器的换热效率。随着窑产量的提高,单位产量的表面散热损失将减少,也可进一步降低废气热损失。

(3)采用低阻高效的多级预热器系统、新型篦式冷却机和多通道喷煤管等先进技术装备，利用窑系统的低温废气余热发电，回收使用二次能源等先进工艺，均可降低水泥生产的熟料热耗。

(4)若系统存在漏风问题，一方面，将增大系统废气量，增加热损失和风机电耗；另一方面，将降低气体温度，进而降低气固换热效率。特别是各级预热器下部翻板阀及下料管的内、外部漏风，将使旋风筒分离效率急剧降低，从而造成高温物料向上级低温旋风筒返混，扰乱系统正常生产，其热耗必然增加。

(5)在设备选型方面，国内回转窑的单位容积产量明显低于国外厂家，在保证预分解程度高且稳定，回转窑具有一定潜力的基础上，缩小窑的规格，可适当降低窑的散热损失，减少耐火材料的用量，有利于节能。

特征污染物平衡

随着水泥行业新标准的相继出台，尤其是修订后的《水泥工业大气污染物排放标准》和《水泥窑协同处置固体废物污染控制标准》，重点提高了颗粒物、NO_x的排放控制要求。新标准将PM排放限值由原标准的50 mg/m^3(水泥窑等热力设备)、30 mg/m^3(水泥磨等通风设备)分别收严至30 mg/m^3、20 mg/m^3；将NO_x排放限值由800 mg/m^{3}收严至400 mg/m^3。

现以硫元素流向为例进行特征污染物平衡分析。

举例：某日产4000 t水泥熟料的企业，年燃煤量为218400 t，含硫率为1.5%；生料含硫率为0.09%；熟料含硫率为0.4%(见图6-6)。

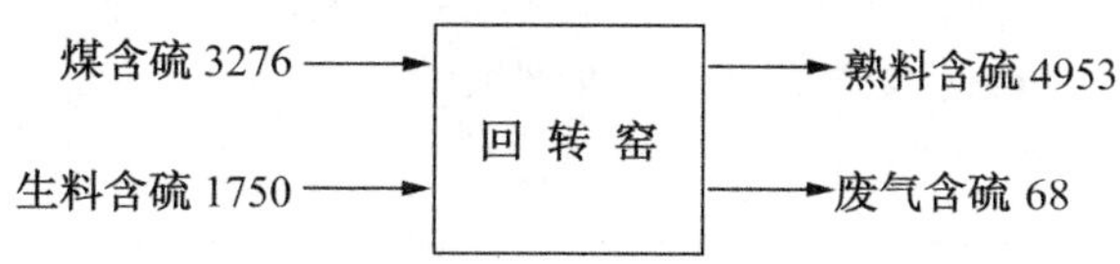

图6-6　硫平衡图(单位：t/a)

四、注意事项汇总

下面将水泥行业清洁生产审核需要特别注意的几点总结如下：

(1)水泥行业，特别是有熟料烧成系统的企业，烧成系统的能量测试是必要的，分析结果往往是清洁生产的潜力点所在。比如窑体的热量回收，窑头、窑尾废气余热利用效率的提高等。

(2)现阶段新建的水泥生产线基本都使用了立式磨机，特别是水泥粉磨过程，引进了辊压机等新型水泥节能粉磨设备。但生料粉磨使用辊压机的情况并不普遍，这是清洁生产的潜力点之一。辊压机的引进往往伴随着产能的提升，这一点要仔细考虑。

(3)在废弃物排放问题上，回转窑的氮氧化物排放量以往总是被忽略或弱化，从各省的环保“十二五”规划来看，水泥行业的脱硝已经被提上日程，在审核过程需要着重关注。

(4)水泥行业的粉尘排放问题一直是关注的焦点，在生产过程中一般都配套建设了电除尘器或袋式除尘器，粉尘排放是达标的。但厂区的二次扬尘问题却容易被忽略，应从管理和人员素质提高方面提出合理的清洁生产方案。

五、典型方案参考

表 6-11 列出了从节电、降低热耗、节约物料等多个角度精选的几个已在水泥企业中实施过的典型方案(效益数据仅供参考)。

表 6-11　水泥企业中的典型方案

方案名称	方案简介	效益分析
方案类型:节电		
使用散装水泥装车机	停用 95 kW 空气压缩机装车,更换为散装水泥装车机,大大节约了电耗,同时降低了粉尘排放	年减少电耗 6 万 kW·h
排风机电机、循环风机加装变频器	对原料磨窑尾排风机电机(800 kW,6 kV 高压)、循环风机(1600 kW,6 kV 高压)进行改造,安装变频器,改造后节电率至少为 15%	年减少电耗 300 万 kW·h
方案类型:降低热耗		
熟料冷却增加篦冷机	之前窑头熟料冷却的单筒冷却机冷却效果不佳,新上一台篦冷机后,改善了熟料的冷却效果,提高了生产效率	熟料热耗降低 2%,年增加经济效益 22 万元
回转窑余热利用	购买换热器,对旋窑进行余热交换,将冷水制热,利用温控装置达到洗浴所用,还可根据热交换状况,利用篦冷机余热回收,实施办公楼冬季取暖工程	年创造经济效益 5 万元
方案类型:节约物料		
煤磨系统除尘系统改造	原有煤磨头尾输送泵集中抽风效果一般,新增加一台除尘器,减少管道弯度,降低阻力,提高抽风效率	年回收煤粉 20 t,年创造经济效益 20×600=12000(元)
脱硫石膏代替天然石膏	生产水泥时,天然石膏的掺量为5%左右,每年要消耗大约8 t天然石膏,经过工艺设备改造,用电厂的脱硫副产品——脱硫石膏代替天然石膏,真正实现了资源综合利用	每年利用脱硫石膏8 万 t,可创造经济效益 856 万元
水泥包装系统改造	增加智能发运控制系统,控制水泥散装量,杜绝超载现象	工作效率更高,水泥撒漏明显减少,年可创造经济效益 100 万元

续表

方案名称	方案简介	效益分析
方案类型:提高工作效率		
篦冷机风机改造	对篦冷机风机进行改造,增大风机风量,降低熟料温度,水泥磨台时提高 20%	提高水泥磨的运作率,年创造经济效益 30 万元
方案类型:提高产品质量		
石膏破碎系统改造	现有石膏破碎系统落后,现采用先进的破碎技术与工艺,将提升机 NE15 改为 NE30	提高了产品产量,年增加经济效益 20 万元
方案类型:提高环境效益		
用尾矿粉部分替代硫酸渣,并建造储存仓	采用硫酸渣成本较高,现用尾矿粉部分替代硫酸渣,可大大降低生产成本,且能保证水泥产品的质量;同时,建造储存仓可以防止风吹造成扬尘	年减少粉尘排放量21.4 kg,改善了环境

第七章

金属表面处理及热处理加工业审核实战指南(电镀)

金属表面处理与热处理是两个概念,通俗地讲,前者是对金属表面进行防护和改性,其中,防护主要包括电镀、涂装、化学处理,而改性则是借助离子束、激光等手段改变金属表面的结构与性质;后者是通过加热、保温及冷却来改变金属表面或内部的显微组织结构,包括正火、退火、淬火等。

金属表面处理及热处理加工业包含的子行业较多,而电镀是其中一个非常重要的子行业,《关于深入推进重点企业清洁生产的通知》(环发〔2010〕54 号)将该行业列入重点审核行业。本章即对电镀行业清洁生产审核进行实战讲解。

一、基础知识普及

1. 了解定义和原理

(1)定义

电镀就是利用电解原理在某些金属表面上镀上一薄层其他金属或合金的过程,起到防止腐蚀,提高耐磨性、导电性、反光性及增进美观等作用。电镀种类繁多,常见的镀种有铬、锌、镍、铜、铜锡合金等。电镀按方式分为挂镀、滚镀、刷镀等;按镀层分为单一金属镀层、合金镀层和复合镀层;按用途分为防护性镀层、装饰性镀层、修复性镀层等。

(2)原理

电镀时,镀层金属或其他不溶性材料作阳极,待镀的工件作阴极,镀层金属的阳离子在待镀工件表面被还原形成镀层。为排除其他阳离子的干扰,且使镀层均匀、牢固,需用含镀层金属阳离子的溶液作电镀液,以保持镀层金属阳离子的浓度不变。

2. 了解行业概况

近几年来,电镀企业的生产规模和数量都在不断扩大。据粗略估计,全国现有 15000 家电镀生产厂,职工总数超过 100 万人,现有 5000 多条生产线和(2.5～3.0)$\times 10^9$ m^2 电镀面积生产能力,年产值为数百亿元人民币。

我国电镀行业存在的主要问题是:①厂点多、规模小,很多仍以手工操作为主,带出液损失高、物料流失环节多。现有省市试点将作坊式小电镀厂纳入电镀中心,实现生产统一管理、废物统一处置;同时,实现生产线的自动化控制也是解决这一问题的主要措施。②金属原料利用率低,资源浪费严重。如在装饰镀铬中,我国铬酐利用率平均在10%左右,国外平均水平为24%;镀锌的锌板和氧化锌的利用率也只有80%,国外平均水平为90%。③电镀单位面积的物耗、能耗和用水量高。以用水量为例,据报道,国外电镀1 m^2的镀件用水量为0.08 t,我国平均为0.82 t/m^2,是国外的10倍。④电镀污染治理水平低。目前,仍有少部分企业污水处理设施未能正常运转,相当一部分企业未对生产废气进行净化处理。⑤物料流失多,污染严重,处理费用高。在物料流失中,被漂洗水带走的原料所占比例最大。装饰镀铬的铬酐被漂洗水带走的为59%左右,镀硬铬为40%左右;镀锌被漂洗水带走的锌为10%左右。目前,我国每年含重金属电镀废水的排放量约4亿t,每吨以最低处理成本1元计,每年的处理费在4亿元以上。

常见的镀种有镀锌、镀铜、镀镍、镀铬、镀锡、镀金、镀银、镀合金等。下面对前4种镀种的技术工艺及产污情况进行简单介绍。

①镀锌:我国目前电镀工业中生产量最大的镀种,占电镀总量的50%以上。镀锌工艺可分为氰化物镀锌和无氰化物镀锌两类。前者由于氰化物有剧毒,已被列为淘汰工艺,后者包括碱性锌酸盐镀锌、硫酸盐镀锌和钾盐镀锌等类型。镀锌工艺污染物主要有含锌废水、酸碱废气、电镀废液、槽渣等。

②镀铜:主要作为镀镍、镀锡、镀银和镀金的底层或中间层,以提高基体金属和表面镀层的结合力,提高镀层的防腐蚀性能。镀铜工艺主要有碱性氰化物镀铜、无氰碱性镀铜、硫酸盐镀铜和焦磷酸盐镀铜等。近年来,氨基磺酸镀铜、有机胺镀铜、柠檬酸盐—酒石酸盐镀铜和HEDP镀铜等工艺也有所发展。镀铜工艺污染物主要有含氰废水、含铜废水、酸碱废气、有机废气、电镀废液、槽渣等。

③镀镍:分为普通镀镍(暗镍)、半光亮镍、光亮镍等。为节省金属镍,减少孔隙率,通常采用镀镍层与镀铜层一起使用或采用多层电镀,如Cu-Ni、Cu-Ni-Cr、Ni-Cu-Ni-Cr等形式达到防护和装饰的目的。镀镍主要应用在日常五金产品、汽车、家用电器等的零部件上,作为防护—装饰性镀层的中间镀层。镀镍工艺污染物主要包括含镍废水、含磷酸盐(包括次磷酸盐、亚磷酸盐)废水、有机物废水、酸性废气、电镀废液、槽渣等。另外,化学镀镍也会产生一定量氢气,需安装通风和处理装置。

(4)镀铬:铬镀层有较高的硬度和耐磨性能,并有较高的耐热性和稳定性。钢铁表面镀铬属于阴极性镀层,不能单独作防护性镀层,通常作防护—装饰性镀层的外表镀层。镀铬工艺分为防护—装饰性镀铬、镀硬铬(耐磨铬)、镀黑铬等。其中,镀硬铬是常用镀层中硬度最高的镀层。镀铬工艺污染物主要包括含铬废水、铬酸废气、电镀废液、槽渣等。

电镀方式分为挂镀、滚镀、连续镀和刷镀等。挂镀是工件装夹在挂具上,适合大零件,每挂数量少,镀层厚(一般大于10 μm);滚镀是工件装入滚筒内,适合小零件,每筒数量多,镀层薄(一般小于10 μm);连续镀适用于成批生产的线材和带材;刷镀适用于局部镀或修复。

电镀生产线有全自动、半自动和手工三种。全自动生产线适合产品比较单一而产量又很大的产品,可精确调节主盐溶液、辅助盐溶液及其他添加剂溶液的浓度;半自动生产线由于变通性强,适合产量虽然大但要经常变换产品的电镀加工,这时不仅上、下挂具是人工操作，而且起槽和转槽的流程都是人工操作控制开关来完成。前两者在大企业应用较多。手工生产线的生产量及效率与前两者无法相比，是目前一些小作坊式电镀厂的主要生产方式。

电镀行业使用了大量的强酸、强碱、重金属溶液，包括铬酐、镉、氰化物等有毒有害化学品，产生了相当多的有毒有害废水。据统计，我国电镀行业每年排放约 4 亿 t 含重金属的废水、5 万 t 固体废物、3000 亿 m^3 酸性废气。针对电镀废水，有很多处理方法，按其作用原理，有物理法、化学法、物理化学法、生物法等。目前，化学法的应用最为广泛，在我国约有 41% 的电镀厂用化学法来处理电镀废水。化学法又分为以下几种：氧化还原法、化学沉淀法、化学中和法等。由于电镀废水种类繁多、成分复杂，仅靠单一的方法很难取得理想的处理效果，通常采用多种方法的组合。

3. 关注实用技术

审核前可以关注一下电镀行业一些常见的实用技术（见表 7-1）。

表 7-1　　电镀行业一些常见的实用技术

技术名称	简介
氯化钾镀锌	钾盐镀锌溶液不含络合剂，废水处理容易，对设备腐蚀性小，电流效率高，镀液稳定
无氰沉锌	适用于铝合金产品的镀前表面处理，完全不含剧毒氰化物，工作周期可超过 10 个周期，开槽和维护简便，消耗成本低
无氰碱性镀铜	适合于钢铁基体挂镀及滚镀，锌合金和铝及铝合金浸锌后的挂镀；不含氰化物，具有极好的分散和覆盖性能
无氰酸性预镀铜	可作为预镀层或多层电镀的底层；既可挂镀又可滚镀；后续工艺既可电镀又可化学镀；镀液覆盖能力好，不含氰化物，也不含 EDTA、甲醛
三价铬电镀	采用硫酸盐体系，不产生氯气，不腐蚀设备；可用于酸性或碱性镀铜和光亮镀镍后装饰性镀铬，也可用于要求耐磨及耐蚀的镀硬铬
三价铬钝化	常用于在镀锌层表面形成一层化学稳定性较高的铬酸盐薄膜，该工艺逐渐走向成熟
低浓度镀铬	使用稀土镀铬添加剂可将铬酐浓度降低约 50%，可减轻六价铬对环境的污染。用于装饰性镀铬及镀硬铬
低浓度铬酸钝化	铬酐浓度在 5 g/L 左右，对镀锌层没有化学抛光作用，所以在钝化工序之前应加一道稀硝酸（浓度一般为 1%～3%）出光工艺，然后进行钝化
无磷中温除油	完全不含磷，不添加含苯环的表面活性剂，工作温度可低至 55 ℃，废水易于处理。用于钢铁件的镀、涂前处理化学除油清洗及超声波清洗
低温碱性除油	可替代原有的高温除油液，能在低温下（20～50 ℃）发挥出优良除油效果，废水易于处理

续表

技术名称	简介
超声波除油	用于表面有抛光膏的抛光件、表面有油及少量锈的冷轧钢板、表面有氧化皮和黄锈的工件，特别适用于形状复杂、边角要求较高的工件
无磷生物除油	除油剂同时含有生物表面活性剂和嗜油微生物菌种，集成除油脱脂和油污分解两种功能
逆流清洗法	逆流清洗法由若干级清水槽串联组成，该方法是在最后一级槽内进水，从第一级槽排水，水流方向和镀件的清洗流程方向相反
回收清洗法	在镀槽后设置1～2个静止回收槽，镀件在静止水中浸洗，洗去附着液，等回收槽浸洗液达到一定的浓度后，作为回收液返回镀槽使用
喷淋清洗法	指用喷嘴、喷管、喷孔等装置对镀件进行清洗的过程
镍在线回收(反渗透)	利用膜分离技术可从电镀镍废水中回收镍和水
镍在线回收(离子交换)	含镍废水先经过微处理器去除废水中的颗粒杂质，然后进入离子交换树脂，废水中的金属离子、OH^-、H^+吸附在树脂上，出水回用到水洗槽中，回收的镍盐可回用于镀槽
高频开关电源	工作效率一般为80%～90%，比电源可控硅整流器节省10%～15%的耗电量

4. 了解专有名词

像电镀行业经常提到的“除氢”“粗化”“钝化”等专有名词(详见附录一)，应了解其含义，以便了解其工艺过程。

5. 了解政策和标准

对电镀行业进行清洁生产审核前，应了解以下几个政策和标准：

(1)政策

《产业结构调整指导目录(2011年本)》(2013年修订)

《国家危险废物名录(2008)》

《电镀行业规范条件》

(2)标准

《电镀污染物排放标准》(GB 21900—2008)

《清洁生产标准 电镀行业》(HJ/T 314—2006)

《电镀行业清洁生产评价指标体系(试行)》

《评价企业合理用电技术导则》(GB/T 3485—1998)

6. 了解企业概况

审核电镀企业时，应重点了解企业有哪些镀种、所镀工件类型、生产线自动化程度

(自动化、半自动化、手工)、电镀方式(挂镀、滚镀、连续镀等)、电镀车间数量及建立时间、员工人数、主要原辅料及产品等情况。

举例:某电镀厂 2002 年建厂,有两个车间——镀锌车间、镀铬车间。镀锌车间有两条完全相同的自动化生产线,镀铬车间有一条半自动化生产线,全部采用挂镀方式,三条生产线均于 2002 年建设,员工 75 人。主要原料有锌锭、铬酸酐、浓盐酸、烧碱、除油剂、钝化剂、铬雾抑制剂等;主要产品有镀锌钢管、镀铬气门。

7. 掌握工艺流程

(1)电镀工艺

电镀工艺通常包括三大部分:镀前处理、电镀、镀后处理。

①镀前处理:主要目的是清洁镀件表面,使镀件表面无氧化皮、无锈、无渍、无油污,能完全被水润湿,不挂水珠。它包括机械清理(磨光、抛光、喷砂、滚光和刷光等)、除油(又称“脱脂”)、浸蚀(又称“酸洗”“活化”)。为提高浸蚀的效果,在浸蚀之前必须除油。

②电镀:将零件浸在镀液中作为阴极,以锌板(镀锌)、铅合金(镀铬)、镍板(镀镍)、电解铜(镀铜)等作为阳极,接通直流电源后,在零件表面沉积金属镀层。

③镀后处理:主要目的是增强镀层各项性能,如耐蚀性、抗变色能力和可焊性等,包括除氢、钝化、脱水等。

不同镀种镀前、镀后处理工序不尽相同,应提前跟企业沟通,以便掌握整个工艺流程。

(2)纯水制备

电镀生产用水通常采用离子交换法进行制备,也可以用反渗透或电渗析来制备。

▶特别提示:

(1)除锈的方法有抛丸、喷砂以及化学除锈,其中,抛丸和喷砂会产生金属废渣;化学除锈一般就是酸洗,会产生酸洗废液,后续水洗会产生含酸的水洗废水,同时酸洗多用盐酸,会产生酸雾,须用酸雾吸收装置进行收集处理。

(2)常用的除油方法有有机溶剂除油、化学除油、电化学除油、擦拭除油、滚筒除油以及上述方法的联合使用。除油过程会产生除油废液以及后续水洗产生的含石油类污染物的除油废水。

(3)根据实际生产过程,确定合理的清洗方式,如逆流清洗①、回收清洗②、喷淋清洗、逆流清洗—阳离子交换系统③、逆流清洗—反渗透系统④等。

(4)对电镀液进行回收关系到节省电镀材料、减少污染物产生、降低生产成本的问

---

① 逆流清洗:三级清水槽串联,第三级槽进水,第一级槽出水,水流方向与镀件清洗方向相反。

② 回收清洗:镀槽后设静止回收槽,镀件在静止水中洗去附着液,回收液达一定浓度后返回镀槽使用。

③ 逆流清洗—阳离子交换系统:在逆流清洗基础上用阳离子交换树脂将第一级清洗废水分离处理,处理后的清水回用于镀槽。

④ 逆流清洗—反渗透系统:在逆流清洗基础上用反渗透装置将第一级清洗水过滤,浓缩液回用于镀槽,处理水返回末级清洗槽循环使用。

题。回收方法有三种：①当电镀后第一个水洗槽的水洗液达到一定的浓度后，直接送入电镀槽；②将第一槽的水洗液通过离子交换树脂的交换后回收；③将第一槽的水洗液进行蒸发浓缩，然后再补充进电镀槽内。当镀槽温度高、蒸发快、镀槽需不断补水时，用第一种方法更简单、经济。

(5)根据《产业结构调整指导目录(2011 年本)》(2013 年修订)，含氰电镀工艺属于淘汰类工艺，其中，含氰的电镀金、银、铜基合金及予镀铜打底工艺属于暂缓淘汰类工艺，长远来看或将被列为淘汰类，采用此类工艺的企业建议选择其他先进工艺。

8. 明确产污环节

电镀行业的主要产污环节见表 7-2。

表 7-2　　产污环节

环节	废物	有害成分
磨光、抛光等机械处理	粉尘	含硅金属、布毛
	金属、布毛的碎渣	—
除锈	除锈废液(危废)	OH^-
除油	除油废液(危废)	COD、石油类
酸洗	酸洗废水(危废)	H^+
	酸雾	
电镀	槽渣(危废)	重金属
	电镀废气	
镀后水洗	镀后水洗废水	重金属
钝化	钝化废液(危废)	六价铬
浸防锈油	有机废气	VOCs
污水处理	污泥(危废)	重金属
清洗过滤机和阳极袋	残渣、活性炭(危废)	—
纯水制备	酸碱废水	H^+、OH^-
	浓水	盐分
	废活性炭	—

▶特别提示：

(1)表中的"电镀废气"特指某些镀种如镀铬过程中产生的铬雾等废气，并非所有镀种均会产生电镀废气。

(2)槽渣、污泥以及酸(碱)洗、除油、除锈、洗涤工艺产生的废腐蚀液都属于危险废物(HW17)(详见《国家危险废物名录(2008)》)。

二、政策和标准解读

1. 电镀行业政策

(1)《产业结构调整指导目录(2011 年本)》(2013 年修订)

淘汰类:"(十七)其他"中的"1、含有毒有害氰化物电镀工艺(氰化金钾电镀金及氰化亚金钾镀金(2014 年);银、铜基合金及予镀铜打底工艺(暂缓淘汰))"。

(2)《国家危险废物名录(2008)》

该名录中对于电镀行业废物的规定如下:

废物类别:HW17 表面处理废物。

电镀危险废物主要包括:电镀槽产生的槽液、槽渣;废水处理产生的污泥;酸(碱)洗、除锈、除油产生的废腐蚀液、洗涤液等。

(3)《电镀行业规范条件》

纳入该规范条件管理的包括从事各种材料电镀、电铸、电解加工、刷镀、化学镀、热浸镀(溶剂法)以及金属酸洗、抛光(电解抛光和化学抛光)、氧化、磷化、钝化等企业(车间)及电镀集中区。

该规范条件对电镀行业的产业布局、规模、工艺和装备、资源消耗、环境保护、安全、职业卫生等多方面都进行了明确的说明。尤其是对于电镀企业的规模、工艺和装备、资源消耗、环境保护等作出了具体的规定。例如,电镀企业规模必须满足下列条件之一:①电镀生产环节包括清洗槽在内的槽液总量不少于 30000 L;②电镀生产年产值在 2000 万元以上;③单位作业面积产值不低于 1.5 万元/m^2;④作为中间工序的企业自有车间不受规模限制。

电镀企业单位产品每次清洗取水量不超过 0.04 t/m^2,水的重复利用率在 30%以上。

2. 电镀行业标准

(1)《电镀污染物排放标准》(GB 21900—2008)

该标准对企业水污染物排放、气污染物排放、单位产品基准排水量以及单位产品基准排气量均作了规定。

①时间规定:现有企业自 2010 年 7 月 1 日、新建企业自 2008 年 8 月 1 日起执行该标准中表 2 规定的水污染排放标准以及表 5 规定的大气污染排放标准。现有和新建企业单位产品基准排气量按该标准中表 6 的规定执行。

②单位规定:单位产品基准排水量和单位产品基准排气量中单位产品指 1 m^2 镀层面积。

③特殊规定:废水中含总铬、六价铬、总镍、总镉、总银、总铅、总汞一类重金属的,排放监测位置应为"车间或生产设施废水排放口",非一类重金属监测则在"企业废水总排放口"即可。

▶特别提示:

对于形状不规则工件的镀层面积,可采用下式估算:

$$\text{镀层面积}(m^2)=\frac{\text{镀层金属量}(g)}{\text{镀层平均厚度}(m)\times\text{金属密度}(g/m^3)}$$

对于进入镀液而无镀层的面积，根据其所占的比例进行估算。

(2)《清洁生产标准　电镀行业》(HJ/T 314—2006)

该标准根据电镀行业特点将清洁生产标准分为4类：生产工艺与装备要求、资源利用指标、镀件带出液污染物产生指标(末端处理前)和环境管理要求。

①范围规定：适用于综合电镀生产和印制电路板生产的主要工艺及主要镀种的清洁生产审核。

②工艺规定：电镀前处理部分的磨抛光、除油、活化工艺，电镀、清洗工艺和电镀后处理部分的钝化、着色、覆盖有机物等工艺。

③镀种规定：主要适用于镀锌、镀铜、镀镍、镀装饰铬、镀硬铬。不同镀种的具体指标要求不同。

▶**特别提示：**

(1)该标准只对氰化镀种、镀锌、镀铜、镀镍、镀装饰铬、镀硬铬的资源利用率与镀件带出液污染物产生指标作了具体规定，这6类电镀工艺要占整个电镀生产量的90%～95%。

(2)该标准中提到"挂具有可靠的绝缘涂覆，极杠及时清理"，这是由于结构有缺陷或绝缘涂层不良的挂具，在工序间转移时，常常夹带大量的污染物，使镀液遭到杂质污染，且存在与直流电汇流排之间接触电阻大以及阴极移动时与挂具之间接触不良的问题。

(3)一级标准要求镀槽后增设回收槽，镀件电镀后在空槽上部稍作停留，用于回收工件带出液，可辅以滚筒空转、空气吹扫和气雾喷淋等方式加强回收，回收的带出液经过处理后可回用于镀槽。此外，适当提高镀液温度以降低溶液黏度，加去针孔剂以降低溶液表面张力，控制镀液浓度在低限范围，合理装挂使盲孔朝下以充分排液等措施均可降低带出损失。

(4)新鲜水用量是指消耗新鲜水量与全厂电镀产成品总面积之比。特别说明的是，"全厂电镀产成品总面积"包括进入镀液而无镀层的面积。

(5)该标准对达到三级标准的企业有个最起码的要求，就是淘汰高能耗装备。标准中未具体指明哪些是高能耗设备，但就目前我国电镀企业的装备水平看，诸如变压器结构落后和效率低下的硅整流电源；直流电阻大、接触严重不良的直流电输送汇流排或电缆系统；废气排放结构设备不够合理的镀槽；结构设计不合理的废气处理系统；没有保温或保温性能差的加热设备；使用低压饱和蒸汽通过蛇形管加热镀液的镀槽和烘干箱；结构陈旧、加热效率低下的水分烘干箱等属于高能耗设备。

(6)该标准对"镀层金属原料综合利用率"有明确的量化规定。在生产过程中，浪费镀层金属材料的地方很多，诸如，不回收使用镀件带出液；使用绝缘质量很差的挂具；不使用阳极篮回收阳极残料；没有有效措施减少或避免镀件返修；没有有效措施防止重金属杂质和有机添加剂低分子分解产物在镀液中积聚，从而导致镀液因出现故障而不得不进行翻缸处理。

(7)目前常用的节能装备包括变压器无功功率补偿装置、高频开关电源、热泵加热、变频装置、节能型变压器等。

(8)企业在设备维护、生产管理方面应采取可靠的防范措施，如生产线有导流板或导流盘、符合高度的溢流口、防溅挡板、受控的喷淋装置、酸碱雾吸收口等。

(9)电镀车间地面要求防腐防渗，尤其是经常受腐蚀性介质作用的地方，如承槽地坑、酸洗间、排出腐蚀液体的地沟等，一般多选用环氧树脂、花岗石板等。

(10)镀件带出液污染物产生指标是在废水末端处理前，单位面积平板状镀件带出液的某污染物产生量。由于镀件形状差异很大，即使采用同样的操作工艺，测出来的“镀件带除液污染物”数值仍然会有很大差异，没有可比性，所以标准规定统一使用平板镀件来测定。考核该指标的意义在于检查企业是否真正落实了减少镀件带出液污染物产生量的技术措施。

(11)在镀锌镀层钝化工艺一级清洁生产水平条件下，六价铬的考核指标是“0”，即在一级清洁生产水平条件下，镀锌层不再允许使用六价铬钝化工艺。

(3)《电镀行业清洁生产评价指标体系(试行)》

2005 年 5 月，国家发展改革委发布了《电镀行业清洁生产评价指标体系(试行)》，该体系适用于电镀生产企业及企业内电镀车间，用于评价电镀企业的清洁生产水平，并为企业推行清洁生产提供技术指导。

▶**特别提示：**

《电镀行业清洁生产评价指标体系(试行)》和《清洁生产标准 电镀行业》(HJ/T 314—2006)在指标的选取以及指标值的制定上都存在一定的差异。两者的清洁生产指标对比见表 7-3。

表 7-3　　电镀行业评价体系与清洁生产标准对比

序号	评价指标		单位	评价指标体系	清洁生产标准		
					一级	二级	三级
1	资源综合利用指标	镀锌	%	80	≥85	≥80	≥75
2		镀铜	%	80	≥85	≥80	≥75
3		镀镍	%	92	≥95	≥92	≥80
4		镀装饰铬	%	20	≥60	≥24	≥20
5		镀硬铬	%	80	≥90	≥80	≥70
6		新鲜水用量	t/m^2	0.3	≤0.1	≤0.3	≤0.5
7		水重复利用率	%	30	—	—	—
8	镀件带出液污染物产生指标	镀锌钝化—六价铬	g/m^2	0.78	≤0	≤0.13	≤2
9		酸性镀铜—总铜	g/m^2	2.1	≤1	≤2.1	≤2.5
10		镀镍—总镍	g/m^2	0.6	≤0.3	≤0.6	≤0.71
11		镀装饰铬—六价铬	g/m^2	3.9	≤2	≤3.9	≤4.6
12		镀硬铬—六价铬	g/m^2	0.5	≤0.1	≤1	≤1.3

评价指标体系对水重复利用率有定量化规定(30%),而清洁生产标准中没有对该指标作出规定,必要时可参考评价指标体系。

(4)《评价企业合理用电技术导则》(GB/T 3485—1998)

该导则规定了企业合理用电的基本要求、评价原则和方法。导则中的“电能转换为化学能的合理化”特别针对电镀、电解行业对与电能消耗有关的主要技术经济指标提出了相应标准。在审核过程中,应充分调研企业电镀槽、监测及计量仪表等用电设备的运行情况,确定企业各项用电指标实测值或计算值,将企业实际指标与该导则进行比照,以评价企业用电的合理性,为下一步制定节电清洁生产方案提供必要依据。

三、审核过程解析

1. 耗能环节分析

电镀过程中电力的消耗环节较多,主要包括变压器、直流电源设备、槽液加热设备、烘干设备(如离心干燥机、干燥槽、干燥箱和干燥室等)、空调照明、通风设备、空压机、各种电机、水泵和风机等。进行电力消耗分析时,要注意变压器的功率因数,一般变压器的功率因数 $\cos\varphi$ 不应小于 0.9。在直流电源方面,高频开关电源与可控硅电源相比,具有节能 20%～30%、省材 80%～90%和功率密度大等优点,而且有动态特性和控制调节特性好、制造过程占地少、加工量少等特点。

2. “三废”产排分析

电镀行业“三废”较多,应严格按照企业工艺流程,分析每一个工序是否有“三废”产生。下面以一个油管电镀企业为例进行详细分析。

该企业外购油管,利用碳酸镍、硫酸镍和含钨添加剂等将其加工成钨合金防腐油管。其工艺流程及“三废”情况如图 7-1 所示。

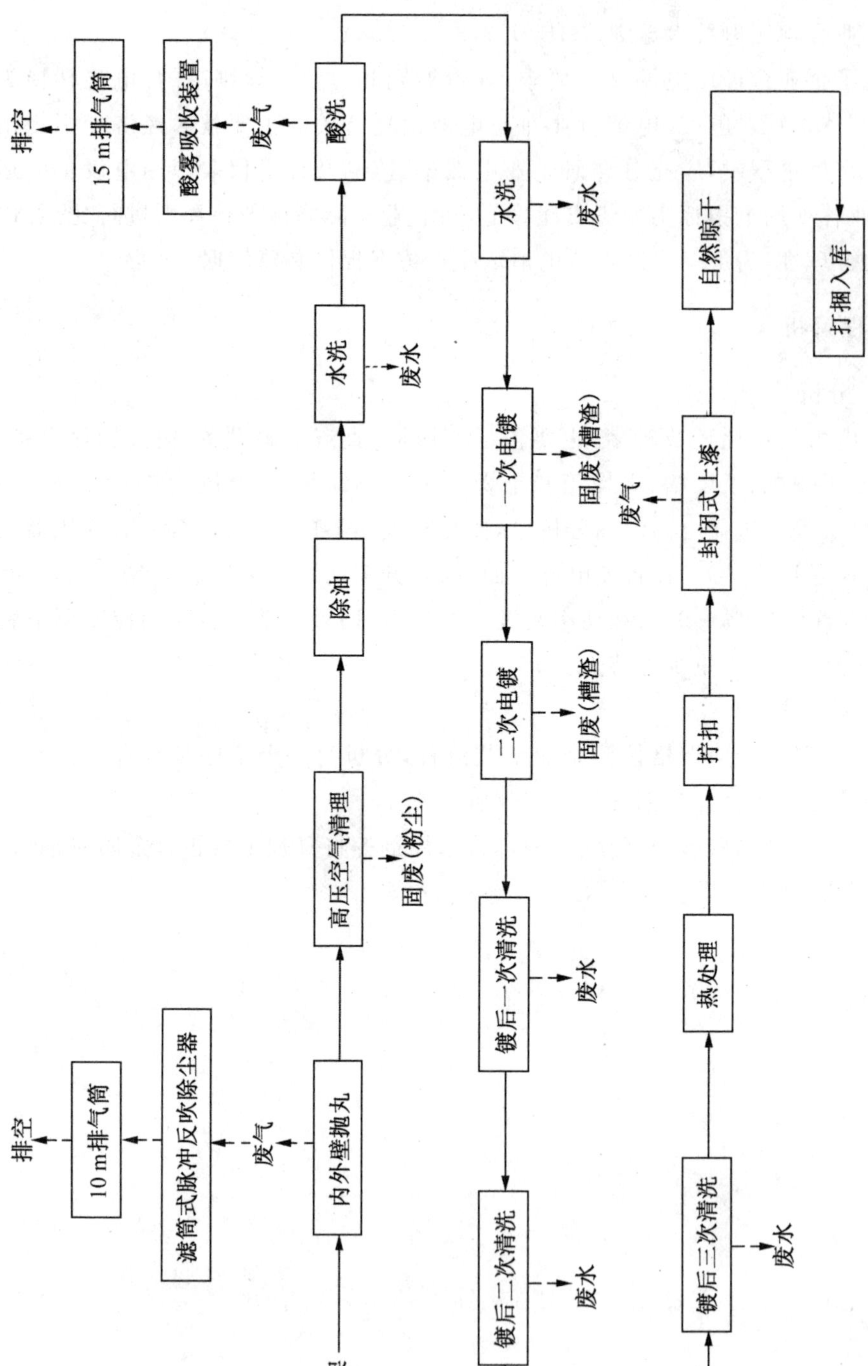
油管上架
内外壁抛丸
废气
滤筒式脉冲反吹除尘器
10 m排气筒
排空
高压空气清理
固废(粉尘)
除油
水洗
废水
酸洗
废气
酸雾吸收装置
15 m排气筒
排空
水洗
废水
一次电镀
固废(槽渣)
二次电镀
固废(槽渣)
镀后一次清洗
废水
镀后二次清洗
废水
镀后三次清洗
废水
热处理
拧扣
封闭式上漆
废气
自然晾干
打捆入库

图7-1　工艺流程图

根据工艺流程图 7-1,下面具体分析一下各种废物的产排特性(见表 7-4)。

表 7-4　　废物的产排特性

工序名称	废物种类	有害成分	产生浓度	处理方式及去向
除油后水洗	除油废液	石油类	COD:300～500 mg/L 石油类:60～80 mg/L	进入酸碱废水设施处理达标后部分回用于镀前清洗,部分排入污水管网
酸洗后水洗	酸洗废液	H^+	pH 值:3～4 COD:100～200 mg/L	进入酸碱废水设施处理达标后部分回用于镀前清洗,部分排入污水管网
镀后一、二次清洗	镀后一、二次清洗废水	Ni^{2+}	Ni^{2+}(一次):80～120 mg/L Ni^{2+}(二次):10～20 mg/L	用作电镀槽补水,不外排
镀后三次清洗	镀后三次清洗废水	Ni^{2+}	Ni^{2+}:0.3～0.5 mg/L	进入含 Ni^{2+} 废水设施处理达标后浓缩液用于镀槽补水,过滤液暂存于蒸发储池,部分回用于镀后清洗
酸洗	酸雾	HCl	HCl:15～26 mg/m^3	进入酸雾吸收装置碱液吸收处理后通过 15 m 排气筒排空
封闭式上漆	上漆废气	苯、甲苯、二甲苯	苯:≤0.4 mg/m^3 甲苯:≤2.4 mg/m^3 二甲苯:≤1.2 mg/m^3	量很少,通过管道用引风机引出车间排空
内外壁抛丸	粉尘(颗粒物)	铁锈	颗粒物:80～100 mg/m^3	进入滤筒式脉冲反吹除尘器处理后通过 15 m 排气筒排空,收集的颗粒物与生活垃圾一并由环卫部门定期清理
高压空气清理	锈渣	铁锈	—	收集后与生活垃圾一并由环卫部门定期清理
电镀	槽渣	Ni^{2+}	—	定期清理后,暂存于危废储藏室,由有资质单位集中处理

注:表中"产生浓度"数据来源于某企业真实测量数据,仅供参考。

▶特别提示:

(1)对于有多个镀种的企业,其电镀废水应分类收集、分质处理。例如,某电镀企业不仅有镀碱铜(含氰废水)、镀酸铜(含铜废水)、镀铬(含铬废水)、镀锌(含锌废水)、镀镍(含镍废水)等镀种产生的废水,还有前处理废水、综合废水等。其中,含镍废水单独收集后进入镍在线回收系统对镍进行回收，得到的浓缩镍液回用于电镀镍槽；其余废水分别进行收集、处理，部分达标后排入市政污水管网，部分再进行深度处理后回用于电镀生产线。含铬废水也可回收再利用，在线收集带出液或废槽液，清除其中的铜、锌、镍、铁等有害金属杂质，再经过充分浓缩，最后回用于镀槽。

(2)由于电镀是在一定温度下进行的，电镀槽需要持续加热，电镀液也不断缓慢蒸发，因此，需定期往电镀槽中补水。通常可以利用镀后一次清洗废水及二次清洗废水进行补充，因为这两种废水中有效重金属含量相对较高，即镀后一、二次清洗废水主要用于给电镀槽补水，一般不需要排出车间做进一步处理。

(3)若镀种为镀铬，则会在电镀过程中产生极具危害性的铬酸雾，这时可采取两种有效处理措施：一是在电镀槽中加入铬雾抑制剂，可有效抑制铬酸雾的产生量；二是在电镀槽上方加装铬雾吸收装置，通过添加火碱进行酸碱中和处理。

(4)酸洗过程中会产生酸雾，处理方法跟铬雾类似，可在添加酸雾抑制剂的同时，加装酸雾吸收装置。

(5)电镀槽渣属于危险废物(HW17)，废物代码可根据所含重金属的不同从《国家危险废物名录(2008)》中查得。

(6)有些企业为了追求所谓的“零排放”，将处理后的污水全部引入蓄水池，并用加热棒不断进行加热，以维持一定储蓄量，这种做法原则上是不合理的，容易引起突发环境事故(池水外溢、下渗)。合理的做法应该是将废水分类收集和处理，尽可能多地回用于生产，剩余部分排入市政管网做进一步处理。

(7)电镀酸洗废水可进入酸回收设备，利用树脂交换法可对废酸洗液中的盐酸、硫酸、硝酸及混合酸等进行纯化回收，酸回收率可达到85%～90%。

通过分析工艺流程图和“三废”产排，结合企业实际，可得出以下清洁生产方案：

▶方案1：在酸洗过程中，根据不同镀件表层杂质的不同，随时调整酸洗液的配比，既可保证酸洗效果，提高酸洗效率，又可减少盐酸、硫酸的消耗。

▶方案2：采用宽温度、低浓度稀土添加剂镀铬，可防止镀液盐分过高，降低镀液电导率，从而减少耗电量；亦可改善镀件镀层质量。

▶方案3：对于有凹槽和内孔的形状复杂的零件或表面粗糙的零件，电镀时可采用“冲击电流”，使基体表面很快镀上一层析氢过电位大的镀层金属，然后恢复正常电镀，以保证产品质量。

▶方案4：镀液成分在电镀过程中会发生变化，应根据生产情况严格确定镀液分析周期，及时调整镀液成分，使其浓度比始终处于一个较理想的范围。

▶方案5：应定期检查挂具，看其绝缘部分是否平滑，是否存在裂缝和沟槽，不绝缘的部分要及时做退镀处理，防止带出液积聚和黏附。

▶方案6：降低镀液的黏度和浓度，适当提升镀液温度或加入润湿剂以降低镀液表面张力，可提高镀液滴落速度，减少镀液带出量。

▶方案7:装挂时,应根据零件形状、材质、设计要求等要素选择不同的装挂方式,以保证导电性良好。

▶方案8:采用低铬(超低铬)钝化工艺和低温、低浓度多稀土镀铬添加剂技术,在一定程度上可达到节水的目的。

▶方案9:在镀铬槽中安装钛网。若有工件掉到溶液中,只要把钛网拉上来,取出工件即可,可避免工件长时间浸泡在镀铬液中产生腐蚀,同时也可避免镀液中的铁杂质超标,影响产品质量。

▶方案10:电镀槽加温控制采用热电偶传感器及温控表显示温度,可实时观测温度变化,及时对镀槽温度进行调节控制。

▶方案11:低浓度镀铬的镀液中加入稀土金属,可增加镀液中阴极区的pH值,改善镀液的均镀和深镀能力,提高电镀效果。

▶方案12:除油槽旁增加油水分离器,及时清除除油槽中的油污,可延长除油液的寿命,提高工件的除油效果,同时降低废水中的COD浓度。

▶方案13:电镀企业应增加在线监测,配置水质在线检测设备,监控进水水质变化,及时调整相关水处理操作参数。

▶方案14:车间排风系统采用单机组运行,每台机组加装变频器,根据车间的空气状况,调节排风量大小。

▶方案15:采用塑料阳极盖,防止槽液滴到阳极,造成阳极腐蚀、氧化,可提高阳极的导电性能及电流效率。

▶方案16:通过用去离子水配镀液、定期去除镀液中杂质、减少外来杂质带入镀液等措施,可延长镀液使用寿命。

▶方案17:定期对镀槽极杠进行检测、清洁,去除氧化层,加固各连接口,对残旧铜棒进行更新处理,以提高电能利用率及产品成品率。

3. 审核重点选择

根据电镀行业特点,选择原料消耗、水耗、电耗、“三废”产生量作为筛选审核重点主要考虑的几个因素,分别计算各备选审核重点这几个指标的量,再结合权重总和计分排序法计算结果确定审核重点。

举例:某电镀厂有镀铬和镀锌生产线,应选择镀铬生产线、镀锌生产线以及污水处理站作为备选审核重点。通过对其物耗及废物产生量进行对比,由于镀铬生产线产量大,污染重,物耗能耗更高,因此,最终确定镀铬生产线为审核重点。

4. 审核目标设置

(1)目标设置依据

对电镀行业进行清洁生产审核时,可参考《清洁生产标准　电镀行业》(HJ/T 314—2006)进行目标设置,还可考虑与同行业其他企业进行比较。需要注意的是,所选其他企业必须与该企业镀种、工艺、规模都相近。

(2)目标选择方法

电镀企业水耗和电耗都相对较多,因此,单位镀层面积的水耗和电耗可选作目标;电镀生产过程中产生的废水及重金属是该行业的特征污染物,也是主要污染物,因此,单位镀层面积的废水产生量和重金属产生量可考虑设置成目标。此外,根据电镀行业清洁生产标准,结合企业实际,可选择重金属利用率或带出液重金属量为指标。

某企业具体的目标设置见表 7-5。

表 7-5　　目标设置

指标	单位	现状	近期目标(2016 年底)		中期目标(2017 年底)	
			绝对量	变化率	绝对量	变化率
铬利用率	%	*	*	提高 * %	*	提高 * %
水耗	m^3/m^2	*	*	削减 * %	*	削减 * %
电耗	$kW \cdot h/m^2$	*	*	削减 * %	*	削减 * %
废水产生量	m^3/m^2	*	*	削减 * %	*	削减 * %
六价铬产生量	g/m^2	*	*	削减 * %	*	削减 * %
六价铬利用率	%	*	*	削减 * %	*	削减 * %

注:不同企业由于工艺、生产规模等不同,各目标值差别较大,此处不列具体数值,仅对如何选取目标对象提供参考(*代表省略的数据)。

5. 平衡数据分析

电镀企业的生产模式一般是批量生产,且不同批次镀件种类及形状可能都不同,尤其是来料加工企业。因此,在进行物料实测时,应选择三批具有代表性的主要加工镀件,或采用较为规则的平板状镀件进行实测,以便与《清洁生产标准　电镀行业》(HJ/T 314—2006)中的指标比对。

平衡计算所需获得的数据包括阳极消耗量、金属盐消耗量、镀层面积、镀件上金属量、新鲜水量、水洗水中金属含量、挂具损失金属量、过滤损失金属量、挥发损失金属量(镀铬)、槽内金属变化量等。

物料平衡

列出整个电镀生产工艺,按照每个工序测定(或估算)的输入物料、输出物料及损耗,绘制出物料平衡图和物料流程图(流程图此处暂略),据此可以找出物料主要损耗和流失环节。

图 7-2 给出了某电镀生产线的物料平衡。由图可知,整个生产过程的损耗共计 1173.7 kg/批。其中,两次电镀损耗最大,约 1000 kg/批,主要是由于电镀温度一般为 70 ℃,温度较高,蒸发损失比较大;热处理过程损失也较大,约 130 kg/批,这是由于镀后三次清洗的油管表层附着带出液,热处理过程中带出液蒸发造成损耗。此外,内外壁抛

丸、高压空气清理、酸洗、酸洗水洗、镀后三级清洗、上漆晾干等工序也存在少量损耗，共计43.7 kg/批左右。

针对电镀这一道工序也要进行物料实测，以便了解金属利用率和损失环节，如图 7-3 所示。

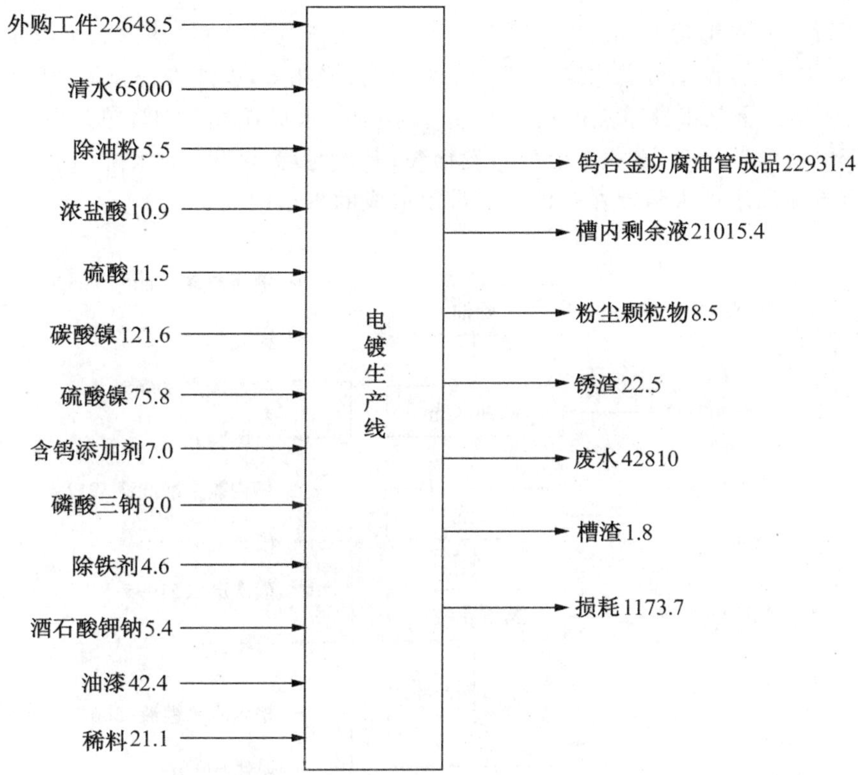

图 7-2 电镀生产线的物料平衡图(单位:kg/批)

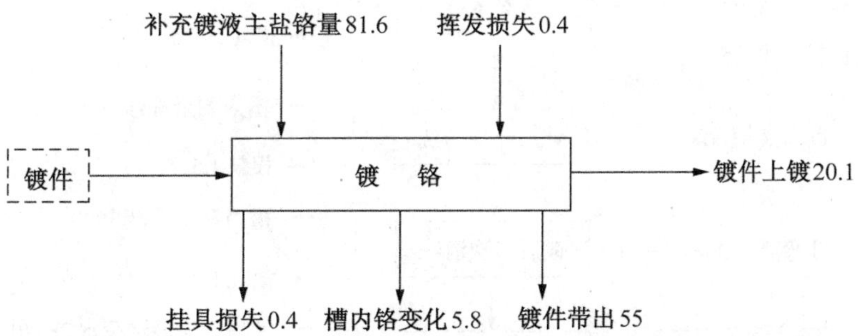

注:以上是挂镀工艺，若是滚镀，则“挂具损失”改为“导电线损失”。

图 7-3 电镀工序的物料平衡图(单位:kg/批)

由图 7-3 可知，铬利用率为:20.1 kg÷81.6 kg×100%=24.6%，损失环节主要有镀件带出液的损失、槽内铬变化量、挂具损失、铬雾挥发的带出损失。

方案:通过增加挡液板、滴液槽、镀后加浸渍回收槽,可有效减少带出损失;提高自动化程度,对镀液中的主盐浓度及时调整,保证槽内主盐变化量在合理范围内,以保证电镀效果。

水平衡

电镀行业耗水量较大,应针对每道工序特点,实测其耗水量、槽内剩余液量或外排水量,并估算损耗量,据此可看出哪个环节耗水量大、损耗大,以便查找原因、制定方案。

图 7-4 给出了某审核重点的水平衡。由图可知,水损耗最多的环节是电镀过程,这主要是由于电镀温度较高,造成镀液的蒸发损失;其次是除油及除油水洗环节,这主要是由于除油液或除油水洗水附着在工件上被带出造成的带出损失。

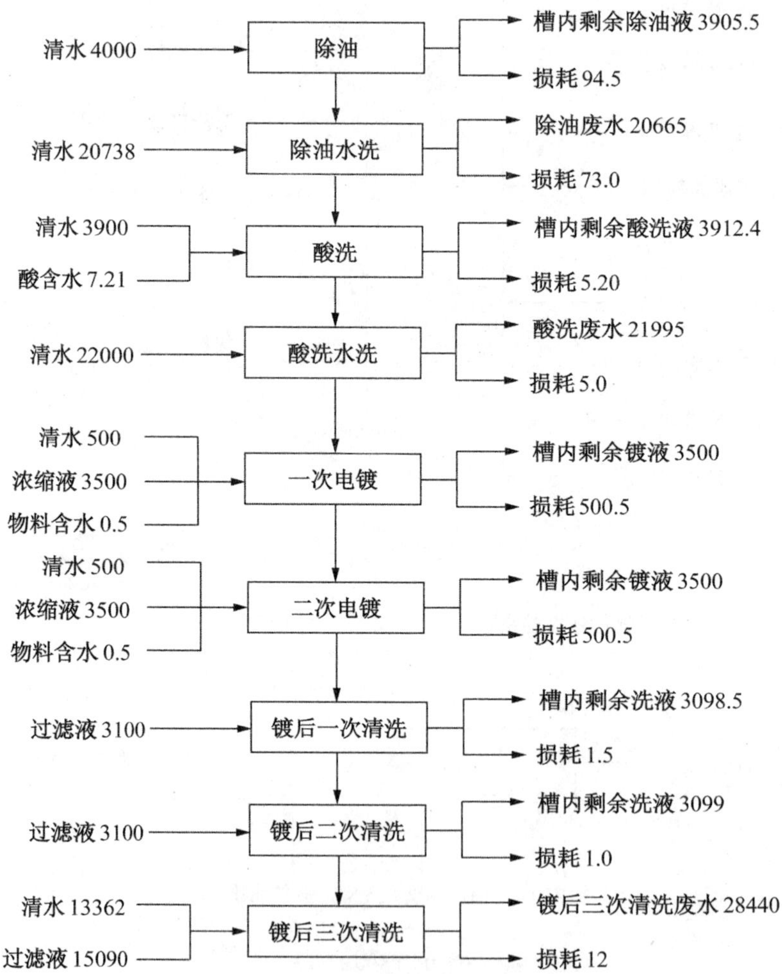

图 7-4 审核重点的水平衡图(单位:L/批)

方案:在保证电镀效果不受影响的前提下,适当降低电镀液温度,以降低镀液的挥发损失;延长工件在除油及水洗环节后的停留时间,必要时可增设空气吹扫,使附着的处理液充分滴落回槽,以减少带出损耗。

特征污染物平衡

对电镀行业进行清洁生产审核时,需对审核重点特征污染物如铬、镍等作平衡分析,以便通过了解重金属去向及含量,计算重金属的利用率,也能从中找出物料流失环节。

图 7-5 给出了某电镀生产线的镍污染物平衡。由图可知,镀液中的重金属离子通常有以下几个去向:①镀到镀件上,被镀件带走;②镀槽和一、二次清洗槽内残留;③进入三次清洗废水;④进入槽渣。应分别取样化验或理论计算,以掌握其含量。

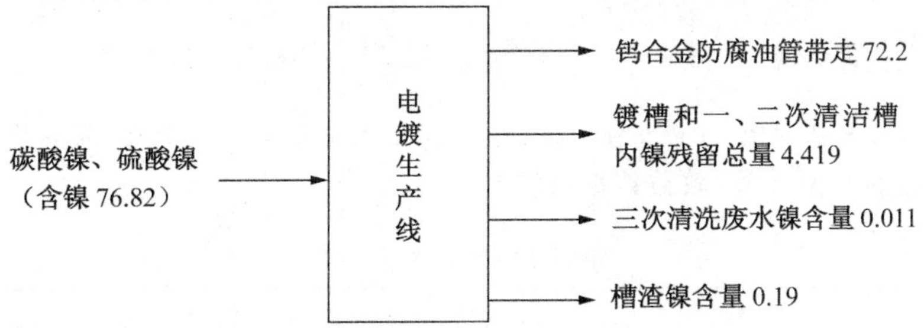

图 7-5　电镀生产线镍污染物的平衡图(单位:kg/批)

方案:可采用化学沉淀、氧化还原、蒸发浓缩、电解、离子交换、膜分离等方法对电镀废水进行重金属回收再利用;采用全自动或半自动生产线代替手工操作;通过延长工件出槽后的停留时间减少带出损耗。以上措施均可有效提高金属利用率。

四、注意事项汇总

下面将电镀行业清洁生产审核需要特别注意的几点总结如下:

(1)电镀槽渣、污水处理产生的污泥以及酸(碱)洗、除油、除锈、洗涤工艺产生的废腐蚀液都属于危险废物,应暂存于专门的危废储藏室(应符合《危险废物贮存污染控制标准》中的相关要求),交给有资质的单位处理。

(2)镀件经过电镀环节,带出液重金属含量较高,应采取一定的回收措施。如增加回收槽,并适当延长停留时间,使镀液充分滴落;还可加入润湿剂降低镀液表面张力,以提高滴落速度。

(3)酸洗产生的酸雾以及镀铬产生的铬酸雾都需要用集气罩收集后,经装有碱液的净化吸收塔处理后才能外排。

(4)制定清洁生产目标时,应采用单位镀层面积的物耗、能耗及废物产排量作为指标才有意义,而非绝对消耗量或产排量。

(5)进行废水监测时,应特别注意一类重金属需要监测车间废水排放口或者生产设施废水排放口。

(6)镀锌过程中需要进行钝化处理,六价铬电镀是目前普遍采用的镀铬方法,但六价铬镀铬是最严重且难处理的电镀工业的污染源之一。为了取代污染严重的六价铬电镀,国内外已经开展了许多研究,其中最受重视的是三价铬镀铬。因为三价铬毒性只有六价铬的1%，电镀过程不产生有毒的铬酸雾，镀液中铬含量低。另外，还有无铬钝化工艺。若企业采用的含铬钝化剂会造成水污染，建议选用毒性较小的钼酸盐等无铬钝化剂。若企业当前采用的是含铬钝化剂，应注意钝化后的水洗废水中铬的处理及排放问题。

(7)广东省作为国内电镀大省，已出台《广东省电镀行业清洁生产审核技术指南》，审核师可参考借鉴。

(8)工信部在其发布的《电镀行业清洁生产技术推行方案(征求意见稿)》中，推荐了8个推广技术：三价铬镀铬、无氰预镀铜、激光熔覆技术、钨基合金镀层、微氰镀金技术、环保型化学镀镍技术、镀铬溶液净化回用、非六价铬转化膜，并对其适用范围、主要内容、解决的主要问题等进行了详细的说明。在审核过程中，可结合所审核的企业特点参考。

五、典型方案参考

表7-6列出了从节电、节水、节约物料、减少带出液等多个角度精选的几个已在电镀企业中实施过的典型方案(效益数据仅供参考)。

表7-6 电镀企业中的典型方案

方案名称	方案简介	效益分析
方案类型：节电		
油管车间热处理炉改进	之前该结构有时出现热桥短路现象，通过改造，采用平叠两种方式结合，气密性增强，降低了电耗	年减少电耗2.0万kW·h
更新成高频开关电源	镀铜工序的电压维持在4V左右，高于一般企业3V的平均水平，问题出在部分整流器未更新成高频开关电源，造成电能的浪费。淘汰旧整流器，更新高频开关电源后，节约了电能	年减少电耗3.0万kW·h
增加镀槽保温层	在镀槽外皮加上塑料保温层，可减少电加温，减少镀液散热，提高保温效果	年减少电耗1.2万kW·h
方案类型：节水		
新上一台镍漂洗水净化回收机	排放的废水中含有大量的镍，通过新上一台镍漂洗水净化回收机回收废水中的镍，经过处理后的废水可以回用，可减少清水用量，在有效回收镍的同时，还可减少废水中镍离子的排放	提高了镍的回收率，年减少水耗120 m^3
增加中水回用(反渗透RO膜)系统	含铬废水、含镍废水及焦铜废水经处理达标后全部汇入中间水池，随后由输料泵依次输送至砂滤池、活性炭过滤器、保安过滤器和UF膜设备，水中微小颗粒、胶体及大分子有机物得到有效去除。UF膜产水进入RO膜系统实现污染物的分离和浓缩。RO膜设备产生的浓缩液中含有重金属离子，经混凝沉淀处理后达标排放	该系统水的回收率为60%，即每天约有52 t高质量的膜透析液回用于生产

续表

方案名称	方案简介	效益分析
方案类型:节水		
改造镀槽降温系统	镀铬过程中镀液会不断升温,随时要进行降温,用水量较大。以前的降温水直接被排掉,现通过改造,将降温水循环使用。将镀铬槽降温水通过管道排放到地下室蓄水槽,再用水泵将蓄水槽中的水打到二层的储水罐,储水罐的水再与镀铬槽降温管连接,可用循环水降温	年减少水耗 150 m^3
方案类型:节约物料		
增加回收带出液装置	镀件在出镀槽时会有溶液带出,加大后续清洗水用量,同时会造成浪费。现增加挡液板、滴液槽、镀后加浸渍回收槽,可实现对带出液的有效回收再利用,节约了物料,同时减少了清水用量	节约了物料,年减少水耗 50 m^3
油管车间外除锈改造	由扩散式喷丸改为定点抛光,可提高产品的外除效果,有效降低钢丸的消耗	年节约钢丸 30 t,年创造经济效益 0.3 万元
方案类型:减少带出液		
增设镀锌车间小行车	镀锌车间安装小行车来提放挂具,以代替人工提放挂具,有效减少了带出液损耗,提高了工作效率,降低了劳动强度	过程控制更精确,减少了带出液损失,降低了车间废水中锌的排放浓度,可减少 1 名员工,节约了人工费用
方案类型:提高工作效率		
油管车间电镀南线改造	以往油管车间电镀南线电镀过程为手工操作,占用劳动力多,生产效率低,产品质量不太稳定。现对其进行升级改造,共投资 80 万元,投入使用后可实现 PLC 自动化控制,过程控制更加精准,工作效率大大提高,同时也减少了废品的产生。该方案包括以下主要设备:可编程序控制器、控制柜、触控屏、整流器、变频器、PT-100 传感器等	显著提高了工作效率和产量,为企业创造了更多的经济效益
方案类型:提高产品质量		
镀银生产线增加一台高效过滤机	目前的过滤机处理效果不好,对镀银效果有一定的影响。由于镀银属于贵重金属电镀,电镀成本比较高,对镀液的要求也比较高,如果过滤效果不好,直接影响镀液的质量,从而会出现残次品。通过增加一台效率较高的过滤机,达到提高镀液水质的效果,可保证成品质量	提高镀液水质效果,保证成品质量
安装制冷机	更换一台新型制冷机,除能起到制冷效果以外,还具有制热功能,冬天温度较低时仍能起到调节槽液温度的效果,可有效提高产品质量	保证产品质量

续表

方案名称	方案简介	效益分析
方案类型：提高产品质量		
更换过滤机	过滤机处理效果不好，对镀银效果有一定影响。由于镀银属于贵重金属电镀，电镀成本较高，对镀液要求也较高，如果过滤效果不好，直接影响镀液质量，从而出现残次品。现更换成效率较高的过滤机，达到提高镀液水质的效果，可保证成品质量	减少残次品，提高产品质量
方案类型：提高环境效益		
电镀废水深度处理	之前外排废水中总锌浓度不能稳定达标，现在原有污水处理设施基础上增加膜处理工艺，利用反渗透的截留性能，对污水处理站出水进行进一步分离，可大大降低出水重金属离子含量，不但可以100%保证出水达到国家排放标准，甚至可以达到生产回用要求	保证外排废水中重金属离子稳定达标，并提高处理后废水的回用率
纯水处理安装电渗析	纯水处理后的废水水质较好，但含盐量较高，直接排放会造成资源浪费。电渗析是比较完善的脱盐装置，具备出水量大、脱盐率高、维修费用低的特点。安装电渗析后，可将废水进行脱盐处理后回用	年减少废水排放 800 m^3
酸雾塔更新改造	卧式酸雾回收器可使含酸雾分子团的气流在装置内实现扩散、碰撞、核化、凝聚、沉降等运动，达到气液相分离的目的。拟选用产品用优质 PVC 材料制作，具有密封性良好、不易泄漏、回收率高等优点；回收液可直接回用于镀槽；结构性、耐候性、抗老化能力强，气体阻力不大于500 Pa	可回收 98%的铬，提高了铬酐的利用率，减少了铬污染

第八章

造纸行业审核实战指南

造纸工业是国民经济的重要基础原材料工业，是耗能、耗水大户，也是节能减排、污染治理的重点行业。《关于深入推进重点企业清洁生产的通知》(环发〔2010〕54 号) 将造纸[包括纸浆制造、造纸(含废纸造纸)]列为重点审核行业。本章即对造纸行业清洁生产审核进行实战讲解。

一、基础知识普及

1. 了解定义和原理

(1)定义

现代造纸工艺可大致概括为两个环节，即纸浆制造和造纸。纸浆制造是指经机械或化学方法加工纸浆的生产活动；造纸指用纸浆或其他原料(如矿渣棉、云母、石棉等)悬浮在流体中的纤维，经过造纸机或其他设备成型，或手工操作而成的纸及纸板的制造。

所谓制浆，简单地说主要就是利用机械方法或者化学方法(或者二者兼用)把植物原料中的纤维离解开来。而造纸则是将初步离解的纸浆纤维，首先经过打浆进一步切短和分丝，并按生产纸和纸板的要求加入胶料、填料、色料或其他副料调成纸料，然后在造纸机或纸板机中抄成纤维交织的湿纸页；通过压榨脱水，再在干燥部利用热能蒸发去掉湿纸中的水分，最后经过选整生产出合格的成品纸和纸板来。

目前主要的制浆工艺包括化学法、机械法和化学机械法。化学法包括碱法制浆和酸法制浆，其中，漂白化学烧碱法麦草浆以及漂白碱法蔗渣生产工艺属于化学法制浆。化学制浆的特点是所得产品档次较高，但得率低、污染大。机械法制浆使用物理方法将植物纤维原料分散成纤维，生产过程不需要使用任何化学药品。该法的特点是得率高、污染小，但产品档次较低。化学机械法是前两者的结合，像 APMP(碱性过氧化氢化学机械浆)工艺就属于该法。目前，造纸企业使用较多的是化学法制浆。本章主要以化学法为例。

造纸工艺主要包括湿法造纸和干法造纸。湿法造纸就是先把纤维打散，跟水混合后再上网抄纸。现在一般的造纸都采用这种。干法造纸就是不用水稀释，目前只处于理论阶段。

(2)原理

利用纤维原料和辅料通过各种加工方法制成厚薄均匀的纤维层或纸化薄膜。

2. 了解行业概况

造纸行业是我国一个古老的行业,也是我国经济发展的重要产业之一。造纸工业以木材、竹、芦苇等原生植物纤维和废纸等再生纤维为原料,可部分替代塑料、钢铁、有色金属等不可再生资源,是能够实现可持续发展、可循环经济的重要产业,具有旺盛的生命力。同时,随着新闻出版、书刊印刷、文化信息、商品包装等行业的迅速发展,造纸行业的需求不断扩大。目前,我国纸和纸板的生产量和消费量均居世界第二位,已成为世界造纸工业的生产、消费和贸易大国。我国造纸工业的主要特点:一是政策环境基本建立,林纸一体化发展达成共识;二是生产、消费快速增加,行业运行质量显著提高;三是原料结构有所改善,产品结构进一步优化;四是企业重组力度加大,产业集中度有所提高;五是污染防治初见成效,资源消耗进一步降低。但同时我国造纸产业也面临资源约束、环境压力等问题。

我国造纸行业存在的主要问题:①原料供求矛盾突出。由于国内原料林基地建设迟缓,供材有限,非木浆发展受到清洁生产新技术开发滞后的影响,加上国内废纸回收率偏低等因素的影响,造纸纤维原料自给率难以提高,供需矛盾日益加剧。②自主创新能力不强。我国造纸工业自主创新能力建设比较薄弱,产学研没有形成有机的整体,引进技术消化吸收再创新不足,在新工艺、新设备和新产品的开发上缺乏自主创新的产业化重大成果。

③节能减排任务艰巨。我国造纸工业中技术装备比较落后的产能仍占35%左右,物耗、水耗、能耗高,产污较多;产品质量、物耗、污染负荷均与国际先进水平存在相当大的差距,急需加大改造或淘汰的力度。④企业规模仍然偏小。只有当企业达到一定经济规模时,才具备采用环境无害化技术,全面实施清洁生产的能力。我国造纸工业小而散的局面急需改观。

3. 了解专有名词

像造纸行业经常提到的“制浆”“抄纸”“黑液”等专有名词(详见附录1),应了解其含义,以便了解其工艺过程。

4. 了解政策和标准

对造纸行业进行清洁生产审核前,应了解以下几个政策和标准:

(1)政策

《造纸工业发展“十二五”规划》(发改产业〔2011〕3101号)

《产业结构调整指导目录(2011年本)》(2013年修订)

《国家危险废物名录(2008)》

《造纸产业发展政策》(国家发展和改革委员会公告2007年第71号)

(2)标准

《制浆造纸工业水污染物排放标准》(GB 3544—2008)

《清洁生产标准　造纸工业(硫酸盐化学木浆生产工艺)》(HJ/T 340—2007)

《清洁生产标准　造纸工业(漂白化学烧碱法麦草浆生产工艺)》(HJ/T 339—2007)

《清洁生产标准　造纸工业(漂白碱法蔗渣浆生产工艺)》(HJ/T 317—2006)

《清洁生产标准　造纸工业(废纸制浆)》(HJ 468—2009)

《制浆造纸行业清洁生产评价指标体系(试行)》

5. 了解企业概况

在对造纸企业进行调研时，首先应了解企业的基本情况，包括企业的规模、生产能力、主要原料及产品、环保处理设施情况(有无碱回收装置、污水处理厂)以及企业所用能源情况(是否有自备锅炉)等。

举例：某企业总资产为3.5亿元，占地面积为36 hm^2(540亩)，员工1000余人，年制浆能力为6万t，生产机制纸能力为11万t，拥有先进的1760 mm文化纸机生产线。其中，制浆生产线为制浆分厂，1760 mm文化纸机生产线有3条，分别为抄一分厂、抄二分厂、抄三分厂。此外，该厂还设有环保分厂，主要负责制浆分厂产生的黑液，黑液处理包括蒸发、燃烧、苛化三道工序。现有蒸发系统两套，75 t碱炉、100 t碱炉各一台，苛化系统两套。蒸汽由附近热电厂提供，配套设施有污水处理厂一座，处理能力为22000 m^3/d。主要原料有麦草、木片等，主要产品是双胶纸。

6. 掌握工艺流程

常见的造纸工艺主要有四种：硫酸盐化学木浆工艺、漂白化学烧碱法麦草浆工艺、漂白碱法蔗渣浆工艺和废纸制浆工艺。造纸原料主要有两种：一种是含纤维的植物；另一种就是现在比较环保的废纸再回收。第一种是先将原料切碎，再加碱、硫酸盐等化学品进行高温蒸煮，还要经过CX筛、高频振动筛、洗浆机、压滤机等机械去除原浆中含有的碱水，然后进行漂白，漂白后经洗涤加水配成0.03%的浆液就可以造纸了。第二种是将废纸、工业双氧水、脱墨剂、碱、水按一定比例配好，用水力碎浆机打一定的时间，再筛去杂质就可以造纸了。目前，国内对废纸制浆和再生主要有两种方式，即无脱墨废纸浆生产和脱墨废纸浆生产。不管用什么方法造纸，原理都是一样的，就是把造纸原料的纤维打碎，再经高温重新结合。

造纸的工艺流程由如下几个主要环节组成：

制浆段：

原料选择 → 蒸煮分离纤维 → 洗涤 → 漂白 → 洗涤筛选 → 浓缩或抄成浆片 → 储存备用

废纸 → 碎浆(脱墨) → 筛选 → 净化 → 分浓缩热分散去胶粘物 → 储存备用

抄纸段：

散浆 → 除杂质 → 精浆 → 打浆 → 配制各种添加剂 → 纸料的混合 → 纸料的流送 → 头箱 → 网部 → 压榨部 → 表面施胶 → 干燥 → 压光 → 卷取成纸

涂布段：

涂布原纸 ——→ 涂布机涂布 ——→ 干燥 ——→ 卷取 ——→ 再卷 ——→ 超级压光

加工段：

复卷 ——→ 裁切平板（或卷筒）——→ 分选包装 ——→ 入库结束

目前，造纸企业一般可分为制浆企业、造纸企业、制浆造纸联合生产企业和废纸制浆造纸企业（分类方法可查看《制浆造纸工业水污染物排放标准》(GB 3544—2008)中的相关规定）。原料和产品不同，企业的生产工艺也不尽相同，为了能更好地掌握企业的实际生产工艺，一定要做好与企业的沟通和现场调研。

7. 明确产污环节

造纸行业的主要产污环节见表 8-1。

表 8-1　　产污环节

废物		环节	有害成分
废水	蒸煮废液(黑液)	蒸煮工段	COD、OH^-
	中段水	筛选、洗涤、漂白工段	COD、氯化物
	白水	抄纸工段	COD、BOD、氨氮、色度
	脱墨废水	粗筛、精筛、挤浆等工段	COD
废气	粉尘	草料备料工段	粉尘
	碱回收炉废气	碱回收	二噁英、H_2S、CH_3SH、CH_3SCH_3等
	漂白无组织排放	漂白工段	Cl_2、Cl_2O
固废	草屑	备料	尘土
	浆渣	除渣器、除砂器	—
	白泥	碱回收	石灰
	脱墨渣	浮选、热分散工段	油墨(危废 HW12，危废代码 221-001-12)
	污泥	污水处理	—

注：表格中的"脱墨废水和脱墨渣"为废纸脱墨制浆特有的污染物。表中所列废物并非每个造纸企业都有，以实际情况为准。

二、政策和标准解读

1. 造纸行业政策

（1）《造纸工业发展“十二五”规划》（发改产业〔2011〕3101 号）

①目标：通过加大企业重组力度，完善产业组织形式，逐步形成以大型企业为龙头，中小企业协调发展的产业组织机构。

②重点：合理控制产能规模，预计产能年均增长 4.6%；加快林纸一体化建设，提高造纸原料中木纤维比重；淘汰 1000 万 t 以上落后造纸产能；严格执行节能减排约束性指标；推进兼并重组，着力培育一批骨干企业，提高产业集中度。

③影响：在淘汰落后产能、严格节能减排、大力推进林纸一体化建设过程中，龙头企业将受益最大。利于改善原料结构，提高国内供给；利于优化产业结构，提高技术水平。

▶特别提示：

（1）鼓励林纸一体化工程建设，提高木纤维比重，扩大国内废纸回收利用，合理利用非木纤维原料。

（2）推进低能耗蒸煮、碱回收、封闭筛选、氧脱木素、无元素氯漂白、全无氯漂白、低白度纸浆及其纸产品生产，未漂白纸浆及其纸产品生产等技术的广泛应用。

（3）鼓励开发低定量、功能化纸及纸板新产品，如低定量含机械浆的未涂布和涂布印刷用纸、信息用纸、食品包装纸及纸板、低白度或未漂白系列环保型纸产品等。

（4）以水污染物防治为重点，兼顾废气、废渣处理，采用封闭循环用水、白水回收、中段废水多级生化处理、烟气高效净化、废渣资源化处理等技术。

（5）淘汰年产 5.1 万 t 以下的化学木浆生产线、单条年产 3.4 万 t 非木浆生产线和单条年产 1 万 t 及以下废纸浆生产线，以及窄幅、低车速、高消耗、低水平造纸机。

（6）禁止采用石灰法地池制浆（宣纸除外），限制新上项目采用元素氯漂白工艺（现有企业逐步淘汰），禁止进口国外落后的二手制浆造纸设备。

（7）COD 和氨氮减排任务更加艰巨，同时，加快推进二噁英类持久性有机污染物的减排进程。

（8）继续降低吨纸耗水和吨纸耗浆水平，提高资源利用率。

（2）《产业结构调整指导目录（2011 年本）》（2013 年修订）

①鼓励类：“十九、轻工”中的“1、单条化学木浆 30 万吨/年及以上、化学机械木浆 10 万吨/年以上、化学竹浆 10 万吨/年及以上的林纸一体化生产线及相应配套的纸及纸板生产线（新闻纸、铜版纸除外）建设；采用清洁生产工艺、以非木纤维为原料、单条 10 万吨/年及以上的纸浆生产线建设”“2、先进制浆、造纸设备开发与制造”“3、无元素氯（ECF）和全无氯（TCF）化学纸浆漂白工艺开发及应用”。

②限制类：“十二、轻工”中的“22、新建单条化学木浆 30 万吨/年以下、化学机械木浆 10 万吨/年以下、化学竹浆 10 万吨/年以下的生产线；新闻纸、铜版纸生产线”“23、元素氯漂白制浆工艺”。

③淘汰类：“（十二）轻工”中的“9、5.1 万吨/年以下的化学木浆生产线”“10、单条 3.4 万吨/年以下的非木浆生产线”“11、单条 1 万吨/年及以下、以废纸为原料的制浆生产

线”“12、幅宽在1.76米及以下并且车速为120米/分以下的文化纸生产线”“13、幅宽在2米及以下并且车速为80米/分以下的白板纸、箱板纸及瓦楞纸生产线”。

(3)《国家危险废物名录(2008)》

该名录中规定纸浆制造废纸回收利用处理过程中产生的脱墨渣为危险废物。

(4)《造纸产业发展政策》(国家发展和改革委员会公告2007年第71号):

该政策旨在完善造纸产业发展环境,公平市场秩序,推动造纸产业落实科学发展观,建设资源节约型、环境友好型社会,促进可持续发展,加快造纸大国向造纸强国转变。从政策目标、产业布局、纤维原料、产品结构、组织结构、资源节约、行业准入等方面对造纸行业作了规范。例如,在行业准入方面有如下规定:“新建、扩建制浆项目单条生产线起始规模要求达到:化学木浆年产30万吨、化学机械木浆年产10万吨、化学竹浆年产10万吨、非木浆年产5万吨;新建、扩建造纸项目单条生产线起始规模要求达到:新闻纸年产30万吨、文化用纸年产10万吨、箱纸板和白纸板年产30万吨、其他纸板项目年产10万吨。薄页纸、特种纸及纸板项目以及现有生产线的改造不受规模准入条件限制。”

2. 造纸行业标准

(1)《制浆造纸工业水污染物排放标准》(GB 3544—2008)

该标准对制浆造纸行业进行了分类(制浆企业、造纸企业、制浆和造纸联合生产企业、废纸制浆和造纸企业),并对每类企业单位产品排水量作了规定,参照本标准时一定要对企业类别进行准确的界定,同时也要注意本企业的建成时间及应对应执行的时间段标准。

(2)行业清洁生产标准

根据生产工艺不同,国家对造纸行业颁布了以下清洁生产标准:

①《清洁生产标准 造纸工业(硫酸盐化学木浆生产工艺)》(HJ/T 340—2007)

②《清洁生产标准 造纸工业(漂白化学烧碱法麦草浆生产工艺)》(HJ/T 339—2007)

③《清洁生产标准 造纸工业(漂白碱法蔗渣浆生产工艺)》(HJ/T 317—2006)

④《清洁生产标准 造纸工业(废纸制浆)》(HJ 468—2009)

⑤《制浆造纸行业清洁生产指标评价体系(试行)》

前4项清洁生产标准均规定了清洁生产的一般要求,将清洁生产指标分为5类,即生产工艺与装备要求、资源能源利用指标、污染物产生指标(末端处理前)、废物回收利用指标和环境管理要求。其中,标准①适用于本色硫酸盐化学木浆的生产以及漂白硫酸盐化学木浆的生产,标准②适用于漂白化学烧碱法麦草浆生产工艺,标准③适用于漂白碱法蔗渣浆生产工艺,标准④适用于废纸制浆(包括脱墨制浆和非脱墨制浆)。各个清洁生产标准由于所适用工艺不同,其具体指标也有所不同。标准⑤适用于制浆造纸行业,包括木浆、非木浆、废纸浆等制浆企业;新闻纸、印刷书写纸、生活用纸、涂布纸、包装纸以及纸板等造纸企业以及浆纸联合生产企业。该标准体系包括定性指标和定量指标两部分。注意各标准中所提“风干浆”“绝干浆”“AOX”等一些名词的含义。

▶**特别提示：**

采用以下先进技术，可提高企业的清洁生产水平。

(1)采用新型蒸煮技术，如木浆 RDH[①]、改良的硫酸盐法连续蒸煮[②]等技术，可降低纸浆卡伯值[③]，消除蒸煮污冷凝水和喷放大气污染，减少漂白段污染产生。

(2)新型漂白技术有无元素氯漂白技术(ECF)、完全无氯漂白技术(TCF)。其最大优点是大大减少了环境污染。传统的含氯漂白，废水中 AOX 的含量为 2.4 $kg/t_{浆}$，而采用 ECF 和 TCF 技术，AOX 的含量分别为 0.6 $kg/t_{浆}$ 和 0.2 $kg/t_{浆}$。另外，采用臭氧、过氧化氢、生物酶等将是今后漂白技术的发展方向。

(3)采用高得率制浆技术，如 CTMP[④]、APMP/PRC-APMP[⑤]，可节约资源，减少污染物排放。

三、审核过程解析

1. “三废”产排分析

造纸企业属于排污大户，在生产过程中会产生废水、废气和固体废物。其中，废水产生量较大，主要可分为三类：蒸煮废水(黑液)、中段水、白水；废气主要为备料工段产生的粉尘；固废主要为浆渣、脱墨渣(仅废纸制浆时产生此废物)。下面以以麦草或木片为原料制浆造纸为例讲述一下造纸工艺及污染环节，碱回收装置以传统的燃烧法碱回收为例，它包括黑液的蒸发、燃烧和苛化三个过程。

某造纸企业各工段的工艺流程详见图 8-1、图 8-2 和图 8-3。

---

① RDH 即快速热置换蒸煮技术，采用 RDH 间歇蒸煮技术，比传统蒸煮技术节汽 78%。

② 改良的硫酸盐法连续蒸煮技术包括改良式连续蒸煮(MCC)、延时脱木素改良连蒸(EMCC)、等温连续蒸煮(ITC)和低固形物蒸煮(Lo-solids Cooking)。

③ 卡伯值，又称“卡伯价”，是指浆料中木素的含量，可反映纸浆中脱木素程度。蒸煮后的浆料卡伯值越小，浆料白度越高，漂白效果越好。

④ CTMP 即化学预热木片磨木浆技术，在预热磨浆前经过汽蒸的木片利用化学药品浸渍一段时间后再磨解成浆。

⑤ APMP 即碱性过氧化氢化学机械浆，是将制浆与漂白同步进行的一种制浆方式；PRC-APMP 是在 APMP 基础上增加了磨浆前的预处理，浆料光学性能更好，漂白效果更理想。

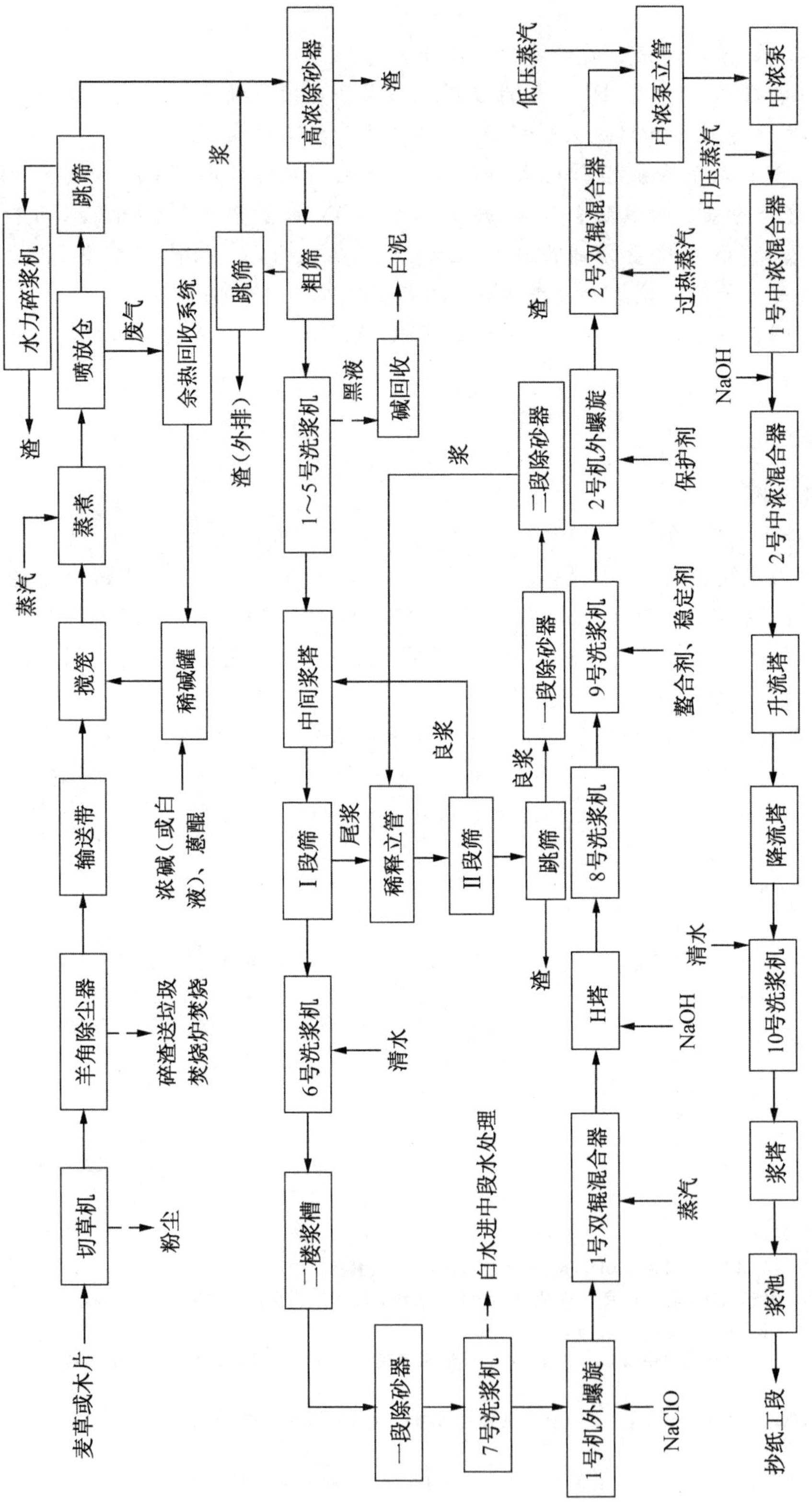

图8-1 制浆工段工艺流程

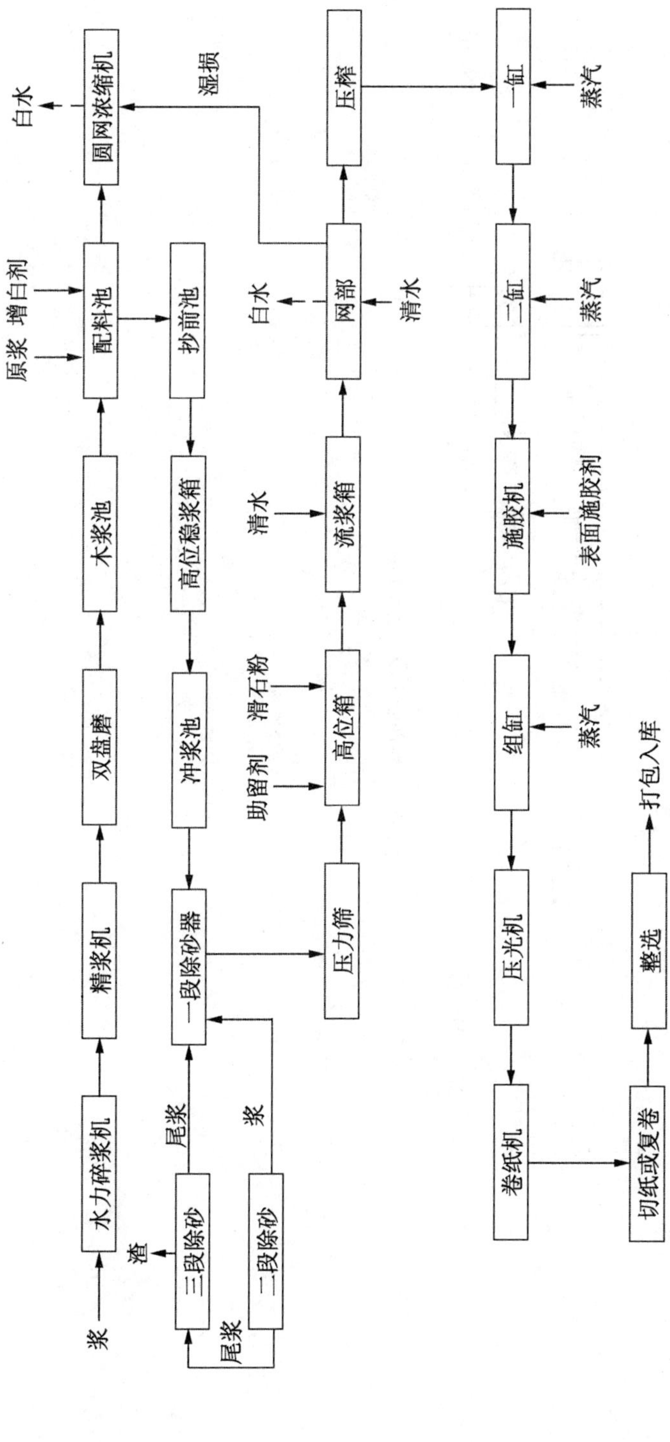

图8-2　抄纸工段工艺流程图

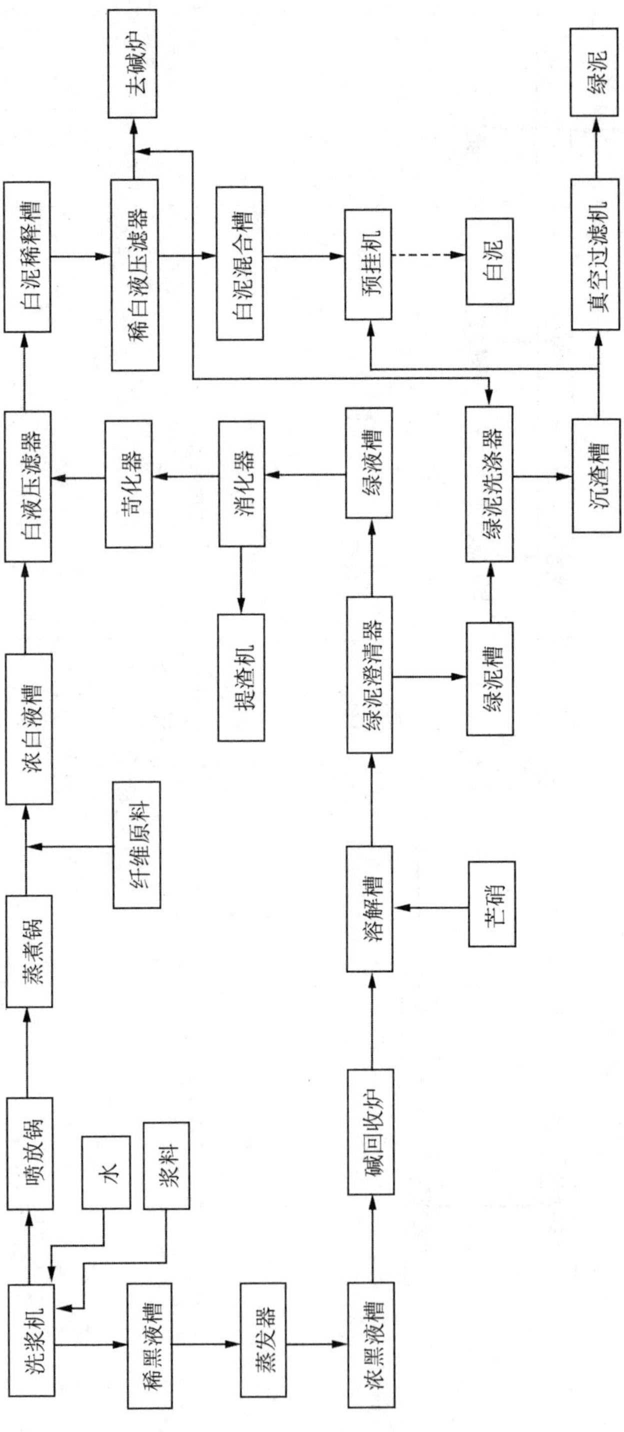

图8-3 碱回收工段工艺流程图

根据以上工艺流程图，下面具体分析一下各种废物的产排特性（见表 8-2）。

表 8-2　　废物的产排特性

工段	废物类型	废物	产生工序	有害成分	产生浓度(mg/L)	处理方式及去向
制浆	废水	黑液	洗浆机	COD、OH^-、SS	COD:100000～120000 SS:50～100	去碱回收
		中段水	洗浆机	COD、SS	COD:1500～1800 SS:300～500	水处理
		白水	除砂器	COD、SS	COD:1000～1500 SS:400～600	水处理
		白水	压滤机	COD、SS	COD:800～1000 SS:200～300	水处理
	废气	麦糠、尘土	羊角除尘器	粉尘	—	送焚烧炉焚烧处理
	固废	浆渣等	跳筛	—	—	送回收浆
		砂粒	高浓除砂器	—	—	外运填埋
		白泥	碱回收	石灰	—	属于危险废物，按危险废物处理相关要求处置
抄纸	废水	白水	圆网浓缩机	COD、SS	COD:400～500 SS:1000～1200	部分回制浆，部分进水处理
		白水	压榨	COD、SS	COD:400～500 SS:1000～1200	进入水处理
		白水	真空泵	COD、SS	COD:300～400 SS:300～500	部分回制浆，部分进水处理
		白水	除砂器	COD、SS	COD:500～5500 SS:100000～110000	进入水处理
	固废	渣	除砂器	滑石粉、尘土	—	外运填埋

▶特别提示：

（1）造纸厂按工序排出 3 股水：一是制浆蒸煮废液，通称“造纸黑液”；二是分离黑液后纸浆的洗浆、分选、漂白废水，也称“中段水”；三是抄纸机上的白水。白水是可以处理后回用的，中段水是黑液提取不完全所剩下的部分，占总量的比例应小于 10%。黑液中所含的污染物占到了全厂污染排放总量的90%以上。因此,黑液排放是造纸厂污染的主要根源。造纸所用植物原料均含有纤维素、木质素和半纤维素(即聚糖类)三大成分,造纸主要利用纤维素,蒸煮制浆取出了纤维素,而木质素、半纤维素和加入的烧碱(或亚铵)一起进入黑液中被抛弃。就数量而言,以麦草为例,纤维素仅占40%,木质素约占25%,半纤维素约占28%,即制浆厂仅利用了原料的40%,丢弃了原料的60%。

(2)蒸煮工段废液,即碱法制浆产生的黑液和酸法制浆产生的红液。我国绝大部分造纸厂采用碱法制浆而产生黑液,黑液中的主要成分有3种,即木质素、聚戊糖和总碱。其所含的污染物占到了造纸工业污染排放总量的90%以上,具有高浓度和难降解的特性,它的治理一直是一大难题。现阶段,碱回收是解决黑液问题比较有效的方法,通过黑液提取、蒸发、燃烧、苛化4个主要工段,可将黑液中的SS、COD、BOD一并彻底去除,并可回收碱,产生二次蒸汽(能量),但会产生白泥,有可能会造成二次污染。

如何能够使蒸煮废液循环利用,也是造纸行业清洁生产技术探寻的一个方向。山东某浆纸公司自主研发成功了"采用生物技术,循环利用蒸煮废液,草类清洁制浆新工艺",该工艺利用生物技术使蒸煮废液改性后变成了可回用的再生资源。此外,提高液提取率,也是降低污染的有效措施,如采用高效黑液提取设备、无元素氯漂白工艺等先进设备工艺均可提高黑液提取率。

此外,提取黑液中的木质素,也是实现清洁生产行之有效的方法。将造纸黑液从碱性向酸性转变后,木质素会自动从各种化学原料的混合液中分离,并在加热的情况下凝聚,进一步提纯后获得木质素产品。黑液中的木质素经提纯后具有较高的使用价值,在石油工业中可用来控制钻井泥浆的流动性,并可代替酚,制成酚醛塑料,还可制成灯芯绒棉布染色的棕色染料;此外,还可以制造鱼饲料、胡敏酸铵肥料,或作为植物生长激素等。

(3)中段水:制浆中段废水是指黑液提取后的蒸煮浆料在筛选、洗涤、漂白等过程中排掉的废水,颜色呈深黄色,占造纸工业污染排放总量的8%~9%,吨浆COD负荷310 kg左右。中段水中的有机物主要是木质素、纤维素、有机酸等,以可溶性COD为主。其中,对环境污染最严重的是漂白过程中产生的含氯废水,含有大量的有机氯化物,漂白废水AOX(可吸收有机卤化物),对生态环境和人体健康危害极大。AOX的去除方法可分为内部和外部的,内部方法主要通过改进漂白工艺,如采用氧漂、过氧化氢漂白工艺等,从根本上去除有机氯化物生成的可能性;外部法主要有物理化学法、生物法和酶法。

(4)白水,即抄纸工段废水,它来源于造纸车间抄造过程,主要含有大量的细小纤维、填料等悬浮物,以及施胶剂、防腐剂、增强剂等,同时也含有很多的溶解性胶体物质(DCS)。其溶解COD、BOD指标较低,分别为300~800 mg/L和100~300 mg/L,但悬浮物的含量较高,差异也较大,在500~3500 mg/L范围内。造纸白水的排放量很大,如果不加以处理就排放,不仅会对环境造成污染,也是对水资源的一种浪费。

在制浆造纸工业中,水系统的循环回用是一条重要的清洁生产途径。从目前国际上相关技术的发展情况来看,在纸机系统中首先实行白水的循环回用是较为可行的。造纸白水循环回用的途径主要包括直接回用、间接回用、封闭循环和分质串级循环。直接回用即在满足生产系统用水的前提下,多余白水尽量回用于制浆系统和纸机对水质要求不很严格的生产过程。如成形脱水区下来的浓白水回用于机前来浆的稀释，高压脱水区形成的稀白水回用于制浆过程以及锥形除渣器各段渣槽的冲洗和稀释等用水的生产过程。间接回用即将经过白水回收机回收纤维后的白水，根据水质要求和具体情况，选择用水部位。处理后水质好的白水既可用于对水质要求较高的生产过程，如洗毯、洗网等，也可送往打浆调料部分作稀释用水或送往制浆车间。造纸工业中采用封闭循环，使工艺用水及其他资源如白水中的纤维、填料等得到回收利用，做到废水不外排。这在技术经济与环境保护两方面，均是理想目标。造纸企业的生产工艺比较复杂，工艺设备对水质的要求各不相同，白水回用水质完全可以按照供水要求分类。同时，由于实现白水零排放的封闭循环的基建投资和运转费用较高，因此，人们摸索总结出一种“按质用水、清浊分流、分片循环、一水多用”的方法，即“分质—串级—循环”用水法。

(5)污水处理方法：造纸废水处理应着重于提高循环用水率，减少用水量和废水排放量，同时也应积极探索各种可靠、经济和能够充分利用废水中有用资源的废水处理方法。例如，浮选废水处理法可回收白水中的纤维性固体物质，回收率可达95%，澄清水可回用；燃烧废水处理法可回收黑水中的氢氧化钠、硫化钠、硫酸钠以及同有机物结合的其他钠盐；中和废水处理法可调节废水pH值；混凝沉淀或浮选法可去除废水中的悬浮固体；化学沉淀法可脱色；生物处理法可去除BOD，对牛皮纸废水较有效；湿式氧化法处理亚硫酸纸浆废水较为成功。此外，国内外也有采用反渗透、超过滤、电渗析等造纸废水处理方法。

通过分析工艺流程图和“三废”产排，结合企业实际，可以得出以下清洁生产方案：

▶方案1：制浆工艺起伏变化较大，导致黑液提取率不稳定，中段水COD波动较大。通过调整原料结构，可稳定中段水质量。

▶方案2：制浆采用干法备料，原料中的泥土含量较高，导致提取的黑液中泥沙多，影响黑液的可燃性，耗油量大，碱炉烟尘排放量高。通过设备改选，增加离心机等设备对黑液进行脱泥净化，可有效解决问题。

▶方案3：碱回收炉及蒸发系统部分黑液管道、阀门裸露，造成热能损失。通过对其进行重新保温，可大大降低热能损耗。

▶方案4：通过安装余热回收系统，回收制浆蒸煮过程中喷出的废气，既回用了热量，又减少了异味产生。

▶方案5：抄纸系统生产不正常时会产生纸边，清理不及时会受到污染，增加除砂负荷。通过严格操作规程，及时清理纸边及损纸污染，可有效解决问题，同时降低电耗。

▶方案6：制浆机封水若进入水处理系统，不仅浪费能源，还会增加水处理负荷。将其全部回收利用，既可减少浪费，又可减轻污水处理量。

▶方案7：由于电极板所处环境潮湿，锈蚀严重，影响除尘效率。通过更换电极板等措施，可提高除尘效果。

▶方案8：碱回收装置若入炉风量掌握不好，会造成部分碱灰排出，加大烟气排放量。通过调整入炉风量配比，可减少烟气排放，提高除尘效果。

▶方案 9：由于上料不均匀，部分原料未经充分吸水疏解便被带出碎浆机，造成浪费。通过严格制定上料制度，稳定鼓式碎浆机上料量，可减少浪费。

▶方案 10：用清水冲浆，加大了水处理负荷，耗水量大。网前和喷淋水采用白水代替清水，可减少清水用量。

▶方案 11：纸机安装白水回收设备——白水罐，回收纸机产生的白水和填料，回用于生产系统，可减少清水用量。

2. 审核重点选择

根据造纸行业特点，选择原料消耗、水耗、电耗、汽耗、"三废"产生量作为筛选审核重点主要考虑的几个因素，分别计算各备选审核重点几个指标的量，再结合权重总和计分排序法计算结果确定审核重点。

举例：某造纸企业生产车间有制浆车间、抄纸一车间、抄纸二车间、抄纸三车间，制浆车间采用废纸脱墨制浆，三抄纸车间原料均来自制浆车间，公司无锅炉，所用蒸汽来自附近电厂。其备选审核重点为制浆车间、抄纸一车间、抄纸二车间、抄纸三车间。由于制浆车间产污量最大，物耗、能耗、水耗也均最高，因此，通过比较可以确定制浆车间为审核重点。

3. 审核目标设置

(1)目标设置依据

造纸行业清洁生产目标设置的依据主要有以下几点：

①政府分配给企业的主要污染物控制指标。

②国家清洁生产标准，例如，若企业生产工艺为漂白化学烧碱法麦草浆生产工艺，可参照《清洁生产标准　造纸工业(漂白化学烧碱法麦草浆生产工艺)》(HJ/T 339—2007)。

③地方标准，如《山东省地方标准　造纸工业水污染物排放标准》。

(2)目标选择方法

造纸企业是用水、排水大户，应首先把取水量和排水量两项立为目标。此外，制浆工段会产生黑液，黑液、碱回收是环保关注点，也应列为目标。同时，清洁生产强调节能、降耗，也应有这方面的指标。此外，还应通过与清洁生产标准对比，找出企业的其他薄弱点，列为目标。

某企业具体的目标设置见表 8-3。

表 8-3　　目标设置

项目	单位	现状	近期目标(2016 年底)		中期目标(2017 年底)	
			绝对量	变化率	绝对量	变化率
耗原料量	kg/Adt	*	*	削减 * %	*	削减 * %
耗水量	m^3/Adt	*	*	削减 * %	*	削减 * %
耗电量	kW・h/Adt	*	*	削减 * %	*	削减 * %
耗汽量	t/Adt	*	*	削减 * %	*	削减 * %
排水量	m^3/Adt	*	*	削减 * %	*	削减 * %

续表

项目	单位	现状	近期目标(2016 年底)		中期目标(2017 年底)	
			绝对量	变化率	绝对量	变化率
黑液产生量	t/Adt	*	*	削减 * %	*	削减 * %
碱回收率	%	*	*	提高 * %	*	提高 * %
废水排放量	万 m^3/a	*	*	削减 * %	*	削减 * %
COD 排放量	t/a	*	*	削减 * %	*	削减 * %

注:不同企业由于工艺、生产规模等不同,各目标值差别较大,此处不列具体数值,仅对如何选取目标对象提供参考(*代表省略的数据)。

4. 平衡数据分析

物料平衡

列出审核重点生产工艺,按照每个工序测定(或估算)的输入物料、输出物料及损耗,绘制出物料平衡图和物料流程图(流程图此外暂略),据此可以找出物料主要损耗和流失环节。

以某企业为例,该企业有制浆车间和抄纸车间,其中制浆车间为审核重点,该车间以麦草、苇草、木片为原料,蒸煮采用蒸球工艺。其物料平衡如图 8-3 所示。

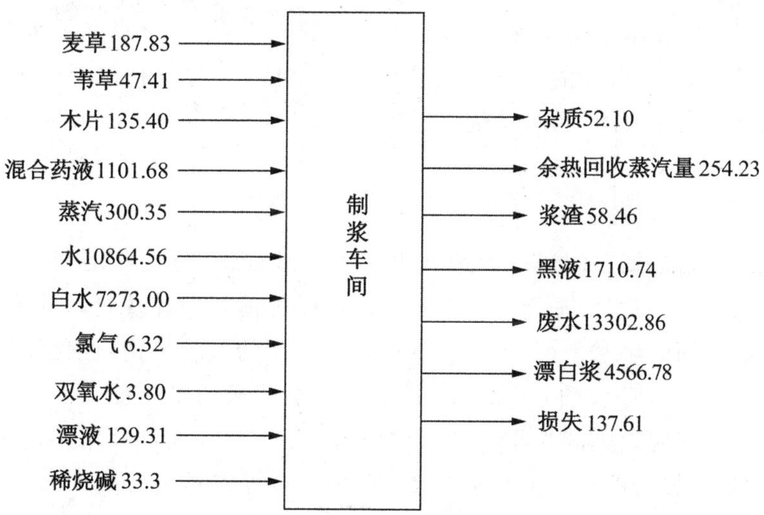

图 8-3　审核重点的物料平衡图(单位:t/d)

通过物料平衡图可以看出,审核重点制浆车间共损失137.61 t,误差率为 0.67%,数据比较符合实际生产情况,主要废物排放情况正常。制浆车间物料损耗主要集中在备料工序(原料携带泥土粉尘和细小废渣),蒸煮和喷放仓(蒸煮工序蒸球喷料过程中有废气和粗浆渣形成),跳筛(由于浆料从喷放仓出来后有较高的温度,在对浆料进行除杂时,有损失产生),热水槽(该部分损失主要由蒸发引起),黑液提取工序(一是洗浆机过来的黑液有一定的温度，在黑液槽处有损失，主要成分为挥发酚类、热气和总还原硫；二是黑液过滤过程中有以细小纤维形式排出的废渣），筛选、洗涤工序（从喷放仓出来的黑浆要经过 5 次洗浆机洗涤和跳筛、压力筛的筛选，此过程有以粗浆渣、杂质、沙子等排出的废渣，还有部分物料进入了废水中）。

方案：从物料平衡图中可以看到，为了保证浆料的蒸煮温度，在蒸煮处加入了大量的蒸汽，这部分蒸汽温度较高，公司在喷放仓处进行收集后运去余热罐，给配碱水升温，节约了部分能源，建议公司在这方面再进一步加强余热回收力度，将全部废蒸汽回收利用。

水平衡

造纸行业为耗水大户，为节约水资源，减少废水排放，应实测车间各个工序的耗水量及排水量，作出车间水平衡图（造纸行业车间水平衡较为烦琐，在此不再举例），据此可看出哪个环节耗水量大、损耗大，以便查找原因，制定方案。同时，应对全厂各个车间耗水及排水数据进行统计，作出全厂水平衡图，以便清楚全厂用排水及废水回用情况。

图 8-4 给出了某厂的水平衡。

由物料平衡图可以看出造纸制浆的物料损失点，一部分进入废水中，另一部分为产生的浆渣，产生的废物主要为浆渣和废水。由水平衡图可以看出，水损耗主要是由蒸发造成的。

方案：从水平衡图中可以看出，整个生产环节的需水量及汽耗较大，同时废水排放量大。通过进一步细化水平衡发现，喷放仓处为主要损失点，在该点除了水损失外，还伴随着一定量的浆料损失，后续的余热回收系统的效率低，同时没有控制好余热回收罐内的压力是造成损失的主要原因，可从优化过程控制、设备、人员等方面来减少损失。

浆水平衡

浆水平衡是指造纸车间或一台造纸机在生产过程中，通过测定和计算，从而绘制出一张浆（纤维、填料）和水的平衡图。浆水平衡可以更清楚地体现物料的流失环节和流失量。绘制造纸车间的浆水平衡，可全面掌握整个工厂的系统平衡，优化设计流程，提高设计质量与效率，因此，浆水平衡对清洁生产审核有着积极的指导意义。

某造纸厂一车间以国废为原料，生产纱管纸，以该厂一车间浆水平衡为例，该车间浆耗较大，纤维流失较为严重。由浆水平衡（见图 8-5）可以看出，部分浆料随废水、废渣进入水处理系统，这不仅使浆耗增大，而且还加大了污水的处理负担。因此，我们应着手考虑如何提高留着率，降低浆料损失。

方案：改善打浆，提高分丝帚化程度来提高纤维的结合力，从而提高表面强度；通过调整系统电荷量，调整助留剂用量来改善留着率，减少细小纤维的流失；杜绝“跑冒滴漏”。

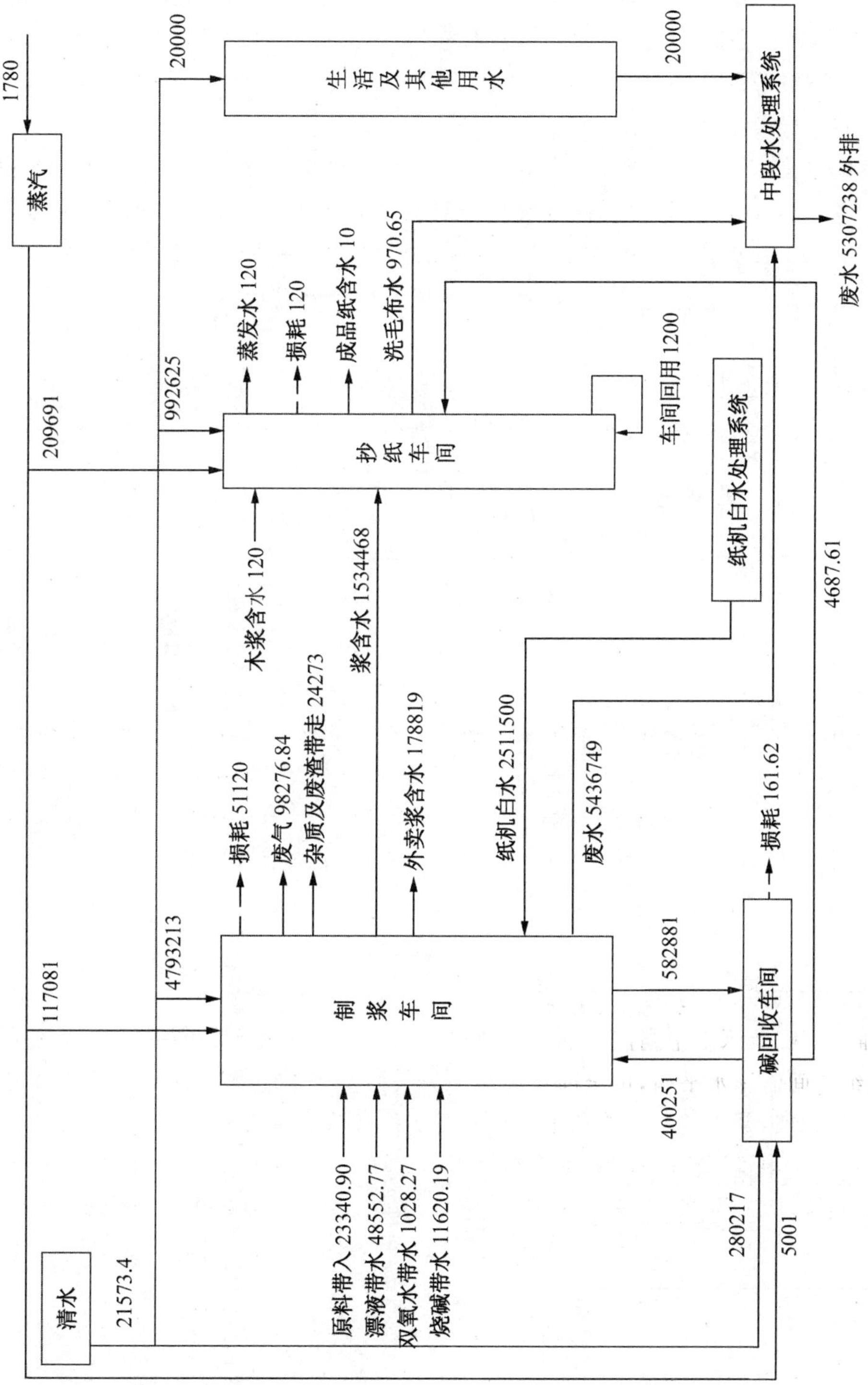

图8-4　水平衡图（单位：m^3/a）

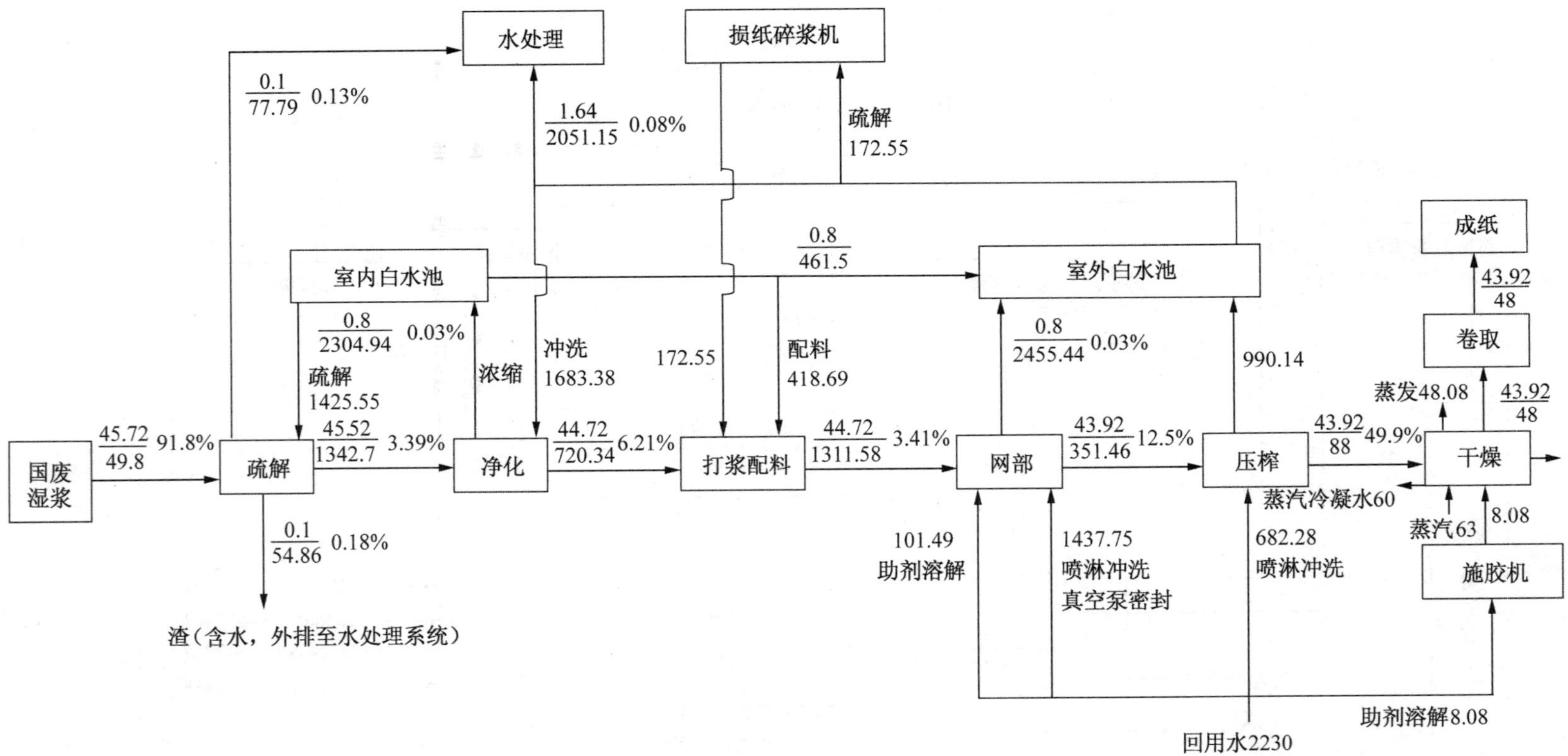

注：分数上面数字代表绝干浆质量，分数下面数字代表浆的总质量，分数代表浆的质量浓度。

图8-5 浆水平衡图（单位：t/d）

四、注意事项汇总

下面将造纸行业清洁生产审核需要特别注意的几点总结如下：

(1)造纸行业把企业类型分为制浆企业、造纸企业、制浆造纸联合企业、废纸制浆造纸企业，生产工艺与所采用原料、产品等相关，与清洁生产标准和排污标准对比之前，一定要说明企业类型和工艺。

(2)造纸行业属于用水、排水大户，审核过程中要重点做好物料平衡、水平衡和浆水平衡，从而发现问题，提出解决方案。抄纸车间内部可设白水池，白水应尽量回用，以节约水资源，减少废水排放。

(3)制浆企业产生的黑液，可通过碱回收处理法进行回收，它是目前较为普遍的回收方法。黑液不能直接排入污水处理系统。

(4)造纸企业也属于高能耗大户，蒸汽用量较大，考察企业情况时应弄清企业是集中供热，还是自备锅炉以及锅炉的环保措施、车间的余热回收等问题。山东省经信委会同住建厅、水利厅、节能办、轻工办，编制和公布了山东省第一批高耗水工艺、设备和产品目录(造纸行业)。审核过程中如遇到目录中所提到的生产工艺和设备，应重视节能方面的方案。

(5)目前，造纸行业对废气治理也越来越关注。如硫酸盐法制浆过程中产生的含硫物H_2S(硫化氢)、CH_3HS(甲硫醇)、CH_3SCH_3(甲硫醚)、CH_3SSCH_3(二甲硫醚)等气体如果排放到空气中，不仅会严重影响制浆造纸厂的工作环境、工作人员的身体健康，还将严重影响周围居民的生活环境，必须经过收集处理后达标排放。AOX(可吸附有机卤素)具有致畸、致癌、致突变的危害，其产生主要与制浆过程中采用元素氯漂白有关。传统氯漂工艺还会产生二噁英污染物，采用无元素氯或全无氯漂白是从源头上解决其污染的方案。

(6)工信部在其编制的《造纸行业清洁生产技术推行方案》中，推荐了 3 个推广技术：纸浆无元素氯漂白技术、置换蒸煮技术、厌氧处理废水沼气利用技术，并对其适用范围、主要内容、解决的主要问题、前景分析等进行了详细的说明。在审核过程中可结合所审核的企业特点参考。

五、典型方案参考

表 8-4 列出了从节能、节水、节约物料等多个角度精选的几个已在造纸企业中实施过的典型方案(效益数据仅供参考)。

表 8-4　　造纸企业中的典型方案

方案名称	方案简介	效益分析
方案类型：节能		
抄纸车间主压改造，降低成本	将主压下辊辊径由 387 mm 提高到 500 mm，传动方式由柱销式连接传动改为万向节式连接传动，减小主压速比波动，提高主压下毛布使用寿命，降低造纸专用器材费用，提高车速，降低纸页断头	年减少电耗 14 万 kW・h，年减少汽耗 1000 t

续表

方案名称	方案简介	效益分析
方案类型:节能		
提高抄纸车间打浆配电室功率因数	打浆工序配电室功率因数通常在0.7以下,造成用电浪费,将打浆配电室功率因数由0.7提高到0.85以上,可降低电耗	年减少电耗2.67万kW·h
涂布机改造成施胶机	将涂布机改造成施胶机,直接往两个上料辊之间施胶料,通过上料辊之间的压力和速度以及胶料的液位来控制施胶量,包括压力、速度和液位在内的相关参数只有改造之前的1/4,可使纸面施胶的操作变得简单可行,稳定生产,保证产品质量	年减少电耗14.12万kW·h,年减少汽耗560 t
热泵改造	原使用传统通气方式,现改用带热泵通气,尽可能使用二次蒸汽,减少用气量	年减少汽耗1680 t
蒸汽改用三段通气	通过蒸汽的重复使用,分高、中、低三段,高压工段阀门排出的蒸汽通过处理用于中、低段,从而降低用气量	年减少汽耗1000 t
抄纸车间热泵改造	将抄纸车间固定式热泵改为可调式热泵,可以提高蒸汽的利用率,适应纸机产品定量变化,降低烘缸用气压力	年减少电耗85万kW·h,年减少汽耗0.25万t
方案类型:节水		
抄纸车间节水优化改造	①盘磨冲洗水用白水代替。②网部喷淋水:原有四根低压喷淋水管,经实际测量,每根水管流量为120 m^3/d。考虑到高压清洗要比低压效果好,故去掉一根喷淋水管,其他三根保留,更换孔径更小的喷嘴,且与高压水泵串联,利用高压水的冲洗作用来达到清洗成型网的目的	年减少水耗6290 m^3
制浆三段漂封闭筛选改造	在第四道提取洗浆机后增加封闭筛选系统(设备包括安德里茨精筛、三道除渣器等),分别对良浆、浆渣进行筛选洗涤,然后进入圆网浓缩机,再进行氯化、碱化、漂白,达到浆料洗涤效果,可降低浆料纤维流失、减少清水用量	年减少水耗30万 m^3
方案类型:节约物料		
除渣系统节浆器的使用	在除渣器底部安装节浆器,沿节浆器侧面切线送入一定压力的白水,使除渣器底部再次产生旋涡。进入除渣器的白水可降低浆渣浓度,可使纤维与尘埃更快分离,还可使尾渣内细小纤维和填料减少。除渣器装上节浆器,不仅可减少纤维流失,还能提高除渣效率	年节约浆料77.15 t

续表

方案名称	方案简介	效益分析
方案类型:节约物料		
成型网优化选型	选用使用平织三层的成型网能更好地提高网部细小纤维的留着率,改善纸页脱水成型,从而减少细小纤维、填料和各种化工助剂的流失,节约生产成本	年节约浆料 289.3 t
表面喷施剥离剂	之前是将剥离剂添加到纸浆中,抄造过程中造成大部分流失,现改为直接喷涂到烘缸表面与纸浆接触,可节省剥离剂用量	年节约剥离剂 20 t
方案类型:提高产品质量		
设备细节改造,减少断头,提高成品率	①压榨部处理飘纸挡板改造。将挡板加高,或将挡板中部铁板加宽,使挡板完全发挥作用。②压损池接纸盘轨道内侧加固定装置。③压榨下辊接水盘应加高或挪动其位置。④吸移辊东侧走台与真空压榨辊护罩之间设毛布。⑤关于三压用于引纸刮刀的整修。⑥网部伏損池东侧毛布的铺设。网部伏损池东侧边缘会有很多浆落在上方,正常开机时不方便清理,时间久了会形成腐浆,有时会落入池内,建议铺设毛布,上至成型网与毛布挡板中部,下至伏损池内,便于清理,也防止上述情况发生	降低了吨消耗,成品率提高了 0.5 个百分点,年节约成本 20 万元
气垫式流浆箱改为稀释水流浆箱	将原有的气垫式流浆箱改造为稀释水流浆箱,减少横幅定量差,改善纸张白度,减少了断头	减少了断头,从而减少了次品、废品的产生,提高了产品质量
方案类型:提高效益		
废水处理设施改造	改造后产生的沼气燃烧后用于发电,污泥加工成污泥板出售,从而变废为宝,降低了生产成本,提高了企业效益	年回收沼气 212.5 万 m^3,年利用污泥量 8500 t,年发电量增加 318.75 万 kW·h
纸机提速	将网部改造从圆网上浆型改为压力真空型,可提高车速,提高产量,增加经济效益	造纸产量较之前提高 1%,年增加经济效益 100 万元
真空洗浆机上加压辊	在真空洗浆机出浆段加一个橡胶压辊,用来提高出浆的干度,改善洗涤效率,提高黑液的提取率,减少中段水的 COD 含量	出浆浓度提高了 1%,提高了黑液提取率,年节约成本 40 万元

第九章

纺织工业审核实战指南(印染)

纺织工业是我国传统的支柱产业，在国民经济发展中具有举足轻重的作用，与此同时，该行业也是废水等污染物排放大户，根据《关于深入推进重点企业清洁生产的通知》(环发〔2010〕54 号)的规定，纺织印染行业的重点企业每五年须开展一轮清洁生产审核。由于纺织工业污染物主要产生于印染行业，因此，本章即以印染行业为重点进行实战讲解。

一、基础知识普及

1. 了解定义和原理

(1)定义

印染又称为“染整”，是指织物在一定的工艺条件下，通过染料、药剂和助剂在专用设备上进行的化学和物理加工过程，也是前处理、染色、印花、后整理等的总称。

(2)原理

染色主要是将染料溶解在水中，在一定的工艺条件下转移到织物上，生产有色织物；印花是通过预制好花纹的网版，将不同颜色的染料分批、依次涂在织物上形成彩色图案；整理是指织物经过漂、染、印加工后，为改善和提高织物品质所进行的加工工艺，如改善手感、硬挺整理、柔软整理、防缩防皱、改善白度、阻燃、防静电等，后整理分机械整理和化学整理。染色、印花前根据不同情况，还要进行烧毛、退浆、丝光、碱减量等工序。

2. 了解行业概况

我国是一个纺织大国，纺织印染企业总数达到了几十万家，其中，规模以上企业数量约 4 万家，污染排放强度最高的印染整理环节主要集中于浙江、江苏、山东、广东、福建 5 省，占全国总产量的 90%左右。我国纺织工业所用原料主要是各种天然纤维，如棉花、羊毛、黄麻、蚕丝和麻丝等，另外，还有一些化学纤维(人造纤维和各种合成纤维)；产品以棉纺织及棉印染产品为主。

典型的纯棉布印染工艺为：①前处理：由 6 个工序组成，即原布准备、烧毛、退浆、煮炼、漂白、丝光。②染色或印花。③后整理：包括机械和化学两个方面，前者有拉幅、轧光、电光、轧纹以及机械预缩整理等；后者有柔软整理、硬挺整理、增白整理以及防缩整理等。

目前,印染行业清洁生产技术大致如下:前处理采用湿—湿工艺、高给液冷轧堆工艺、松式丝光工艺、湿热丝光工艺;染色采用仿生染色、涂料染色、超临界二氧化碳流体染色、电化学染色、冷轧堆染色、湿短蒸染色、低浴比溢流染色;印花采用快速蒸化、无尿素固色;后整理的烘燥、定形、烘房的排湿在线监控;全厂的热回收、凝结水回收、碱回收技术等。

目前,纺织印染企业面临的形势日益严峻,该行业存在的问题主要体现在:①科技创新能力不足,新型装备整体水平差。②物耗、能耗和用水量高,节能减排措施不到位;染色机浴比普遍为 1∶8,甚至达 1∶10,需要消耗的新鲜水、蒸汽、助剂用量大。③印染废水治理水平低,常出现处理效果、色度不达标等问题。④废气污染物排放标准不完善,目前还没有专门针对印染废气的标准出台。

印染行业在生产过程中主要产生废水和定型废气。印染行业是工业废水排放大户,据不完全统计,全国印染废水每天排放量为 $3\times10^6\sim4\times10^6$ m^3。每印染加工 1 t 纺织品耗水100～200 m^3,其中 80%～90%成为废水。纺织印染废水具有水量大、有机污染物含量高、碱性大、水质变化大等特点,属难处理的工业废水之一,废水中含有染料、浆料、助剂、油剂、酸碱、纤维杂质、砂类物质、无机盐等。根据印染行业自身的特点,印染废水的处理应尽量采用重复回用和综合利用措施,与纺织印染生产工艺改革相结合,尽量减少水、碱以及其他印染助剂的用量,并对废水中的染料、浆料进行回收。

3. 行业前沿技术

(1)突破生物酶精练、棉织物低温漂白技术,针织物冷轧堆前处理技术,新型纤维、多组分纤维面料以及高仿真面料的染整和特殊功能整理技术。

(2)推进环境友好型染化料助剂的开发应用,加快具有永久有机污染特征助剂[如全氟辛烷磺酸环酰氟(PF-OA)等]的替代和淘汰。

(3)推广生物酶退浆、涂料连续轧染、气流染色、数码印花等少水及无水印染加工技术。

(4)推广染液助剂自动配送系统、自动调浆系统及全流程在线监测技术。

4. 了解专有名词

像印染行业经常提到的“针织”“机织”“染整”“丝光”“上染率”“退浆”等专有名词(详见附录一),应了解其含义,以便了解其工艺过程。

5. 了解政策和标准

纺织工业在清洁生产审核过程中涉及的政策和标准如下:

(1)政策

《产业结构调整指导目录(2011 年本)》(2013 年修订)

《印染行业准入条件(2010 年修订版)》(工消费〔2010〕第 93 号)

《国家危险废物名录(2008)》

(2)标准

《纺织染整工业水污染物排放标准》(GB 4287—2012)及修改单(环境保护部公告 2015 年第 19 号)

《麻纺工业水污染物排放标准》(GB 28938—2012)

《缫丝工业水污染物排放标准》(GB 28936—2012)

《毛纺工业水污染物排放标准》(GB 28937—2012)

《清洁生产标准　纺织业(棉印染)》(HJ/T 185—2006)

《印染行业清洁生产指标评价体系(试行)》

6. 了解企业概况

审核印染企业需要了解企业性质、项目基本概况、生产规模、主要产品、机织还是针织染色、设备先进性等。

举例:某纺织印染公司成立于 1993 年,原系台湾地区某集团与某棉纺织厂合资设立,后改为台商独资企业。公司总投资额 6048 万美元,注册资本 2797.05 万美元。现有员工 1000 余人,生产规模包括:棉纺纱锭 21364 枚,气流纺 220 头,织机 193 台,染浆联合机 1 套及 24 束绳染线两条,所采用生产设备均为目前国际先进设备。公司的经营范围为生产、加工原棉化纤纺纱、织布、染整、成衣及相关产品,产品现已形成特色产品系列,年产竹节、弹力、硫化、套色、涂层、丝光等各种规格高中档牛仔面料 2400 万码。

7. 掌握工艺流程

印染行业不同的产品有不同的生产工艺,同种产品的原辅材料消耗也可能不尽相同,常见工艺为前处理、染色、后整理。某公司的染整工艺分成前处理(包括酸洗中和)、染色、后整理(柔软脱水、定型)三部分(见图 9-1)。

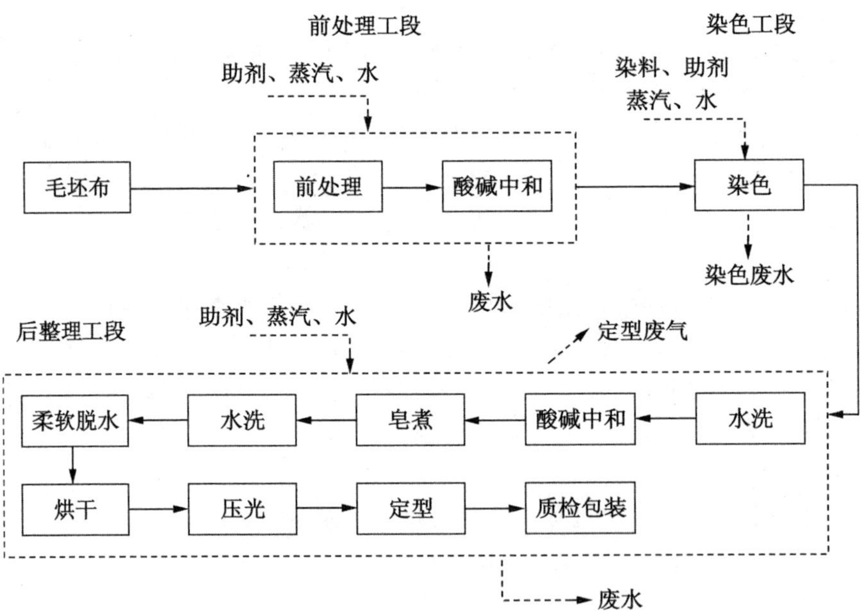

图 9-1　印染生产工艺流程图

(1)前处理工段

前处理的主要目的是应用化学和物理机械作用,去除纤维上的杂质和蜡质,提高纤维的白度和亲水性,使纤维具有良好的毛效性能,以保证染色工序的顺利进行。然后,利用冰醋酸中和前处理中的烧碱,使其 pH 值达到中性,有利于后续工序染色。前处理在小浴比染色机内进行。

(2)染色工段

染色是借助染料与纤维发生物理或化学的结合,再借助水为介质,在相应助剂的帮助下,均匀地上染纤维织物。染色在小浴比染色机内进行。

(3)后整理工段

染色后,织物首先通过水洗去除残余的染料助剂,然后加入冰醋酸中和残碱,再通过皂洗去除纤维表面浮色,使织物的色牢度达到相应指标。再经过柔软处理,赋予织物良好的手感、亲水性及抗静电效果。再经过脱水处理,去除织物表面与空隙间水分,以便烘干。利用烘干机去除织物所含有的水分,达到相应的水分要求。后处理设备为小浴比染色机、脱水机。

印染半成品织物通过压光机或拉幅机对织物进行定型,使之达到要求的门幅、克重、缩水率、水洗稳定性,并赋予织物良好的光泽度。后整理设备为烘干机、预缩压光机和定型机。

8. 明确产污环节

印染行业的主要产污环节见表 9-1。

表 9-1　　产污环节

环节	废物	主要成分
前处理	前处理废水	纤维素、油脂、碱、表面活性剂
	酸洗中和废水	碱、表面活性剂、含氮化合物
漂白	氧漂废水	漂白剂、硫代硫酸钠
	水洗废水	漂白剂
	加白废水	漂白剂、草酸等
	柔软脱水废水	漂白剂
染色	染色废水	浆料、染料、助剂、表面活性剂
	废染料助剂	染料、助剂
后整理	水洗废水	浆料、染料、助剂
	酸洗中和废水	碱、表面活性剂、含氮化合物
	皂煮废水	浆料、染料、助剂
	柔软脱水废水	染料、助剂
	刷洗废水	浆料、染料、助剂
	定型机废气	颗粒物、油烟

▶特别提示：

(1)印染工序排水情况

①退浆废水：水量较小，但污染物浓度高，其中含有各种浆料、浆料分解物、纤维屑、淀粉碱和各种助剂。废水呈碱性，pH值为12左右。上浆以淀粉为主的(如棉布)退浆废水，其COD、BOD值都很高，可生化性较好；上浆以聚乙烯醇(PVA)为主的退浆废水，COD高而BOD低，废水可生化性较差。

②煮炼废水：水量大，污染物浓度高，其中含有纤维素、果酸、蜡质、油脂、碱、表面活性剂、含氮化合物等，废水呈强碱性，水温高，呈褐色。

③漂白废水：水量大，但污染较轻，其中含有残余的漂白剂、少量醋酸、草酸、硫代硫酸钠等。

④丝光废水：含碱量高，NaOH含量为3%～5%，多数印染厂通过蒸发浓缩回收NaOH，所以丝光废水一般很少排出，经过工艺多次重复使用最终排出的废水仍呈强碱性，BOD、COD、SS均较高。

⑤染色废水：水量较大，水质随所用染料的不同而不同，其中含浆料、染料、助剂、表面活性剂等，一般呈强碱性，色度很高，COD较BOD高得多，可生化性较差。

⑥印花废水：水量较大，除印花过程废水外，还包括印花后的皂洗、水洗废水，污染物浓度较高，其中含有浆料、染料、助剂等，BOD、COD均较高。

⑦整理废水：水量较小，其中含有纤维屑、树脂、油剂、浆料等。

⑧碱减量废水：是涤纶仿真丝碱减量工序产生的，主要含涤纶水解物对苯二甲酸、乙二醇等，其中对苯二甲酸含量高达75%。碱减量废水不仅pH值高(一般大于12)，而且有机物浓度高。碱减量工序排放的废水中COD可高达9万mg/L，高分子有机物及部分染料很难被生物降解，此种废水属高浓度难降解有机废水。

(2)印染废水回用情况

①丝光废水：丝光废水碱性大、残余的表面活性剂多，处理难度和费用都较大。因此，回收后再利用可以减少处理费用和排污量。

②碱减量废水：碱减量废水中含有低聚物，使得废水的COD浓度增大。将碱减量废水单独收集，提取废水中的低聚物。这样既可以大大地减少COD的排放，又可以回收低聚物获得经济效益。

③轧槽染液：轧槽染液中所残余的染料、助剂和碱剂的量都较大，部分种类的染料可以回收再用。此外，应该研究废染液中染料回收的技术。从废染液中回收到的染料，部分可以回用，部分可以直接燃烧，达到最大程度削减污染物的排放。

④印花废水：印花废水来自于残余的印花浆料、制版或滚筒的洗涤等。可以将残余的浆料以及粘在工具和设备上的浆料单独收集起来，直接处理。例如，用于制成煤粒燃烧。也可以将部分废浆料集中收集，回收再用。

⑤柔软处理废水：柔软处理废水的量较少，残余的表面活性剂浓度较大。可以考虑回收后续缸再用。

在实际工作中，可以根据实际情况，按照一定的思路，减少污染物进入废水处理系统。这样不仅可以节约成本，也可以减少污染物的排放。

二、政策和标准解读

1. 印染行业政策

(1)《产业结构调整指导目录(2011 年本)》(2013 年修订)

①鼓励类:"二十、纺织"中的"7、采用高速机电一体化无梭织机、细针距大园机等先进工艺和装备生产高支、高密、提花等高档机织、针织纺织品""8、采用酶处理、高效短流程前处理、冷轧堆前处理及染色、短流程湿蒸轧染、气流染色、小浴比染色、涂料印染、数码喷墨印花、泡沫整理等染整清洁生产技术和防水防油防污、阻燃、抗静电及多功能复合等功能性整理技术生产高档纺织面料"。

②限制类:"十三、纺织"中的"7、单线产能≤1000 吨/年、幅宽≤2 米的常规丙纶纺粘法非织造布生产线;绞纱染色工艺;采用聚乙烯醇浆料(PVA)上浆工艺及产品(涤棉产品,纯棉的高支高密产品除外);吨原毛洗毛用水超过 20 吨的洗毛工艺与设备""8、25 公斤/小时以下梳棉机""9、200 钳次/分钟以下的棉精梳机""10、5 万转/分钟以下自排杂气流纺设备""11、FA502、FA503 细纱机""12、入纬率小于 600 米/分钟的剑杆织机,入纬率小于 700 米/分钟的喷气织机,入纬率小于 900 米/分钟的喷水织机"。

③淘汰类:"(十三)纺织"中的"1、'1'字头成卷、梳棉、清花、并条、粗纱、细纱设备,1332 系列络筒机,1511 型有梭织机,'1'字头整经、浆纱机等全部'1'字头的纺纱织造设备""2、A512、A513 系列细纱机""10、未经改造的 74 型染整设备""11、蒸汽加热敞开无密闭的印染平洗槽""20、使用年限超过 15 年的浴比大于 1∶10 的棉及化纤间歇式染色设备""21、使用直流电机驱动的印染生产线""22、印染用铸铁结构的蒸箱和水洗设备,铸铁墙板无底蒸化机,汽蒸预热区短的 L 型退煮漂履带汽蒸箱"。

▶**特别提示:**

在审核过程中需要仔细对比分析,查看审核范围内的各车间生产工艺、装置是否有上述淘汰类的项目存在,新建项目是否有限制类的项目。如存在不符合产业政策的项目,应与企业充分沟通,妥善解决此问题。

(2)《印染行业准入条件(2010 年修订版)》(工消费〔2010〕第 93 号)

该准入条件对现有印染企业提出了环保处理建议,对新建或改扩建印染项目提出了环保要求,有助于规范印染行业建设,促进结构调整,保护环境,减少污染。

范围规定:适用于中华人民共和国境内(港澳台地区除外)各类所有制的印染企业,具有印染能力的棉纺织、毛纺织、麻纺织、丝绸、色织、针织等企业。

时间规定:该准入条件自 2010 年 6 月 1 日起实施。

表 9-2、表 9-3 分别给出了新建或改、扩建印染项目,现有印染企业在印染加工过程中的综合能耗及新鲜水取水量。

表 9-2　　新建或改、扩建印染项目印染加工过程综合能耗及新鲜水取水量

分类	综合能耗(kgce/100 m)	新鲜水取水量(t/100 m)
棉、麻、化纤及混纺机织物	≤35	≤2
纱线、纺织物	≤1200	≤100
真丝绸机织物(含练白)	≤40	≤2.5
精梳毛织物	≤190	≤18

注:1. 机织物标准品为布幅宽度 152 cm、布重 10～14 kg/100 m 的棉染色合格产品,真丝绸机织物标准品为布幅宽度 114 cm、布重 6～8 kg/100 m 的染色合格产品。当产品不同时,可按相关标准进行换算。

2. 针织或纱线标准品为棉浅色染色产品,当产品不同时,可按相关标准进行换算。

3. 精梳毛织物印染加工指从毛条经过条染复精梳、纺纱、织布、染整、成品入库等工序加工成合格毛织品精梳织物的全过程。粗梳毛织物单位产品能耗按照精梳毛织物 1.3 系数折算,新鲜水取水量按照 1.15 系数折算。

表 9-3　　现有印染企业印染加工过程中的综合能耗和新鲜水取水量

分类	综合能耗(kgce/100 m)	新鲜水取水量(t/100 m)
棉、麻、化纤及混纺机织物	≤42	≤2.5
纱线、纺织物	≤1500	≤130
真丝绸机织物(含练白)	≤45	≤3.0
精梳毛织物	≤230	≤20

注:1. 机织物标准品为布幅宽度 152 cm、布重 10～14 kg/100 m 的棉染色合格产品,真丝绸机织物标准品为布幅宽度 114 cm、布重 6～8 kg/100 m 的染色合格产品。当产品不同时,可按相关标准进行换算。

2. 针织或纱线标准品为棉浅色染色产品,当产品不同时,可按相关标准进行换算。

3. 精梳毛织物印染加工指从毛条经过条染复精梳、纺纱、织布、染整、成品入库等工序加工成合格毛织品精梳织物的全过程。粗梳毛织物单位产品能耗按照精梳毛织物 1.3 系数折算,新鲜水取水量按照 1.15 系数折算。

▶特别提示:

(1)对于新建或改、扩建项目,规定采用先进的工艺技术,采用节能环保的设备,主要设备参数应实现在线检测和自动控制。准入办法在设备淘汰年限、设备浴比等很多方面作出了具体的量化指标。

(2)该准入条件强调要按照环境保护和资源综合利用的原则,选择可生物降解浆料的坯布,采用生态环保型、高上染率的浆化料和高性能助剂,从生产的源头来控制污染物的产生。同时,该准入条件还对单位产品综合能耗、新鲜水取水量进行了详细量化。

(3)该准入条件强调"三同时"执行,严格执行污染物排放标准,采用高效污水、污泥处理工艺,实现无害化处理;要求企业必须实行三级用能、用水计量管理,水重复利用率要达到 35%以上。

(3)《国家危险废物名录(2008)》

该名录中对于印染行业废物的规定如下：

废物类别：HW42 废有机溶剂。

毛纺织和染整精加工：纺织工业染整过程中含有有机溶剂的废物。

▶**特别提示：**

印染废水处理产生的污泥中含有大量的化学残留物，且具有内部水分比例高难以脱水、成分复杂、有害物质含量高、有一定的黏稠性等特点，需严格执行危废处理标准要求。

2. 印染行业标准

(1)《纺织染整工业水污染物排放标准》(GB 4287—2012)及修改单(环境保护部公告 2015 年第 19 号)

该标准规定了纺织染整企业生产过程中水污染物排放限值、监测和监控要求，以及标准的实施与监督等。

时间规定：自 2013 年 1 月 1 日起至 2014 年 12 月 31 日止，现有企业执行该标准中表 1 规定的水污染物排放限值。自 2015 年 1 月 1 日起，现有企业执行该标准中表 2 规定的水污染物排放限值；自 2013 年 1 月 1 日起，新建企业执行该标准中表 2 规定的水污染物排放限值。

单位规定：单位产品基准排水量全部采用了 m^3/t 标准品的计算方式；定义的机织物标准品为布幅宽 152 cm、布重 10～14 kg/100 m 的棉染色合格产品；针织、纱线标准品为棉浅色染色产品等。

特殊规定：对于国土开发密度已经较高、环境承载能力开始减弱，或环境容量较小、生态环境脆弱，容易发生严重环境污染问题而需要采取特别保护措施的地区，应严格控制企业的污染物排放行为，在以上地区的企业，执行该标准中表 3 规定的水污染物特别排放限值。

▶**特别提示：**

(1)该标准适用于纺织染整工业企业的排放管理，以及建设项目的环境影响评价、设计、竣工验收及其建成后的排放管理；不适用于洗毛、麻脱胶、煮茧和化纤原料蒸煮等工序所产生的废水。

(2)该标准提高了排放要求，收紧了化学需氧量、五日生化需氧量、悬浮物及氨氮等指标的排放限值；增设了总氮、总磷指标，强化了对水体富营养化的控制；设置了单位产品基准排水量，防止稀释排放，促进企业节约用水。

(3)该标准加强对有毒有害污染物的排放控制，如硫化物、苯胺类、六价铬、二氧化氯、可吸附有机卤素(AOX)等，而且苯胺类、六价铬自 2015 年 1 月 1 日起不得检出。

(4)该标准取消了旧标准中污染物的Ⅱ级和Ⅲ级排放标准，代之以直接排放和间接排放标准，大幅提升了排放标准要求，审核过程中需注意对标。

(5)环境保护部公告 2015 年第 19 号对《纺织染整工业水污染物排放标准》(GB

4287—2012)进行了修改和完善,如对化学需氧量和五日生化需氧量间接排放限制进行了调整,在审核过程中要注意进行查询比较。

(2)《麻纺工业水污染物排放标准》(GB 28938—2012)

该标准规定了麻纺企业和拥有麻纺设施的企业的脱胶水污染物排放限值、监测和监控要求,以及标准的实施与监督等。

▶特别提示:

麻纺工业企业脱胶水污染物排放控制按本标准的规定执行,但麻纺工业企业染整废水不使用本标准的规定,而是执行《纺织染整工业水污染物排放标准》(GB 4287—2012)中的规定。

(3)《缫丝工业水污染物排放标准》(GB 28936—2012)

该标准规定了缫丝工业企业或生产设施水污染物排放限值、监测和监控要求,以及标准的实施与监督等。

(4)《毛纺工业水污染物排放标准》(GB 28937—2012)

该标准规定了毛纺企业和拥有毛纺设施的企业的洗毛水污染物排放限值、监测和监控要求,以及标准的实施与监督等。

▶特别提示:

毛纺工业企业洗毛水污染物排放控制按本标准的规定执行,但毛纺工业企业染整废水不使用本标准的规定,而是执行《纺织染整工业水污染物排放标准》(GB 4287—2012)中的规定。

(5)《清洁生产标准　纺织业(棉印染)》(HJ/T 185—2006)

该标准将清洁生产指标分为5类,即生产工艺与装备要求、资源能源利用指标、污染物产生指标、产品指标和环境管理要求。

范围规定:适用于纺织行业(棉印染)生产企业(含棉、棉混纺及交织产品)的清洁生产审核和清洁生产潜力与机会的判断,以及清洁生产绩效评定和清洁生产绩效公告制度。

工艺规定:该标准将棉印染生产过程分为前处理、染色、印花和后整理等工序,对每个工序的生产工艺和设备提出了比较具体的要求,为企业清洁生产水平的评价提供了依据,改变了只以资源消耗和污染物产生两个指标的片面评价。

▶特别提示:

(1)目前,纺织印染行业共有原国家环保总局发布的《清洁生产标准　纺织业(棉印染)》和国家发改委发布的《印染行业清洁生产指标评价体系(试行)》两项标准。在标准选择上应注意,《清洁生产标准　纺织业(棉印染)》适用于棉印染企业,含棉、棉混纺及交织产品生产企业,以涤纶、锦纶、腈纶等产品为主的企业不能够采用。《印染行业清洁生产指标评价体系(试行)》适用于所有印染行业企业,要注意定量指标计算需采用标准品校正系数折算。两项标准都能使用的企业,建议优先选用《清洁生产标准　纺织业(棉印染)》。

(2)在应用清洁生产标准进行对比分析时,要适当考虑指标的实效性问题。由于标准发布已近10年时间,一些指标值可能过高甚至不合理(如标准中三级水平单位产品取水量≤3.8 t/100 m,而行业准入条件要求现有企业单位产品取水量≤2.5 t/100 m)。标准中的新鲜取水量一级标准才能达到国家纺织印染行业准入标准,综合能耗机织印染一级标准才能满足国家纺织印染行业准入标准,针织印染一、二级标准才能满足国家纺织印染行业准入标准,建议结合整个行业现状和企业的生产实际进行评价,避免高评或低估企业清洁生产水平。

(3)在实际生产中,一些企业可能缺少某些工序,例如,有些染整厂没有印花工序,有些企业可能增加了某些工序等,此时,运用技术标准中的指标进行评价就有一定的困难,需要对某些指标进行分解。纺织印染使用的技术和工艺很多,资源消耗和污染物产生的情况比较复杂,如涤纶针织物印花有手工涂料印花、转移印花和滚筒印花,不同的工艺在资源消耗和污染物产生方面的差异很大,因此,在可能的情况下,要尽量细化指标,这样才有利于正确评价。

(4)在棉印染业清洁生产技术标准中,应根据企业实际情况增加一些内容,如应该淘汰的落后工艺和装备的目录、应该淘汰的染化料助剂目录以及中水回用率和能源利用率等。

(5)在实际工作中,还有许多特殊的情况需要区别对待。例如,对于有热电联产的企业,水耗量会比较高;自行进行水处理的厂家,耗电量会随着取水地点的远近,以及水质的差异而不同;在资源消耗方面,自产自销的染整产品要比来料加工产品的消耗量低。所有这些情况都需要具体处理,区别对待。

三、审核过程解析

1. “三废”产排分析

印染行业的主要污染物为废水、废气和危废,尤其是废水的产生量较大,且废水水质复杂,不同产品其废水产生情况变化非常大。应严格按照企业工艺流程,分析每一个工序的“三废”产生情况。

下面以某服装生产企业为例进行分析。其工艺流程如图9-2所示。

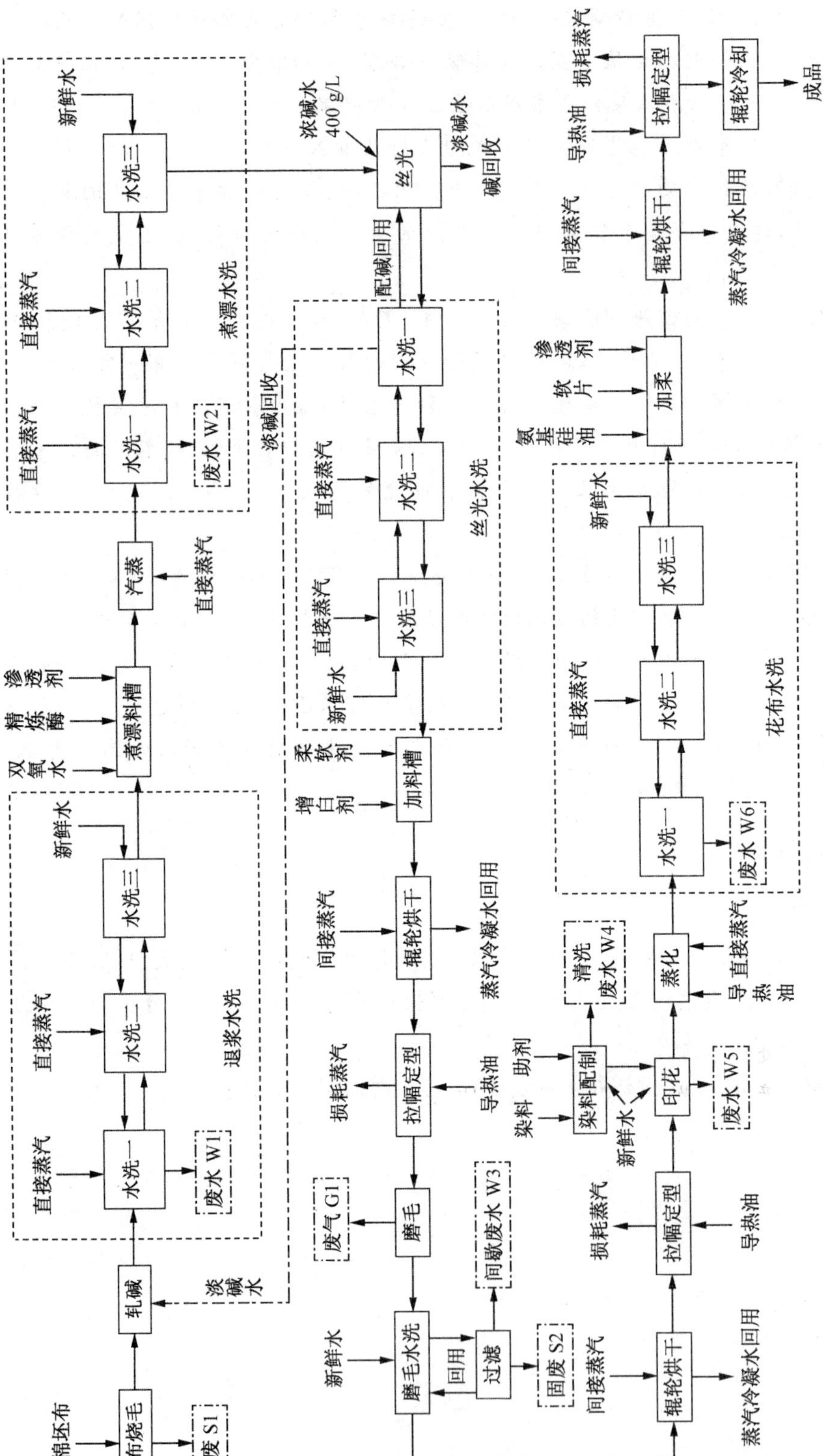

纯棉坯布
翻布烧毛
固废 S1
轧碱
淡碱水
直接蒸汽
水洗一
废水 W1
水洗二
水洗三
新鲜水
退浆水洗
双氧水
精炼酶
渗透剂
煮漂料槽
汽蒸
废水 W2
煮漂水洗
浓碱水 400 g/L
丝光
淡碱水
碱回收
配碱回用
淡碱回收
丝光水洗
柔软剂
增白剂
加料槽
间接蒸汽
辊轮烘干
蒸汽冷凝水回用
拉幅定型
损耗蒸汽
导热油
磨毛
废气 G1
间歇废水 W3
磨毛水洗
回用
过滤
固废 S2
染料
助剂
染料配制
清洗废水 W4
印花
废水 W5
蒸化
直接蒸汽
导热油
废水 W6
花布水洗
氨基硅油
软片
渗透剂
加柔
辊轮冷却
成品

图9-2 工艺流程图

根据工艺流程图 9-2,下面具体分析一下各种废物的产排特性(见表 9-4)。

表 9-4　废物的产排特性

工序名称	废物种类	有害成分	产生浓度(含量)	处理方式及去向
退浆	退浆废水	COD、SS、OH^-	SS:600～900 mg/L COD:1000～1200 mg/L pH 值:12	进入污水处理站处理达标后排入市政管网
煮漂	氧漂废水	COD、SS	COD:550～1770 mg/L SS:610～1140 mg/L	
	加白废水	COD、SS	COD:300～500 mg/L SS:200～300 mg/L	
	柔软脱水废水	COD、SS	COD:105～1344 mg/L SS:80～492 mg/L	
丝光	淡碱水	OH^-	NaOH:3%～5%	蒸发浓缩碱回收
	丝光废水	COD、OH^-	COD:700～1960 mg/L SS:150～340 mg/L	
印花	刷洗废水	OH^-、COD、色度	pH 值:11 色度:200 倍 COD:800～3300 mg/L	
	水洗废水	COD、SS、OH^-	COD:500～1630 mg/L SS:210～460 mg/L	进入污水处理站处理达标后排入市政管网
定型	定型废气	颗粒物、油烟、VOCs	颗粒物:150～250 mg/m^3 油烟:40～80 mg/m^3	采用烟气净化器处理

▶特别提示:

(1)纺织印染前处理废水量约占废水总量的 45%,染色、印花废水量占总量的 50%～55%,后整理废水产生量很少。染整废水的 BOD/COD 一般小于 0.2,属于难生物降解的废水,BOD 一般小于 500 mg/L。

在实际工作中,应注意各工序废水中污染物的浓度与产品、产品要求以及染整的配方有关。当产品不同,或在染整过程中选择使用的染化助剂不同时,也将导致废水污染物浓度的差异较大。各工序产生废水的量会因具体的设备、浴比等有所变化。各工序废水占总废水量的比例会影响到最后混合废水的浓度。各工序废水的比例与实际生产过程的流程有关,不是固定的。

(2)采用废水重复回用、生产工艺改革等措施,可减少印染废水的排出。例如,对于合成纤维及含合成纤维 75%以上的织物采用干法印花工艺,可消除印花废水;在使用酸性媒染染料过程中,若用硝酸钠或双氧水代替重铬酸钾作为氧化剂,可消除铬的污染;丝光工艺排放的碱液用于煮炼工序作为煮炼液,煮炼工序排放的废碱液用于退浆工序,多次重复使用可大大减少整个过程中排放的总碱量；对于含有硫化染料的污水，可首先在反应锅内加酸，使废水中的硫化氢释放，然后经过沉淀过滤后回收再用；对含有还原染料和分散染料的污水，可采用超滤技术将非水溶性染料颗粒回收使用。

(3)工艺废气主要产生于定型机，因为织物热定型过程中温度较高，会产生大量含油漆、有机油分、染料助剂、润滑油、纤维类颗粒物等(150～250 mg/m^3)的高温气体，对环境影响较大。目前，国家开始制定《纺织印染工业大气污染物排放标准》，对纺织印染工业产生的VOCs、恶臭气体等污染物进行标准限定，也将使定型机尾气在治理过程中有据可依。

(4)烧毛工序产生废气中的主要污染物为颗粒物；若以柴油等为燃料，污染物还有二氧化硫和氮氧化物。烧毛废气温度较高，为 110～130 ℃，排放是有组织排放，基本上没有进行处理。烧毛废气处理可将余热利用和废气处理相结合。

(5)生产过程中产生的染料、涂料、助剂、化学药品等的包装材料属于严控废物，应委托有危废资质的单位处置。污水处理站产生的污泥需委托第三方化验，根据成分判定是否属于严控废物，严控废物应委托有资质的单位处理或处置。

通过分析工艺流程图和“三废”产排，结合企业实际，可得出以下清洁生产方案：

▶方案 1：将染整车间的原氧漂工艺——助剂 5 种(助炼剂、精炼剂、纯碱、烧碱、双氧水)、工艺时间(98 ℃)60 min，优化为新氧漂工艺——助剂 3 种(精炼剂 BOE、氧漂煮炼酶、双氧水)、工艺时间(96 ℃)40 min。通过优化氧漂工艺，使染整时间缩短了 20 min，减少了水、电、汽的消耗。

▶方案 2：染整车间采用新型工艺，由原来的“氧漂→过酸中和→染涤→还原清洗→染棉”改为“氧漂→涤棉一浴→水洗”，节省了染棉时间和水洗次数，降低了水耗，同时减少了污水排放。

▶方案 3：染整车间后整理车间新购一台绍兴恒丰机械制造有限公司生产的织布合布机，面料染色完毕后，可以湿布直接定型，减少了烘干环节，节约了蒸汽。

▶方案 4：将染整车间烘干机的六组小疏水器改成两组大排量疏水器，可减少疏水的次数，减少蒸汽流失，减少冷凝水堵塞管道现象，提高升温速度，使烘干用蒸汽减少 20%以上。

▶方案 5：在供电局计量中心加装一套有功电度总表，并且在每条低压供电线路上加装计量表，加强用电计量管理。对现有的三套变配电系统进行无功补偿。主要安装了 JKL5CF 型和 JKW5C 型智能无功功率自动补偿控制器以及若干低压并联电容器等设施，降低了用电成本。

▶方案 6：改造锅炉水膜除尘装置，将引风机前置到水膜除尘装置前，提高了脱硫、除尘效果；安装 4 个陶瓷多管除尘器，灰尘分子从多管除尘器下部定期排放，减少了大气中的灰尘量。

▶方案 7：采用高新燃烧技术对蒸汽锅炉进行改造，重新设计锅炉的前拱、后拱，使挥发份含量很低的煤一进入炉膛就受到高温烘烤立即点燃，缩短入炉煤的着火时间，补充二次风形成旋涡型的空气动力场，有利于未燃尽物的进一步燃尽。

2. 审核重点选择

根据印染行业特点，选择原料消耗、水耗、电耗、“三废”产生量、环保费用作为筛选审核重点主要考虑的几个因素，审核小组成员通过各部门考察、调研，并与现场技术人员和工人进行座谈询问，分别计算各备选审核重点四个指标的量。

举例：某公司经过预审核阶段的工作，审核小组确定练漂车间、染色车间和后处理车间为本轮清洁生产审核备选重点。该公司染色车间年耗水 41.7 万 m^3，排放废水 29.7 万 m^3，污染物产生量最大；蒸汽消耗 4.27 万 t、电耗 220 万 kW · h，能源消耗量大。通过分析，染色车间废物产生量及能耗相对更大，再结合权重总和计分排序法计算结果确定审核重点为染色车间。

3. 审核目标设置

(1)目标设置依据

企业可参考《清洁生产标准　纺织工业(棉印染)》(HJ/T 185—2006)中的资源能源利用指标进行目标设置，还可考虑与同行业其他企业进行比较。需要注意的是，所选其他企业必须与该企业产品、工艺、规模都相近。

(2)目标选择方法

纺织印染企业水耗和能耗都相对较多，可设置单位产品水耗、电耗、蒸汽消耗及中水回用率作为审核目标；纺织印染行业废水排放量也较大，主要污染物为 COD，因此，单位产品废水或 COD 排放量也需设置为审核目标。此外，根据纺织印染行业特点，结合企业实际，可选择中水回用率等为指标。

某企业具体的目标设置见表 9-5。

表 9-5　　目标设置

项目	单位	现状	近期目标(2016 年底)		中期目标(2017 年底)	
			绝对量	变化率	绝对量	变化率
审核重点						
取水量	t/100 m 布	*	*	削减 * %	*	削减 * %
用电量	kW · h/100 m 布	*	*	削减 * %	*	削减 * %
耗煤量	kg/100 m 布	*	*	削减 * %	*	削减 * %
全厂						
取水量	t/100 m 布	*	*	削减 * %	*	削减 * %
用电量	kW · h/100 m 布	*	*	削减 * %	*	削减 * %
中水回用率	%	*	*	提高 * %	*	提高 * %
废水产生量	t/100 m 布	*	*	削减 * %	*	削减 * %
COD 排放量	kg/100 m 布	*	*	削减 * %	*	削减 * %
废气产生量	m^3/100 m 布	*	*	削减 * %	*	削减 * %
SO_2 排放量	kg/100 m 布	*	*	削减 * %	*	削减 * %

注：不同企业由于工艺、生产规模等不同，各目标值差别较大，此处不列具体数值，仅对如何选取目标对象提供参考(＊代表省略的数据)。

根据纺织印染行业的特点，棉印染企业分为棉机织印染企业和棉针织印染企业。其中，棉机织印染企业核算产品产量以百米布(100 m 布)计，棉针织印染企业核算产品产量以吨布(t 布)计。

4. 平衡数据分析

物料平衡

根据前一阶段选出的审核重点，按照每个工序测定(或估算)的输入物料、输出物料及损耗，绘制出物料平衡图和物料流程图(流程图此处暂略)，据此可以找出物料主要损耗和流失环节。

以某企业为例，审核重点为 1 号染色车间，其物料输入、输出平衡如图 9-3 所示。

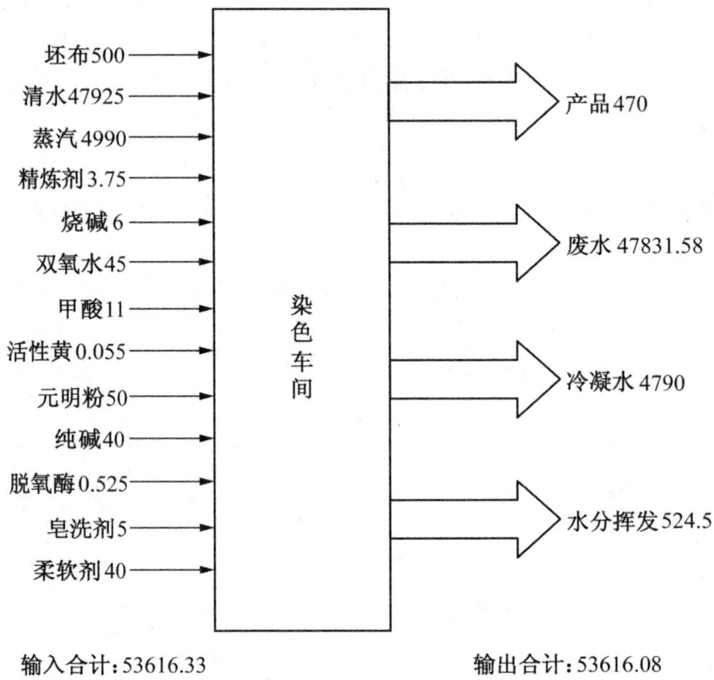

图 9-3 物料平衡图($kg/500\ kg_{坯布}$)

由图可看出，染色车间的实测数据平衡性较好。将实测结果与日常记录数据相比，实测数据均能比较准确地反映生产情况，以及设备运行中存在的问题，可利用该实测结果进行后面的评估、分析，并找出提高产率，降低原辅材料及能源消耗，减少废水、废渣排放的方案。

(1)对原辅材料和能源的评估

该车间的主要原料是坯布，辅助材料是化学药品和染化料，公司在染料的选取上，原则上使用无害或低害品种，从原材料的选取环节就注意污染的防治，同时保证产品质量。需注意的有：

①火碱、双氧水均属于危险化学品，有腐蚀性，因此，要严格执行操作规程，做好防护

措施。建议严格控制入厂原辅材料质量,对进厂原辅材料严格检验,合格后方可进厂。

②定型机化料桶剩余料随废水排放,既浪费原料,又增加了污水处理的负荷。

③缝接布时接头过宽,浪费原料。

(2)对生产工艺、生产过程及设备的评估

公司工艺、设备及产品消耗,与国内同行业水平相比,居于国内先进水平,练漂车间前处理使用精炼酶,大大降低了退浆废水中的 COD 浓度和碱含量;在退浆、氧漂、热风打底和轧染皂洗工段运用了公司自有的专利技术产品——新型无动力高效节能换热器,最大程度地利用了系统中废水的余热;车间各工段的水洗箱都利用热水倒流流程,节水、节汽效果显著;丝光工段的淡碱液全部送到碱回收中心浓缩后回用,用碱量比原来降低了75%。经过搬迁,公司淘汰了部分落后设备,但通过实测,仍发现有些地方需要改造:

①现在的丝光工艺要求需丝光的布都要经烘干,采用湿布丝光工艺,直接湿布压碱,可使产品减少一道工序。

②现在的工艺需要退浆机、氧漂机联合才能生产出合格品,完成一步法工艺改进后,退浆机、氧漂机单独开也能达到工艺要求。

③定型机循环风机、排风风机转速不能随负荷进行控制,浪费电能。

④定型机电机固定机盘大,散热面积大,既造成了热量浪费,又增加了车间的温度,特别是夏天,影响工作环境。

⑤现供水系统工频运行,压力不可调,电耗及水耗都不经济。

⑥退煮漂联合机、丝光机、641 水洗箱体温度高,散热大,造成蒸汽消耗高。

(3)管理、员工、过程控制的评估

①公司各项生产管理制度以及操作规程较老,不适应目前的生产经营情况,应及时更新。

②公司应加强职工培训力度,提高职工管理和技术水平,从而保证企业的产品质量,减少物料、能耗的损失。

(4)产品包装方面的评估

产品包装纸箱使用过程中破损率较高。

(5)对废物的评价

近年来,企业比较重视环保工作,投入了大量的人力、物力、财力,并取得了一定的成效。废水处理设施正常运转,废渣得到了有效利用,但对废水的处理还存在一些问题,主要是单位产品耗水量与国际先进水平相比,还有一定差距,废水回用率偏低。

①定型机和焙烘机冷水辊排出的冷却水水温达 20～50 ℃,流量约各 1 t/h,现用作车间地面冲刷,浪费了水资源。

②退浆机废水温度达 90 ℃,随废水排放造成了热能的浪费。

染料平衡

在进行染料平衡计算时,输入的染料可以准确地称取,染料的输出主要为两个部分,即织物上染和水中残余。水中残余量可以通过测定废水中的浓度和量取每次废水的量计算得到,上染织物的染料进行上染率测定得到。

某公司物料平衡分析的染料情况如图 9-4 所示。

图 9-4 染料平衡图(单位:kg)

通过染料平衡计算,可得固色率约为 70%,属于高上染率的染料。

助剂平衡

助剂包括双氧水、碱剂、元明粉以及各种表面活性剂等。在生产过程中,助剂可能出现 3 种情况。

(1)一些表面活性剂可以上染到织物上,其数量无法准确地测量。

(2)个别助剂在生产过程中会发生分解或挥发。例如,双氧水在生产过程中会发生分解,醋酸在生产过程大部分会挥发,这些量是无法准确计量的。但是可以根据性质和用量推测。

(3)大多数助剂是残留在废水中的,部分数量可以通过测定废水中不溶物的量来计量。

某公司物料平衡分析的助剂情况如图 9-5 所示。

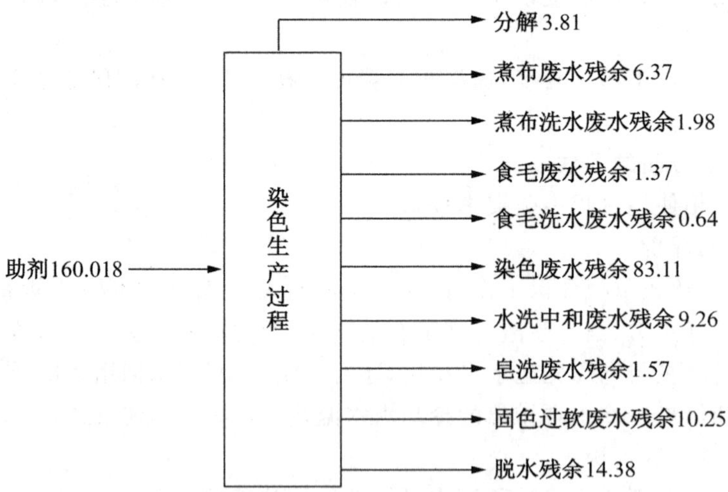

图 9-5 助剂平衡图(单位:kg)

四、注意事项汇总

下面将印染行业清洁生产审核需要特别注意的几点总结如下:

(1)审核过程中常常会遇到数据不完整或者是数据来源不同造成误差的问题。数据不完整多是由计量系统不完善造成的，首先要帮助企业建立基本的计量统计系统；对于车间存在技改的，要注意数据的分解，结合企业实际情况，修正数据。数据的来源要结合公司行政部门、车间、财务部门的统计分析，注意财务部门的统计方法。

(2)物料平衡分析主要包括能源平衡、水平衡和主要原辅材料平衡分析。一般情况下，能源平衡分析比较难进行，如果条件允许的话，可以对热能的平衡进行分析；电能平衡分析可以用设备的运行效率检测来代替。对于原辅材料平衡分析，要选择企业用量大的、成分可检测的品种，这样才更具代表性。纺织印染企业在审核过程中，一般按照批次进行实测。

(3)水耗和废水是纺织印染企业清洁生产审核的核心问题，在工作中应重点考虑。首先对水的消耗、流向、供给，废水的产生、处理和排放等进行详细调查分析；确定水耗最大和废水产生量最大的部门作为审核重点，清洁生产目标的设置也应以减少水耗、减少废水排放、减少 COD 排放等为主要内容，提出的方案也应以水资源节约、废水减排为主。通过优化废水处理、回用、排放方案，促进中水回用，减少新鲜水用量和废水排放量。

(4)纺织印染企业辅助生产可能用到的锅炉、导热油炉等产生的废气应经脱硫除尘处理达标后方可排放；还应做好车间、污水处理站的无组织排放控制工作。按固体废物“资源化、减量化、无害化”处置原则，落实各类固体废物的收集、综合利用及处置等措施。危险废物须委托有资质的单位进行处置，并加强对运输及处置单位的跟踪检查，防止危险废物产生二次污染。

五、典型方案参考

表 9-6 列出了从节能、节水、节约物料、提高工作效率四个角度精选的几个已在印染企业中实施过的典型方案(效益数据仅供参考)。

表 9-6　印染企业中的典型方案

方案名称	方案简介	效益分析
方案类型：节能		
高温废水余热回用	将漂染车间染缸排放的高温废水，收集到回收池，用水泵将回收池中的高温漂染废水抽入染整节能机内，让机内的吸热管网吸热，使流经高效吸热管网中的常温清水得到传热加温，被加热后的清水收集到储水罐	按一年加热 12 万 t 清水总量计算，年节约热能约 685 tce
印染智能信息化管控系统	为实现对生产过程的数据采集管理，增加在线检测与控制系统，如浓碱浓度在线检测与控制系统、pH 值在线检测与控制系统、含潮率在线检测与控制系统、气份湿度在线检测与控制系统。其中，浓碱浓度在线检测与控制系统可有效实现设备碱浓度的在线连续检测与控制，可完全取代原来的人工滴定，保证了碱浓度的高精度检测与控制；较好地实现了淡碱的循环利用和浓、淡碱双变量的自动调配检测，达到了降本增效的目的	温度自控系统每年节约蒸汽 5300 t，使生产效率提高 10%～15%。淋水阀流量在线控制系统节水 2.45 万 t，人力成本节约 15%。回收烧碱 4 t，年节省资金 55 万元。织物含潮率在线检测系统每年每台机可节省资金 36 万元

续表

方案名称	方案简介	效益分析
方案类型:节能		
定型机废气余热回收利用	利用定型机排出的高温废气采用国际上最新的高新技术《超导热技术》,通过定型机废气余热高效回收装置吸收40%～70%的热量回补进定型机,可达到节约能源及排放废气除油的效果	实施后,10台定型机每小时可回收热量1046万kJ,年节煤3650 t
方案类型:节水		
引进新型的低浴比染色机	香港某集团根据在针织染整生产方面的多年经验,低浴比染色设备可以做到与传统设备一样的品质,经过市场调研,决定引进立信HSJ低浴比节能高温染色机。该机器可以更精确地控制水比,更节能,染色工艺更稳定。立信HSJ高温染色机设备的主要参数:生产能力为19504 kg/d(43000磅/天),水比为1∶6,单产水耗为80 $t/t_{布}$,单产电耗为239 kW·$h/t_{布}$,单产油耗为0.293 $t/t_{布}$,单产综合能耗为0.448 $tce/t_{布}$	按年生产4682 t色布计,年节电60.87万kW·h,节约燃料1896.21 t,节水37.46万t,年增加经济效益899万元
双膜法中水回用技术应用	绍兴某印染公司印染废水产排量大,充分考虑水质特点,以双膜工艺为核心,有针对性地采用必需的处理工艺,在保证系统正常运行的情况下提供优质的工艺用水。对经传统物化和生化处理后二沉池达标排放后的染整废水进行废水资源化回用处理	每天节水3600 t,年增加经济效益275.94万元
方案类型:节约物料		
淡碱回收	丝光时采用250 g/L以上的浓碱液浸轧织物,丝光后产生50 g/L的残碱液。通过采用过滤(去除纤维等杂质)、蒸浓(三效真空蒸发器)技术,使残碱液浓缩至260 g/L以上,再回用于丝光、煮炼等工艺	年节约浓碱7500 t,年减少污水排放3.2万t,并改善了废水的pH,降低了COD含量
方案类型:提高工作效率		
生产工艺流程改造	实施流程再造,打破原有设备布局的块块管理,按工艺流程实行条条管理,将原来的单元机改造为联合机,碱洗下机直接打卷;化料工序改变原来各机台独立化料各自使用的分散管理方式,采用"染料厨房"管理理念;染色设备由于烘干效率低,成为流程再造制约机台,系统实施蜡染工段流程再造工程	整个生产运行效率较流程改造前提高了10%,降低了单位产品资源能源消耗。生产整体产品质量由原来的88%左右提升到91%

第十章

皮革行业审核实战指南

皮革行业清洁生产审核的对象是专门从事皮革加工生产或者是皮革产品制造的企业。《关于深入推进重点企业清洁生产的通知》(环发〔2010〕54 号)将皮革鞣制及制品加工列入重点审核行业。目前,市场上的皮革制品有真皮和合成皮革两大类。由于清洁生产审核涉及的企业多数以真皮加工为主,故本章即对皮革行业中真皮加工企业的清洁生产审核进行实战讲解。

一、基础知识普及

1. 了解定义和原理

(1)定义

皮革企业的主要任务是将动物皮经过一系列物理和化学方法加工处理而制成皮革。将生皮(原皮)做成革的过程称为制革。根据使用鞣剂的不同,可以将皮革分为轻革和重革,目前以生产轻革为主;根据使用原料的不同,可以将皮革分为猪皮革、羊皮革、牛皮革等;根据用途的不同,可以将皮革分为生活用革、工业用革、军用革等。

(2)原理

原料皮经过浸水、浸灰、脱毛、去肉、软化等一系列物理和化学处理,使生皮纤维结构适度松散,清除生皮中不需要的物质,尽可能除去真皮中各种非胶原组分而不损伤胶原,为鞣制创造必要的条件。裸皮进行浸酸,调节其状态和胶原纤维活性,然后加入鞣料进行鞣制,鞣制后的产品称为蓝湿皮。有些企业直接采购蓝湿皮或者灰皮作为原料,进行下一步加工。蓝湿皮经过挤水除去多余的水分,进行削匀,使整张皮革各部位厚度均匀。选用各类鞣剂进行复鞣,复鞣不仅起到填充作用,还能改变革的表面电荷,有利于染料的均匀着色和加脂剂的均匀渗透,使染色后的革色泽鲜艳,革身丰满。在鞣制后,通过染色来提高革的使用价值。通过加脂使革柔软、耐曲折,部分油脂还能起到轻微的补充鞣制作用,增强革的韧性。最后,还需整饰或整理才能达到使用要求。

2. 了解行业概况

皮革行业是我国国民经济中的重要工业部门之一,同时,它也是一个出口型的大行业。中国是国际皮革市场的重要部分,据统计,中国的皮革和皮革制品产量已分别占全世界总产量的10%和12%，皮革制品的需求量也以每年平均15%的速度递增。在皮革生产和加工过程中，需加入各种化学材料，约有15%的有机物在污水中被释放出来，同时还产生大量的固体废料。据有关数据统计，制革工业是轻工行业继造纸和酿造工业之后的第三大污染大户。目前，制革行业对技术含量高、附加值高以及环境无害化的技术需求和效益巨大。

中国制革行业企业众多，但大型企业较少，不到总量的1%。从原料皮种类看，牛皮约占50%，羊皮约占30%，猪皮约占18%。制革工艺主要包括腌制、浸灰（回软、脱脂、脱毛）、鞣制以及后整理工序。我国大多数制革厂采用石灰脱毛和铬鞣技术，少数制革厂采用酶脱毛和铬鞣技术，大多数的废物和污染物是在湿加工过程（浸灰、鞣制）中产生的。由于替代铬鞣剂的化学材料很有限，且三价铬的鞣性最好，价格相对较低，同时较易处理，所以约有90%以上的企业在生产过程中仍使用三价铬盐。

制革行业主要的污染物为废水、恶臭及废渣。据统计，每年制革行业排放的废水约占全国工业废水总排放量的1.2%。制革工业废水的特点是：排污量大，成分复杂，色度深，耗氧量高，悬浮物多，并含有有毒的铬和硫化物。制革废水主要由脱脂废水，浸灰、脱毛废水，铬鞣废水，加脂、染色废水和各工序洗涤废水5部分组成。其中，脱脂废水，浸灰、脱毛废水和铬鞣废水3种废水尽管只占总废水量的50%，但却包含了废水中绝大部分的污染物，含废水总污染物中80%的COD、75%的BOD、70%的SS、93%的硫化物、50%的氯化钠、95%的铬化合物。制革工业生产过程中产生的固体废物包括边角废料和含铬污泥，随意处置会造成二次污染，应首先考虑内部回收利用，未进行回收利用的应按危险废物进行管理及处置。

3. 了解专有名词

像皮革行业经常提到的“生皮”“坯革”“底革”“重革”“轻革”“鞣质”“鞣剂”“鞣制”等专有名词（详见附录一），应了解其含义，以便了解其工艺过程。

4. 了解政策和标准

皮革行业涉及的相关政策及标准如下：

（1）政策

《产业结构调整指导目录（2011年本）》（2013年修订）

《国家危险废物名录（2008）》

《制革行业规范条件》

《制革、毛皮工业污染防治技术政策》（环发〔2006〕38号）

（2）标准

《制革及毛皮加工工业水污染物排放标准》（GB 30486—2013）

《清洁生产标准　制革行业（猪轻革）》（HJ/T 127—2003）

《清洁生产标准　制革行业（牛轻革）》（HJ 448—2008）

《清洁生产标准　制革行业（羊革）》（HJ 560—2010）

《制革行业清洁生产评价指标体系（试行）》

5. 了解企业概况

对于皮革行业来说，首先应了解企业所用的原料（牛皮、羊皮或者猪皮，化料、鞣剂种类），其次了解企业的主要工艺情况（准备、鞣制、整理三个阶段是否都有，设备先进性），最后了解企业的环保情况（含铬废水单独处理、综合废水处理、中水回用、恶臭及危废管理情况）。

举例：某公司成立于 1997 年，有两个车间——牛皮车间及羊皮车间。牛皮车间设计生产规模为 30 万张/年，于 1998 年 3 月开工建设，1999 年投产；羊皮车间生产规模为 20 万张/年，于 2003 年 3 月开工建设，7 月份投产。公司所用原料皮全部为国外进口，产品全部出口，产品类型以服装革和包革、鞋革为主，目前以接订单方式生产。主要原料：原皮、酸、碱、盐、硫酸铝、硫胺、硫化钠、石灰粉、脱脂剂、铬粉、鞣剂；主要产品：牛皮革、猪皮革、羊皮革；主要能源：水、电、煤、蒸汽。

6. 掌握工艺流程

制革是一个比较复杂的过程，而且周期比较长。一般把制革过程分为 3 个阶段：准备阶段、鞣制阶段和整理阶段。

（1）准备阶段

准备阶段的主要程序包括浸水、脱毛、浸灰、脱脂、软化和浸酸。这个阶段的主要作用是去除原料皮上一些对制革无益的成分，如毛被、血污、脂肪以及一些可溶性蛋白质等，并对原皮的胶原纤维进行松散、软化处理，以利于后工序的加工处理。

（2）鞣制阶段

鞣制阶段的主要工序包括预鞣、鞣制和复鞣。这个阶段是制革的关键阶段，通过鞣制工序，胶原纤维在结构上发生了变化，即从生皮（原皮）转化为可以长久保存的、具有使用功能的皮革。

（3）整理阶段

整理阶段的主要工序包括削匀、中和、染色、加脂、干燥、平展、磨革、涂饰和压花。此阶段主要是对鞣制后的皮革进行整饰，从而得到不同花色、品种的皮革。比如，经过染色、涂饰和压花，可得到不同颜色和花纹的皮革；通过削匀、加脂和填充等，可得到不同厚度、不同柔软程度的皮革。

7. 明确产污环节

皮革行业的主要产污环节见表 10-1。

表 10-1　　产污环节

环节	废物	主要成分
浸水	废水	COD、氨氮、悬浮物
脱脂	废水	COD、氨氮、悬浮物、表面活性剂、盐
脱毛、浸灰	废水	COD、氨氮、硫化物、油脂
	废渣	毛（角蛋白）
去肉、片皮	废水	COD、氨氮、悬浮物
	废渣	皮块（含盐）
灰皮水洗	废水	COD、氨氮、悬浮物
脱灰	废水	COD、氨氮、盐
软化及水洗	废水	COD、氨氮

续表

环节	废物	主要成分
浸酸	废水	COD、氨氮、酸
鞣制	废水	COD、氨氮、铬、盐
	废渣	皮块
中和水洗	废水	COD、盐
染色、加脂	废水	COD、色素、油脂
水洗	废水	COD、色素
生产车间	废渣	铬粉包装物、染料包装物
全公司	臭气	恶臭
污水处理	废渣	铬

二、政策和标准解读

1. 皮革行业政策

(1)《产业结构调整指导目录(2011 年本)》(2013 年修订)

①鼓励类:"十九、轻工"中的"20、制革及毛皮加工清洁生产、皮革后整饰新技术开发及关键设备制造、皮革废弃物综合利用;皮革铬鞣废液的循环利用,三价铬污泥综合利用;无灰膨胀(助)剂、无氨脱灰(助)剂、无盐浸酸(助)剂、高吸收铬鞣(助)剂、天然植物鞣剂、水性涂饰(助)剂等高档皮革用功能性化工产品开发、生产与应用"。

②限制类:"十二、轻工"中的"1、聚氯乙烯普通人造革生产线""2、年加工生皮能力 20 万标张牛皮以下的生产线,年加工蓝湿皮能力 10 万标张牛皮以下的生产线"。

③淘汰类:"(十二)轻工"中的"6、年加工生皮能力 5 万标张牛皮、年加工蓝湿皮能力 3 万标张牛皮以下的制革生产线"。

(2)《国家危险废物名录(2008)》

该名录中对于皮革行业废物的规定如下:

①废物类别:HW21 含铬废物。

使用铬鞣剂进行铬鞣、再鞣工艺产生的废水处理污泥;皮革切削工艺产生的含铬皮革碎料。

②废物类别:HW35 废碱。

使用氢氧化钙、硫化钙进行灰浸产生的废碱液。

③废物类别:HW42 废有机溶剂。

皮革工业中含有有机溶剂的除油废物。

(3)《制革行业规范条件》

该规范条件从企业布局、生产规模、工艺技术与装备、环境保护、职业安全卫生、监督管理 6 方面,对新建(改、扩建)制革企业和现有制革企业提出了要求。

从生产规模看,新建(改、扩建)生产成品革的制革企业,年加工能力不低于 30 万标准张牛皮；现有制革企业生产规模要符合有关产业政策要求，鼓励小规模企业依法进行兼并重组，且重组后的企业生产规模要达到新建（改、扩建）企业要求。异地搬迁项目要执行新建项目的有关规定。从工艺技术与装备看，新建（改、扩建）企业应采取各种清洁生产技术和节水工艺，采用能实现节能减排的水场加工设备和机械设备；现有企业应进行节水和清洁生产改造，在技术改造过程中，应积极采用节能减排降耗设备。这些要求，是减少制革行业污染物，提高资源利用率，推动产业升级的重要措施。

▶特别提示：

（1）该规范条件针对的是制革企业，不包括毛皮加工企业。

（2）该规范条件首次对标准张牛皮的折算方法进行了统一，这便于较准确地进行计算，为该规范条件的实施提供了量化依据。

①标准牛皮张数折算方法（轻革）。若1标准张牛皮为4 m^2，计算标准牛皮张数的公式为：

$$P=A/4$$

式中，P 为标准牛皮张数（单位：张）；A 为皮革总产量，包括头层和二层（单位：m^2）。

②标准牛皮张数折算方法（重革）（见表10-2）。

表10-2　　不同原料皮折算牛皮张数

原料皮种类	牛皮	猪皮	山羊皮	绵羊皮	马皮	鹿皮
标准牛皮折合比例	1	4	7	5	1.2	3

（4）《制革、毛皮工业污染防治技术政策》（环发〔2006〕38号）

该技术政策分别从控制目标、清洁生产技术和工艺、节水措施、集中制革、污染集中治理、废水治理、制革固体废物处置和综合利用技术、恶臭防治、鼓励研究、开发的技术几个方面进行了说明，对于皮革行业进行清洁生产具有较好的借鉴和参考意义。

该技术政策中提倡采用清洁生产工艺，并要求“至2015年底之前，力争在全行业中基本采用清洁生产技术和工艺，满足清洁生产的基本要求”。

对于废水的处理及排放提出了以下要求：“新（改、扩）建制革企业应采用二级生化法处理其工艺废水，采用成熟的清洁生产工艺进行制革生产；至2010年底之前，现有制革、毛皮废水应经过二级生化法处理，采用成熟的清洁生产技术和工艺；需制定发布更为严格的制革、毛皮工业污染物排放标准。”

▶特别提示：

（1）在初次接触该行业时，可参考该技术政策，将企业的实际生产情况与之对比，同时结合企业实际状况和生产条件提出行之有效的方案。

（2）将企业环保现状与该技术政策中提到的关于废水、废气和固废的处理、处置方式进行对比，查找可改进的方面。

2. 皮革行业标准

（1）《制革及毛皮加工工业水污染物排放标准》（GB 30486—2013）

该标准是制革工业水污染物排放控制的基本要求。地方省级人民政府对本标准未作规定的污染物项目，可以指定地方污染物排放标准；对本标准已经规定的污染物项目，可以指定严于本标准的地方污染物排放标准。

制革及毛皮加工新建企业自 2014 年 3 月 1 日起，现有企业自 2014 年 7 月 1 日起，其水污染物排放控制按本标准的规定执行。

新标准明确了制革及毛皮加工工业废水中的各项污染物，提高了针对性；根据行业水污染物治理技术水平，规定了直接、间接排放限值，其中，重金属等毒害性较强的污染物直接、间接排放执行相同限值；设置了总氮控制指标、氯离子控制指标、最高允许排放水量指标等，更具有行业特点和参考性。

▶特别提示：

(1)注意标准的时效性，该标准自 2014 年 3 月 1 日起实施。

(2)该标准对于排放限值的规定分为直接排放及间接排放两种情况，企业分为制革企业及毛皮加工企业两类，并分时间段分别进行了规定，在审核过程中要对以上各点多加注意。

(2)《清洁生产标准　制革行业(猪轻革)》(HJ/T 127—2003)

该标准将清洁生产标准指标分成 6 类：资源能源利用指标、生产工艺指标、产品指标、污染物产生指标、废物回收利用指标和环境管理要求。

范围规定：适用于制革行业(猪轻革生产过程)企业的清洁生产审核。

▶特别提示：

(1)审核时，应了解企业生产规模及所用原辅材料情况，以及是否符合要求。

(2)原皮是指经过盐腌制的盐湿皮，如果采用鲜皮生产，需要进行换算，鲜皮质量＝盐湿皮汇总量/1.11，得革率是最终产品与原皮之比，可以 kg/kg、m^2/m^2、m^2/kg 三种单位计，在审核过程中应根据企业实际统计数据以任意一种统计即可。

(3)《清洁生产标准　制革行业(牛轻革)》(HJ 448—2008)

该标准将清洁生产标准指标分成 6 类：生产工艺与装备要求、资源能源利用指标、产品指标、污染物产生指标(末端处理前)、废物回收利用指标和环境管理要求。

范围规定：适用于制革行业(牛轻革生产过程)企业的清洁生产审核。

▶特别提示：

(1)得革率：每加工 1 m^2 原料皮得到的成品革面积。

(2)取水量：包括取自地表水(以净水厂供水计量)、地下水、城镇供水工程以及企业从市场购得的其他水或水的产品(如蒸汽、热水、地热水等)，不包括企业自取的海水和苦咸水等以及企业为外供给市场的水的产品(如蒸汽、热水、地热水等)而取用的水量。

(3)总用水量：主要生产用水、辅助生产用水(包括机修、锅炉、运输、空压站、厂内基建等)、附属生产用水(包括厂部、科室、绿化、厂内食堂、厂内和车间浴室、保健站、厕所等)。

(4)《清洁生产标准　制革行业(羊革)》(HJ 560—2010)

该标准将清洁生产标准指标分成 6 类：生产工艺与装备要求、资源能源利用指标、产品指标、污染物产生指标(末端处理前)、废物回收利用指标和环境管理要求。

范围规定：适用于制革行业(羊革生产过程)企业的清洁生产审核。

▶**特别提示：**

(1)该标准中的羊皮不剖层。

(2)得革率：单位面积的原料皮经过制革加工过程得到的成品革面积。

(3)单位产品总铬产生量：生产每平方米成品革产生的总铬的量。

(4)单位产品皮类固体废物产生量：生产每平方米成品革产生的皮类固体废物的量。

(5)《制革行业清洁生产评价指标体系(试行)》

该体系适用于牛皮、羊皮、猪皮制革生产的制革企业，分为定量和定性两部分要求。它从资源与能源消耗指标、产品特征指标、污染物指标、资源综合利用指标几个方面分不同的原料进行了定量的规定。

▶**特别提示：**

(1)一般情况下，以清洁生产标准为主进行清洁生产水平分析，也可以参考指标体系中的定量指标。

(2)注意一些指标的解释，如得革率、污染物产生指标、综合能耗、新鲜水消耗量、水资源利用率。

三、审核过程解析

1．“三废”产排分析

(1)污染来源

一是由原料皮上除去的油脂、肉渣、毛和边脚余料等，腐烂变质和化学水解产生的氨基酸、多肽和蛋白质造成的；二是由制革生产过程中使用的化工材料带来的，如硫化物、工业盐、石灰、红矾、染料、各类酸和铬等有害物质，其吸收率的高低影响着它们对环境带来的污染负荷的大小。

(2)污染环节

①废水主要来自脱毛、浸灰、浸酸、鞣制、复鞣、中和、染色、加脂等工艺过程。废水中含有多种对环境有害的物质：铬离子、硫化物、氨氮、酸碱盐及有机物等。

②固体废弃物主要包括去肉工序中产生的油渣、削匀工序中产生的革屑、剪边工序中产生的边角、污水处理场中的污泥及铬粉、染料包装物。含铬废物属于危险固废，应委托有资质的单位进行处置，并加强对运输及处置单位的跟踪检查，防止危险废物产生二次污染。

③废气主要来自于后整理阶段，主要是挥发性有机物及有机溶剂等的排放，其成分与具体工艺及配方组成有关。

某企业的工艺流程及“三废”情况如图 10-1 所示。

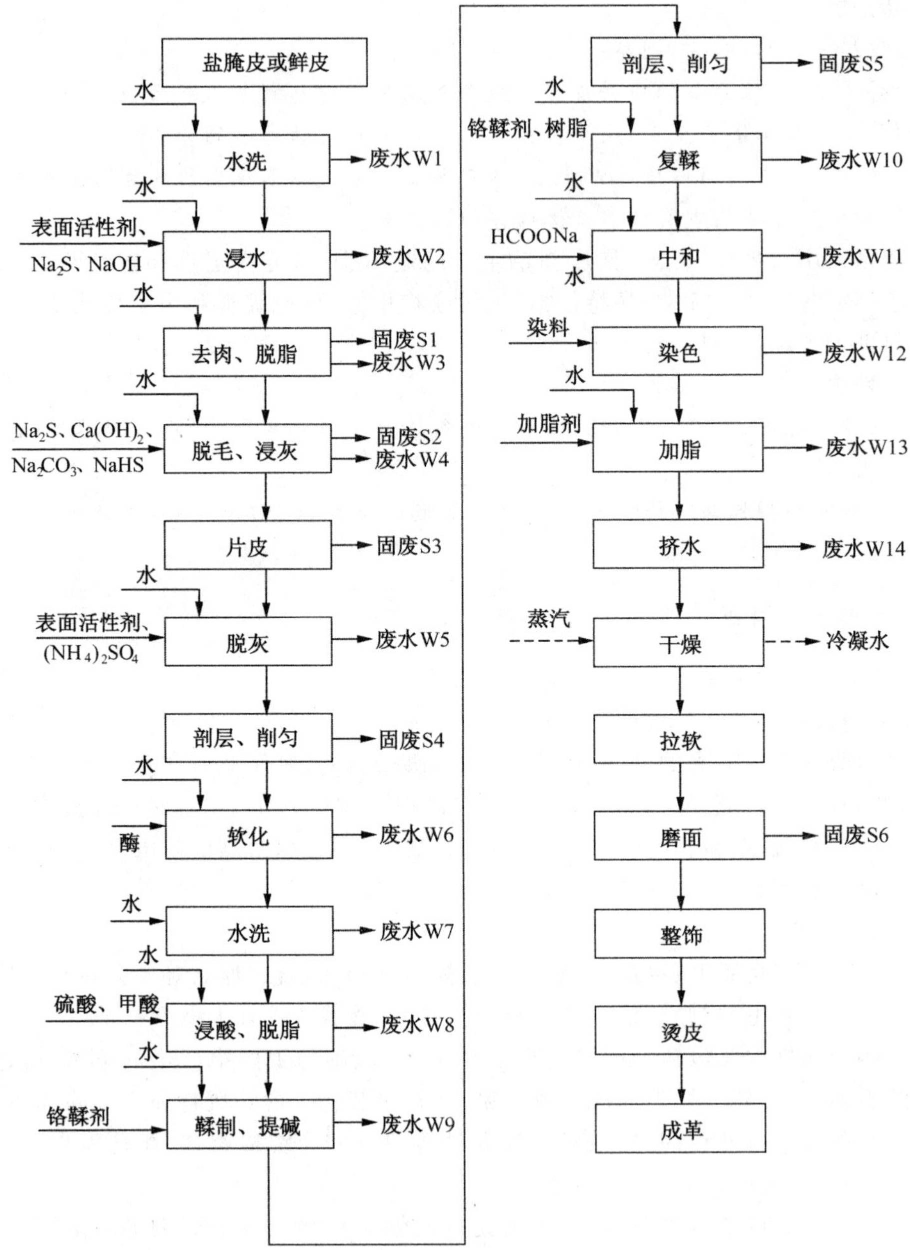

图 10-1 工艺流程图

根据工艺流程图 10-1，下面具体分析一下各种废物的产排特性（见表 10-2）。

表 10-2　　废物的产排特性

工序名称	废物种类	有害成分	产生浓度	处理方式及去向
浸水	废水	COD、氨氮、悬浮物	COD:3000～6000 mg/L SS:3000～7000 mg/L 氨氮:1500～5000 mg/L	废水排入厂污水综合处理场处理后，排入城市污水处理厂进行深度处理
脱脂	废水	COD、氨氮、悬浮物、表面活性剂、盐	COD:1000～3000 mg/L SS:1500～3000 mg/L 氨氮:120 mg/L	排入循环使用储存池循环使用
脱毛、浸灰	废水	COD、氨氮、硫化物、油脂	COD:10000～25000 mg/L SS:600 mg/L 氨氮:201 mg/L 硫化物:12.79 mg/L	废水排入厂污水综合处理场处理后，部分回用于准备工段，部分排入城市污水处理厂进行深度处理
	废渣	角蛋白	—	外卖综合利用
去肉、片皮	废水	COD、氨氮、悬浮物	COD:1000～4000 mg/L SS:1500～4000 mg/L 氨氮:120 mg/L	废水排入厂污水综合处理场处理后，部分回用于准备工段，部分排入城市污水处理厂进行深度处理
	废渣	皮块(含盐)	—	外卖综合利用
灰皮水洗	废水	COD、氨氮、悬浮物	COD:500～2000 mg/L SS:500～800 mg/L 氨氮:300～500 mg/L	废水排入厂污水综合处理场处理后，排入城市污水处理厂进行深度处理
脱灰	废水	COD、氨氮、盐		
软化及水洗	废水	COD、氨氮		
浸酸	废水	COD、氨氮、酸		
鞣制	废水	COD、氨氮、铬、盐	COD:500～1000 mg/L Cr^{3+}:1500～2000 mg/L	废液集中收集，进行铬回收，然后进入厂污水综合处理场处理后，排入城市污水处理厂进行深度处理
	废渣	皮块	—	外卖综合利用
复鞣	废水	COD、氨氮、铬、盐	COD:500～1000 mg/L Cr^{3+}:1500～2000 mg/L	废液集中收集，进行铬回收，然后进入厂污水综合处理场处理后，排入城市污水处理厂进行深度处理
中和水洗	废水	COD、盐	COD:300～500 mg/L	废水排入厂污水综合处理场处理后，排入城市污水处理厂进行深度处理
染色、加脂	废水	COD、色素、油脂	色度:100～150 倍	
水洗	废水	COD、色素	色度:100～150 倍	
生产车间	臭气	恶臭	无组织排放	通过化学氧化法或者生物除臭法进行处理

▶特别提示：

(1)由于各企业在生产工艺、设备及产品种类方面会有一定差别，故上述污染物排放工序及浓度情况仅作参考。

(2)制革废水产生的环节比较多,并且存在间歇排放的特点,水质、水量波动较大,在审核过程中,需结合实际生产情况作具体分析。

(3)废水中的硫化物主要来源于脱毛、浸灰工序,在 pH 值小于 7 时,可转化为硫化氢,环境风险较大。

(4)废水中的三价铬主要来源于鞣制工序和复鞣工序,现有污水处理工艺虽然能够基本去除污水中的铬,但废水中的铬转移到了污泥中,处理、处置成本高、风险大,因此,应考虑对含铬废水进行全部循环利用。这样不但可大幅度减少含铬废物的排放,而且可节省化工原料,具有一定的经济效益。

通过分析工艺流程图和"三废"产排情况,结合企业实际,可以得出以下清洁生产方案:

▶方案 1:使用国内外的先进、环保染料,减少染料和化料产生的污染。

▶方案 2:采用环保胶黏剂,绝不使用酮、醛、苯的产品。从源头上避免酮类、醛类、苯类物质对人体健康造成的伤害。

▶方案 3:对全厂的蒸汽管道保温材料进行修补,对废气做到回收使用,发现存在"跑冒滴漏"现象的设备及时修理。

▶方案 4:各工序加热水罐安装计量装置及温控装置,并根据实际用水量控制热水的加热温度和数量,避免水、汽浪费。

▶方案 5:传统的浸酸工艺每次浸酸后废液均排掉,既污染环境,又浪费化料。现将浸酸液循环利用,做到不排放和少排放。

▶方案 6:用单管、单孔管道插入水罐中加热,不仅加热慢还浪费蒸汽。现考虑用单管、多孔管道插入水罐中加热,既加热快又节省蒸汽。

▶方案 7:在不影响生产工艺的条件下,对全厂设备电机进行变频调速改造,可减少电损耗。

▶方案 8:用植物鞣代替铬鞣,工艺仅作部分调整。此工艺是一种环保工艺(无铬鞣工艺),具有较好的环境效益。

▶方案 9:鞣制工段由于浸酸水量控制得不合理,造成盐的浪费以及环境的污染,现将浸酸水量由原来的 80%降低为 60%。

▶方案 10:鞣制工段在鞣制结束后,废铬液直接排放形成了铬污染。废铬液中含有大量的盐和未被充分吸收的铬,形成了大量浪费。现将废铬液全部收集,过滤,滤去肉渣等粗大的固体,测定废液的 pH 值、盐浓度、铬含量,之后将其回用于鞣制工序。

2. 审核重点选择

根据制革行业特点,选择原料消耗、水耗、电耗、汽耗、"三废"产生量作为筛选审核重点主要考虑的几个因素,分别计算各备选审核重点指标的量,再结合权重总和计分排序法计算结果确定审核重点。

通常选取的审核重点可能存在以下情况：生产效率需提高，能耗、水耗、原料消耗过大，但通过对这些工段进行改进，即可获得显著的经济及效益环境效益；生产工艺复杂，设备多，物料输入和输出环节较多，废水、废气排放环节较多，清洁生产潜力较大；通过实施清洁生产方案，可取得明显的经济效益和环境效益。

3. 审核目标设置

(1)目标设置依据

对皮革行业进行清洁生产审核时，可参考《清洁生产标准 制革行业(猪轻革)》(HJ/T 127—2003)、《清洁生产标准 制革行业(牛轻革)》(HJ 448—2008)、《清洁生产标准 制革行业(羊革)》(HJ 560—2010)进行目标设置，还可考虑与同行业其他企业进行比较，并结合企业的发展规划确定。

(2)目标选择方法

清洁生产提倡从源头削减，清洁生产标准中也有相关的指标，故在目标设置时，也应有相应的指标，如单位产品取水量及单位产品耗电量等；制革行业主要污染物为废水和固废，在清洁生产目标设置时，应有相应的指标，如单位单品产生量或者排放量等；生产过程中添加了含铬原料，铬的环境风险较大，在目标设置时也应予以考虑。

某企业具体的目标设置见表 10-3。

表 10-3　　目标设置

项目	单位	现状	近期目标(2016 年底)		中期目标(2017 年底)	
			绝对量	变化率	绝对量	变化率
得革率	$m^2/m^2_{原料皮}$	*	*	提高 * %	*	提高 * %
取水量	$m^3/m^2_{成品革}$	*	*	削减 * %	*	削减 * %
水重复利用率	%	*	*	提高 * %	*	提高 * %
耗电量	$kW \cdot h/m^2_{成品革}$	*	*	削减 * %	*	削减 * %
综合能耗	$kgce/m^2_{成品革}$	*	*	削减 * %	*	削减 * %
固体废物产生量	$kg/m^2_{成品革}$	*	*	削减 * %	*	削减 * %
废水产生量	$m^3/m^2_{成品革}$	*	*	削减 * %	*	削减 * %
COD 产生量	$g/m^2_{成品革}$	*	*	削减 * %	*	削减 * %
三价铬产生量	$g/m^2_{成品革}$	*	*	削减 * %	*	削减 * %

注：不同企业由于工艺、生产规模等不同，各目标值差别较大，此处不列具体数值，仅对如何选取目标对象提供参考(*代表省略的数据)。

4. 平衡数据分析

物料平衡

列出整个审核重点的生产工艺，按照每个工序测定(或估算)的输入物料、输出物料及损耗，绘制出物料平衡图和物料流程图(流程图此处暂略)，据此可以找出物料主要损耗和流失环节。以某皮革厂湿车间为例，其物料平衡如图 10-2 所示。

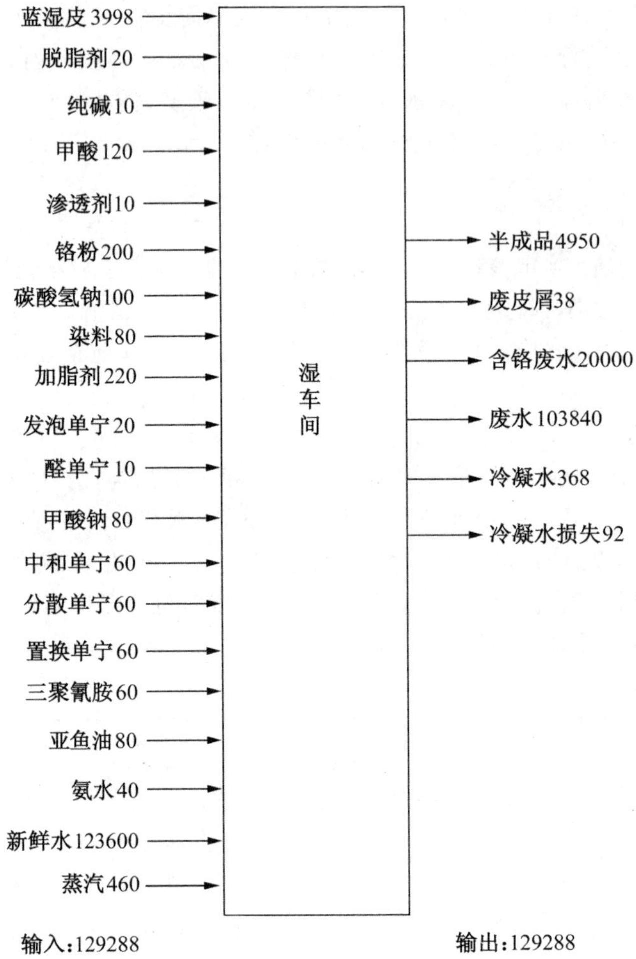

图 10-2 审核重点的物料平衡图(单位:kg/d)

水平衡

制革行业耗水量较大,应针对每道工序的特点,实测其耗水量及外排水量,并估算损耗量,据此可看出哪个环节耗水量大、损耗大,以便查找原因,制定方案。图 10-3 给出了某审核重点的水平衡。

制革行业废水水量及水质波动较大,通常为间歇排放,随生产品种及种类的变化,废水中的水质也会有差异。废水主要来自脱毛、浸灰、浸酸、鞣制、复鞣、中和、染色、加脂等工艺过程,这些工艺过程中加入的各种助剂、鞣剂、加脂剂、涂饰剂等无法完全被皮革吸收,无法吸收的这部分工业辅料经过回收和利用后,最终有部分仍将以工业废水的形式排入水环境中。

制革废水的处理通常包括含铬废水处理、综合废水处理及中水回用。其中,含铬废水中的铬属于国家一类控制毒害物质,必须单独回收处理,以减轻综合废水中铬的污染负荷。处理后的含铬废水与其他工段的废水混合后作为综合废水进行处理。生化处理后的废水可视情况回用于生产环节。

含铬废水包括定期排放的鞣制废液及鞣制清洗废水，这部分废水应清污分流，单独收集，单独处理。主要的处理方法有减压蒸馏法、反渗透法、离子交换法、溶液萃取法、直接循环利用法、碱沉淀法等。目前常用的是直接循环利用法和碱沉淀法。直接循环利用法因用于重复利用的废液中的铬含量及盐含量每次都不同，因此，使用前需进行分析、调整，在工艺上也比较烦琐，对过程控制要求较高。碱沉淀法可解决鞣制后清洗废水中的铬，使用较为广泛。

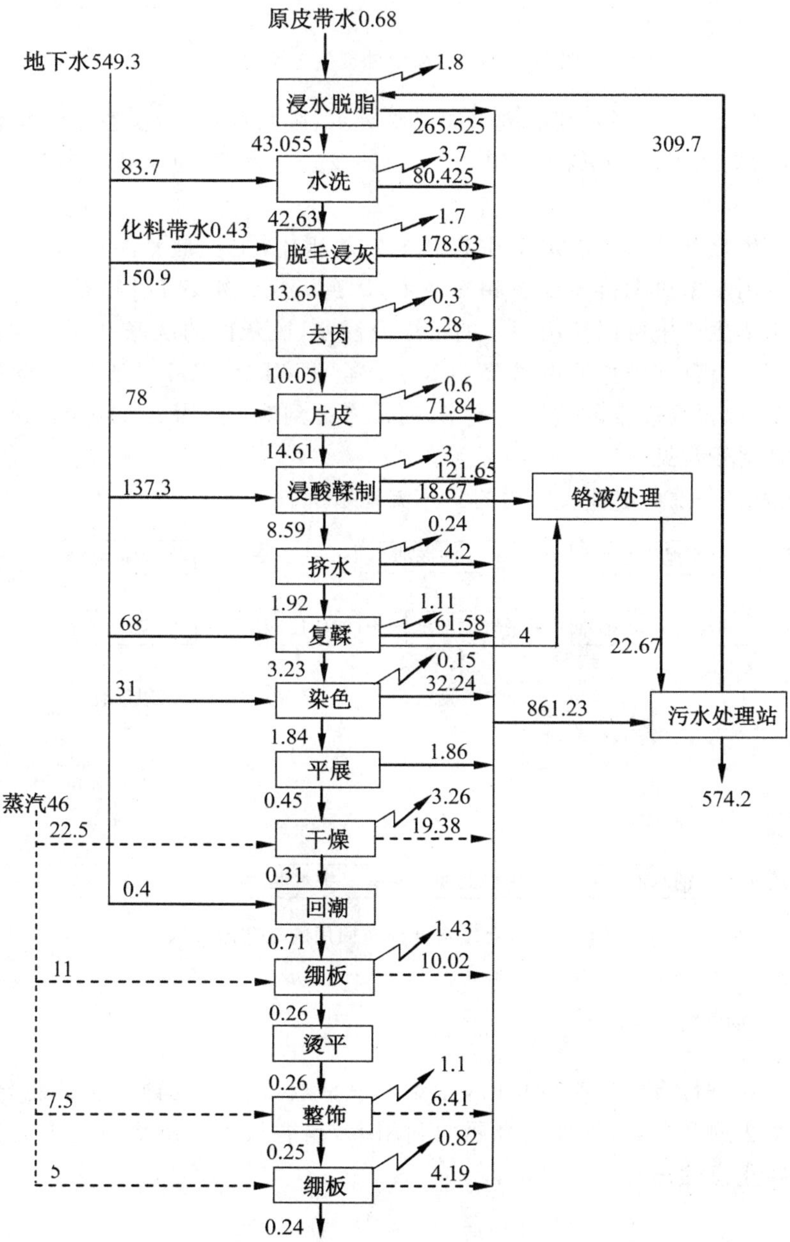

图 10-3　审核重点的水平衡图(单位：m^3/d)

图 10-4 为碱沉淀法的工艺流程示例。

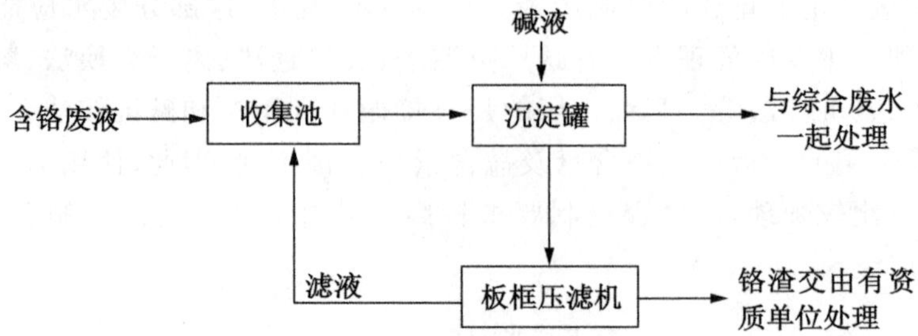

图 10-4 含铬废水处理工艺流程图

生产废水除含铬废水外，其他废水如浸水废水、脱脂废水、清洗废水等均作为综合废水，其中主要污染因子是 COD、SS、BOD、三价铬及硫化物等，可生化性较好，多采用两级处理工艺。

制革废水生化处理后的出水水质与制革用水相比，主要是悬浮物、有机物和无机盐偏高。而制革用水中对无机盐要求相对较低，因此，悬浮物及有机物是中水回用的主要去除对象。制革生产中可以使用中水的工序有浸水、脱灰前的洗涤、脱灰、软化、浸酸、鞣制、蓝湿革脱脂、复鞣和染色后的洗涤。可结合企业实际生产中对控制指标的具体要求选择回用环节，以提高废水的重复利用率，通常考虑到对产品品质的影响，回用于鞣制之前的环节的情况较常见。

图 10-5 为综合废水处理及回用的工艺流程示例。

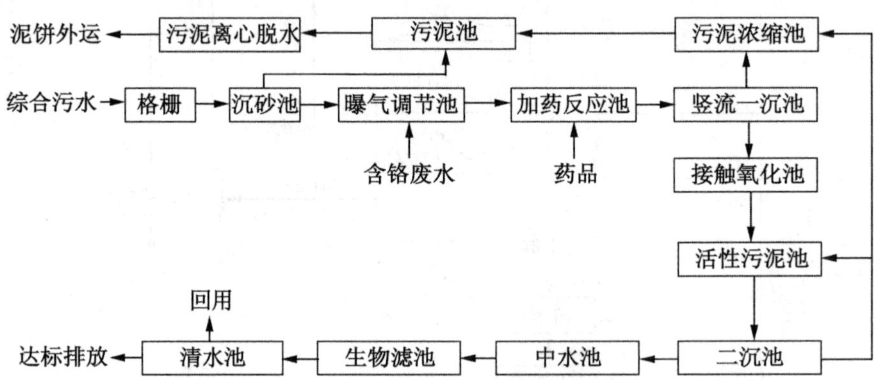

图 10-5 综合废水处理及回用的工艺流程图

特征污染物平衡

对制革行业进行清洁生产审核时，需对审核重点特征污染物铬作平衡分析，以便通过了解重金属去向及含量，计算重金属的利用率，也能从中找出物料流失环节。图 10-6 给出了某审核重点的铬污染物平衡。

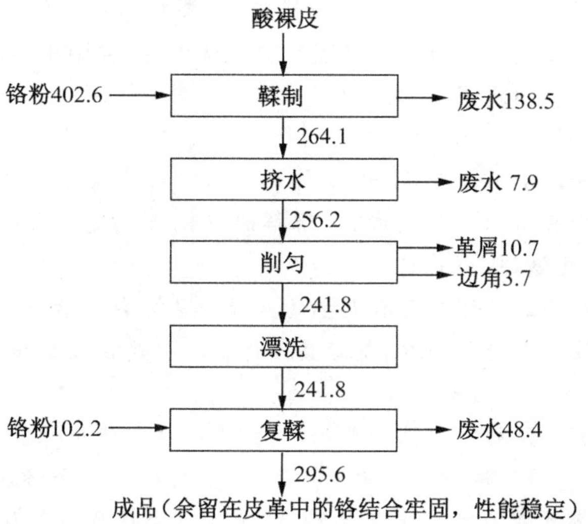

图 10-6　审核重点的铬污染物平衡图(单位:kg/d)

平衡分析:

①对原辅材料和能源的评估。建立物料管理体系,制定物料购入、储存、发放、使用等管理制度和标准操作规程,对主要原辅料的供应单位进行质量审计,选择符合规定的单位购进原辅料。原辅料按批取样检验,待验品和合格品的存放都有显著的状态标志。原辅料按品种、规格、批号分别存放。不合格品专区存放,有醒目的状态标志,能防止差错和混淆。应选择无毒或低毒、与革制品结合紧密、利用率高的原料,进入废水、废渣中的化学原料要利于进行后处理,对人体健康和环境无负面影响或影响轻微。生产过程中使用化料的成分复杂,采用酶制剂代替部分化料,从而减少废水中污染物的成分。

②对生产工艺及过程操作的评估。企业清洁生产水平较低的可能原因:一是水的回用率较低;二是生产工艺过程中原皮处理、脱毛、脱灰、软化、浸酸、鞣制、复鞣、染色等技术尚未达到国际先进水平;三是废物回收利用能力不足;四是环境管理措施不够完善。应进一步优化设计方案,采用国际先进生产工艺、设备组织生产,同时通过"以新带老"措施,开辟水、废物的回收利用途径,加大回收利用率,减少污染物外排,提高清洁生产总体水平。

③对设备运行、管理和维护的评估。加强生产工艺改革,淘汰落后工艺及设备,采用国际先进技术组织生产。原皮处理采用冷冻保存法;脱(毁)毛采用保毛脱毛法和酶脱毛法;脱灰、软化采用 CO_2 法和酸法,配以少量的铵盐;浸酸、鞣制采用无盐浸酸和高吸收铬鞣;复鞣、染色、加脂采用少铬或无铬鞣制工艺、高吸收铬鞣剂及废铬酸的循环利用等先进技术;使用先进的设备,如改进型转鼓等。营运期应全面加强环境管理,严格遵守国家和地方的有关环境法规,污染物排放达到环境管理要求,企业内部建立原材料质检、原材料消耗定额考核等制度,将 ISO14001 环境管理体系及清洁生产审核体系纳入管理生产过程中,并对相关方(如原料供应方、生产协作方、相关服务方)的行为提出环境要求,实施生态化生产。

④对废物的评估。应加大废水处理程度,提高水的回用率;减少生产环节的用水量,

如改流水洗为封闭水洗，大大减少用水量及排放量；浸灰时加入浸灰酶、脂肪酶等，使胶原纤维充分松散，残存在皮中的石灰等更容易被水洗出，减少用水量及排放量；加强对废毛、革灰等废物的回收利用研究，扩大回收利用途径，减少外排。

▶**特别提示：**

（1）如企业采用的为灰碱法脱毛，则要特别注意特征污染物中的硫化物。硫化物是一种毒性物质，其粉尘有腐蚀性和刺激性，溶解的硫化物也是有毒的。硫化物还可以转化成高毒性的硫化氢气体，从而引起危险。

（2）在原皮保存及浸酸过程中会有大量的盐分。盐分会给后续的水处理带来不利影响，应尽量避免用盐腌法来进行保存，或者直接将制革厂建在大型屠宰场附近，但成本相对较高。

（3）六价铬虽具有很强的氧化性和毒性，但由于铬鞣剂使用性能优良且价格较低，故目前使用仍非常广泛。通过提高铬的回收利用率、少用或不用含铬复鞣剂来减少铬的产生和排放，也是降低铬污染的重要手段。同时，应注意含铬原料的运输、储存、使用中的管理以及含铬废水、污泥的处理、处置，以降低环境风险。

四、注意事项汇总

下面将皮革行业清洁生产审核需要特别注意的几点总结如下：

（1）制革生产中的鞣前工段有盐的输入，这些盐部分被带入废水中，造成废水中盐分过高，增加了水处理的难度，对出水水质也有影响，所以应采用无盐或少盐工艺，如盐水浸泡、氯化钾腌制等。逐步淘汰撒盐保藏鲜皮的原皮保藏工艺，采用转鼓浸渍盐腌法，或池子浸渍盐腌法等；提倡循环使用盐。严格控制使用卤代有机类防腐剂，禁止使用含砷、汞、林丹（$C_6H_6Cl_6$）、五氯苯酚的防腐剂，提倡使用无毒或可生物降解的防腐剂。

（2）脱毛是制革生产中的一个重要工序，也是污染来源之一，会产生含硫的废水。为了降低这部分污染，提倡小液比脱毛和脱毛、浸灰废液的循环使用。可采用酶法脱毛、无硫或低硫的保毛脱毛技术，碱免疫法保毛脱毛配合脱毛废液的循环利用。对没有回收价值的毛，可进一步水解提取其中的角蛋白，用于制作皮革化工材料、化妆品中的保湿成分、毛发营养剂或肥料。

（3）制革企业在生产环节要做好防渗、防漏工作，因为制革废水的污染较重，老企业尤其要注意这一点，设备存在跑冒滴漏现象时一定要及时进行更换。

（4）制革废水中的铬鞣废水污染重，应尽量处理后回收利用。常用的回收技术有碱沉淀法和直接循环利用法。碱沉淀法使用较为广泛，但可能影响鞣革的质量；直接循环利用法：废水通过过滤和调 pH 值后，直接循环利用，对工艺控制要求比较高，但设备简单投资少。

（5）制革生产中会产生一些边角料，由于有些企业管理不规范，造成这些边角料流向了食品甚至药品行业，在审核过程中要特别注意该部分固废的流向。

（6）污水处理产生的污泥是危险废物，应暂存于专门的危废储藏室，交给有资质的单位处理。

（7）工信部在其编制的《皮革行业清洁生产技术推行方案》中，推荐了 2 个应用技术：

制革和毛皮加工主要工序废水循环使用集成技术、制革废毛和废渣制备制革用蛋白质的提取及应用填料技术;5个推广技术:无硫(低硫)、少灰保毛脱毛技术,制革无氨、无氨脱灰、软化技术,高吸收铬鞣及其铬鞣废液资源化利用技术,制革无盐浸酸技术,制鞋低挥发性有机化合物排放集成技术。并对其适用范围、主要内容、解决的主要问题、前景分析等进行了详细的说明。在审核过程中可结合所审核的企业特点参考。

五、典型方案参考

表10-4列出了从原辅材料及能源、技术工艺改造、设备维护和更新、过程的优化控制等多个角度精选的几个已在皮革企业中实施过的典型方案。

表10-4　　皮革企业中的典型方案

方案名称	方案简介	效益分析
方案类型:原辅材料及能源		
少盐防腐保藏技术	主要有冷冻保藏、少盐保藏以及辐射法。使用低毒防腐剂配合食盐用于原料皮的保藏,可节省食盐30%左右;盐腌皮在投料前用转笼抖去皮面的盐分,可节省食盐20%左右	减少了盐的使用量,同时减少了带入废水中的盐量,有利于污水处理站的运行
低硫脱毛、保毛脱毛技术	逐步采用低硫、无硫酶脱毛及低COD排放的脱毛方法,提倡小液比脱毛和脱毛、浸灰废液的循环使用	减少了废水中的污染物含量,降低了污水处理厂的运行成本
酶制剂技术的应用	酶制剂是可以生物降解的蛋白质,比其他制革化学品对环境的污染小,用量适当时几乎不会对环境造成危害,可主要应用于以下几个工段中:酶浸水、酶脱毛、酶助浸灰、酶脱脂、酶软化、制革废料的酶法处理等	减少了具有污染作用的化学品(如表面活性剂、硫化碱、石灰、有机溶剂等)大约30%的使用量,能改善皮革对其他化学品的吸收,有效地减少了废水中污染物的含量,降低了BOD和COD指标
植物鞣替代铬鞣技术应用	植物鞣代替铬鞣,工艺仅作了部分调整。整理后的皮革不用涂饰,简化了部分工序,生产周期缩短。此工艺是一种环保工艺(无铬鞣工艺),具有较大的开发潜力	减少了铬的使用量,同时减少了废水中的铬含量
严格控制染料和化料质量	使用国内外的先进、环保染料,减少染料和化料产生的污染	提高了产品档次,减少了污染的产生
低硫浸灰技术的应用	浸灰工艺用浸灰助剂代替部分硫化钠	减少了废水中硫化物的产生
非铵盐脱灰技术的应用	脱灰工序用非铵盐脱灰剂取代硫酸铵	降低了废水中氨氮的浓度,减轻了污水处理站的压力

续表

方案名称	方案简介	效益分析
方案类型:技术工艺改造		
脱毛、浸灰液循环利用	脱毛、浸灰液循环利用技术是对废液中蛋白质成分经酸化沉降处理后,再回收用于浸灰体系	废液中的硫化钠可回收一半以上
废铬液的处理与回收利用	废铬液中含有大量的盐和未被充分吸收的铬,形成了大量浪费。将废铬液全部收集,过滤,滤去肉渣等粗大的固体,测定废液的 pH 值、盐浓度、铬含量,之后将其回用于鞣制工序	节约了原辅材料,减少了废水排放
浸酸液的循环利用	传统浸酸工艺每次浸酸后的废液均排掉,既污染环境,又浪费化料。现将浸酸液循环利用,做到不排放和少排放	降低了原辅材料消耗,减少了废水排放
提高转鼓的利用率	通过试验避免设备空转,以提高设备的利用率,从而达到节水、节电、节汽的目的	可节电、节水,同时减少废水排放
对加脂工艺进行革新	加脂工艺选用性能好、吸收率高的加脂剂	可提高产品质量,增加产品稳定性
封闭水洗	在湿加工工段要求尽量采用小液比工艺,尽可能地改流水洗为批量封闭水洗,在保证加工需要的前提下,删繁就简,合并相关工序的用水操作,降低吨皮用水量	节水的同时减少了废水排放
冷却水回收利用	将空气压缩机和干线真空机、绷板机流出的冷却水回收利用	减少了废水排放
方案类型:设备维护和更新		
更换存在“跑冒滴漏”情况的设备	对存在“跑冒滴漏”现象的设备及时进行更换	降低了原辅材料的消耗,减少了污染物的产生
蒸汽管道保温处理	对全厂的蒸汽管道保温材料进行修补,对废气做到回收使用,发现存在“跑冒滴漏”现象的设备及时修理	降低了蒸汽消耗,减少了废水产生
变频改造	在不影响生产工艺的条件下,对全厂设备电机进行变频调速改造,减少电损耗	降低了电耗
新增木转鼓	毛皮生产传统使用划槽,但划槽有搅拌不均、不保温、液体溢出等缺点。采用木转鼓后,既保温,温度也能很好地控制,又节约蒸汽;同时,还没有化料外溢,生产环境好	节约了蒸汽,减少了污染
喷浆机控制系统升级	喷浆机系统陈旧,造成化料的浪费	改造后节约了化料
集中收集存放毛灰、毛皮	分类收集毛灰、毛皮于编织袋,放入仓库,避免露天存放,缩短存放时间	减少了毛灰、毛皮的损失

续表

方案类型:过程的优化控制		
解决划槽用水量多的问题	浸水工段投料皮质量及投料原皮的品种存在不合理现象,造成能源浪费、人力浪费、化料成本增加和污水排放量增加。现减少原皮带肉皮的引进及投入,增加原皮单划槽的投入量	节约了用水量,减少了废水排放
提高灰皮修边质量	片灰皮后,剪边存在不合理现象,造成能源浪费。应提高管理水平,使工人明确知道如何合理修边,如何去头	提高了成革率,减少了原辅材料消耗
加装计量装置	各工序加热水罐安装计量装置及温控装置,并根据实际用水量控制热水的加热温度和数量,避免水、汽浪费	实现了、水汽的精确控制,降低了消耗
解决浸酸加盐过多产生污染的问题	鞣制工段由于浸酸水量控制得不合理,造成盐的浪费以及环境的污染。现将浸酸水量由原来的80%降低为60%	减少了水耗及废水排放量
染色皮的水用量控制	完善染色工艺,控制水的用量,提高上色率	减少了水耗及废水排放量
方案类型:加强管理		
下脚料分类	分类存放,统一管理,可变卖的分类回收,定期运走处理,减少环境污染	减少了生产废物对环境的污染
加强员工的个人防护	打磨、烘干、刷胶、刷铬等工段会接触到有害气体,员工应佩戴口罩、劳动保护用具。要对新员工开展进厂职业卫生及清洁生产知识的培训,现场巡检时加强督导	保证了职工的安全
加强生产用水考核	在各主要部门安装水表,对各班用水量进行定期记录和考核。做到生产、生活中的用水量、电能单独计量,每月对消耗数据进行统计,进行合理分析	减少了废水排放

第十一章

橡胶制造业审核实战指南(轮胎)

橡胶制品主要包括橡胶加工、轮胎制造、再生橡胶制造、橡胶零件制造、日用及医用橡胶制品制造、橡胶靴鞋制造及其他橡胶制品制造。《关于深入推进重点企业清洁生产的通知》(环发〔2010〕54号)将橡胶制造业列入重点审核行业。而实际审核工作中以轮胎制造企业较为常见,本章即对轮胎制造行业的清洁生产审核进行实战讲解。

一、基础知识普及

1. 了解定义和原理

轮胎制造是以固态生胶为主要原料、各种配合剂为辅料,经炼胶、压延、压出、成型、硫化等工序,生产汽车轮胎、摩托车轮胎、自行车轮胎等。

橡胶轮胎生产过程包括配炼工艺、胎面压出、帘布压延、成型、硫化工艺。

①炼胶:用炼胶机将生胶或胶料进行捏炼的操作叫炼胶。炼胶分为塑炼和混炼。塑炼是降低生胶分子量,增加塑性,提高可加工性。混炼是使塑炼胶和配合剂混合均匀,制成混炼胶。

②硫化:硫化是轮胎制造过程中的重要工序,是使塑性橡胶线性分子结构转变为三维网状体形结构的过程,可用多种非硫黄交联剂进行交联,即线性高分子通过交联作用而形成的网状高分子。

2. 了解行业概况

(1)行业现状

轮胎工业发展到今天已逾百年。走过上百年的历程,传统轮胎生产工艺至今已日臻完善,从胶料混炼、部件准备(压延、压出)、成型、硫化到成品质量检验,各个阶段的自动化程度都比较高。

近几年来,我国轮胎行业得到了不小的发展。2014年,全国轮胎产量为11.1亿条,增长6.3%。我国轮胎行业企业众多,根据国家统计局统计,目前规模以上轮胎企业有600多家,主要分布在山东、江苏、浙江和上海等地区,其中山东省拥有逾300家。国内轮胎行业销售额排名前10位的企业市场占有率约30%,大多数厂商规模普遍偏小、技术水平低、研发能力弱、产业集中度偏低,国内轮胎行业尤其是中低端产品整体处于充分竞争状态。

(2)存在问题

一方面,自主研发和技术创新能力不足,核心技术竞争力较低;另一方面,产业集中度比较低。此外,主要原材料及产品对外依存度大,上下游产业发展不协调,经济增长模式还需进一步从粗放式向集约化转变。

(3)解决途径

一是推进企业的兼并重组,优化产业组织结构。二是大力发展节能减排技术和材料。发展新型节能降耗技术装备(充氮硫化工艺、密炼粉尘和硫化烟气治理),提高废旧轮胎的综合利用水平,发展和应用环保、节能、高效的橡胶原材料及各种助剂。三是加强质量品牌建设,重点培育一批具有国际影响力的自主品牌,利用资本运作,改造提升传统产业。这也是转变发展方式的根本途径。

在审核过程中了解行业动向,向企业管理层灌输新的理念,把准脉络,为企业提供产品结构调整或技改信息。

(4)环境污染情况

轮胎行业的污染物排放主要是以废气为主。轮胎生产主要包括炼胶、压出、压延、成型、硫化等工序。其生产过程一般是在加热条件下进行,其中炼胶、压出、压延、挤出等前工序温度为 40～160 ℃,低挥发点的物质会逸出,硫化过程温度为 100～200 ℃,大量气体逸出。污染物主要为炼胶、热胶、硫化废气,另外,还有炭黑粉尘。炼胶、热胶、硫化废气中以非甲烷总烃等有机气体以及恶臭气体为主。轮胎废气的治理技术主要有干式"中和"法、吸收法、吸附法、等离子除臭法、催化燃烧法、微生物降解法、掩蔽法、臭氧法等。①微生物降解法:设备占地面积大,投资高,处理效果不够理想;②吸收法:有二次污染,操作要求高,运行费用高;③等离子除臭法:投资高,运行不稳定,同类工艺在某轮胎厂出现过因故障燃烧的危险现象;④催化燃烧法:投资高,运行费用高。

3. 了解专有名词

像轮胎行业经常提到的"炼胶""硫化""子午线轮胎""全钢子午线轮胎""半钢子午线轮胎""斜交轮胎"等专有名词(详见附录一),应了解其含义,以便了解其工艺过程。

4. 了解政策和标准

对轮胎行业进行清洁生产审核前,应了解以下几个政策和标准:

(1)政策

《产业结构调整指导目录(2011 年本)》(2013 年修订)

《轮胎行业产业政策》(工产业政策〔2010〕第 2 号)

《山东省轮胎工业"十二五"发展规划》(鲁经信改字〔2011〕476 号)

《轮胎行业准入条件》(工信部公告 2014 年第 58 号)

(2)标准

《轮胎行业清洁生产评价指标体系(试行)》

《橡胶制品工业污染物排放标准》(GB 27632—2011)

《轮胎单位产品能耗消耗限额》(GB 29449—2012)

《山东省区域性大气污染物综合排放标准》(DB 37/2376—2013 中的橡胶工业标准)

5. 了解企业概况

审核轮胎企业时，应重点了解企业生产哪种产品[斜交胎、子午线胎、全钢子午线胎(载重汽车轮胎)、半钢子午线胎(轿车轮胎)]、生产线自动化程度(自动化、半自动化、手工)、企业成立时间及发展简史、工艺概况及车间情况、员工人数、主要原辅材料等。

举例：某轮胎有限公司始建于1970年，系原化工部定点轮胎生产厂。2002年改制为民营。公司现有员工1500人，其中专业技术人员390人。主要工艺包括塑炼、混炼、压出、压延、成型、硫化等。生产设备主要有密炼机、压片机、压延机、挤出机、成型机、高压立式罐、硫化罐、硫化机等，为半自动化生产。公司主要生产、经营载重汽车轮胎、斜交胎，目前已形成300多个品种和规格，年产120余万套。主要原辅材料：天然橡胶、合成橡胶、再生橡胶、炭黑、帘线等；主要产品：子午胎、斜交胎等。公司主要生产单元：炼胶车间、压出和压延车间、成型车间、硫化车间以及辅助车间。

6. 掌握工艺流程

轮胎生产工艺主要分为生胶炼胶(配炼)、压出、压延、成型和硫化。

(1)配炼工艺

①塑炼。生胶具有一定的弹性，为便于工艺操作，需要减少生胶的弹性，增加塑性，使它变成柔性的可塑胶料。一般有开炼机塑炼、密炼机塑炼和挤出机塑炼等。

②配料。配料是将各种橡胶用原辅材料按配方表要求准确称量配制的过程，是胶料混炼的一个重要工序，其材料称量的精确度将直接影响到胶料的加工性能。

③混炼。混炼的目的是使配合剂均匀地分散于生胶中，以得到质量均匀一致的混合胶，且使胶料具有适合的可塑性，以确保加工顺利地进行。

(2)胎面压出

将热炼好的胶料经过压出机加工，胶料通过压出机机头出口处的型板，制成具有胎面断面、形状的胶条，这个过程叫作胎面压出。

(3)帘、帆布压延

帘、帆布的压延就是将作为胎体骨架材料的白坯帘线进行两面附胶，使骨架材料变成一种可以操作、贴合、成型的弹性体。

(4)外胎成型

将外胎各个部件的半成品在成型机上合成一个完整胎的工艺过程，称为轮胎成型。

(5)外胎硫化

外胎硫化是外胎制造的最后一个工序，也是对成品的主要物理性能有决定性影响的工序。通常将胎坯放在一个具有一定轮廓和带有花纹的模型内，一方面让蒸汽通过模型，一方面让过热水进入水胎或胶囊内，使外胎内外同时受热硫化。

硫化流程如下：

硫化罐：胎坯→烘干→扎眼→定型→检查→硫化→拨水胎→检查入库。

硫化机：胎坯→烘干→扎眼→硫化→充气冷却→检查入库。

7. 明确产污环节

轮胎行业的主要产污环节见表11-1。

表 11-1　　产污环节一览表

环节	主要污染物	有害成分
炼胶	粉尘	炭黑尘
	炼胶废气	NMHC、臭气、甲苯、二甲苯、苯
	废水	COD、石油类
压出、压延	热胶烟气	NMHC、臭气、甲苯、二甲苯、苯
	冷却循环水	石油类
	废胶料	—
成型	有机废气	汽油挥发气/非甲烷总烃
硫化	硫化烟气	NMHC、臭气
	冷却循环水	石油类
全厂	废包装	化料
	废润滑油、抹布	废油

二、政策和标准解读

1. 轮胎行业政策

(1)《产业结构调整指导目录(2011 年本)》(2013 年修订)

①鼓励类:"十一、石化化工"中的"17、高性能子午线轮胎(包括无内胎载重子午胎,低断面和扁平化(低于 55 系列)、大轮辋高性能轿车子午胎(15 吋以上),航空轮胎及农用子午胎)及配套专用材料、设备生产,新型天然橡胶开发与应用"。

②限制类:"四、石化化工"中的"13、新建斜交轮胎和力车胎(手推车胎)"。

③淘汰类:"(四)石化化工"中的"9、50 万条/年及以下的斜交轮胎和以天然棉帘子布为骨架的轮胎"。

(2)《轮胎行业产业政策》(工产业政策〔2010〕第 2 号)

"第六条　鼓励发展安全、节能、环保的高性能子午线轮胎,巨型工程子午线轮胎,宽断面、扁平化的乘用子午线轮胎以及无内胎载重子午线轮胎。2015 年,乘用车胎子午化率达到 100%,轻型载重车胎子午化率达 85%,载重车胎子午化率达到 90%;注重工程子午线轮胎、航空子午线轮胎和低速车辆子午线轮胎的开发。

"第八条　严格限制斜交轮胎发展,除航空轮胎外,不再新增斜交轮胎产能。淘汰年产 50 万条及其以下的斜交轮胎和以天然棉帘子布为骨架的轮胎生产线。限制发展有内胎载重子午线轮胎。

"第十一条　引导和鼓励轮胎生产企业实施人才战略,与相关科研院所、高等院校联合培养和委托培养急需的技术人才;建立博士后流动站,引进高水平人才,聚集智力资源。

"第十四条　……完善推广低温炼胶和充氮硫化工艺;强化密炼粉尘、炼胶和硫化烟气的治理,推进清洁生产技术……

"第二十五条　新建、改扩建轮胎项目,综合能源消耗应低于 950 千克标准煤/吨三胶(注:三胶是指天然胶、合成胶和再生胶)。"

(3)《山东省轮胎工业"十二五"发展规划》(鲁经信改字〔2011〕476号)

该规划重点指出:"'十二五'期间,重点围绕改善产品、突破技术、产业配套、集聚发展四个方面,加快调整提升,努力构建国际化轮胎产业发展框架。"

(4)《轮胎行业准入条件》(工信部公告2014年第58号)

"三、能源和资源消耗

"(三)新建轮胎生产企业新鲜水消耗量应低于7吨/(吨轮胎产品),现有企业应低于8吨/(吨轮胎产品)。

"(四)新建轮胎生产企业的橡胶消耗应满足:载重汽车子午线轮胎低于0.53(吨三胶)/(吨轮胎产品),轻型载重汽车子午线轮胎和轿车子午线轮胎低于0.45(吨三胶)/(吨轮胎产品),工程机械轮胎低于0.49(吨三胶)/(吨轮胎产品)。现有企业的橡胶消耗应满足:载重汽车子午线轮胎低于0.54(吨三胶)/(吨轮胎产品),轻型载重汽车子午线轮胎和轿车子午线轮胎低于0.46(吨三胶)/(吨轮胎产品),工程机械轮胎低于0.51(吨三胶)/(吨轮胎产品)。

"(五)新建轮胎生产企业工业用水重复利用率应高于95%,工业固体废物综合利用率应高于97%。现有轮胎生产企业工业用水重复利用率应高于90%,工业固体废物综合利用率应高于95%。"

▶**特别提示:**

(1)产业政策无论是从国家层面还是从省内规划层面,均体现了轮胎行业控制总量、淘汰落后、技术改造、节能减排、产品调整以及技术工艺的革新。

(2)淘汰、限制斜交胎,鼓励发展安全、节能、环保子午胎,鼓励自主研发,加强配套设施的建设。

(3)开展清洁生产审核,提高节能降耗、减排治污和资源综合利用水平;建立健全废旧轮胎回收利用管理制度,促进新轮胎生产、旧轮胎翻新和废轮胎再生利用协调发展。

(4)在清洁生产审核过程中,需逐条对照,注意"淘汰类"工艺。清洁生产方案要注意"淘汰、限制类"工艺及产品。

(5)该准入条件中所指的轮胎包括汽车轮胎(不含斜交胎)和工程机械轮胎。

2. 轮胎行业标准

(1)《轮胎行业清洁生产评价指标体系(试行)》

国家环境保护部尚未出台相应的清洁生产标准,关于与橡胶制品业相关的清洁生产标准体系的审核,参照《轮胎行业清洁生产评价指标体系(试行)》(为评价企业清洁生产水平,根据《中华人民共和国清洁生产促进法》和《国务院办公厅转发发展改革委等部门关于加快推行清洁生产意见的通知》(国办发〔2003〕100号)要求,国家发展和改革委员会制定了《轮胎行业清洁生产评价指标体系(试行)》,请遵照执行)。

▶**特别提示:**

(1)该指标体系适用于以天然及合成橡胶为主要原料生产轮胎的企业。

(2)该指标体系对轮胎生产企业的"资源与能源消耗""产品指标特征""污染物产生指标""资源综合利用指标"作出了明确的规定,并给出了相应的权重,为轮胎行业的清洁生产审核提供了指导。

(2)《橡胶制品工业污染物排放标准》(GB 27632—2011)

该标准对废水、废气的排放限值及排放量进行了规定。

▶**特别提示:**

(1)废水

废水排放应满足《橡胶制品工业污染物排放标准》(GB 27632—2011)中的相应标准。该标准规定了不同时段橡胶生产企业常规水污染物(pH、COD、BOD_5、SS、氨氮)、特征污染物(总氮、总磷、石油类、锌)的排放限值及排水量,还对废水的直接排放以及间接排放作了不同的要求。需注意单位产品基准排水量(吨胶),适用于直接排放废水与间接排放废水,同时需要注意标准适用的时段。

(2)废气

废气排放应满足《橡胶制品工业污染物排放标准》(GB 27632—2011)中的相应标准。该标准规定了不同时段橡胶生产企业常规大气污染物、特征污染物的排放限值及废气排放量,还规定了无组织排放气体的厂界排放限值。需注意单位产品基准排气量(吨胶),以及标准实施的时段。

(3)《轮胎单位产品能耗消耗限额》(GB 29449—2012)

该标准中规定了以下不同类型轮胎的单位产品能耗限值:全钢子午线轮胎、半钢子午线轮胎、斜交胎以及工程轮胎。

轮胎单位产品能耗限定值分为 3 个等级,分别为:已建成企业轮胎单位产品能耗限定值、新建或者改扩建轮胎单位产品能耗准入值以及轮胎产品能耗先进值。已建成企业轮胎单位产品能耗限定值包含斜交胎,作为限制类轮胎,斜交胎在准入值以及先进值中不体现。

表 11-3 列出了轮胎行业各标准数值的对比。

表 11-3　　轮胎行业标准数值对比

项目	《轮胎行业清洁生产评价指标体系(试行)》	《橡胶制品工业污染物排放标准》	《轮胎单位产品能耗消耗限额》
综合能耗($kgce/t_{终炼胶}$)	1450(斜交胎)	1021	1135(2010 年) 1032(2012 年)
橡胶消耗量($t_{三胶}/t_{终炼胶}$)	0.50(斜交胎)	0.51	—
新鲜水耗量($t/t_{产品}$)	26	2.90	—
外胎综合合格率(%)	99	99.90	—
炭黑尘量($kg/t_{产品}$)	0.016	0.019	—
非甲烷总烃($kg/t_{产品}$)	0.4	0.12	—
固废产生量($t/t_{产品}$)	0.05	0.018	—

续表

项目	《轮胎行业清洁生产评价指标体系(试行)》	《橡胶制品工业污染物排放标准》	《轮胎单位产品能耗消耗限额》
水循环利用率(%)	95	96.06	—
固废回收率(%)	97	100	—

▶**特别提示:**

工信部在《关于发布2011年度化工行业重点用能产品能效标杆指标及企业的通知》中,对于轮胎行业标杆企业的推荐见表11-4。

表11-4　轮胎生产企业

名次	企业名称	百万元产值综合能耗(kgce)
1	杭州中策橡胶有限公司	7403
2	兴源轮胎集团有限公司	7824
3	泰丰轮胎(江西)有限公司	8409

注:对于以上数据,百万元产值综合能耗统计范围和计算方法参照中国橡胶工业协会轮胎生产企业的统计办法。企业排名以百万元产值综合能耗为主要参考指标进行。

三、审核过程解析

1."三废"产排分析

轮胎生产分为生胶炼胶(配炼)、压出、压延、成型和硫化。生产过程中产生的污染物有粉尘、NMHC、COD、恶臭气体和石油类,其中,特征污染物为炭黑尘、非甲烷总烃、总磷、总锌、石油类。无法实施集中供热的企业有自备锅炉房,还会产生氮氧化物、二氧化硫和烟尘。

某企业轮胎制造的工艺流程及"三废"情况如图11-1所示。

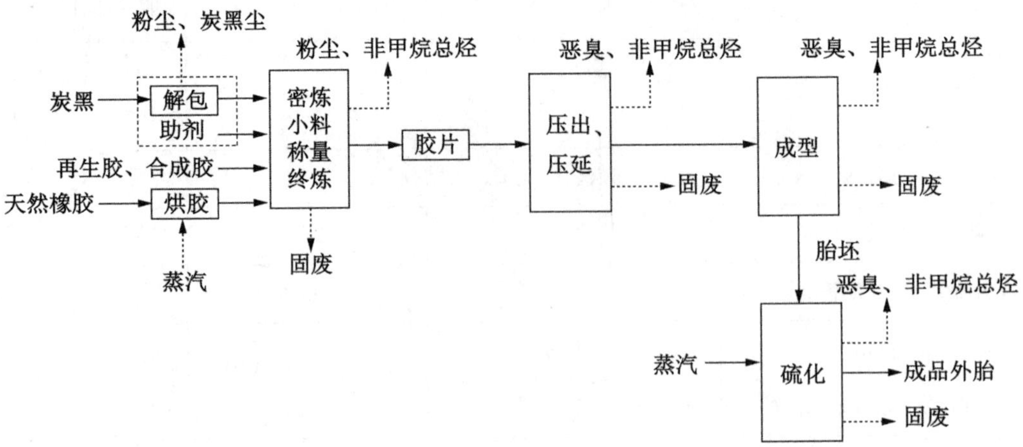

图11-1　轮胎制造工艺流程及产污环节图

根据工艺流程图 11-1,下面具体分析一下各种废物的产排特性(见表 11-5、表 11-6 和表 11-7)。

表 11-5 废物的产排特性(废气)

污染源	废气种类	主要污染物及排放情况			处理措施
		污染物	产生浓度(mg/m³)	排放浓度(mg/m³)	
炼胶	称量废气	炭黑尘	600	≤20	袋除尘
	母炼废气	粉尘	800	≤12	袋除尘
		NMHC	8	≤10	
	密炼废气	粉尘	100	≤12	布袋除尘器+一体化空气净化器
		NMHC	80	≤100	
		臭气	10000(无量纲)	≤2000	
压出压延	热胶废气	NMHC	80	≤80	一体化空气净化器
		臭气	4000(无量纲)	≤2000	
无组织排放		NMHC	厂界浓度:非甲烷总烃≤4.0 臭气浓度≤10		自然通风
		臭气			
锅炉房	锅炉废气	烟尘	4000~5000	≤30	旋风除尘+水膜脱硫除尘+SCR 脱硝
		二氧化硫	800~1200	≤200	
		氮氧化物	350~400	≤200	

表 11-6 废物的产排特性(废水)

部门/车间	COD 浓度(mg/L)	SS 浓度(mg/L)	氨氮浓度(mg/L)	石油类浓度(mg/L)	排放去向
蒸汽冷凝水	清净下水				回用
设备冷却水	≤50	80~120	≤4	≤10	进入城市管网,由市污水处理厂处理达标后排放
胎面冷却水	≤120	80~120	≤6	≤4	
生活污水	300~450	150~200	35	—	
软水站尾水	≤40	—	—	—	
合计	—	—	—	—	—

表 11-7 废物的产排特性(固废)

废物名称	产生部位	废物类型	处置方式
废胶料和边角废料	生产车间	一般固废	回收利用
废胎次品	成型车间	一般固废	由废橡胶回收企业回收综合利用
炉灰渣	锅炉房	一般固废	外售做建材
废包装材料	生产车间	一般固废	外卖给废品回收站,综合利用
废胶囊	硫化车间	一般固废	由废橡胶回收企业回收综合利用
废润滑油、抹布	全厂	危险废物(HW08)	交由有资质的单位处理
废气处理含镍催化剂	环保设施	危险废物(HW46)	

▶**特别提示:**

(1)废水

轮胎生产过程中的废水污染物较为简单,各种污染物的浓度较低,亦好降解,审核的重点在于吨胶的基准排水量要满足《橡胶制品工业污染物排放标准》中的相应标准。

(2)废气

废气的产生和排放主要集中在炼胶车间,其主要污染物为炭黑尘、小料尘及非甲烷总烃。炭黑尘及小料尘产生于解包及加料过程,分为无组织排放及有组织排放,无组织排放通过使用太空包及密闭加料间来减少。审核过程中不要忽略吨胶的基准排气量要满足《橡胶制品工业污染物排放标准》中的相应标准。

通过分析工艺流程图和"三废"产排,结合企业实际,可以得出以下清洁生产方案:

▶方案 1:内衬层冷喂料挤出机螺杆转速、进出胶料量能满足生产要求,但冷却水温度过高,给产品质量带来隐患,导致不能满负荷开车。改造冷却塔,有效降低水温;减少地下水补给量,节省电和水资源。

▶方案 2:使用机械过滤换热器,将各个车间设备上的蒸汽冷凝水统一回收处理,过滤掉蒸汽冷凝水中的杂质悬浮物、铁锈等,将处理过的蒸汽冷凝水回收至锅炉车间除氧加热器后,作为锅炉软化水使用,或作为冷却循环水使用。

▶方案 3:各车间减速箱更换下的齿轮油,经沉淀过滤后用于密炼机密封环。

▶方案 4:对设备冷却水处理系统进行改选,可有效防止结垢,提高制冷机组的运行效率。

▶方案 5:各车间每年更换大量机械油,以前只能作为废油处理,现通过增加油过滤设备进行废油净化,去杂质,可作为工业油使用。

▶方案 6:密炼机加料口密封,可有效防止炭黑尘及小料尘的散失。

▶方案 7:对硫化车间的部分硫化机管路增加疏水阀,可减少蒸汽排放,节约能源成本。

▶方案 8:压延、压出工序采用低温技术,可减少 20%的废气排放。

▶方案 9:压延、压出工序供胶温度保持稳定,保持帘布含水率为 2%,可提高压延质量。

▶方案 10:采用一次成型工艺,半成品直接放在成型鼓上,一次性完成轮胎成型,可提高生产效率,减少半成品堆放造成的无组织排放气体的产生。

2. 审核重点选择

若该厂为第一轮清洁生产审核,炼胶车间为首选。根据行业生产特点,炼胶车间的污染最为严重,排放大量的粉尘(炭黑尘)以及非甲烷总烃。其中炭黑尘最为严重。在解包和加料过程中,大量的炭黑尘洒落在车间,地面、设备基本被炭黑尘覆盖;此外,臭气和非甲烷总烃使车间的气味较大。所以该车间环境压力大。

另外,炼胶车间的能耗、物耗较大,能够占到整个厂区能耗、物耗的 50%,不考虑设备年限,该车间清洁生产潜力巨大,一般选为审核重点,重点治理,能够起到明显的作用。显而易见的效果就是减少炭黑尘,改善员工的工作环境,改善企业的形象,节约原辅材料等。

3. 审核目标设置

(1)目标设置依据

轮胎行业可参考《轮胎行业清洁生产评价指标体系(试行)》进行目标设置,还可考虑与同行业其他企业进行比较。需要注意的是,对比企业的产品、工艺、规模都要与被审核企业接近。

(2)目标选择方法

可设置能源利用、污染物产生以及资源综合利用率等指标为清洁生产目标。

以某轮胎厂为例,其具体的目标设置见表 11-8。

表 11-8　　目标设置

指标	单位	现状	近期目标(2016 年底)		中期目标(2017 年底)	
			绝对量	变化率	绝对量	变化率
审核重点						
耗蒸汽量	$t/_{胶}$	*	*	削减 * %	*	削减 * %
耗电量	$kW \cdot h/t_{胶}$	*	*	削减 * %	*	削减 * %
综合能耗	$kgce/t_{胶}$	*	*	削减 * %	*	削减 * %
全厂						
耗煤量	$t/t_{产品}$	*	*	削减 * %	*	削减 * %
三胶耗量	$t/t_{产品}$	*	*	削减 * %	*	削减 * %
耗电量	$kW \cdot h/t_{产品}$	*	*	削减 * %	*	削减 * %
耗水量	$t/t_{产品}$	*	*	削减 * %	*	削减 * %
二氧化硫排放量	$kg/t_{产品}$	*	*	削减 * %	*	削减 * %

续表

指标	单位	现状	近期目标(2016年底)		中期目标(2017年底)	
			绝对量	变化率	绝对量	变化率
全厂						
废水量	$kg/t_{产品}$	*	*	削减*%	*	削减*%
COD	$kg/t_{产品}$	*	*	削减*%	*	削减*%
废气量	$m^3/t_{产品}$	*	*	削减*%	*	削减*%
非甲烷总烃量	$kg/t_{产品}$	*	*	削减*%	*	削减*%
外胎综合合格率	%	*	*	提高*%	*	提高*%

注:不同企业由于工艺、生产规模等不同,各目标值差别较大,此处不列具体数值,仅对如何选取目标对象提供参考(*代表省略的数据)。

4. 平衡数据分析

列出整个轮胎生产工艺,按照每个工序测定(或估算)的输入物料、输出物料及损耗,绘制出物料平衡图和物料流程图(流程图此处暂略),据此可以找出物料主要损耗和流失环节。

物料平衡

图11-2给出了某企业审核重点的物料平衡。

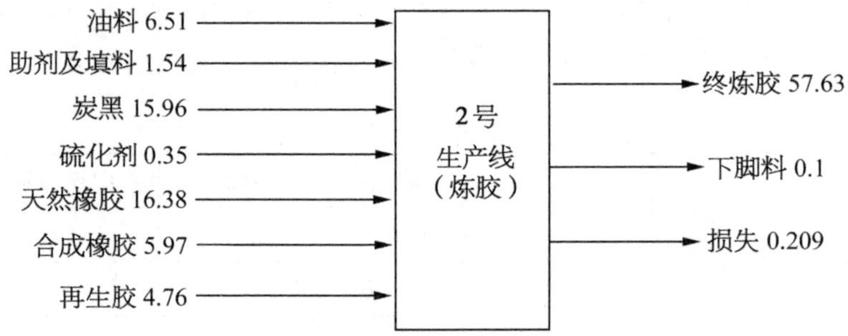

图11-2 审核重点的物料平衡图(单位:t/d)

由物料平衡可以看出,物料损失主要是炭黑以粉尘的形式散失,部分排放到大气中,部分散落到地面或者设备上。通过加强管理可以减少炭黑的散失,以节省物料。另外,还可以通过对炭黑车进行改造、优化搬运和储运过程控制、使用湿法造粒等方式提高密炼机密封效果。车间用水主要为循环冷却水,特征污染物是石油类,应做好隔油处理。蒸汽冷凝水温度较高,可考虑热量回收。

轮胎混炼胶的均匀性对轮胎产品的物理性能,如拉伸强度、撕裂性能、疲劳性能、耐磨性能及动态性能等尤其重要。由于混炼胶不同批次间的差异会造成轮胎质量的不稳定,因此,保持混炼胶的均匀性是轮胎行业生产的关键之一。

四、注意事项汇总

下面将轮胎行业清洁生产审核需要特别注意的几点总结如下：

(1)要对轮胎行业的概况，以及企业的各项工艺过程(如炼胶、硫化等工艺)、生产流程、企业的生产状况、生产工序、企业环境保护基本概况、企业现状分析与管理状况进行初步了解。

(2)在初步了解的基础上，对轮胎厂的高能耗、高物耗和污染物产生的部位进行判断，并分析高能耗、高物耗及污染物产生的原因，筛选出具有清洁生产潜力的设备和工艺。

(3)轮胎生产过程中产生的胎面冷却水含有石油类污染物，浓度大约为 50 mg/L，须经隔油池或者混凝气浮处理；部分固废属于危险废物，如挤出工序产生的废胶黏剂，危废编号为 HW12，需交由有资质的单位处理。

(4)应特别注意各种废气处置设施排气筒的高度及除尘器的除尘效率，注意炭黑尘的无组织排放。

五、典型方案参考

表 11-9 列出了从节电、节水、节约物料等多个角度精选的几个已在轮胎企业中实施过的典型方案(效益数据仅供参考)。

表 11-9　　轮胎企业中的典型方案

方案名称	方案简介	效益分析
方案类型：节电		
给电机安装变频器	给电机安装变频器，对电机进行调速，并对电机实现软启动和软制动，节电效果明显	水泵及风机节电率为 27%～93.5%
密炼机电机安装节电器	通过并联安装节电器，可对谐波干扰进行有效吸收，提高设备功率因数和效率，最大限度地消除对供电系统的不利影响，达到既节电又保护设备的目的	节电率为 6%～12%
密炼机组变电室采用换风降温改造	改造前，集团东厂密炼车间变电室因通风降温不良，室内环境温度很高，高温环境对变压器、控制柜和动力柜内电器元件的正常运行造成极大隐患。改造后，室内外最大的温差为 4 ℃，室内最高温度为 41 ℃，有效保证了电气设备的运转，减少了因变电室故障所引发的大面积停产事故，减少了 6 台 10 匹大空调的投资，节约了运行和维护成本	年节电 28 万 kW·h，年创造经济效益 18.5 万元

续表

方案名称	方案简介	效益分析
方案类型：节水		
动力站冷却水循环改造	冷却水在工艺生产过程中需求量大，且当其达到一定温度时必须排掉，用井水补充。通过管路改造建一个冷却塔，以实现冷却水循环利用	年节水 1000 t，年节电 3 万 kW·h，每年可节约成本 5.6 万元
蒸汽冷凝水的回收	购置一套直径为 1400 mm 的机械过滤换热器，将各个车间设备上的蒸汽冷凝水统一回收处理，过滤掉蒸汽冷凝水中的悬浮物、铁锈等，将处理过的蒸汽冷凝水回收至锅炉车间除氧加热器除氧后回用于锅炉	年节煤 200 t，蒸汽冷凝水的回收效率由过去的 20% 提高到 100%，年节水 10.2 万 t，年创造经济效益 41.79 万元
方案类型：节约物料、减少炭黑尘的排放		
密炼机加料口密封	对密炼机加料口进行密封，可减少炭黑尘及其他小料尘的排放	可减少 80% 的炭黑尘散失，经济效益、环境效益均可观
方案类型：提高产品质量		
全钢载重子午线轮胎外观质量改善	全钢载重子午线轮胎存在胎里不平、胎里露线、气泡、胎里窝气、缺胶等外观质量缺陷，可通过采取以下措施解决上述缺陷：增加胶囊预处理时间，合理设定钢丝帘线的假定伸张值，适当调整带束层周长，严格控制压延速度、压延辊速度比、压延辊温度和卷曲张力等参数，使用前对新胶囊进行预热处理，调整带束层周长，提高气密层胶和钢丝帘布胶的门尼黏度，返回胶的掺用比例不超过 15%，适当增设排气孔或排气线	可改善产品质量，经济效益可观
缺胶、重皮、裂口问题的解决	由于胶料的时间短、可塑度低、流动性差，从而造成缺胶、重皮、裂口问题。可通过以下措施解决这些问题：提高冷却塔的冷却能力，提供温度低于 25 ℃ 的冷却水；调整胶料配方；控制工艺条件，降低胎面挤出机螺杆转速，使之小于 45 r/min，使排胶温度小于 120 ℃；调整胎面压出口型尺寸和牵引速度，保证胶料性能的均匀性，以稳定胶料的压缩膨胀系数；控制胎面尺寸的标准化；成型时使胎面伸张均匀，减少褶子；控制割边高度与胎面接头质量	可改善产品质量，经济效益可观

六、新技术介绍

1. 硫化工段

(1)硫化介质采用氮气,同传统的蒸汽硫化方式相比,该工艺具有以下优点:可减少80%左右的蒸汽消耗量,节约了能源,并使硫化部分生产费用降低50%左右;硫化合格率上升2%～5%;胶囊寿命增加25%～100%,消除了管道剥蚀现象,节省了设备操作和维修费用,减少了停机费用;采用氮气硫化系统,其压力稳定,在一定范围内可任意调节,且升压方便,对轮胎均匀性、平衡性,尤其是轮胎的耐磨性能和外观质量的提高,起到了很大作用。

(2)硫化机采用垫板式进行热量传导,可减少80%以上的烟气排放,节能效果明显(热损耗可降低50%)。

2. 米其林C3M技术

C3M的全称为Command＋Control＋Communication&Manufacture,译为"指挥、控制、通信及制造一体化系统"。

C3M有如下五项技术要点:①连续低温混炼;②直接压出橡胶件;③成型鼓上编织/缠绕骨架层;④预硫化环状胎面;⑤轮胎电热硫化。

C3M的关键设备是特种编织机和挤出机。C3M技术通过以成型鼓为核心,合理配置特种编织机组和挤出机组而得以实现。特种编织机环绕成型鼓编织无接头环形胎体帘布层和带束层,并环绕成型鼓缠绕钢丝得到钢丝圈。挤出机组连续低温(90 ℃以下)混炼胶料,压出胎侧、三角胶条以及其他橡胶件。C3M的工艺特点是:部件既不经过冷却/停放,也不需要再加工或预装配,直接送到成型鼓上一次性完成轮胎成型。在成型过程中,成型鼓一直处于加热状态,胎胚在成型的同时被预硫化,从而达到定型。

第十二章

医药制造业审核实战指南

医药制造业包括化学药品原药制造、化学药品制剂制造、中成药制造、中药饮片加工、生物制品制造、生化制品制造、兽用药品制造、卫生材料及医药用品制造。在医药制造企业中，化学药品原药制造企业所占比例最高，大约占80%，且其具有使用原材料繁杂、能耗大、生产过程复杂、专业性强、产品种类多、环境污染重等特点，在医药制造业非常具有代表性，当前开展清洁生产审核的企业主要是这一类企业。因此，本章主要围绕化学药品原药制造类企业的清洁生产审核进行讨论。

一、基础知识普及

1. 了解定义和原理

按照《国民经济行业分类》目录，医药制造行业又可分为以下7个小类：

(1)化学药品原药制造是指生产供进一步加工药品制剂所需的药物原料(行业内俗称"化学原料药")，包括使用化学合成工艺技术和生物发酵工艺技术生产的药物原料。维生素、抗生素等类产品均包含在这个部分中。化学药品原药的产品还包括化学药物中间体(如硫氰酸红霉素、硫酸头孢匹罗粗品、螺旋霉素、美洛培南粗品、哌拉西林酸等)的各类产品。按照国家统计局《统计上使用的产品分类目录》分类和医药制造业行业统计习惯分类，化学药品原药分为抗感染类、解热镇痛药物、维生素及矿物质类、抗寄生虫类等24大类。

(2)化学药品制剂制造是指直接用于人体疾病防治、诊断的化学药品制剂的制造，包括片剂、针剂、胶囊、药水、软膏、粉剂、溶剂等各种剂型的药品及放射性药物的制造。

(3)中药饮片加工是指对采集的天然的或人工种植、养殖的动物和植物中草药进行加工、处理的活动，包括各种中药材经过加工、炮制后形成的中药饮片及其他提取中药的加工。

(4)中成药制造是指直接用于人体疾病防治的传统药的加工生产。这些传统药包括用中药传统制作方法制作的各种蜜丸、水丸、冲剂、糖浆、膏药等中成药及用现代制药方法制作的中药片剂、针剂、胶囊、口服液等，还包括专用来治病的药酒。

(5)兽用药品制造是指用于动物疾病防治医药的制造，包括动物用化学药品、动物用抗生素、畜禽疫苗、中草药及饲料药物、水产养殖用药物等的制造。

(6)生物、生化制品的制造是指利用生物技术生产生物化学药品、基因工程药物的生产活动。这些制品包括基因工程药物、细胞工程药物、酶工程药物、发酵工程药物、基因工程疫苗、新疫苗、菌苗；药用氨基酸、抗生素、维生素、微生态制剂药物；血液制品及代用品；诊断试剂：血型试剂、X 光检查造影剂、用于病人的诊断试剂；用动物肝脏制成的生化药品。

(7)卫生材料及医药用品制造，指卫生材料、外科敷料、药用包装材料以及其他内、外科用医药制品的制造。

2. 了解行业概况

近几十年来，随着人民生活水平的不断提高和医疗保健需求的不断增长，我国制药工业一直保持着较快的发展速度。目前，我国原料药和药品制剂生产企业约 5000 家，是全球重要的原料药生产和出口国之一。在 5000 多家医药工业企业中，有生物制药企业 200 多家、中药生产企业 1100 多家、化学药品生产企业 4000 家左右。

医药制造企业规模分为大型(产量≥1000 t/a)、中型(200 t/a≤产量＜1000 t/a)、小型(产量＜200 t/a)。

制药工业是环境污染较重的行业之一。据前些年的资料统计，我国制药企业每年排放的废气量约为 10 亿 m^3，其中含有有害物质约 10 万 t。药品生产过程中产生的工艺废水、漂洗水等，含有大量的有机污染物，会大量消耗收纳水体中的溶解氧，形成发黑、发臭的水体。同时，药品生产过程中还会产生大量的废气和废渣，废气中的主要成分为有机污染物，排入空气中将产成恶臭；废渣中有许多为蒸馏残液、残渣、抗生素废渣、废催化剂等危废。此外，原料提取液中含有大量的有机溶剂和动植物有机组分，处理难度大。

(1)制药废水

制药废水的主要特点是污染物浓度高、水量大、组分复杂。废水中含有大量难生化降解的化学合成物质和残留药物成分以及药物降解中间产物，碳与氮比例不协调，废水中氮源过高并含有大量硫酸盐以及其他一些盐类物质等，废水生化抑制因素复杂，可生化降解性很差。制药废水的特点及治理措施见表 12-1。

表 12-1　　制药废水的特点及治理措施

序号	类别	特点	治理措施
1	发酵类	(1)污染物浓度高、水量大，废水中所含成分主要为发酵残余物、破乳剂和残留抗生素及其降解物 (2)废水成分复杂、碳与氮营养比例失调(氮源过剩)，含有大量硫酸盐，带有较重的颜色和气味，悬浮物含量高，含有难降解物质和有抑菌作用的抗生素，并且有毒性等，难生化降解	(1)高浓度废水经预处理、厌氧生化处理后，与低浓度废水混合再进行好氧生化处理 (2)厌氧生化处理工艺：UASB、UASB+AF、EGSB (3)好氧生化处理工艺：活性污泥法、深井曝气法、水解—生物接触氧化法、SBR

续表

序号	类别	特点	治理措施
2	化学合成类	用水量大，有机污染严重，产生的废水成分复杂，含有残留溶剂，废水可生化性较差，BOD_5、COD和TSS浓度高，流量大，pH值的波动范围为1.0～11.0	高、低浓度废水混合后再进行好氧（或水解—好氧）生化、物化处理
3	提取类	（1）提取过程中排放的废水中含有大量的有机物，COD浓度较高 （2）精制过程中会继续排放以有机物为主的废水，排水量及污染程度根据所提取产品的纯度要求和采用的工艺有所不同，但总体而言，其污染程度要比提取过程小得多	（1）一般而言，有粗提工艺时，废水污染较重，采用厌氧—好氧或水解酸化—好氧处理工艺 （2）在只有精制和制剂工艺时，可采用好氧生物处理工艺
4	生物工程类	产品的市场和生产规模小；生产过程中产生的影响环境的污染物很少	（1）微生物发酵废液浓度高，产生量很少，一般作为危险废物交由有资质单位处理 （2）其余工艺污水处理采用物化法、生物法、物化法—生物法联用等工艺
5	中药类	水质成分较复杂；废水中的COD、SS浓度高；易于进行生物处理；水量间歇排放，水质波动较大；pH值经常变化；排放废水的温度较高；带有颜色和中药气味	大多采用的工艺为：悬浮物预处理、好氧生化（或水解—好氧生化）、物化处理法
6	混装制剂类	（1）主要废水为水剂生产线的洗瓶废水或水制备过程中产生的部分酸碱废水，生产设备和包装容器的洗涤水，厂房地面的冲洗水 （2）废水水质较简单，属中低浓度有机废水	（1）好氧生物处理工艺：活性污泥法、生物接触氧化法、SBR工艺等 （2）简单沉淀物化法

（2）制药废气

制药企业的主要废气为发酵尾气、溶剂气体和恶臭气体。

①发酵尾气。生物医药发酵空气用量大，大量未处理尾气排入大气，使部分发酵代谢产物随尾气带出，甚至有特殊难闻气味产生，即其药品成分或中间体浓度在空气中不断升高，对人体及环境产生危害。

发酵排气成分复杂，国外一般在发酵罐尾气气液分离装置后再安装膜过滤器。膜过滤器分离效率高，但受发酵排气灭菌蒸汽等影响，使用寿命短，维护费用高；而且，对尾气而言，压降阻力大，使得空压机出口压力增高，电耗大大增加，而发酵罐压增高将给罐内生产菌代谢过程带来不可预计的影响。国内企业尾气一般直接排空，生产方式比较粗放。采取措施的也只是采用一般的低效率旋风分离器和喷淋吸收塔。普通的喷淋吸收装置在一般化工生产中经常采用，而在医药发酵排气中应用，有效率低、易产生吸收剂二次液沫夹带损失和运行费用高等弊端。

目前，国内较为领先的制药发酵尾气治理方法是高效旋击分离技术。国内已有大型生物制药公司使用这一治理技术，并取得了较好效果。

②溶剂气体。在医药合成生产过程中，会使用各种有机溶剂，其一般不参与反应。大多数常用的有机溶剂在常温下容易挥发，一方面，造成资源的浪费；另一方面，大量损耗的溶剂以废气的形式排入大气（统称 VOC），危害人类健康。控制溶剂废气最好的办法就是提高溶剂的回收效率，从源头上减少溶剂的排放。化工行业提高溶剂回收效率、减少溶剂排放的方法很多，目前，常用的回收废气中有机溶剂的方法有冷凝法、吸收法和吸附法。

冷凝法是最简单的回收技术，是目前蒸馏回收溶剂的主要方法。其基本原理是将废气冷却，使其温度低于有机物的露点温度，使有机物冷凝成液滴，从废气中直接分离出来，并进行回收。对于高沸点溶剂，采用冷凝法（单冷或者双冷、三冷）回收可以获得很高的回收效率；而对于低沸点溶剂，在通常操作条件下，由于有机物蒸气压的限制，离开冷凝器的排放气中仍含有一定浓度的 VOC，一般不能满足环境排放标准。要获得高的回收率，系统需要很高的压力或很低的温度，设备、能耗费用显著地增加。

吸收法是利用液体吸收剂与废气直接接触而从废气中移出有机物。吸收分为物理吸收和化学吸收。溶剂回收为物理吸收，通常使用的吸收剂为水、柴油、煤油或其他溶剂等。任何可溶于吸收剂的有机物，都将从气相转移到液相中，使气相有机污染物变成液相污染物，吸收液再进一步处理，通常采用精馏来进行溶剂的精制回收。当用非水吸收剂时，还需要进行吸收剂的再生。吸收塔有板式和填料塔两种。通过改进气液传质性能，可以提高有机溶剂的脱除效率。

吸附法是目前使用最为广泛的溶剂深度回收技术，其原理是利用粒状活性炭、活性炭纤维或沸石等吸附剂的多孔结构，将废气中的有机物捕获。当废气通过吸附床时，其中的有机物被吸附剂吸附在床层中，废气得到净化。当吸附剂吸附达到饱和后，通入水蒸气（或者热风）加热吸附床，对吸附剂进行脱附再生，有机物被吹脱放出，并与水蒸气（或热空气）形成蒸汽混合物一起离开吸附床。用冷凝器冷却蒸汽混合物，使其冷凝为液体。若有机溶剂为水溶性的，则使用精馏法，将液体混合物分离提纯；若有机溶液不是水溶性的，则用分离器直接分离回收 VOC。

③恶臭气体。在医药制造业生产和末端治理过程中，还可能会产生恶臭气体。恶臭物质是通过发臭基团，如硫基、羧基等刺激嗅觉细胞，使人感到厌恶和不愉快。恶臭气体的污染源多，污染面广，浓度一般较低，成分复杂，监测难度大，治理困难。常见处理方法有燃烧法、氧化法、吸收法、吸附法、中和法和生物法等。

3. 了解专有名词

像医药行业经常提到的“精馏”“缩合”“氢化”“水解”“母液”“触媒”等专有名词（详见附录一），应了解其含义，以便了解其工艺过程。

4. 了解政策和标准

对医药制造行业进行清洁生产审核前，应了解以下几个政策和标准：

(1)政策

《产业结构调整指导目录(2011 年本)》(2013 年修订)

《外商投资产业指导目录(2011 年修订)》

《国家危险废物名录(2008)》

《药品生产质量管理规范(2010 年修订)》(卫生部令第 79 号)

(2)标准

《制药工业水污染物排放标准　发酵类》(GB 21903—2008)

《制药工业水污染物排放标准　化学合成类》(GB 21904—2008)

《制药工业水污染物排放标准　提取类》(GB 21905—2008)

《制药工业水污染物排放标准　中药类》(GB 21906—2008)

《制药工业水污染物排放标准　生物工程类》(GB 21907—2008)

《制药工业水污染物排放标准　混装制剂类》(GB 21908—2008)

《大气污染物综合排放标准》(GB 16297—1996)

《恶臭污染物排放标准》(GB 14554—93)

5. 了解企业概况

审核医药企业前，应重点了解这个企业的基本概况，比如企业的产品类型、生产规模及配套设施能力、企业的发展历程、人员构成等。如果该企业在生产过程中使用大量易燃易爆化学品或排放对环境产生一定影响的废弃物，则对其厂区布置及厂区周边环境也要进行关注。

举例：某制药厂为经过改制的大型制药企业，是一个以生产化学合成原料药为主的生产企业，前身是 20 世纪 80 年代建厂的一家国营老厂。公司位于某工业园区内，现有员工 800 余人，有 3 个生产车间——A 车间、B 车间、C 车间，生产 A、B 和 C 3 种原料药，产能分别为 300 t/a、1000 t/a、3000 t/a，同时配套一动力车间，提供软水、冷盐水等。公司用水主要来源于地下水，蒸汽由周边电厂提供，拥有日处理能力为 5000 m^3 生产废水的污水处理站，处理完的废水外排至一小河流。

公司每一种产品使用的化学原料少则 6～7 种，多则近 20 种，除了一般化工企业常用的盐酸、硫酸、烧碱、氨水、碳酸钠等基础无机化学品和甲醇、乙醇、丙酮、乙酸乙酯、甲苯等溶剂外，还有很多我们不熟悉的制药原料，如原甲酸三甲酯、丙二酸二甲酯、尿素、异丙醇钾、高锰酸钾、盐酸哌嗪、丙酸、氯气、三氯化磷、氯磺酸、二氯乙烷、异丁苯、新戊二醇、活性炭、氯乙酸、镍催化剂等。

▶特别提示：

(1)在得到企业基本概况的相关信息之后，需要做以下几方面工作：①查询相关资料，如《产业结构调整指导目录》和《外商投资产业指导目录》，了解企业产业政策符合情况；②了解企业"三废"排放执行什么标准，除了查阅行业标准外，还要关注有无地方标准；③了解企业生产过程中使用的原辅料哪些属于《危险化学品名录》之列，是否属危险源，有无相关的应急预案，这些危险化学品在厂区储存、运输和使用过程中应当采取哪些措施；④查阅企业项目环评手续及项目竣工验收文件，了解企业的实际生产是否符合相关文件要求，例如，厂区初级雨水收集系统是否完善，是否符合要求。

(2)该企业生产过程中使用多种化学原料，其废水成分复杂，厂区存在的化工异味也来源于此。同时，生产过程中使用的活性炭和催化剂，最终至少会产生两种危废：废活性炭和废催化剂。针对“三废”的排放，我们在产排污评价环节要结合原辅材料的使用情况进行分析。例如，若原料里有氰化物，我们就要分析是否有含氰废水；若生产过程中使用了含重金属镍的催化剂，我们就需要关注废水中的镍，其属于第一类污染物，需要在车间或车间处理设施排放口监测。

(3)该企业废水成分复杂，COD浓度高，处理难度极大，存在处理效果不稳定的问题；同时，厂区某车间内化工异味较重，污水处理站的恶臭也比较严重。作为审核人员，如何引导企业在此次清洁生产审核中为解决这些问题而采取措施，是检验审核师能力的一项重要工作。同时，也要了解企业是否针对厂区污水处理系统制定了相关的应急预案，危险废物的储存是否合乎要求。

(4)该企业是个老厂，基础设施较旧，由于多年的技术改造及扩建，厂区生产装置的布局存在诸多不规范、不合理的地方，在卫生防护、安全消防方面也存在一些不符合目前相关设计要求的地方。在审核过程中，也要关注到这些方面，和企业积极交流，寻找可行的清洁生产方案。

6. 掌握工艺流程

化学合成类制剂的生产工艺如同化工产品的生产，不同的药品有不同的生产工艺，同一种药品，不同厂家的生产工艺也可能不尽相同。但从生产工艺原理上讲，基础操作单元不外乎合成、分离、精制提取等。

要了解各个车间或者各个产品的生产工艺流程，需要收集的资料有：产品的化学反应机理及化学反应方程式、各工序生产流程简介、注明产污环节的工艺流程图。

图12-1为某原料药的生产工艺示意图。

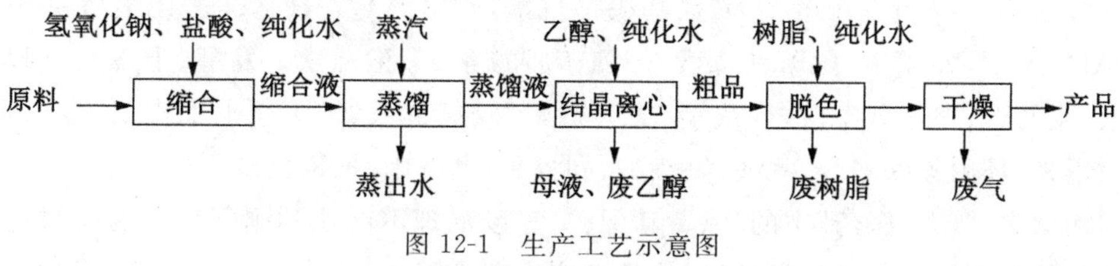

图12-1　生产工艺示意图

7. 明确产污环节

医药制造业的主要产污环节(以某种医药产品为例)见表12-1。

表 12-1 产污环节

类别	产生部位	主要污染物	有害成分	去向
废水	亚砜酯工段	硫酸废液	硫酸	污水处理站
		过氧乙酸废液	过氧乙酸	
	砜酯工段	醋酸铵废液	醋酸铵	
		盐酸废液	盐酸	
		DMF 废液	DMF	
		醋酸废液	醋酸	
固废	亚砜酯	蒸馏甲苯后剩余残渣	残渣	定点放置，由有资质的单位处理
	砜酯	蒸馏甲苯后剩余残渣	残渣	
	砜酯	蒸馏乙醇后剩余残渣	残渣	
	砜酯	锌粉、硅藻土残渣	锌粉、硅藻土残渣	
	砜酯	压滤器滤渣	残渣	
废气	物料转运过程中排空	少量二氯甲烷、丙酮、甲苯、乙酸乙酯、DMF 的挥发气味	少量二氯甲烷、丙酮、甲苯、乙酸乙酯、DMF 的挥发气味	酸洗后排空

二、政策和标准解读

1. 医药制造业政策

(1)《产业结构调整指导目录(2011 年本)》(2013 年修订)

①鼓励类："十三、医药"中的"1、原料药生产节能降耗减排技术、新型药物制剂技术开发与应用"。

②限制类："十、医药"中的"1、新建、扩建古龙酸和维生素 C 原粉(包括药用、食品用和饲料用、化妆品用)生产装置，新建药品、食品、饲料、化妆品等用途的维生素 B1、维生素 B2、维生素 B12(综合利用除外)、维生素 E 原料生产装置""2、新建青霉素工业盐、6-氨基青霉烷酸(6-APA)、化学法生产 7-氨基头孢烷酸(7-ACA)、7-氨基-3-去乙酰氧基头孢烷酸(7-ADCA)、青霉素 V、氨苄青霉素、羟氨苄青霉素、头孢菌素 c 发酵、土霉素、四环素、氯霉素、安乃近、扑热息痛、林可霉素、庆大霉素、双氢链霉素、丁胺卡那霉素、麦迪霉素、柱晶白霉素、环丙氟哌酸、氟哌酸、氟嗪酸、利福平、咖啡因、柯柯豆碱生产装置"。

③淘汰类："(九)医药"中的"6、劳动保护、三废治理不能达到国家标准的原料药生产装置""7、铁粉还原法对乙酰氨基酚(扑热息痛)、咖啡因装置"。

(2)《外商投资产业指导目录(2011 年修订》

如果开展清洁生产审核工作的医药企业属于外资企业，它还须符合《外商投资产业指导目录(2011 年修订》中的相关要求。医药制造业限制外商投资的产业目录有"1. 氯霉素、青霉素 G、洁霉素、庆大霉素、双氢链霉素、丁胺卡那霉素、盐酸四环素、土霉素、麦迪霉素、柱晶白霉素、环丙氟哌酸、氟哌酸、氟嗪酸生产”“2.安乃近、扑热息痛、维生素B1、维生素B2、维生素C、维生素E、多种维生素制剂和口服钙剂生产”“4.麻醉药品及一类精神药品原料药生产(中方控股)”。

(3)《国家危险废物名录(2008)》

该名录中对于化学原料药制造业中相关危废的规定如下:

废物类别:HW02医疗废物(化学药品原药制造)。

化学药品原药制造业的危险废物主要包括:化学药品原料药生产过程中的蒸馏及反应残渣,母液及反应基或培养基废物,脱色过滤(包括载体)物,废弃的吸附剂、催化剂和溶剂,化学药品原料药生产过程中的报废药品及过期原料等。

▶**特别提示:**

在审核过程中,我们需要对比危废名录,明确哪些废物属于危废。凡是被列为危废的废物,均应严格按照危险废物的储存、处置要求进行管理、处置。危废临时储存地要符合危险废物的储存要求,地面需做防渗处理,储存间要采取密闭等措施;危险废物的处置一般需要提供处置单位的危废处置资质、双方危废处置协议、危废转运五联单,跨省转运需要双方省级环保主管部门出具危废转出、接收的相关文件。

(4)《药品生产质量管理规范(2010年修订)》(卫生部令第79号)

该规范(GMP)是药品生产和质量管理的基本准则,适用于药品制剂生产的全过程和原料药生产中影响成品质量的关键工序。GMP包含方方面面的要求,从质量管理到机构人员,从厂房与设施到设备、物料与产品,还有生产管理、质量控制都进行了详细的要求。在审核工作开始前,应对该规范进行深入的了解。

2. 医药制造业标准

医药制造业标准包括提取类制药、中药类制药、生物工程类制药、混装制剂类制药、发酵类制药、化学合成类制药6类制药工业的废水排放标准。下面仅以化学合成类制药废水标准为例进行说明。

《制药工业水污染物排放标准 化学合成类》(GB 21904—2008)对生产化学合成类药品企业水污染物的排放限值、监测以及监控要求均作了规定,适用于化学合成类制药工业企业的水污染防治和管理,以及化学合成类制药工业建设项目环境影响评价、环境保护设施设计、竣工环境保护验收及其投产后的水污染防治和管理。该标准也适用于专供药物生产的医药中间体工厂(如精细化工厂)。与化学合成类药物结构相似的兽药生产企业的水污染防治与管理也适用于本标准。

时间规定:现有企业自2010年7月1日起、新建企业自2008年8月1日起执行该标准中表2规定的水污染物排放限值。

特殊规定:企业向设置污水处理厂的城镇排水系统排放废水时,有毒污染物总镉、烷基汞、六价铬、总砷、总铅、总镍、总汞在本标准规定的监控位置执行相应的排放限值;其他污染物的排放控制要求由企业与城镇污水处理厂根据其污水处理能力商定或执行相关标准，并报当地环境保护主管部门备案；城镇污水处理厂应保证排放污染物达到相关排放标准要求。

该标准中的污染物控制指标有：

常规污染物：pH、色度、SS、BOD_5、COD、氨氮、TOC、急性毒性。

特征污染物：总汞、总镉、烷基汞、六价铬、总砷、总铅、总镍、总铜、总锌、氰化物、挥发酚、硫化物、硝基苯类、苯胺类、二氯甲烷。

总量控制指标：单位产品基准排水量。

▶特别提示：

(1)该标准对于化学合成类主要产品的单位产品基准排水量的规定，我们在后面制定清洁生产目标时可以参考。

(2)根据企业的生产情况和产品特性，应关注主要的常规污染物和特征污染物，如有些企业废水中COD浓度一般，但氨氮浓度特别高；或特征污染物中的苯胺类特别高。在预审核过程中，我们就要了解这些高浓度的污染物在哪些环节产生，是如何产生的，有无专门的处理措施等，在制定清洁生产目标、物料平衡分析、产生清洁生产方案等环节要重点考虑。

(3)在审核过程中，除了要关注针对该行业的相关标准外，也不能忽视企业在当地执行的地方标准或相关要求。通常地方标准都比较严格，尤其是一些地方，对污染物排放指标会有特殊要求，在审核过程中一定要考虑到这一点。

(4)在关注针对废水的排放标准的同时，还要考虑废气的排放及相关标准的执行，尤其是无组织废气，如厂区的恶臭、污水处理站产生的恶臭等。因为化学原料药制造过程中可能会使用多种易挥发的化学原料或溶剂，这些物料的挥发或逸散，都有可能在厂区产生异味，这一点也是需要在审核过程中关注的一个方面。

三、审核过程解析

1. "三废"产排分析

化学原料药制造行业"三废"产生情况非常复杂，尤其是废水的产生量较大，且废水水质复杂，不同产品其废水产生情况变化非常大。因此，在分析"三废"产生、排放情况时，应按照企业工艺流程，分析产品在每一个工序的"三废"产生情况。

下面以化学合成制药C为例进行详细分析。生产C的主要原料有碳酸钠、氯乙酸、氰化钠、硫酸、液碱、茶钠、硫酸二甲酯、活性炭、催化剂等，水和蒸汽用量较大。其部分工艺流程及"三废"情况如图12-2所示。

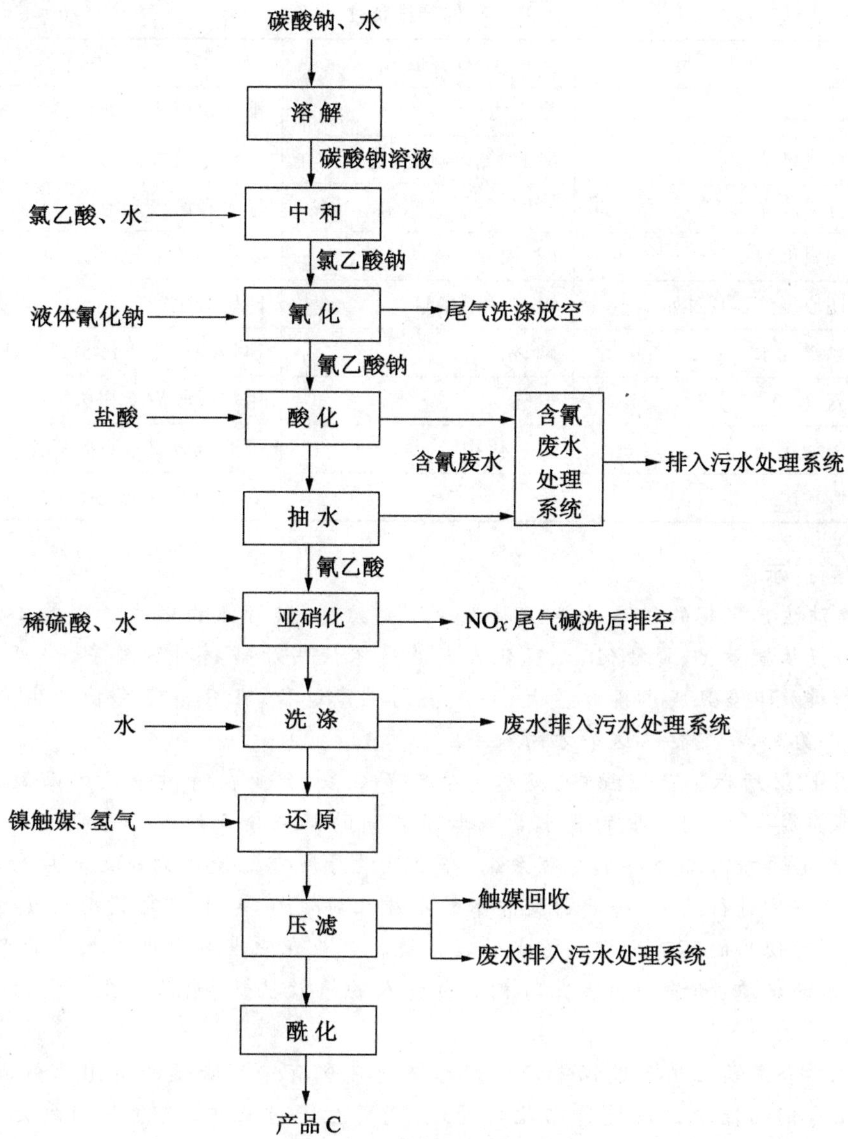

图 12-2　产品 C 的部分工艺流程

根据工艺流程图 12-2，下面具体分析一下各种废物的产排特性(见表 12-2)。

表 12-2 废物的产排特性

类别	废物种类	有害成分	去向
废水	含氰废水	氰化物	排入含氰废水处理装置
	打浆母液	醋酸、氮氧化物、盐	委托相关方处理
	打浆洗涤水	二甲 NAU、盐、氮氧化物	排入高浓废水池
	触媒母液	碱、铝	委托相关方处理
	还原压滤器反冲水	镍、二甲 DAU	回用于生产
	触媒洗水	碱、铝	预处理后排入污水处理站
废气	氨气	氨气	用水吸收后交相关方
	氮氧化物	氮氧化物	用液碱或氨水吸收后交相关方
固废	废触媒	镍	委托相关方处理

▶特别提示：

(1)清洁生产思想的核心就是强调加强过程控制，做好源头削减。倡导要做好清污分流，做好废物减量化、资源化、无害化。尤其是像使用原辅材料种类多、生产工艺路线长、废弃物排放点多且废水排放量大、浓度高的生产过程，在分析废弃物产生原因，寻找清洁生产潜力时，一定要从这个方向入手。

(2)图 12-2 所示生产流程中，废水产生环节较多，企业在清污分流方面做得基本到位，各种不同成分、不同浓度的废水都采取了不同的措施分开处理。含氰废水在车间进行了预处理后再排入综合污水处理系统，高浓度的母液重复使用到一定程度后委托有处理资质的相关方进行处置，压滤器反冲水的水质相对较好，尽量重复利用到其他环节，确实无法找到可使用的环节再排入污水处理系统。企业在管理方面也有相应的考核，将各个环节废水的水质、水量控制情况与相关负责人的绩效挂钩，确保了生产与污水处理系统稳定运行。

(3)化学合成药在生产过程中产生的母液通常含有一定浓度的有用物料，不直接排放，而是由专门的辅助工段进行回收提纯，再用于生产过程中，重复利用到无利用价值后，再将其作为危险废物委托有处理资质的相关方进行处置，做到了废水的资源化、减量化、无害化。

(4)在这种工艺路线长的生产流程中，能源消耗方面也不应忽视，尤其是有些环节需要蒸汽加热，有些环节需要低温冷却，我们要考虑通过直接换热或能量的梯级利用是否可行，以减少不必要的能源消耗，从而达到节能的目的。

(5)生产过程中产生的废气通常是通过酸洗或碱洗的方式去除其中的有害物质后放空；废气中如有粉尘，一般通过布袋除尘等措施处理后排空；若废气中含有恶臭气体，需进行吸附脱臭等措施处理后方可排放。

(6)通常，这类生产在生产过程中会产生蒸馏残液或残渣、废催化剂等危险废物，废物类别为 HW02 医疗废物(化学药品原药制造)，废物代码可根据所含的不同物质从《国家危险废物名录(2008)》中查得。这些废物需要委托有处理资质的相关方进行处置，企业不得擅自处置，而且这些危废在厂区的储存也要符合相关要求。

通过分析工艺流程图和“三废”产排，结合企业实际，可以得出以下清洁生产方案：

▶方案1：改进缩合工艺，增加回收酸蒸出量，减少醋酐用量，减少废水的产生。

▶方案2：改造打浆洗涤罐压滤器，保证压滤干净，减少自来水用量。

▶方案3：改进还原工艺，减少触媒用量。

▶方案4：还原触媒洗涤水回收利用，大大减少含镍废水的排放量。

▶方案5：含镍废水絮凝处理试车成功，实现含镍废水持续稳定达标排放。

▶方案6：母液浓缩代替氯提工艺，减少污水排放量。

▶方案7：煤提工艺改为汽提工艺，杜绝煤油使用，减少残液中的氯仿夹带量，降低污水的COD含量。

▶方案10：采用氯气氧化的方法处理废水中的氨氮，解决废水处理站氨氮的处理效果不理想，无法达到废水排放标准的问题。

2. 审核重点选择

选择审核重点的方法有两种：一种是简单对比法；一种是权重总和计分排序法。对于生产规模小、工艺简单、产品或生产装置相对单一的制药企业，可使用简单对比法；若企业产品或生产装置较多，各产品生产规模相差较大，工艺复杂程度各不相同，无法通过简单对比确定审核重点，这种情况下可以采取权重总和计分排序法。根据医药制造行业特点，采用该法时应选择废物产生、资源能源消耗、环保费用作为筛选审核重点主要考虑的几个因素，分别计算各备选审核重点3个指标的量，再结合权重总和计分排序法计算结果确定审核重点。

举例：某医药厂有3个生产车间——A车间、B车间、C车间，生产A、B和C 3种原料药，产能分别为300 t/a、1000 t/a、3000 t/a，配套的辅助车间包括动力车间和污水处理站。首先，我们通过备选审核重点情况说明表从废物产生量、原料消耗、水耗、能耗、环保费等方面计算几个备选审核重点的各个指标情况，分析各备选审核重点在全厂范围内的重要性和代表程度，再结合权重总和计分排序法分析可知，C车间废物产生量及物耗、能耗在全厂各车间中比例最大，最具有代表性，因此，可以选择C车间为审核重点。

▶特别提示：

(1)在确定备选审核重点时，不应忽略重要的辅助车间，如有些制药企业有自己的锅炉车间给生产车间提供蒸汽，这时就应将锅炉车间也作为备选审核重点考虑。

(2)有些制药企业可能既有化学原料药制造，又有中成药制造或化学药品制剂制造等，这时我们在确定审核重点时，要按照确定审核重点的原则来分析考虑这一问题，不排除会产生两个审核重点。

(3)确定审核重点时，要结合权重总和计分排序表中权重值最高的因素，就是废弃物产生量。在审核过程中可能会遇到这种情况，生产同一产品的两个车间，规模一大一小，工艺先进程度一高一低，废弃物产生量一多一少，论废弃物产生总量，规模大、工艺先进的车间占第一;论单位产品产污量,规模小、工艺落后的车间占第一,这种情况下,通常的车间产品单耗相对也高,清洁生产潜力也较大。凭多年的审核经验,个人认为选单位产品产污量、资源能源消耗高的车间更为合理。

3. 审核目标设置

(1)目标设置依据

对化学原料药制造业行业进行清洁生产审核时,没有与之相关的行业清洁生产标准可供参考,因此,在进行目标设置时,通常的做法是与同行业其他企业进行比较。需要注意的是,所选其他企业应尽量与该企业的产品相同、工艺相似、规模相近。表 12-3 列出了某产品同行业的指标对比。

表 12-3　　某产品同行业指标对比表(审核前)

公司名称	规模(t/a)	水耗(t/t)	主料单耗(t/t)	汽耗(t/t)	电耗(kW·h/t)	单位产品 COD 产生量(t/t)
A 公司	500	600	2.38	162	20080	4.68
B 公司	450	630	2.53	165	20820	4.75
本厂	480	610	2.41	160	20100	4.63

在进行同行业对比时,选用的指标应是在此行业里同行均比较关注的单位产品的原料、资源、能源方面的消耗指标、污染物排放指标、工艺指标等。

(2)目标选择方法

清洁生产目标中的指标通常与和同行业对比所使用的指标相同,如单位产品的原料、资源、能源方面的消耗指标、污染物排放指标、工艺指标等。当然,清洁生产目标中还可以有全厂性的一些指标,如污染物排放指标。

某企业具体的目标设置见表 12-4。

表 12-4　　目标设置

指标	单位	现状	近期目标(2016 年底)		中期目标(2017 年底)	
			绝对量	变化率	绝对量	变化率
审核重点						
某主料消耗量	t/t	*	*	削减 * %	*	削减 * %
电耗	kW·h/t	*	*	削减 * %	*	削减 * %
水耗	t/t	*	*	削减 * %	*	削减 * %
汽耗	t/t	*	*	削减 * %	*	削减 * %
废水排放量	t/t	*	*	削减 * %	*	削减 * %
COD 排放量	kg/t	*	*	削减 * %	*	削减 * %
氨氮排放量	kg/t	*	*	削减 * %	*	削减 * %

续表

指标	单位	现状	近期目标(2016 年底)		中期目标(2017 年底)	
			绝对量	变化率	绝对量	变化率
全厂						
COD 排放量	t/a	*	*	削减 * %	*	削减 * %
SO_2 排放量	t/a	*	*	削减 * %	*	削减 * %

注:不同企业由于工艺、生产规模等不同,各目标值差别较大,此处不列具体数值,仅对如何选取目标对象提供参考(*代表省略的数据)。

4. 平衡数据分析

物料平衡

在针对审核重点作物料平衡分析时,要根据产品的生产特性,按照生产设备(工艺)流程列出物料实测布点表,然后进行实测。通常,化学原料药的生产都是按批次的,因此,按照稳定生产状态下的连续三个批次进行实测即可。

列出整个医药产品的生产工艺,按照每个工序测定(或估算)的输入物料、输出物料及损耗,绘制出物料平衡图和物料流程图(流程图此处暂略),据此可以找出物料主要损耗和流失环节。

由于某些产品在生产过程中会使用一些特殊原料,故会产生行业特有的一些污染物,也即所谓的特征污染物。对此我们还需要进行特征污染物的平衡平析。例如,如果生产过程中使用了氰化物、氨或铵盐、苯胺类物料,丙酮、甲醇等溶剂,或者含重金属的催化剂,根据其在生产过程中的转化程度、对环境的影响程度,可能需要对其进行特征污染物的平衡平析。

下面针对某审核重点的物料平衡(见图 12-3)进行分析说明。

通过对化学合成原料药的工艺物料流程进行分析发现,该生产工艺使用的原辅材料种类多、流程长且工艺较为复杂,清洁生产潜力明显,主要表现在提高某些环节的转化效率、副产物的综合利用,以及生产过程中溶剂的提取、回收循环利用方面。

▶特别提示:

通过对物料平衡进行分析,发现了以下问题,并有针对性地提出解决方案。

(1)二甲脲制备过程中,7020 kg 的二甲脲溶液经过提取产生 4233.2 kg 的残液排放,不但污染环境,而且造成物料流失,以及蒸汽和水的消耗。

解决方案:用液化一甲胺替代一甲胺溶液生产二甲脲。

(2)氯提工序用氯仿和煤油处理氯提废水,废水产生量大。

解决方案:用汽提工艺代替煤提工艺,即先采用蒸汽处理氯提废水,废水中的 COD 浓度由 40000 mg/L 降到 30000 mg/L 以下,可减少氯仿和煤油流失,降低末端污水处理难度。

(3)在氰乙酸制备工序,需要投入氰化钠 1318 kg,除反应生成 2042.6 kg 氰乙酸液外,还产生抽出水 3000 kg 含氰废水。

解决方案:改进含氰废水处理工艺。

(4)缩合工序真空泵使用自来水降温,每天消耗新鲜水 1000 t,且这部分水未能回收利用,浪费严重。

解决方案:缩合真空泵用循环水代替自来水降温。

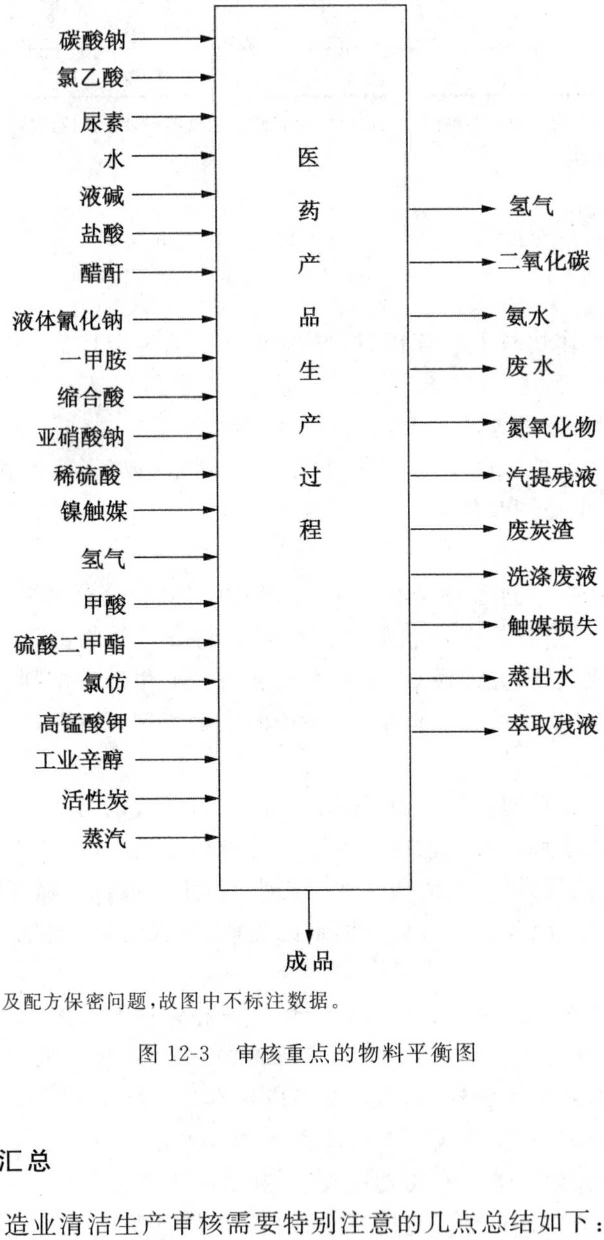

注:由于制药企业涉及配方保密问题,故图中不标注数据。

图 12-3　审核重点的物料平衡图

四、注意事项汇总

下面将医药制造业清洁生产审核需要特别注意的几点总结如下:

(1)化学原料药的生产工艺一般都比较复杂,工艺路线长,各种排污环节也相对较多,因此,我们需要认真地从工艺上弄清各个排污环节废水或废气、固废产生的原因,这样才能有效地发现问题,提出相应合理的清洁生产方案。

(2)化学原料药的生产工艺还有一个特点,就是能耗相对较高,在生产过程中除了需要常规的水、电、蒸汽外，有可能还需要压缩空气、软水及不同温度的冷水等。因此，通常会有空压、制水、制冷等辅助工段。这些环节也是我们寻找清洁生产方案不可或缺的环节。

(3)对特征污染物进行平衡测算、分析的目的是，通过对特殊物料的转化率进行计算，并定量地得到其转移到废水、废气或固废中的量，进而分析如何减少其流失到环境中或者减少其对环境的影响，通过采取哪些措施可以在这方面做得更好。因为若不对这些特殊物料采取相应措施而直接将其排入环境中，对环境产生的危害十分严重。

(4)制药行业的生产通常均通过了国家GMP认证，有其内在严格的要求和规范。在对制药企业进行清洁生产审核过程中，应当尊重企业的各项生产规范和要求，提出的清洁生产方案也要符合企业的实际生产情况，在审核过程中做好功课，并与企业相关参与人员做好沟通，这样才能将制药企业的清洁生产审核工作做好。

五、典型方案参考

表12-5列出了从节水、节能，减排废物，节约原辅料等几个角度精选的几个已在医药企业中实施过的典型方案(效益数据仅供参考)。

表12-5　医药企业中的典型方案

方案名称	方案简介	效益分析
方案类型：节水、节能		
乏汽水利用	甲化溶料过程以乏汽水代替自来水蒸汽升温	可节约自来水和蒸汽用量
氯提蒸发母液套用	氯提蒸发过程每批使用自来水5 t，用甲化母液代替自来水	可节约自来水用量，减少污水排放
含氰废水处理工艺改进	车间含氰废水原来利用二氧化氯氧化法处理，现改为汽提处理，减少原材料的消耗	每年可减少清水200 t
乏汽水综合利用	厂房取暖、碳酸钠溶料、还原触媒过滤器反冲等使用乏汽水代替自来水	每年节约成本100万元
方案类型：减排废物		
液化一甲胺代替一甲胺溶液生产二甲脲	二甲脲在生产过程使用40%一甲胺溶液，在蒸发塔中经过蒸馏，后经过低温水降温除水后进入反应系统，此过程消耗大量蒸汽和低温水，每批可排放含胺废水4.2 t。更换为液化一甲胺后，物料直接汽化后进行反应，节约能源消耗，减少废水排放	每批可减少废水4.2 t，减少大量蒸汽和低温水消耗，每年可增加经济效益100万元
缩合工艺改进	缩合过程采用减压蒸馏，获取反应副产物醋酸，原先每批蒸馏1120 L，通过技术改进，蒸馏量增加至1180 L	可减少排放污水中的醋酸含量，降低COD排放

续表

方案名称	方案简介	效益分析
方案类型:减排废物		
洗涤罐压滤器改造	改造打浆洗涤过程中的砂芯位置,使打浆滤饼完全压干,减少洗涤水用量,实现水资源循环利用	每批可减少污水排放量 3 t
含镍废水处理	采用絮凝处理含镍废水,达到较好的处理效果	含镍废水达标排放
一精母液浓缩代替氯提工艺	以母液浓缩工艺代替氯提工艺,减少氯仿消耗,从而有效降低能源消耗与原材料消耗	每天可减少污水排放量 50 t
方案类型:节约原辅料		
嘧啶工序优化原料配比	调整丙二酸二甲酯的投料量,将其与原甲酸三甲酯的物质的量的比进行调整,经过优化后,丙二酸二甲酯的投料量每批减少约 19 kg,可以降低嘧啶酯的原料成本,降低原料消耗	优化配比后,嘧啶酯原料成本降低约 0.55 元/kg,降低了原材料的投入,全年原料成本可节约 11 万元
异钾下层液放料管增设一个阀门	异钾组下层液放料管路只有一个阀门,不易控制,放料取样时容易跑损物料,建议增设一个下层液管路阀门,防止物料跑损	一年可减少 600 kg 甲醇的跑损
从氯化铵盐水中回收环己烷	反应结束后,有少量未静置好的环己烷缩合液,以及残留在分盐水管路中的上一批的缩合料液随着盐水分到盐水罐中,被外协单位综合利用,这样被分调的少量环己烷就无形地浪费掉了。建议在原设备的基础上增加一套回收系统,即将原来在二楼的一个中间罐移至三楼安装真空设备,分水系统将分过的盐水沉淀,积攒后用真空设备吸入三楼储罐,再沉淀后经分盐水获得	每批可回收 3～5 L 环己烷,每月按 100 批计算,每月可回收 300～500 L 环己烷
刷罐水回收处理	反应罐刷罐水平时直接排放,建议将刷罐水打入 2 号回收塔处理一下,回收醇烷	可减少排污,环境效益明显
尾气冷凝器下加 2000 L 储罐	石油醚工艺生产中水解反应剧烈,物料温度较高,造成溶媒跑损,并影响环境。应在冷凝器下方安装一个 2000 L 的储罐,将冷凝下来的石油醚收集返回反应设备中	可减少污染物的排放,每年可回收 12 t 跑损的石油醚

续表

方案名称	方案简介	效益分析
方案类型:提高工作效率,改善工作环境		
胺酯吸收系统改造	由于胺酯组减压蒸馏所使用的真空泵排气吸收装置运行效果不佳,造成胺酯岗位空气环境质量差。运行不佳的原因:①排气管路过长(从一楼至四楼),弯头较多;②管路管径配备不合理,运行时水将排气封住了。这样就造成了吸收系统不能正常运行。解决方案:将整个吸收系统搬至三楼,同时布置合理的管路走向	设备整齐美观,操作性强,现场空气状况得到明显改观
嘧啶酯干燥岗位增设风机、风筒	嘧啶酯组干燥岗位由于嘧啶酯料较轻,放料时粉尘较大,故提议增设除尘系统。解决方案:增设风机、风筒	可除尘,改善劳动环境,每年可回收嘧啶酯料1800 kg
嘧啶酯离心机采用封闭式离心机	现在使用的嘧啶酯离心机为敞口操作,建议更换为新式密封性操作离心机。因为嘧啶酯离心机容易造成物料的跑损,并且操作者劳动强度大。换新式离心机后,减少了物料跑损,降低了工人的劳动强度	一年可以减少物料损失2000 kg,减少环境负担
方案类型:废弃物的处理及回用		
污水处理系统改造	MBBR水处理新技术适用于高浓度、难降解废水的处理,并具有较强的脱氮效果,采用该工艺对原有污水处理系统进行强化改造	通过改造,可提升系统的处理能力和处理效果,确保污水完全达标排放
缩合真空泵降温水循环使用	缩合真空泵使用自来水降温,每天消耗1000 t,并且排放到车间污水系统,造成水资源严重浪费,排放污水中含有少量醋酸,无法回收。将降温水更换为循环水,通过调节温度,达到一定浓度后废水可回收利用	可减少水资源消耗,减少废水排放

第十三章

发酵工业审核实战指南(啤酒酿造)

发酵工业是传统发酵技术和现代DNA重组、细胞融合等新技术相结合并发展起来的现代生物技术,并通过现代化学工程技术,生产有用物质或直接将其用于工业化生产的一种大工业体系。《关于深入推进重点企业清洁生产的通知》(环发〔2010〕54号)将发酵行业列入重点审核行业,本章即对发酵行业的典型代表——啤酒制造的清洁生产审核进行实战讲解。

一、基础知识普及

1. 了解定义和原理

(1)定义

通俗地来讲,发酵行业是指利用人工选育的微生物分解发酵原料进而获取所需产品的行业。工业生产上笼统地把一切依靠微生物的生命活动而实现的工业生产均称为"发酵"。发酵技术可以应用到以下几个方面:

①在医药工业上的应用:抗生素、维生素、动物激素、药用氨基酸、核苷酸(如肌苷)等。

②在食品工业上的应用:生产传统的发酵产品(白酒、啤酒、果酒、食醋、酱油等),生产食品添加剂(柠檬酸、谷氨酸、黄原胶等)。

③在环境科学领域的应用:污水处理用微生物。

④在化工能源领域的应用:包括各种有机酸、长链二元酸、聚合有机物、生物材料、生物塑料、生物多糖、生物氢、燃料乙醇、酒精、丙酮、丁醇等溶剂。

⑤在农业领域的应用:兽用抗生素、维生素、激素、氨基酸、食用菌、酶制剂、微生态制剂、微生物肥料、发酵床、发酵豆粕等。

⑥主要的酶制剂产品均为发酵工业生产,包括糖化酶、淀粉酶、蛋白酶、纤维素酶、脂肪酶、植酸酶、葡萄糖异构酶、葡聚糖酶、转苷酶等。

从大的方面来看,发酵工艺可以分成两部分,一是上游发酵技术,二是下游发酵技术。

①上游发酵技术:分成三个部分:一是发酵原料预处理(原料的传输、筛选除杂、原料的粉碎、原料的初步转化);二是发酵菌种的制备;三是具体发酵过程。工业化发酵原料,除了微生

物生长必需的氮源以及微量元素之外，主要的发酵原料是淀粉质原料。在北方，主要的发酵原料是玉米。淀粉行业及淀粉糖行业，如果从一个大的层面上看，玉米淀粉加工及淀粉糖制造也可以归属为发酵上游技术类别。

②下游发酵技术：从发酵产物中获取有用物质的技术，一般包括粗提、精提和后续的加工过程。提取技术主要有以下几种形式：分离提取技术(蒸馏浓缩、结晶、板框过滤、膜过滤、硅藻土过滤)、净化技术(离子交换、活性炭吸附、加助滤剂过滤等)以及产品的干燥和包装技术。

(2)原理

下面以啤酒制造为代表来介绍其原理及行业概况。

啤酒发酵过程是啤酒酵母在一定的条件下，利用麦汁中的可发酵性物质而进行的正常生命活动，其代谢的产物就是所要的产品——啤酒。啤酒发酵一般可以分成五个阶段：制麦、糖化、发酵、清酒和灌装。在实际的工业生产中，为节省成本，往往直接采购成品麦芽，不再进行单独的制麦过程，所以整个啤酒制造分成四个阶段：糖化、发酵、清酒和灌装。其中的糖化和发酵属于上游发酵技术，清酒和灌装属于下游发酵技术。

2. 了解行业概况

目前，我国已成为世界第一大啤酒生产国，2010 年，我国啤酒产量为 448.3 亿 L，年产量的复合增长率达到了 14.57%。2010 年，全国人均啤酒消费量为 31.5 L。华润、青岛、燕京三大集团 2010 年的啤酒产量占全国总产量的 49.2%，10 亿 L 以上的七个大集团 2010 年啤酒产量占全国的 63.8%，啤酒生产的集约化比较高。

啤酒酿造过程中会产生大量高浓度有机废水，废水中的主要污染物为 COD 和氨氮；废气主要是锅炉废气(自备锅炉产蒸汽)以及发酵过程中产生的二氧化碳废气；固废主要是酒糟、废酵母、硅藻土等。其中，以有机废水为最主要污染物。啤酒工业中、高污染负荷废水的来源、浓度及排放方式见表 13-1。

表 13-1　啤酒工业中、高污染负荷废水的来源、浓度及排放方式

工序	废水中的 COD 浓度(mg/L)	排放方式
糖化	20000～40000	间歇排放
发酵	2000～3000	间歇排放
包装	500～800	连续排放

啤酒厂总排水属于中、高浓度的有机废水，呈酸性，pH 值为 4.5～6.5，其中主要污染因子是 COD_{Cr}、BOD_5 和 SS，浓度分别为 1000～1500 mg/L、500～1000 mg/L 和 220～440 mg/L。啤酒废水的可生化性(BOD_5/COD_{Cr})较好，为 0.4～0.6，因此，国内外普遍采用生化法处理啤酒废水。

3. 了解专有名词

像啤酒制造业经常提到的“糖化”“发酵”“清酒”等专有名词(详见附录一)，应了解其含义，以便了解其工艺过程。

4. 了解政策和标准

(1)政策

《产业结构调整指导目录(2011 年本)》(2013 年修订)

(2)标准

《清洁生产标准　啤酒制造业》(HJ/T 183—2006)

《啤酒工业污染物排放标准》(GB 19821—2005)

《大气污染物综合排放标准》(GB 16297—1996)

《山东省固定源大气颗粒物综合排放标准》(DB 37/1996—2011)

《啤酒综合能耗限额》(DB 37/820—2007)

5. 了解企业概况

审核啤酒制造企业前,应重点了解企业啤酒酿造及包装的主要原辅料、能源使用情况、车间数量及建立时间、员工人数等情况。

举例:某啤酒厂成立于 1995 年,企业主要产品为瓶装某品牌啤酒。啤酒酿造的主要原料为水、麦芽、大米、淀粉、啤酒花。啤酒包装的主要原料为啤酒瓶、纸箱等包装物品。使用的能源为电和蒸汽,同时在生产过程中消耗部分清洗剂和烧碱等。

6. 掌握生产工艺

啤酒的生产工艺(不包括麦芽生产)主要包括糖化、发酵、清酒(过滤)、包装四道工序。

(1)糖化

将麦芽、大米粉碎后与温水混合,借助麦芽自身的多种水解酶,将淀粉和蛋白质等高分子物质进一步分解成可溶性低分子糖类、糊精、氨基酸等,制成麦芽汁,将糖化醪中的麦芽汁与麦糟分开,得到澄清麦芽汁,灭菌、灭酶,析出可凝固性蛋白质,蒸出多余水分,达到要求的浓度后,再析出冷凝固物,降到发酵所需温度。

(2)发酵

将加酒花后的澄清麦芽汁冷却至 6.5～8.0 ℃,使麦芽汁吸氧,接种酵母,把麦芽汁酿制成啤酒。

(3)清酒(过滤)

经滤器截留去除残存酵母及杂质,得到澄清酒液。

(4)灌装

啤酒瓶进入洗瓶机进行刷洗,洗净后的瓶子经验瓶人员检验,检验合格的瓶子进入灌装工序,把过滤后的清酒由灌装机进行真空灌装。灌装后进入杀菌机进行巴氏杀菌,再进行验酒、检验、贴标、塑包或装箱后成品入库。

具体的生产流程如图 13-1 所示。

▶特别提示:

(1)传统的啤酒酿造过程需要制麦过程(大麦必须通过发芽过程将内含的难溶性淀料转变为用于酿造工序的可溶性糖类),但为节省成本,现代化的啤酒制造企业不再设立麦芽车间,而直接采购成品麦芽。

(2)在现代化的啤酒糖化过程中,往往会采购部分成本更低的淀粉糖浆来代替大米的使用。

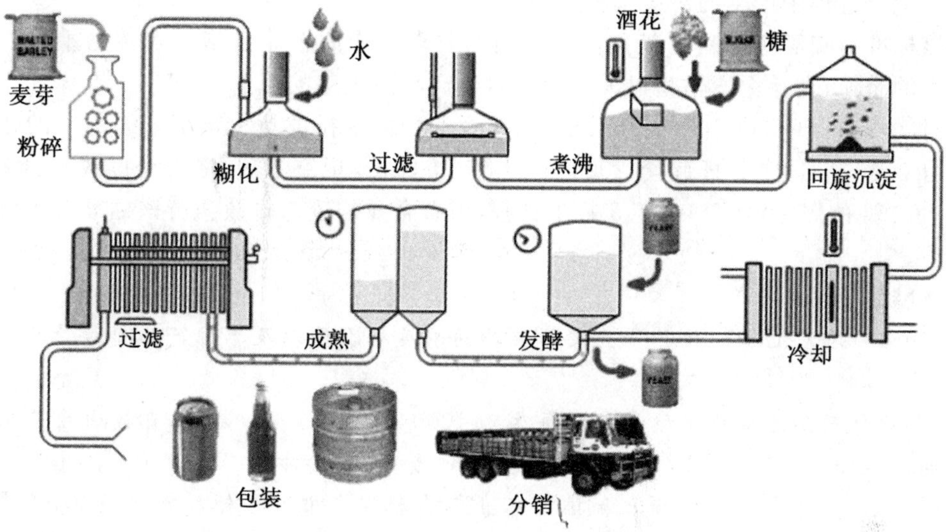

图 13-1　啤酒酿造工艺流程示意图

7. 明确产污环节

啤酒制造企业生产过程中的主要产污环节见表 13-2。

表 13-2　产污环节

名称		产生环节	有害成分
废水		设备刷洗	COD、BOD、SS
		啤酒瓶清洗	COD、BOD、SS、OH^-
废气		发酵	CO_2
固废	酒糟	糖化	—
	废酵母	发酵	—
	废硅藻土	清酒	—
	废旧包装物	灌装(包装)	—

二、政策和标准解读

1. 啤酒制造行业政策

啤酒制造行业政策主要是《产业结构调整指导目录(2011 年本)》(2013 年修订),它对于啤酒制造业的规定如下:

①限制类:"十二、轻工"中的"14、生产能力小于 18000 瓶/时的啤酒罐装生产线"。

②淘汰类:"(十二)轻工"中的"23、生产能力 12000 瓶/时以下的啤酒罐装生产线"。

2. 啤酒制造行业标准

(1)《啤酒工业污染物排放标准》(GB 19821—2005)

该标准规定了啤酒工业污染物浓度排放限值和单位产品污染物排放量,适用于啤酒与麦芽生产过程中产生的污染物控制与管理。

该标准对啤酒企业和麦芽企业有不同的要求。啤酒企业是指以麦芽为主要原料生产啤酒的企业;麦芽企业是指以大麦为原料生产啤酒麦芽的企业。

时间规定:自 2006 年 1 月 1 日起,新建企业的废水排放执行该标准表 1 中的排放限值。自 2006 年 1 月 1 日起至 2008 年 4 月 30 日止,现有企业的废水排放仍执行 GB 8978—1996 的规定,自 2008 年 5 月 1 日起,现有企业的废水排放执行该标准表 1 中的排放限值。

▶**特别提示:**

(1)该标准对 COD、BOD 等主要污染物的浓度标准值以及单位产品排放量均作出了明确规定。

(2)单位产品污染物排放量是指每生产 1000 L 啤酒或 1 t 麦芽,直接由生产工艺排放出的污染物量,以 kg/kL(啤酒企业)或 kg/t(麦芽企业)计。

(3)标准值分为预处理标准和排放标准。前者是指排入城镇排水系统的;后者是指排入自然水体的。

(2)《清洁生产标准　啤酒制造业》(HJ/T 183—2006)

该标准根据啤酒制造行业特点将清洁生产标准分为 6 类:生产工艺与装备要求、资源能源利用指标、产品指标、污染物产生指标(末端处理前)、废物回收利用指标、环境管理要求。

▶**特别提示:**

(1)该标准不包括麦芽生产和生活消耗。

(2)麦芽、大米等的粉碎方法分为干法和湿法。前者多采用粗碎和细碎两级粉碎工艺,易产生粉尘,但设备投资少、占地面积小;后者可获得良好的过滤层,不易产生粉尘,麦芽、大米经过温水浸泡可缩短糖化时间,但设备大,粉碎程度不易控制,且耗电量比干法高 8%～10%。

(3)CO_2 是啤酒生产的重要副产物,据理论计算,每 1 kg 麦芽糖发酵后可产生 0.514 kg的 CO_2,每 1 kg 葡萄糖可以产生 0.489 kg 的 CO_2,实际发酵时,前 1～2 天的 CO_2 不纯,不能回收,CO_2 的实际回收率仅为理论值的 45%～70%。经验数据:啤酒生产过程中每 100 L 麦汁实际可回收 CO_2 为 2～2.2 kg。

(3)《啤酒综合能耗限额》(DB 37/820—2007)

山东省是啤酒制造大省,故针对啤酒生产企业制定了相应的能耗限额。注意:这里指的综合能源消耗量是企业生产啤酒全过程中消耗的各种能源总量,包括一次能源(原煤、油、天然气等)、二次能源(电、蒸汽等)、使用的耗能工质(水、氮气、压缩空气等)所消耗的能源。具体更为细致的规定请在审核过程中详细查阅。

三、审核过程解析

1.“三废”产排分析

啤酒生产过程中产生的污染源有:设备刷洗过程中产生的废水、洗瓶废水、发酵过程中产生的二氧化碳;酿造过程中产生的废酵母、废硅藻土等固体废弃物。

某啤酒制造企业在酿造和罐装过程的具体工艺流程及“三废”情况分别如图 13-2、图 13-3 所示。

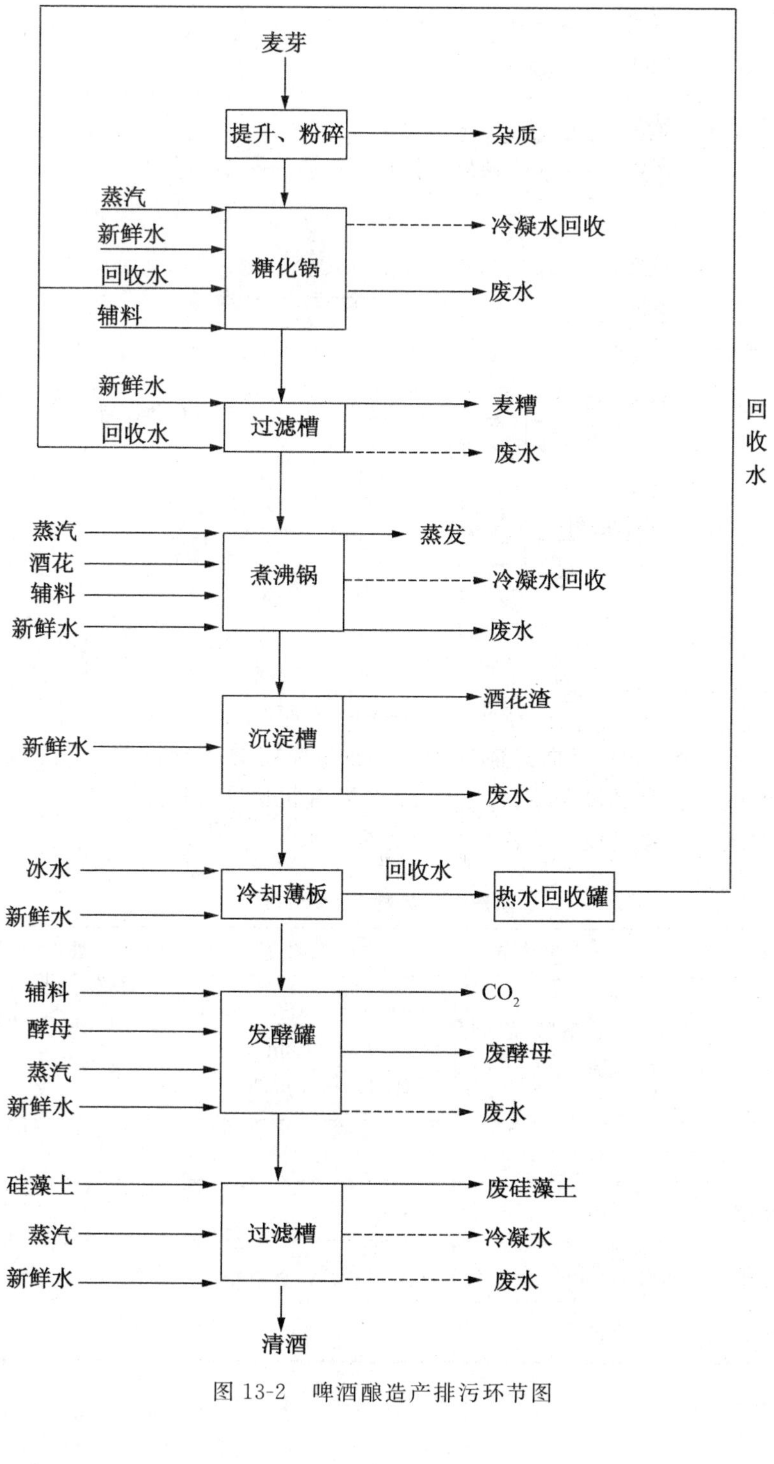

图 13-2 啤酒酿造产排污环节图

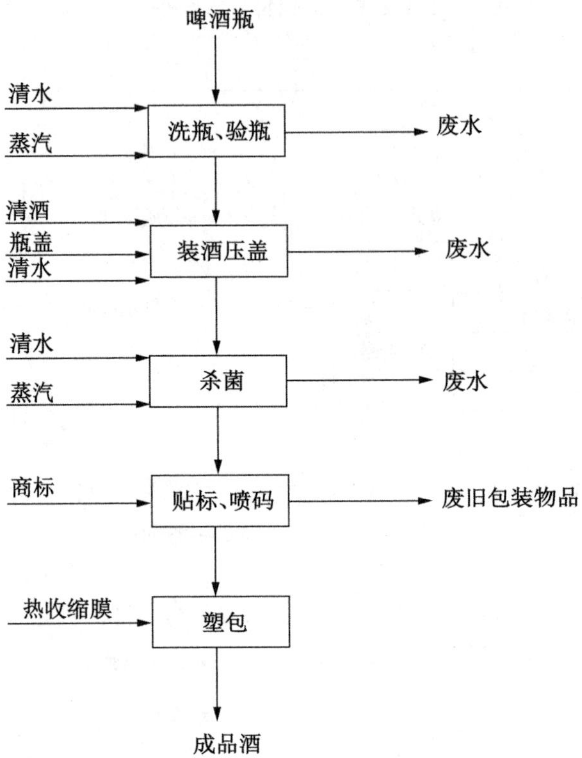

图 13-3　啤酒罐装产排污环节图

根据以上工艺流程图，下面具体分析一下各种废物的产排特性（见表 13-3、表 13-4）。酿造过程中的废水主要是设备刷洗废水，废水为有机废水，主要污染物为 COD 和氨氮。罐装过程中的废水主要是设备刷洗废水和洗瓶废水。

表 13-3　酿造工段废物的产排特性

名称		产生环节	产生浓度	处理方式及去向
废水		酿造设备刷洗	COD:1000～1500 mg/L SS:300～600 mg/L 氨氮:20～40 mg/L	厂内预处理后排入城市污水处理厂
废气（CO_2）		发酵	—	回收
固废	酒糟	糖化	—	外卖
	废酵母	发酵	—	外卖
	废硅藻土	过滤	—	外卖

表 13-4　　灌装工段废物的产排特性

名称	产生环节	产生浓度	处理方式及去向
洗瓶废水	洗瓶机	COD:500～800 mg/L SS:100～300 mg/L pH 值:8～9	厂内预处理后排入城市污水处理厂
设备刷洗废水	洗瓶机、装酒机、杀菌机	COD:500～800 mg/L SS:100～300 mg/L 氨氮:20～40 mg/L	
碎玻璃		—	外卖

▶**特别提示：**

有效降低啤酒行业有机废水处理难度的关键点如下：

(1)建立干法除糟系统,取消冲糟用水,酒糟不入废水,干糟用作饲料。

(2)降低酒损:减少装瓶溢漏,回收酒头、酒尾,废酵母、麦汁凝固物及硅藻土压榨回收酒,不合格啤酒回收而不倾倒,所有回收酒后的有机固体物掺入酒糟作为饲料。

(3)实施冷冻机冷却水循环使用,刷瓶废水单独处理后循环使用,糖化麦汁冷却水重复使用,洗瓶的蒸汽冷凝水回用等。

通过分析工艺流程图和“三废”产排,结合企业实际,可以得出以下清洁生产方案：

▶方案 1:洗瓶机最后一道冲洗水的水质较好,可以部分回收利用到杀菌机,代替降温用水,可节省清水用量,减少废水、COD 产排量。

▶方案 2:洗瓶机碱槽碱液浑浊,易堵塞内喷淋喷头,影响生产效率。现增加两个滤筒,可减少喷头堵塞,节省工时,释放产能。

▶方案 3:现有冰水系统耗能大,且冰水出水温度不稳定,冰水箱容量小,造成发酵罐降温困难,影响产品质量和产量。对现有冰水系统进行升级改造,可减少电耗,节约冷冻机油。

▶方案 4:包装车间酒机回气管长短不一致,造成酒损偏高。通过改造酒机回气管,使瓶装酒液位趋于一致,降低酒损。

▶方案 5:包装瓶盖吹风采用工程压缩空气,在标记前加西门子吹风机,保证吹风效果。改造后减少压缩空气的损耗,可减少电耗。

▶方案 6:利用热交换把热能储存在闭式循环储能系统中,在需要时再把热能释放到加热环节中。改用低压煮沸后,二次蒸汽可由煮沸锅自动输出,冷凝过程放出的热量用于加热水,用此热水加热过滤麦汁,提高进煮沸锅的麦汁温度,80 ℃和 95 ℃水形成自循环。二次蒸汽的冷凝水还可用于其他需要预热的工序(制备 CIP 清洗水),即全部回收二次蒸汽中的热能。

▶方案7:装酒机自动液位经常出现故障,将原液位控制改为无线液位自动控制后,减少了故障发生,可降低酒损。

▶方案8:在不影响产品质量的情况下,将酿造部糖化工段总煮沸时间由原来的75 min调整为60 min,可节约蒸汽用量。

▶方案9:糖浆添加的原工艺是把糖浆打到煮沸锅内与麦汁同时煮沸,现将糖浆添加改为免煮工艺,即糖浆在煮沸结束时随麦汁流至沉淀槽,可减少煮沸糖浆耗用的蒸汽。

▶方案10:将酿造糖化工段薄板的拆洗频次由每季度一次改为每月一次。增加薄板拆洗频次后,可提高热交换率,提高回收热水温度,进而减少冰水使用量。

2. 审核重点选择

通过对众多的发酵企业进行清洁生产审核,下游发酵技术(分离提取)往往污染负荷最重,因为很多发酵企业会产生大量的母液。分离提取车间往往是审核重点单位。发酵上游阶段由于微生物容易染菌,往往会产生大量的设备刷洗水,也不容小觑。为体现工艺的完整性,可以选择一条完整的发酵和分离提取生产线作为审核重点。

具体到啤酒制造行业,可以直接指定酿造车间(糖化和发酵)和包装车间(清酒和灌装)作为审核重点,即选择一条完整的啤酒制造生产线作为审核重点。

3. 审核目标设置

(1)目标设置依据

对啤酒行业进行清洁生产审核时,可参考《清洁生产标准　啤酒制造业》(HJ/T 183—2006)进行目标设置,还可考虑与同行业其他企业进行比较。

(2)目标选择方法

在确定酿造和包装车间为本次清洁生产的审核重点后,为减轻污染物排放造成的末端治理负担,减少物耗、能耗,降低生产成本,提高生产效率,可在综合考虑审核重点的生产情况和污染物排放情况下,结合国内同行业企业水平和环境治理要求,制定清洁生产目标。

某企业具体的目标设置见表13-5。

表13-5　目标设置

项目	现状	近期目标(2016年底)		中期目标(2017年底)	
		绝对量	变化率	绝对量	变化率
酿造生产线					
耗粮(kg/kL)	*	*	削减*%	*	削减*%
酿造电耗($kW \cdot h/kL_{清酒}$)	*	*	削减*%	*	削减*%
罐装生产线					
包装水耗($m^3/kL_{成品酒}$)	*	*	削减*%	*	削减*%
包装废水产生量($m^3/kL_{成品酒}$)	*	*	削减*%	*	削减*%

续表

项目	现状	近期目标(2016 年底)		中期目标(2017 年底)	
		绝对量	变化率	绝对量	变化率
全厂					
取水量(m^3/kL)	*	*	削减 * %	*	削减 * %
耗电量(kW·h/kL)	*	*	削减 * %	*	削减 * %
综合能耗(kg/kL)	*	*	削减 * %	*	削减 * %
废水排放量(m^3/kL)	*	*	削减 * %	*	削减 * %
COD 排放量(t/a)	*	*	削减 * %	*	削减 * %
氨氮排放量(t/a)	*	*	削减 * %	*	削减 * %

注:不同企业由于工艺、生产规模等不同,各目标值差别较大,此处不列具体数值,仅对如何选取目标对象提供参考(* 代表省略的数据)。

4. 平衡数据分析

物料平衡

列出生产工艺,按照每个工序测定(或估算)的输入物料、输出物料及损耗,绘制出物料平衡图和物料流程图(流程图此处暂略),据此可以找出物料主要损耗和流失环节。

图 13-4、图 13-5 分别给出了某企业酿造和包装生产线的物料平衡。

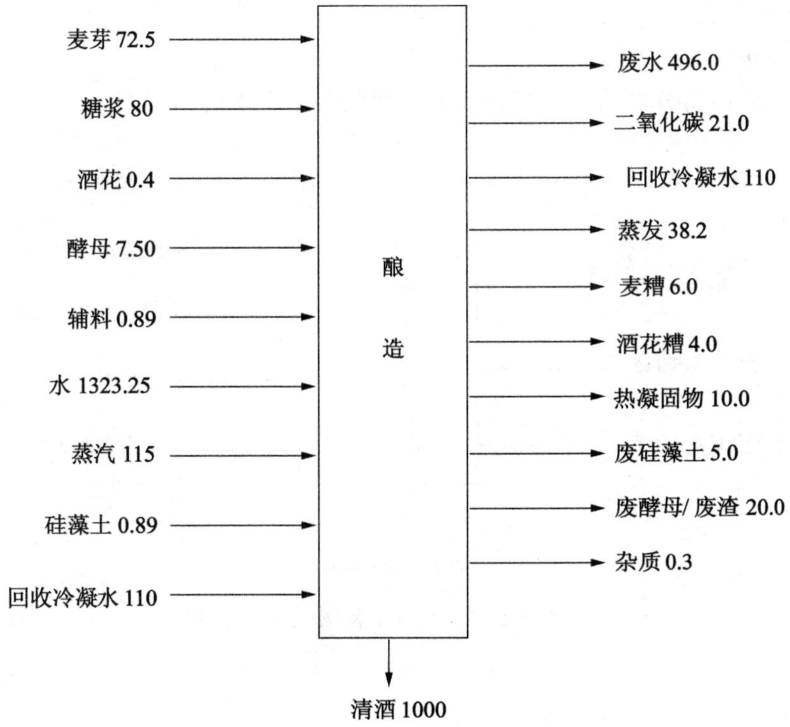

图 13-4　酿造生产线的物料平衡图(单位:kg/kL$_{清酒}$)

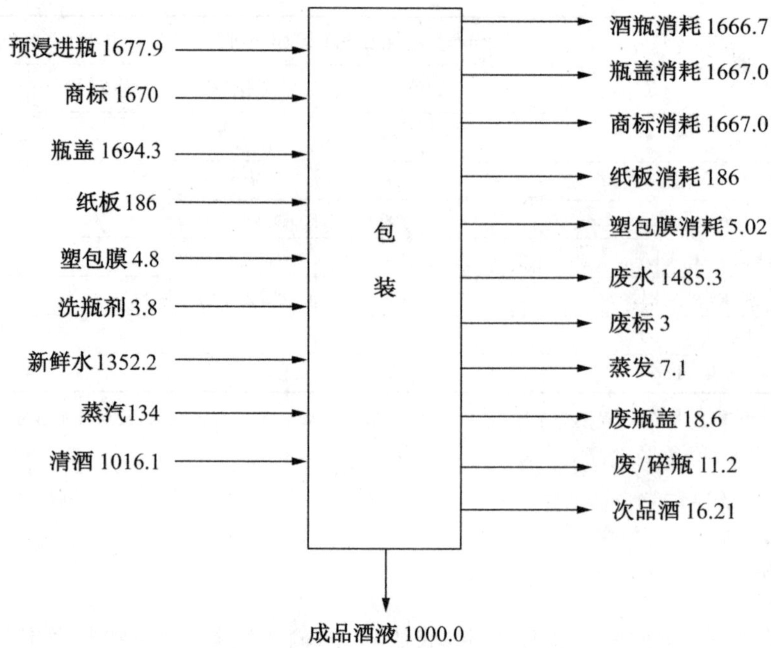

注：啤酒瓶、瓶盖单位为：个/$kL_{成品酒}$；商标、纸板单位为：张/$kL_{成品酒}$，其余为 $kg/kL_{成品酒}$。

图 13-5 包装生产线的物料平衡图

水平衡

图 13-6、图 13-7 分别给出了某企业酿造和包装生产线的水平衡。

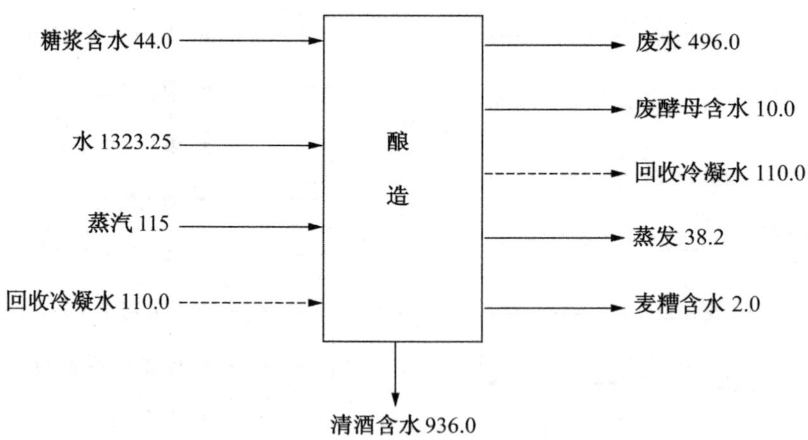

图 13-6 酿造生产线的水平衡图(单位：$kg/kL_{清酒}$)

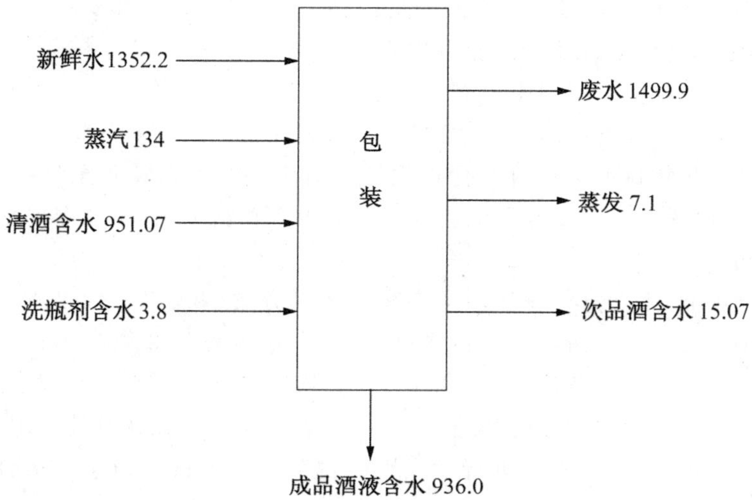

图 13-7　包装生产线的水平衡图(单位:kg/kL$_{成品酒}$)

▶**特别提示:**

(1)通过酿造物料平衡图可以看出,酿造在生产过程中的主要原辅材料基本达到了平衡,实测记录是可信的,能够较为准确地反映生产过程中存在的问题。物料平衡图表明,酿造每千升啤酒消耗麦芽 72.5 kg、糖浆 80.0 kg、新鲜水 1323.25 kg、蒸汽 115 kg、各种辅料 1.37 kg;同时,产生废水 496.0 kg、麦糟 6 kg、废酵母/废渣 20 kg、二氧化碳 21.0 kg。通过平衡分析发现,企业每酿造 1 kL 啤酒耗汽量为 115 kg,其中糖化煮沸和糖浆添加消耗蒸汽较多。审核小组通过现场调研和向专家咨询,提出了改进方案:以往在酵母扩培系统中将糖化冷麦汁阀门接在糖化板式换热器后面,距离扩培罐有较远一段距离(约 40 m),扩培接完麦汁后,管道内剩余的麦汁随管路冲洗水全部排入下水道,增加了粮耗,造成严重浪费。现将扩培麦汁阀往后挪移,改到发酵麦汁充氧前,能缩短 30 多米管路造成的麦汁损失。

(2)啤酒工业的主要污染物是废水,通过酿造和包装生产线的水平衡图可以看出,发酵设备和包装物料清洗废水产生量较大。通过现场调查分析可产生如下清洁生产方案:①发酵罐用碱刷洗完后,用自来水冲洗 15 min,可回收 3～5 t 水,再用糖化冷凝水与上遍回收水调至 52 ℃用于发酵罐第二次刷洗。第三次是在用消毒剂刷洗完发酵罐后,用无菌水冲至中性,可回收约 3 t 水。按照全年 300 罐次,每罐次回收用水约 7 t 计算,每年可节约用水约 2100 t。②改造前,1 号线洗瓶机、2 号线洗瓶机预浸槽水直接排入下水道。通过改造,在预浸槽处布好管道,加一台管道泵,直接将水打到回收水大罐内,用于全场厕所冲刷、理瓶机补水。

四、注意事项汇总

下面将啤酒行业清洁生产审核需要特别注意的几点总结如下:

(1)啤酒行业的水耗、蒸汽消耗均较高,这往往是清洁生产审核可以有效突破的地方。

（2）不单单是发酵行业，任何一个行业的清洁生产目标设置，都要跟企业实际生产过程中的考核指标结合起来。发酵行业可以选择发酵产酸率，发酵原料消耗，发酵水、电、汽的消耗，干物提取收率等指标作为审核目标。

（3）随着企业精细化管理的推进，发酵行业跟其他生产型行业一样，非常关注物料的消耗和产品的收率，物料平衡自身进行得很好。对于每一批物料乃至最终的产品，企业都会有一个持续的跟踪。在对这类企业进行清洁生产物料平衡时，就需要跟企业自身的跟踪情况结合起来。

（4）工信部编制了《发酵行业清洁生产技术推行方案》和《啤酒行业清洁生产技术推行方案》。其中，《啤酒行业清洁生产技术推行方案》中推荐了3个应用技术：低压煮沸、低压动态煮沸，煮沸锅二次蒸汽回收，麦汁冷却过程真空蒸发回收二次蒸汽；2个推广技术：啤酒废水厌氧处理产生沼气的利用、提高再生水的回用率。并对其适用范围、主要内容、解决的主要问题、前景分析等进行了详细的说明。在审核过程中可结合所审核的企业特点参考。

五、典型方案参考

表13-6列出了从节约物料，节水、减排废水，节能等多个角度精选的几个已在啤酒生产企业中实施过的典型方案（效益数据仅供参考）。

表13-6　　啤酒企业中的典型方案

方案名称	方案简介	效益分析
方案类型：节约物料		
提高二氧化碳回收率	现有的二氧化碳回收系统配置低，二氧化碳回收量小，部分发酵产生的二氧化碳直接排放；同时，企业还需要外购部分二氧化碳使用，造成生产成本较高。现对现有的二氧化碳系统进行升级改造：①新增两台LD250型冷冻式压缩空气干燥器；②新增两组K812HI6G-30.2水冷式压缩冷凝机组；③新增二氧化碳储罐、换热器气囊及活性炭填料等	每年可回收二氧化碳430 t，每吨二氧化碳按950元计，每年可节省成本40.85万元
降低酒损，减少耗粮	目前，发酵罐3批/4批满罐，麦汁数量较多，使用酵母菌种发酵旺盛，导致主发酵和双乙酰还原阶段发酵液溢出，酒损较大。现采取如下措施：提高单批麦汁产量，发酵罐满罐批次调整为2.5批/3.5批，发酵阶段发酵液不再有溢出现象，开罐检查洗罐器卫生程度较以前有较大改观	发酵罐平均损失量较改进前减少了1.085 kL/罐，一年生产约450罐，按照717.7元/kL的价格估算，每年减少酒损失约1.085×450×717.7元＝35.04万元

续表

方案名称	方案简介	效益分析
方案类型:节水、减排废水		
碱液箱维修改造	洗瓶机现有的碱液箱体容积小,瓶子浸泡时间短,洗净率不高,洗瓶水耗、蒸汽消耗量大,造成包装生产效率低。现对其进行维修改造	年节水 2.5 万 t,年节汽 400 t,包装线生产效率由 80% 提高到 92%,年释放产能 720 kL,每年获得效益 8.6 万元。合计每年产生效益 24.4 万元,减排废水 2.5 万 t,减排 COD 0.85 t
发酵罐刷洗水回收	发酵罐用碱刷洗完后,用自来水冲洗 15 min,可回收 3～5 t 水,再用糖化冷凝水与上遍回收水调至 52 ℃,用于发酵罐第二次刷洗。第三次是在用消毒剂刷洗完发酵罐后,用无菌水冲至中性,可回收约 3 t 水	每年减排废水 0.21 万 t,减排 COD 0.105 t,减排氨氮 0.010 t,产生环境效益 0.336 万元
包装 1 号、2 号线洗瓶机预浸槽水回收	改造前,1 号线洗瓶机、2 号线洗瓶机预浸槽水直接排入下水道。通过改造,在预浸槽处布好管道,加一台管道泵,直接将水打到回收水大罐内,用于全场厕所冲刷、理瓶机补水	每年节省水 1.3 万 t,每年节省水费 2.21 万元。每年减排废水 1.3 万 t,减排 COD 0.65 t,减排氨氮 0.065 t,产生环境效益 2.08 万元
方案类型:节能		
采用低压动态煮沸技术	将常压煮沸锅改为低压煮沸锅,配套压力自控装置,使间歇煮沸仍可常压,同时更新内部加热器,可缩短煮沸时间,减少蒸发率,节约蒸汽(煤)	可使蒸汽(煤)的消耗减少 12% 以上
采用煮沸锅二次蒸汽回收技术	改用低压煮沸后,二次蒸汽可由煮沸锅自动输出,冷凝过程放出的热量用于加热水,用此热水加热过滤麦汁,提高进煮沸锅的麦汁温度,节能效果明显	可减少电耗、煤耗和水耗
采用麦汁冷却过程真空蒸发回收二次蒸汽技术	将煮沸热麦汁在冷却前进行一次真空蒸发,形成大量二次蒸汽(2%～2.5%蒸发量),回收利用该二次蒸汽有利于缩短煮沸锅蒸发时间,排出不良气味,提高产品质量,节约冷却过程中的耗冷量和耗电量	可减少电耗、煤耗和水耗

续表

方案名称	方案简介	效益分析
方案类型:提高产量		
加强工艺操作,降低残糖	麦汁过滤槽水平面存在一定倾斜度,槽层厚度不均匀。建议过滤操作时,根据槽层厚度不同相应调整麦汁阀门的开启程度,可降低洗槽残糖约 1.1P	年增加麦汁产量819.2 kL,每千升麦汁按 688.5 元计,每年节约成本 56.4 万元
方案类型:废物利用		
废水厌氧处理产生沼气的利用	沼气经过脱硫处理后,直接送入煤粉炉燃烧;燃烧产生的热空气用于湿料烘干(湿废酵母泥和湿麦糟);沼气送入直燃制冷机用于制冷;沼气发电	避免环境污染,并实现节能减排;沼气利用率提高,形成了合理的资源循环
提高再生水的回用率	专设回用管道网;再生水用作冷却水;将再生水通过活性炭吸附和二氧化氯消毒等深度处理后回用	减少了取水量和废水排放量

第十四章

火力发电行业审核实战指南

火力发电是我国主要的发电方式，其发电量占全国总发电量的80%以上，同时，该行业也是主要大气污染行业。《关于深入推进重点企业清洁生产的通知》(环发〔2010〕54号)将火力发电(含热电、矸石综合利用发电、垃圾发电、生物质燃料发电等)列为重点审核行业。本章即对火力发电行业清洁生产审核进行实战讲解。

一、基础知识普及

1. 了解定义和原理

(1)定义

火力发电是利用燃烧固体(原煤、煤矸石、生物质)、液体(重油、原油)或气体(天然气、液化石油气)为燃料进行发电。按其作用，分为单纯供电和热电联产两类。火力发电的主要设备为锅炉、汽轮机、发电机。

(2)原理

发电厂锅炉利用煤炭、重油等作为燃料，加热锅炉中的除盐水，使其变为水蒸气，使燃料的化学能转变为热能；蒸汽压力推动汽轮机旋转，将热能转化为机械能；然后汽轮机带动发电机旋转，将机械能转化为电能。

2. 了解行业概况

我国的一次能源结构决定了我国电力生产以火电为主的基本格局，火电一直在我国能源结构中占据着举足轻重的地位。2007～2011年，火电装机容量比例和发电量比例基本处于0.7和0.8左右，在我国能源结构中处于主导地位。火力发电厂中，95%以上是燃煤，许多企业的自备电站中也有相当一部分以煤为能源。2006年，我国能源消耗总量是24.6亿t标准煤，总消耗量中原煤的消耗量达到23.7亿t，在23.7亿t当中，发电消耗的原煤超过了12亿t，占整个煤炭消耗量的一半以上。

火电行业污染物主要为烟尘、SO_2、NO_x等。①烟尘：2009年，我国烟尘排放总量为315万t，除尘方式以静电除尘为主，采用静电除尘器的锅炉容量占95%以上。布袋除尘器和电袋除尘器比例逐步提高。②SO_2：2009年，我国SO_2排放总量为948万t。脱硫分为湿法、半干法及干法三大类，其中，石灰石—石膏湿法脱硫工艺脱硫效率更高，工艺更成熟。在全国已投运的烟气脱硫机组中,30 万 kW 级及以上烟气脱硫机组占 82%,该法应用占 92%。③NO_x:2009 年,我国 NO_x 排放总量为 1692.7 万 t,控制其排放的方法有低 NO_x 燃烧技术和烟气脱硝技术。2009 年 3 月,环保部印发的《2009~2010 年全国污染防治工作要点》规定:2015 年前,现役机组全部完成脱硝改造。脱硝技术主要有催化还原法(SCR)、非催化还原法(SNCR)、SCR/SNCR 组合法、活性炭法(AC)等。

在今后相当长的时间内,我国将继续维持燃煤为主的基本格局。预计到 2020 年,我国火电装机容量将达到 6 亿 kW 以上,按每千瓦火电容量消耗 3 t 原煤计算,一年需要 18 亿 t以上的煤。如果对这 18 亿 t 煤产生的烟尘、二氧化硫、氮氧化物、二氧化碳以及废水、灰渣和其他有害物质处理不当,会对环境造成重大影响。随着市场经济的不断成熟,资源、能源短缺的问题逐步呈现,燃煤火电厂采用的以大量消耗能源、资源的粗放经营来推动经济增长的模式已没有竞争力。企业要适应、要生存,就必须实行新的生产模式,而清洁生产找到了经济发展与环境保护的结合点,是燃煤火电厂实现环境保护与可持续发展的必由之路。

3. 了解专有名词

像火力发电行业经常提到的"供电标煤耗""供热标煤耗""热电比"等专有名词(详见附录一),应了解其含义,以便了解其工艺过程。

4. 了解政策和标准

对火力发电行业进行清洁生产审核前,应了解以下几个政策和标准:

(1)政策

《产业结构调整指导目录(2011 年本)》(2013 年修订)

《关于发展热电联产的规定》(计基础〔2000〕1268 号)

(2)标准

《火电厂大气污染物排放标准》(GB 13223—2011)

《锅炉大气污染物排放指标》(GB 13271—2014)

《火电厂大气污染物排放标准》(DB 37/664—2013)

《山东省固定源大气颗粒物综合排放标准》(DB 371996—2011)

《清洁生产标准 燃煤电厂(征求意见稿)》(HJ/T ××—2003)

《火电行业清洁生产评价指标体系(试行)》

《山东省热电联产供电标准煤耗限额》(DB 37/738—2007)

5. 了解企业概况

需要了解的企业概况包括电厂发展历史沿革、装机容量、锅炉和汽轮机组的规格型号及数量、企业组织机构、生产车间设置、主要生产装置等情况。

举例:某发电厂 1977 年建厂,分两期工程建设。现有 3 个机组,装机容量分别为 140 MW、330 MW、300 MW,全厂总装机容量为 77 万 kW。共有 3 台煤粉锅炉,其中一台出力为 400 t/h,其余两台出力为 1021 t/h。辅助部门包括输煤系统、化学制水系统、发电系统等。主要原料:原煤、除盐水、石灰石等;主要产品:电能。

6. 掌握工艺流程

发电厂的主要生产设备包括锅炉、汽轮机、发电机及相应的辅助设备,主生产系统分为燃料系统、化水系统、锅炉系统(包括燃烧系统、烟风系统、汽水系统)、汽机系统、电气系统。

(1)燃料系统

电厂燃煤主要由铁路部门承运,由山西晋城和长治地方煤矿供应。厂内共配置4股铁路线:第1股为机车走行线,第2股为重车到达线,第3、4股为卸车线。以上线路有效长为850 m,另有1股牵出线,长度为450 m。厂内设计有两条卸煤铁路,整列火车分成两个半列,由路用机车分别在两条卸煤线上对好货位,由卸煤沟上的4台LXA-6.7型螺旋卸车机完成卸煤任务。螺旋卸车机每台出力为400 t/h,加上调车时间,能够在2 h内把煤车卸完。卸煤沟容量为2800 t,煤沟中的煤经叶轮给煤机,1号、2号、3号皮带机,1号斗轮堆取料机完成到煤场堆煤任务;也可经1号、2号、3号、4号、5号皮带机输送到混煤罐。煤场为斗轮堆取料机条形煤场,面积为14000 m^2,堆高12 m,可存煤5.8万t。煤场设1台斗轮堆取料机,堆料能力为1200 t/h,取料能力为800 t/h,煤场的煤经斗轮机,3号、4号、5号皮带机运至混煤罐。煤场设有4台TY220型推土机和1台ZL60D型装载机协助斗轮机完成上煤、卸煤任务。在5号皮带机头部设置了4个直径为12.5 m的混煤罐,每台混煤罐存煤约1600 t,4台混煤罐共存煤约6400 t,完成配煤及缓冲作用。整个运煤系统分为卸煤和上煤两部分,卸煤系统包括混煤罐前的1号、2号、3号、4号、5号带式输送机,带宽为1200 mm,出力为1200 t/h,带速为2.5 m/s;上煤系统包括混煤罐后的6号、7号、8号带式输送机,提速改造后,带宽为1000 mm,出力为700 t/h,带速为2.5 m/s。筛碎设备为一级破碎,设备出力为600 t/h。碎煤机上部落煤筒内装有棒条筛,煤过筛后,大块煤进入碎煤机,小块煤通过碎煤机旁路运走。2号皮带机头部设置两台PDC-12型盘式除铁器,6号皮带机头部设置两台PDC-10型盘式除铁器对煤进行除铁。6号皮带机尾部设置了16台BPZG1000-4型电机振动给料机。卸煤系统设置了4台QYG-600A型叶轮给料机等设备。

(2)化水系统

化水系统主要为锅炉提供合格的补给水,采用RO-离子交换联合处理系统。将一级除盐装置和混床并联。所用阳离子交换树脂为001×7强酸性阳离子交换树脂,用盐酸作为再生剂;阴离子交换树脂为201×7强碱性阴离子交换树脂,用氢氧化钠作为再生剂。

(3)燃烧系统

燃烧系统包括锅炉燃烧部分和输煤、除灰系统等。燃料煤经皮带输送,振动筛筛选,破碎机破碎,电子皮带秤计量后,分别送入各炉的储煤仓,然后由炉前给煤装置送入炉膛,将燃料的化学能转化为热能;炉渣和除尘器下部的细灰分别排入渣仓和灰仓,外售给建材企业。

(4)烟风系统

新鲜空气通过一次风机鼓风升压,经空气预热器加热后,从锅炉底部风室经风帽送入炉膛,使燃料呈沸腾状燃烧。经二次风机加压后的二次风从炉膛上部送入炉内,以保证燃料的充分燃烧。另一风机送出的风则进入循环室,使循环室内的未燃物料返回炉膛燃烧。循环流化床锅炉燃烧后产生的热烟气经高、低温蒸汽过热器,省煤器,空气预热器等回收余热后，送入高压静电＋布袋除尘器除尘，除尘后的烟气经引风机由脱硫塔脱硫后经烟囱排入大气。

(5)汽水系统

锅炉所产饱和蒸汽经低温过热器、高温过热器提温后成为过热蒸汽并入蒸汽母管送入抽凝式汽轮机做功，一级抽汽送入高压加热器和供汽轮机做功，二级抽汽部分供除氧器及回热系统使用，部分送入供热管网并经减温后供用户使用；剩余乏汽通过凝汽器凝结成凝结水，再由凝结水泵加压后经低压加热器后与补充的除盐水一起进入除氧器；最后由锅炉给水泵加压通过高压加热器、省煤器进一步将锅炉给水升温后回到锅炉汽包，从而完成汽水循环。

(6)汽机系统

汽机系统的主要设备为两台超临界、一次中间再热、三缸四排汽、单轴、双背压、凝汽式、八级回热抽汽型汽轮机组。主蒸汽经汽轮机主汽阀后进入 4 个高压调节阀，经过导管进入汽轮机喷嘴膨胀做功。蒸汽从再热器再热后通过两个再热主汽阀——调节阀返回中压缸，再热调节阀的出口通过 4 根再热蒸汽管道连接到中压缸上、下进汽室膨胀做功。中压缸做功后的蒸汽，通过中压缸向上排汽口的两根中、低压连通管流入低压缸，做功后的乏汽排入双背压凝汽器，加温后送到除氧器。

(7)电气系统

电气系统包括发电机、励磁系统、厂用电系统和升压变电站等。发电机发出的电大部分直接通过主变压器升压后送往电网，少部分通过厂变压器降低电压后，经厂内配电装置和电缆供厂内风机、水泵等各种辅机设备和照明等用电。

电厂各系统的关系如图 14-1 所示。

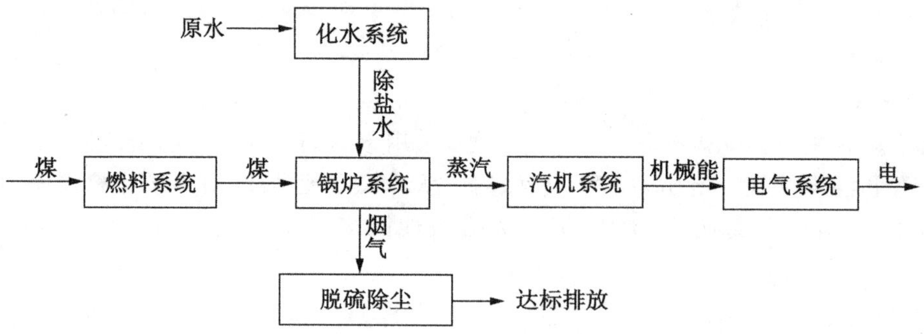

图 14-1　各系统关系图

7. 明确产污环节

火电行业的主要产污环节见表 14-1。

表 14-1　　污染环节

环节	废物	污染因子	备注
锅炉系统	燃煤烟气	SO_2、NO_x、烟尘	—
	定排、连排废水	Ca^{2+}、Mg^{2+}	—
	粉煤灰	氧化硅、氧化铝、氧化钙等	—
	炉渣		—
	脱硫废水	pH(偏碱性)、SS	采用湿法脱硫时产生
	脱硫石膏	$CaSO_4 \cdot 2H_2O$	采用石灰石/石灰—石膏法脱硫时产生
化水系统	化学水处理排水	COD、SS、pH	—
	循环水排污水	Cl^-	—
燃料系统	冲洗废水	SS	—
	无组织排放废气	粉尘	—

二、政策和标准解读

1. 火力发电行业政策

(1)《产业结构调整指导目录(2011 年本)》(2013 年修订)

①鼓励类："四、电力"中的"2、单机 60 万千瓦及以上超临界、超超临界机组电站建设""3、采用背压(抽背)型热电联产、热电冷多联产、30 万千瓦及以上热电联产机组""4、缺水地区单机 60 万千瓦及以上大型空冷机组电站建设""6、30 万千瓦及以上循环流化床、增压流化床、整体煤气化联合循环发电等洁净煤发电""7、单机 30 万千瓦及以上采用流化床锅炉并利用煤矸石、中煤、煤泥等发电""17、燃煤发电机组脱硫、脱硝及复合污染物治理""22、乏风瓦斯发电技术及开发利用"。

②限制类："三、电力"中的"1、小电网外，单机容量 30 万千瓦及以下的常规燃煤火电机组""2、小电网外，发电煤耗高于 300 克标准煤/千瓦时的湿冷发电机组，发电煤耗高于 305 克标准煤/千瓦时的空冷发电机组"。

③淘汰类："(三)电力"中的"1、大电网覆盖范围内，单机容量在 10 万千瓦以下的常规燃煤火电机组""2、单机容量 5 万千瓦及以下的常规小火电机组""3、以发电为主的燃油锅炉及发电机组""4、大电网覆盖范围内，设计寿命期满的单机容量 20 万千瓦以下的常规燃煤火电机组"。

(2)《关于发展热电联产的规定》(计基础〔2000〕1268 号)

该规定中需特别注意以下内容：供热式汽轮发电机组的蒸汽流既发电又供热的常规热电联产应符合下列指标：①总热效率平均大于 45%；②热电联产的热电比：单机容量在 50 MW 以下的热电机组，其热电比年平均应大于 100%；50～200 MW 的应大于 50%；200 MW 及以上抽汽凝汽两用供热机组采暖期热电比应大于 50%。

▶**特别提示：**

总热效率=[供热量+供电量×3600 kJ/(kW・h)]/(燃料总消耗量×燃料单位低位热值)×100%；热电比=供热量/[供电量×3600 kJ/(kW・h)]×100%。

总热效率可衡量装置对燃料的利用率，热电比则反映机组本身的热力特性及热电联产的利用程度。总热效率越高，热电比越大，节能环保效益越明显。对于常规热电联产企业，应审核其总热效率情况，并根据其单机容量，审核其热电比情况。

2. 火力发电行业标准

(1)《火电厂大气污染物排放标准》(GB 13223—2011)

该标准为国家标准，适用于全国范围。它对火电厂大气污染物浓度排放限值、监测和监控要求均作了规定。

时间规定：自 2014 年 7 月 1 日起，现有火力发电锅炉及燃气轮机执行该标准表 1 中规定的烟尘、二氧化硫、氮氧化物和烟气黑度排放限值；自 2012 年 1 月 1 日起，新建火力发电锅炉及燃气轮机执行该标准表 1 中规定的烟尘、二氧化硫、氮氧化物和烟气黑度排放限值；自 2015 年 1 月 1 日起，燃煤锅炉执行该标准表 1 中规定的汞及其化合物排放限值。

适用范围：该标准适用于使用单台出力 65 t/h 以上除层燃炉、抛煤机炉外的燃煤发电锅炉；各种容量的煤粉发电锅炉；单台出力 65 t/h 以上的燃油、燃气发电锅炉；各种容量的燃气轮机组的火电厂。单台出力为 55 t/h 以上采用煤矸石、生物质、油页岩、石油焦等燃料的发电锅炉。整体煤气化联合循环发电的燃气轮机组执行本标准中燃用天然气的燃汽轮机组排放限值。

该标准不适用于各种容量的以生活垃圾、危险废物为燃料的火电厂。

特殊规定：该标准中所规定的大气污染物浓度均指标准状态下干烟气的数值。烟气在温度为 273 K、压力为 101325 Pa 时的状态，简称“标态”。

(2)《锅炉大气污染物排放标准》(GB13271—2014)

该标准为国家标准，适用于全国范围。它对锅炉大气污染物浓度排放限值、监测和监控要求均作了规定。

时间规定：自 2015 年 10 月 1 日起，10 t/h 以上在用蒸汽锅炉和 7 MW 以上在用热水锅炉执行该标准表 1 中规定的大气污染物排放限值；自 2016 年 7 月 1 日起，10 t/h 以下在用蒸汽锅炉和 7 MW 以下在用热水锅炉执行该标准表 1 中规定的大气污染物排放限值；自 2014 年 7 月 1 日起，新建锅炉执行该标准表 2 中规定的大气污染物排放限值。

适用范围：该标准适用于以燃煤、燃油和燃气为燃料的单台出力为 65 t/h 及以下蒸汽锅炉、各种容量的热水锅炉及有机热载体锅炉；各种容量的层燃炉、抛煤机炉。使用型煤、水煤浆、煤矸石、石油焦、油页岩、生物质成型燃料等的锅炉，参照该标准中燃煤锅炉排放控制要求执行。

该标准不适用于以生活垃圾、危险废物为燃料的锅炉。

特殊规定：重点地区锅炉执行该标准表 3 中规定的大气污染物特别排放限值。

每个新建燃煤锅炉房只能设一根烟囱，烟囱高度应根据锅炉房装机总容量，按该标准表 4 中的规定执行。燃油、燃气锅炉烟囱应不低于 8 m，锅炉烟囱的具体高度按批复的环境影响评价文件确定。新建锅炉房的烟囱周围半径 200 m 距离内有建筑物时，其烟囱应高出最高建筑物 3 m 以上。

(3)《火电厂大气污染物排放标准》(DB 37/664—2013)

该标准为山东省地方标准，仅适用于山东省范围内，于 2013 年 9 月 1 日起实施。该标准规定了火电厂大气污染物排放浓度限值、监测和监控要求，以及标准的实施与监督等。

现有火力发电锅炉及燃气轮机组：该标准实施之日前，建成投产或环境影响评价文件已通过审批的火力发电锅炉及燃气轮机组。

新建火力发电锅炉及燃气轮机组：该标准实施之日起，环境影响评价文件通过审批的新建、改建和扩建的火力发电锅炉及燃气轮机组。

时间规定：该标准分为 3 个时段，对不同时期的火电厂建设项目分别规定了排放控制要求：自 2013 年 9 月 1 日起，现有火力发电锅炉及燃气轮机组执行该标准表 1 中规定的烟尘、二氧化硫、氮氧化物和烟气黑度排放浓度限值；自 2013 年 9 月 1 日起，新建火力发电锅炉及燃气轮机组执行该标准表 2 中规定的排放浓度限值；自 2015 年 1 月 1 日起，燃煤锅炉执行该标准表 1 中规定的汞及其化合物污染物排放浓度限值；自 2017 年 1 月 1 日起，现有火力发电锅炉及燃气轮机组执行该标准表 2 中规定的排放浓度限值。

适用范围：该标准适用于使用单台出力为 65 t/h 以上除层燃炉、抛煤机炉外的燃煤发电锅炉；单台出力为 65 t/h 以上的水煤浆发电锅炉；各种容量的煤粉发电锅炉；单台出力为 65 t/h 以上的燃油、燃气发电锅炉；各种容量的燃气轮机组的火电厂。单台出力为 65 t/h以上采用煤矸石、生物质、油页岩、石油焦等燃料的发电锅炉，参照该标准中循环流化床火力发电锅炉的污染物排放控制要求执行。整体煤气化联合循环发电的燃气轮机组执行燃用天然气的燃气轮机组排放限值。

该标准不适用于各种容量的以生活垃圾、危险废物为燃料的火电厂。

特殊规定：该标准中所规定的大气污染物浓度均指标准状态下干烟气的数值。烟气在温度为 273 K、压力为 101325 Pa 时的状态，简称“标态”。

(4)《清洁生产标准　燃煤电厂(征求意见稿)》(HJ/T ××—2003)

该标准根据行业特点将清洁生产标准分为 5 类：生产工艺与装备要求、资源利用指标、污染物产生指标(末端处理前)、废物回收利用指标和环境管理要求。

范围规定：该标准适用于燃煤电厂和企业自备燃煤电站的清洁生产审核。

▶特别提示：

(1)该标准共分为三级：一级代表国际清洁生产先进水平，二级代表国内清洁生产先进水平，三级代表国内清洁生产基本水平。

(2)标准中提到的“低 NO_x 燃烧技术”包括低温燃烧技术、降低投入运行的燃烧器数目、空气分级燃烧技术、烟气再循环等炉内脱氮技术。

(3)发电厂中蒸汽和凝结水的损失，简称为“汽水损失”，主要是指阀门和管道泄漏、疏水、排汽损失。

$$全厂汽水损失率=全厂汽水损失/全厂锅炉过热蒸汽流量\times 100\%$$

(4)标准煤量是指 1 kg 含热量为 29308 kJ 的燃料，换算公式为：

标准煤量(kg)=某种燃料数量(kg)×该种燃料的低位发热量(kJ/kg)/29308(kJ/kg)

供电标准煤耗率[g/(kW·h)]=发电标准煤量(kg)/厂供电量(kW·h)

(5)《火电行业清洁生产评价指标体系(试行)》

该评价指标体系分为定量评价和定性要求两大部分。

定量评价指标选取了有代表性的,能反映"节能""降耗""减污"和"增效"等有关清洁生产最终目标的指标,建立评价模式。通过对各项指标的实际达到值、评价基准值和指标的权重值进行计算和评分,综合考评企业实施清洁生产的状况和企业清洁生产程度。

定性评价指标主要根据国家有关推行清洁生产的产业发展和技术进步政策、资源环境保护政策规定以及行业发展规划选取,用于定性考核企业对有关政策法规的符合性及其清洁生产工作实施情况。

范围规定:该指标体系适用于常规燃煤发电企业清洁生产评价,包括纯凝机组和供热机组两类,其他类型火电企业可参照执行。

▶特别提示:

(1)定量评价指标和定性评价指标分为一级指标和二级指标两个层次。一级指标为普遍性、概括性的指标,包括能源消耗指标、资源消耗指标、资源综合利用指标、污染物排放指标。二级指标为反映火电企业清洁生产特点的、具有代表性的技术考核指标。

(2)按照现行环境保护政策法规以及产业政策要求,凡参评企业被地方环保主管部门认定为主要污染物排放未"达标"(指总量未达到控制指标或主要污染物排放超标),生产淘汰类产品或仍继续采用要求淘汰的设备、工艺进行生产的,则该企业不能被评定为"清洁生产先进企业"或"清洁生产企业"。清洁生产综合评价指数低于80分的企业,应类比本行业清洁生产先进企业,积极推行清洁生产,加大技术改造力度,强化全面管理,提高清洁生产水平。

(6)《山东省热电联产供电标准煤耗限额》(DB 37/738—2007)

该标准规定:2012年后,容量在100 W以下的机组供电标煤耗执行不高于408 gce/(kW·h)的标准。该标准适用于热电厂和企业自备电厂。

三、审核过程解析

1."三废"产排分析

火力发电行业"三废"较多,应严格按照企业工艺流程,分析每一个工序是否有"三废"产生。下面以某电厂为例进行详细分析。其工艺流程及"三废"产排情况分别如图14-2、图14-3所示。

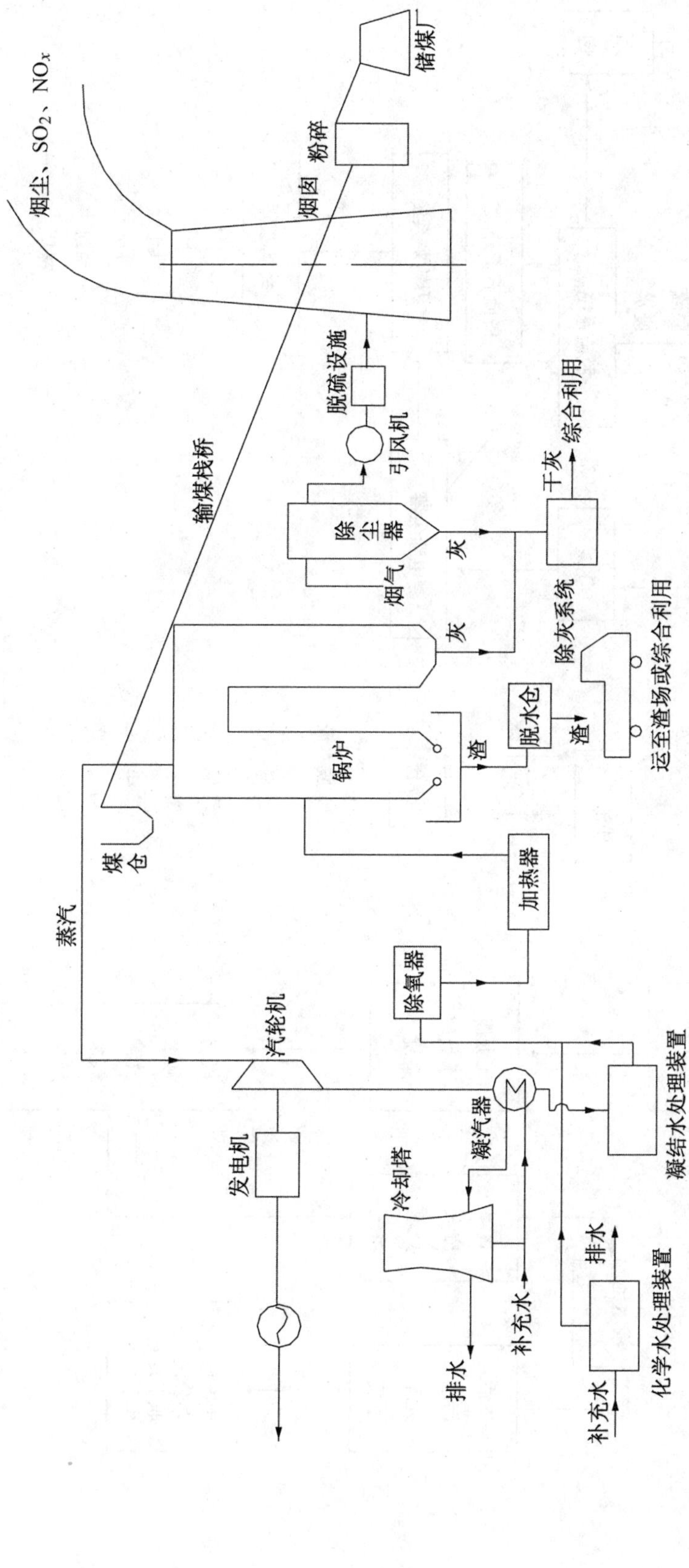

烟尘、SO_2、NO_x
烟囱
粉碎
储煤厂
脱硫设施
引风机
输煤栈桥
除尘器
烟气
灰
干灰
综合利用
除灰系统
灰
锅炉
渣
脱水仓
渣
运至渣场或综合利用
煤仓
蒸汽
加热器
除氧器
汽轮机
发电机
凝汽器
冷却塔
凝结水处理装置
排水
补充水
排水
补充水
化学水处理装置

图 14-2　工艺流程图

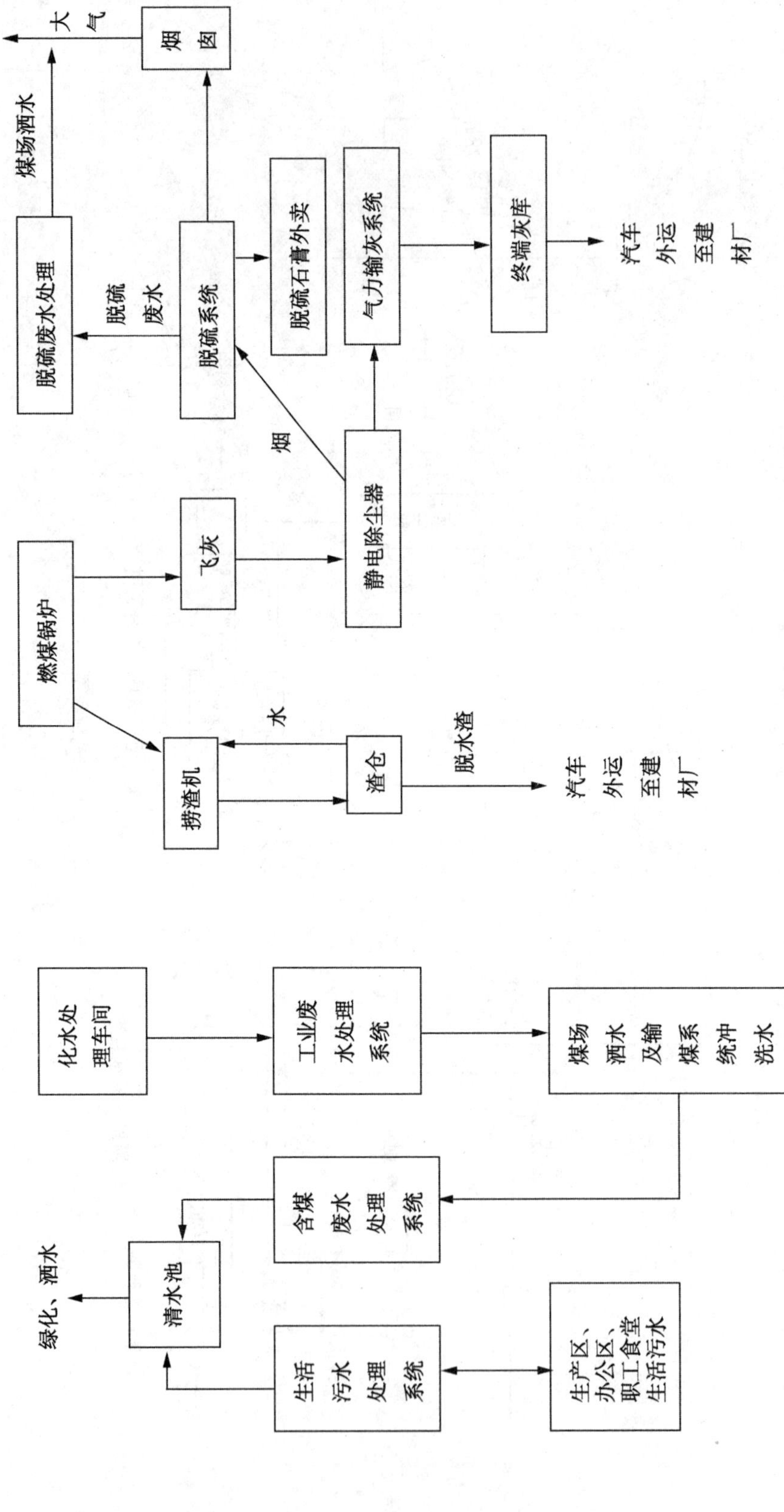

图 14-3　主要污染物处理流程图

根据图 14-2、图 14-3，下面具体分析一下各种废物的产排特性（见表 14-2）。

表 14-2　废物的产排特性

工序名称	废物种类	有害成分	产生浓度	处理方式及去向
燃料系统	含煤废水	SS	14 mg/L	经含煤废水处理系统处理后全部回用
	无组织排放废气	煤尘	颗粒物：0.75 mg/m^3	定期喷淋
锅炉系统	燃煤废气	SO_2、NO_x、烟尘	SO_2：2300 mg/m^3 NO_x：423 mg/m^3 烟尘：4500 mg/m^3	经烟道排至脱硫除尘系统
	锅炉排污水	含盐量	—	排至疏水扩容器回用
	炉渣、粉煤灰	—	—	外售于建材企业
	脱硫废水	SS、OH^-	浊度：130～140 硫化物：0.023 mg/L pH 值：7.14～7.50	经脱硫废水处理系统处理后用于干煤场洒水、干灰调湿
	脱硫石膏	—	—	外售于建材企业
化水系统	离子交换再生废水	硫化物	0.007 mg/L	经处理后用于输煤系统冲洗、煤场洒水
	循环排污水	COD、盐类	COD：36 mg/L 盐类：1400 mg/L	用于脱硫工艺用水

▶特别提示：

（1）由于火力发电行业主要污染物为废气，而废气中 SO_2、烟尘等的产生量与入炉煤质有密切的关系，故审核过程中应认真分析审核期间的煤质分析单。

（2）钙与硫的物质的量比是影响脱硫效率的首要因素。从化学反应的角度，无论何种脱硫工艺，在理论上，只要有一个钙基吸收剂分子就可以吸收一个 SO_2 分子，或者说，脱除 1 mol 的硫需要 1 mol 的钙。但在实际反应设备中，反应的条件并不处于理想状态，因此，一般需要增加脱硫剂的量来保证吸收过程的进行。钙与硫的物质的量比就是用来表示达到一定脱硫效率时所需要钙基吸收剂的过量程度，也说明在用钙基吸收剂脱硫时钙的有效利用率。一般用钙与硫的物质的量的比值表示，即 $n(Ca)/n(S)$，所需的 $n(Ca)/n(S)$ 越高，钙的利用率则越低。

（3）火力发电锅炉烟气脱硫效率与所采用的脱硫工艺有直接关系。按照硫化物吸收剂及副产品的形态，脱硫技术可分为干法、半干法和湿法三种。在实际工作中，应针对所遇到的脱硫技术进一步地了解。

通过分析工艺流程和“三废”产排，结合企业实际，可以得出以下清洁生产方案：

▶方案 1：原炉水电导率控制在 30～40 μS/cm，而国家规定只需小于 150 μS/cm 即可。现控制电导率为 100～150 μS/cm，锅炉排污率由 2% 降到 1.5%，可节标煤 78.2 kg/h，减少 SO_2、NO_x、烟尘的排放。

▶方案2：锅炉连续排污为300 ℃炉水，其中蒸汽所占比例约为25%。现利用连续排污扩容器回收蒸汽余热送除氧器加热锅炉给水。将连续排污扩容器去除氧器联络阀开约30%，关闭连续排污扩容器排放阀旁路，利用连续排污扩容器排放调节阀控制扩容器液位为450～550 mm，扩容器压力为0.15～0.2 MPa，使扩容器内积存的蒸汽被送进除氧器，用来加热除氧水，可减少除氧器正常加热用蒸汽消耗0.6 t/h，节约用煤，减少SO_2、NO_x、烟尘的排放。

▶方案3：对锅炉尾部烟道和预热器磨损减薄漏风部位进行挖补后，进行防磨处理，同时对尾部烟道内支撑进行防磨处理，防止支撑磨断掉落后卡死空气预热器，可降低吸风机电耗，减少尾部烟道磨穿漏灰对生产现场造成的环境污染。

▶方案4：热力疏放水系统管路设计相对复杂，多余和冗余的管道及阀门较多，经常出现阀门内漏、门芯吹损、弯头破裂、疏水扩容器焊缝开裂等故障。疏水系统工质内漏造成凝结器热负荷增大，真空度降低约1 kPa，使机组发电煤耗率上升2 g/(kW·h)。在保证机组安全的基础上，通过采取合并疏水管道或更换部分进口阀门或采用质量过硬的快修式球阀等国产阀来提高机组的安全性和运行经济性，以降低机组热耗。

▶方案5：针对锅炉燃烧用无烟煤飞灰可燃物高的问题，根据流化床锅炉的燃烧特性和设备特性，通过调整试验，优化燃烧工况，使锅炉飞灰可燃物降低3%。飞灰可燃物每降低1%，可使煤耗下降约1.2 g/(kW·h)。

▶方案6：我国目前主要采取的控制堆放场扬尘的技术措施是表面覆盖、喷淋技术和挡风抑尘技术。前两种措施均需反复投资，并且效果不佳。而挡风抑尘技术可有效解决上述问题。它不仅效果良好，外观漂亮，且一次投资多年受益。某公司为解决煤场扬尘对环境造成的污染，减少原煤损耗，决定在煤场加装挡风抑尘网。挡风抑尘墙的材质为镀铝锌钢板，双面高压静电喷涂表面处理，具备一级阻燃，厚度为1.0 mm，总长度约1276 m，施工面积约18800 m^2，改造费用约958万元。使用挡风抑尘网后，按80%的减尘率计算，每年可节约2564 t煤。若加上大风扬尘的煤粉损耗，总体阻止煤损将达1%左右，每年可节约5000 t煤左右。另外，根据我国的有关环保法规，将收取粉尘超标排污费，挡风抑尘网的建设可免去每年的粉尘超标排污费。同时，挡风抑尘网建成后可使粉尘污染大大降低，美化周边地区的景观，达到环保部门的要求。

2. 审核重点选择

火力发电行业的主要物耗、能耗及废弃物来源于锅炉系统和化水系统。选择原料消耗、水耗、电耗、“三废”产生量、环保费用作为筛选审核重点主要考虑的几个因素，分别计算各备选审核重点5个指标的量，通过对比备选审核重点基本情况，再结合权重总和计分排序法计算结果确定审核重点。

举例：某电厂锅炉系统每年产生废气1566399万m^3、固废46.5万t，化水系统每年只产生5.5万t废水，无废气和固废产生；锅炉系统年耗煤301万t、耗水19万t、耗电15600万kW·h，化水系统年耗原料2265 t、耗水20.4万t、耗电69.6万kW·h；锅炉系统环保费用5860万元/年，化水系统环保费用14.6万元/年。通过对比发现，锅炉系统的“三废”产生量、物耗、电耗和环保费用高于化水系统，水耗低于化水系统。审核小组在比较其消耗、投入、废物产生量、清洁生产潜力等的基础上，再经过权重总和计分排序法计分，从而确定锅炉系统为审核重点。

▶**特别提示：**

电厂的锅炉系统一般有多台锅炉，在确定审核重点时可以选定其中一台作为重点。若多台锅炉为一种类型、锅炉出力相同，每台锅炉的原辅材料消耗量和污染物产排量相差不大时，则按照每台锅炉的原辅材料的单耗和吨蒸汽污染物排放量的大小来排序确定审核重点；若多台锅炉炉型、锅炉出力不同，锅炉之间没有可比性，则按照每台锅炉的原辅材料的总耗和污染物排放总量的大小来排序确定审核重点。

3. 审核目标设置

(1)目标设置依据

对火力发电行业进行清洁生产审核时，可参考《清洁生产标准　燃煤电厂(征求意见稿)》(HJ/T××—2003)和《火电行业清洁生产评价指标体系(试行)》中的指标进行目标设置，还可考虑与同行业其他企业进行比较。需要注意的是，所选其他企业必须与该企业工艺、规模都相近。

(2)目标选择方法

火电企业煤耗、水耗和电耗都相对较多，因此，供电标煤耗、供热标煤耗、供电水耗等可选作目标；生产过程中产生的废气是该行业的特征污染物，也是主要污染物，因此，单位发电量的废气中的特征污染物产生量可考虑设置成目标。此外，结合企业实际，可选择锅炉热效率为指标。

某企业具体的目标设置见表 14-3。

表 14-3　　目标设置

指标	单位	现状	近期目标(2016 年底)		中期目标(2017 年底)	
			绝对量	变化率	绝对量	变化率
锅炉热效率	%	*	*	提高 * %	*	提高 * %
供电标煤耗	g/(kW·h)	*	*	削减 * %	*	削减 * %
发电标煤耗	g/(kW·h)	*	*	削减 * %	*	削减 * %
供热标煤耗	$kg/10^6 kJ$	*	*	削减 * %	*	削减 * %
厂用电率	%	*	*	削减 * %	*	削减 * %
汽水损失率	%	*	*	削减 * %	*	削减 * %
单位发电 SO_2 排放量	g/(kW·h)	*	*	削减 * %	*	削减 * %
单位发电烟尘排放量	g/(kW·h)	*	*	削减 * %	*	削减 * %
单位发电 NO_x 排放量	g/(kW·h)	*	*	削减 * %	*	削减 * %
SO_2 排放量	t/a	*	*	削减 * %	*	削减 * %
NO_x 排放量	t/a	*	*	削减 * %	*	削减 * %
烟尘排放量	t/a	*	*	削减 * %	*	削减 * %

注：供热标煤单耗指标仅适用于热电联产企业。不同规模电厂在设置目标时要根据企业实际情况；不同企业由于工艺、生产规模等不同，各目标值差别较大，此处不列具体数值，仅对如何选取目标对象提供参考(*代表省略的数据)。

4. 平衡数据分析

物料平衡

列出整个审核重点的生产工艺，按照每个工序测定（或估算）的输入物料、输出物料及损耗，绘制出物料平衡图和物料流程图（流程图此处暂略），据此可以找出物料主要损耗和流失环节。

某电厂以 2 号锅炉系统为审核重点。锅炉系统 2 号机组输入煤 4488 t/d，除盐水 35272 t/d，空气 44832 t/d，输入合计 84592 t/d；输出蒸汽 34808 t/d，炉渣 104 t/d，烟气 37823672 m^3/d。2 号锅炉为超临界参数变压直流炉，单炉膛、一次再热、平衡通风、露天布置、固态排渣、全钢构架、全悬吊结构Ⅱ型锅炉。其物料平衡如图 14-4 所示。

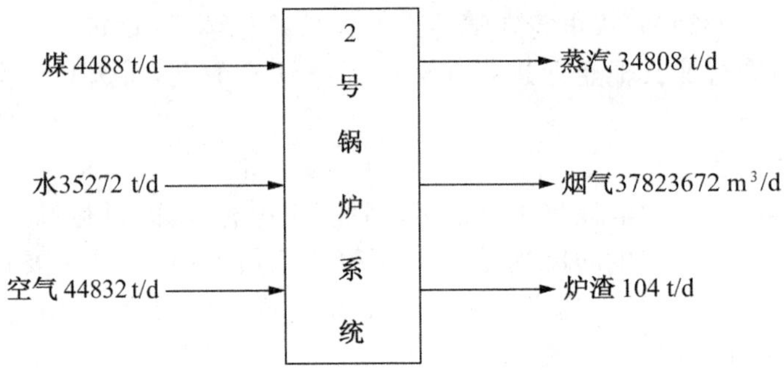

图 14-4　2 号锅炉系统的物料平衡图

实测期间，2 号锅炉用煤日平均值为 4488 t，产生的蒸汽日平均值为 34808 t，吨蒸汽耗煤量为 0.13 t。在重点调查 2 号锅炉生产过程状况时发现，由于部分设备损坏，造成了一定的煤耗损失。为此，审核小组提出针对更新设备、改进工艺的方案，以降低煤耗。

实测期间，2 号锅炉给水日平均值为 35272 t，产生的蒸汽日平均值为 34808 t，存在 464 t的差，为锅炉排污。此锅炉排污水全部循环利用到了冲灰系统，从而减少了公司新鲜水的用量，节约了水资源。

水平衡

电厂是用水大户，用水环节较多，需要重点分析。电厂用水应优先使用城镇污水处理厂处理达标后的中水，其次使用地表水，不得使用地下水。

某电厂主要以会宝岭水库的地表水作为电厂补充水，化学用水和生活用水取自南水源地，西水源地和东水源地作为生产备用。年新水消耗量为 959.8 万 t，主要用于锅炉补水、凝汽器和锅炉辅机循环冷却水。全厂的水平衡如图 14-5 所示。

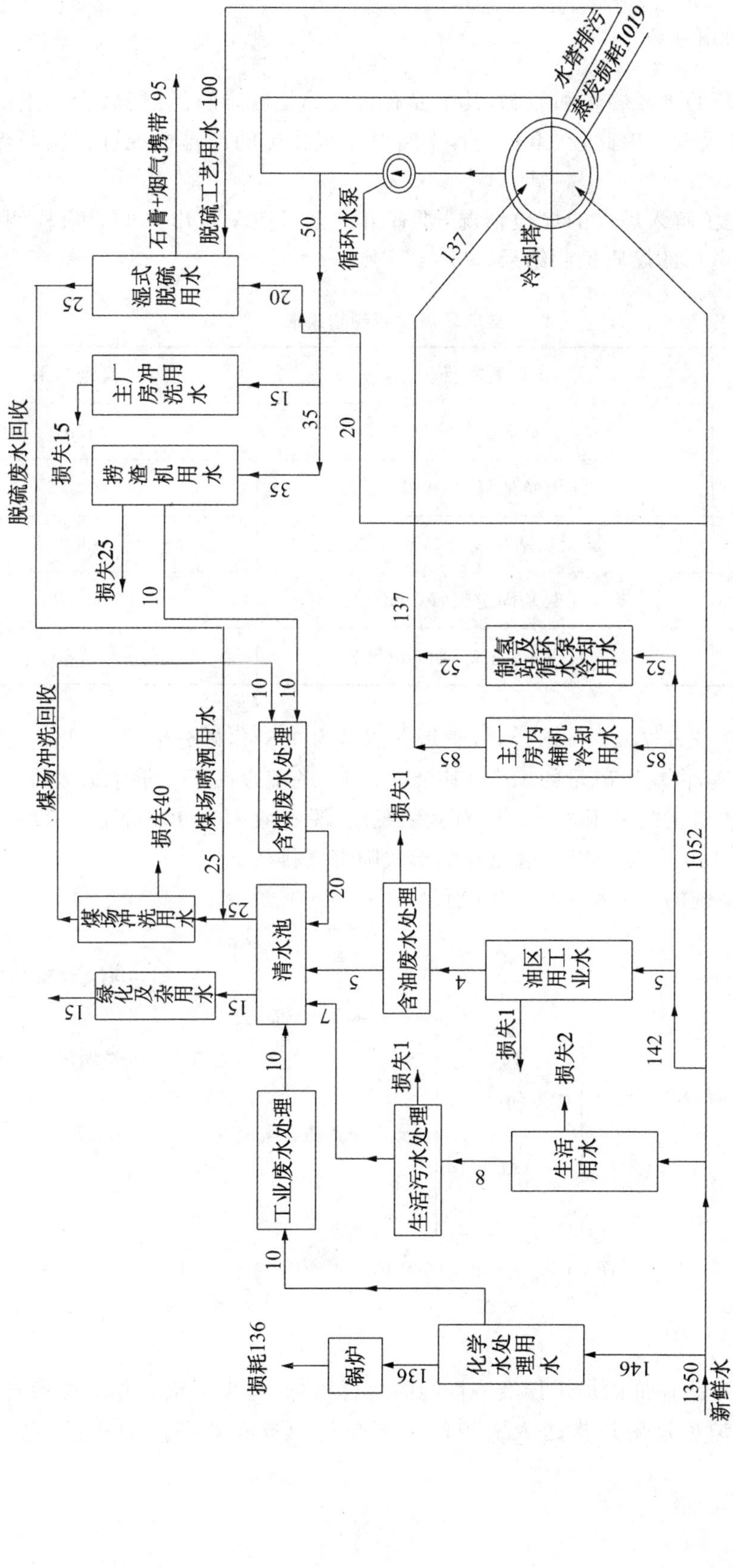

图 14-5　全厂水平衡图(单位:t/h)

特征污染物平衡

煤是火电厂的主要燃料和能源，其主要有害成分是硫，经过燃烧后会产生二氧化硫，形成酸雨，污染大气。因此，在审核过程中需对二氧化硫的产排情况进行实测，绘制硫平衡图。

为此，要先了解入炉煤的煤质情况，要有第三方资质单位出具的煤质检测报告。表14-4给出了某电厂的煤质检测结果。

表 14-4　某电厂煤质检测结果表

序号	检测项目	检测结果
1	空气干燥基水分，Mad(%)	3.91
2	空气干燥基灰分，Aad(%)	25.14
3	干燥无灰基挥发分，Vdaf(%)	39.30
4	干燥无灰基固定碳，FCdaf(%)	60.70
6	空气干燥基全硫，St,ad(%)	0.80

2号锅炉系统日输入煤4488 t，入炉煤含硫量为0.8%，硫分输入35.9 t。其中3.59 t的硫进入了炉渣，占输出硫量的10%，其余32.31 t的硫存在于原烟中进入脱硫塔进行脱硫。2号锅炉脱硫工艺采用石灰石—石膏法脱硫，脱硫效率为95%，经脱硫后，脱硫石膏中含硫30.7 t，1.61 t硫分以二氧化硫的形式随烟气排放。

2号锅炉系统的硫平衡如图14-6所示。

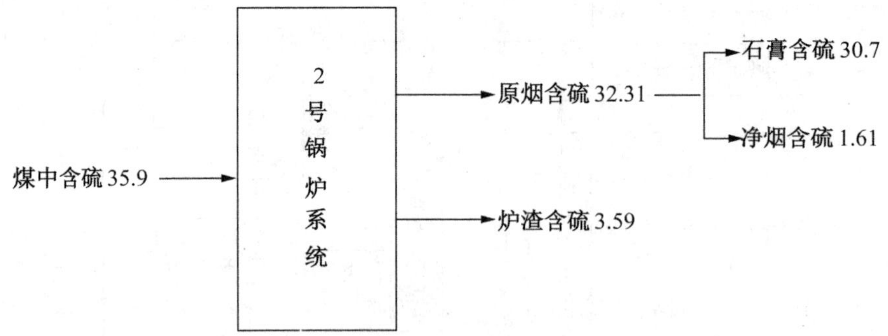

图 14-6　2号锅炉系统的硫平衡图(单位：t/d)

热平衡

锅炉热效率是评价锅炉运行经济性能的综合指标，体现了锅炉作为能源转换设备的综合性能。锅炉热效率是指送入锅炉的全部热量中被有效利用的热量，也称“锅炉效率”(η)。

锅炉运行中不可避免地会产生热损失，包括排烟热损失、气体不完全燃烧热损失、固体不完全燃烧热损失、散热损失、灰渣热损失、炉灰物理热损失。

锅炉热平衡示意图可用图 14-7 表示。

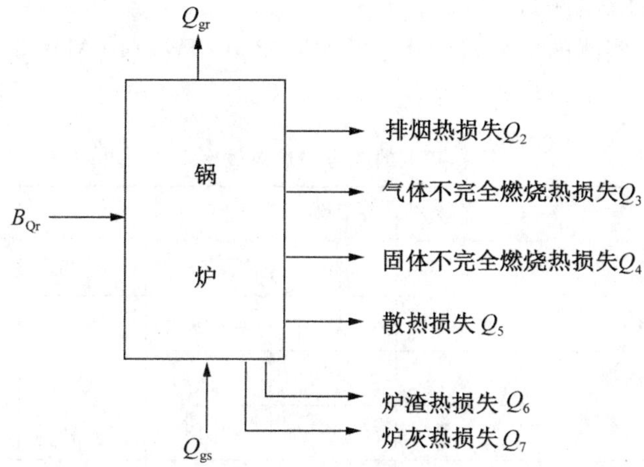

图 14-7　锅炉热平衡示意图

图中：B_{Qr}——燃煤输入热量(GJ)；

Q_{gr}——蒸汽吸收热量(GJ)；

Q_{gs}——给水显热(GJ)；

Q_2、Q_3、Q_4、Q_5、Q_6、Q_7——锅炉各种热损失(GJ)。

依据《电站锅炉性能试验规程》(GB 10184—88)和《循环流化床锅炉性能试验规程》(DL/T 964—2005)中的有关规定，锅炉热效率可以通过计算锅炉正平衡效率或反平衡效率得到。

锅炉正平衡效率：由锅炉的输入热量和输出热量直接求得锅炉效率，叫作正平衡法，利用这种方法求得的锅炉效率叫作锅炉正平衡效率。

送进体系的热量为燃料的化学能，计算公式为：

$$B_{Qr}=\text{入炉煤量}\times\text{入炉煤热值}$$

输出体系的有效热量为：

$$Q_{有效}=\text{蒸汽吸收热量 }Q_{gr}-\text{给水显热 }Q_{gs}$$

锅炉正平衡热效率计算公式为：

$$\eta_K=Q_{有效}/B_{Qr}\times 100\%$$

锅炉反平衡效率：如果没有热损失，锅炉热效率应为 100%。用 100%减去实际运行过程中产生的各种热损失，即为锅炉的实际热效率。

锅炉反平衡热效率的计算公式为：

$$\eta=100-\sum q(\%)$$

$$\sum q=q_2+q_3+q_4+q_5+q_6+q_7(\%)$$

q_2——排烟热损失(%)；

q_3——气体不完全燃烧热损失(%)；

q_4——固体不完全燃烧热损失（%）；

q_5——散热损失（%）；

q_6——炉渣热损失（%）；

q_7——炉灰热损失（%）。

表14-6列出了实测的2号锅炉在300 MW、270 MW、240 MW 3个负荷下的锅炉热效率。

表14-6 实测的2号锅炉热效率

项目	符号	单位	工况1	工况2	工况3	平均
排烟热损失	q_2	%	8.58	8.25	8.19	8.34
气体不完全燃烧热损失	q_3	%	0.00	0.00	0.00	0.00
固体不完全燃烧热损失	q_4	%	1.74	0.79	0.74	1.09
散热损失	q_5	%	0.43	0.49	0.55	0.49
炉渣热损失	q_6	%	0.33	0.32	0.31	0.32
热损失总和	q	%	11.09	9.84	9.78	10.24
锅炉热效率	η	%	88.91	90.16	90.22	89.76

对表14-6按照输入、输出形式进行汇总，结果见表14-7。

表14-7 2号锅炉热平衡输入、输出表

输入项		输出项	
名称	数量（%）	名称	数量（%）
燃料燃烧热	100	锅炉热效率	89.76
		排烟热损失	8.34
		气体不完全燃烧热损失	0.00
		固体不完全燃烧热损失	1.09
		散热损失	0.49
		炉渣热损失	0.32
合计	100	合计	100

通过对2号机组锅炉性能测试机组进行分析，可得出以下结论：

①空气预热器入口和出口的测点需要修复，部分已经脱落的需要更换。

②撞击式飞灰取样器关系到飞灰的精确度，在大修过程中需要进入烟道检查。如果磨损严重或变形，需要更换；如果底部的取样罐有漏风处，需要采取处理措施。

③在两个工况下，DCS运行数据中的B侧空气预热器入口氧量与实测值相比均有较

大差距，需要在大修中对氧化锆氧量计进行检查校验。

④在负荷为 301.2 MW 时，A、B 预热器的漏风率分别为 12.36％、10.85％。两侧空气漏风率较大，需要在大修中处理。

⑤无论是实测排烟温度还是运行数据，均显示排烟温度偏高，实测排烟温度经过送风温度修正后达到 160 ℃以上，远程排烟温度的设计值也高于省内同类型机组。对运行数据分析发现，A 侧烟温高于 B 侧烟温，考虑到炉膛内烟气的残余旋转，可能原因是 A 侧烟道内的积灰比 B 侧严重或者 A 侧烟道内的烟气挡板开度有问题，建议对烟道和空气预热器的蓄热板进行全面的清灰、冲洗。在清洗过程中，需注意空气预热器蓄热板的二次污染；对所有烟气挡板进行检查，如有变形或磨损严重的，需要更换。

⑥在检查运行制粉系统的运行方式发现，磨煤机的冷风门开度较大，这会导致排烟温度升高，可通过排粉机的再循环来调节磨煤机的入口风温。2 号锅炉在机组电负荷分别为 301.2 MW、270.7 MW、240.2 MW 负荷下的实测效率分别为 88.91％、90.16％和 90.22％，进行送风温度修正后锅炉效率为 89.10％、90.21％和 90.29％，低于设计值，主要是排烟热损失和固体未完全燃烧热损失较大。

四、注意事项汇总

下面将火力发电行业清洁生产审核需要特别注意的几点总结如下：

(1)审核原煤堆场、渣场、灰场布局是否合理，地面是否硬化、防渗，有无围堰及棚盖，抑尘措施是否有效。

(2)热电企业全厂水平衡图中的数据要按照采暖季、非采暖季分别统计。

(3)由于废气监测报告中 SO_2 浓度及排放速率为瞬时值，以此为依据计算全厂 SO_2 排放量有一定的误差，故应根据原煤含硫量、脱硫设施的脱硫效率来计算全厂 SO_2 排放量。

(4)制定清洁生产目标时，应采用单位发电量的物耗、能耗及废物产排量作为指标，而非绝对消耗量或产排量，这样才有意义。

(5)煤中硫、汞、砷、镉、铅等多种微量元素随着煤的加工和燃烧产生的气态污染物排放到周围环境中会对人和动植物直接造成危害。其中，汞作为一种剧毒、高挥发性以及在生物链中具有积累性的物质，是全球性循环污染元素。因此，在国家及地方的《火电厂大气污染物排放标准》中，都对汞及其化合物的排放限值作出了严格规定。

(6)《火电厂大气污染物排放标准》(DB 37/664—2013)要求 2013 年 9 月 1 日前完成脱硝达标改造，审核时应注意企业脱硝设备的运行情况以及氮氧化物的达标情况。

(7)煤场和临时灰场应进行防尘设施建设，如设置挡风抑尘墙、喷淋设施，植树，覆盖防尘布等，有效控制粉尘的无组织排放。

五、典型方案参考

表 14-8 列出了从节煤(油)、减排废物，节水，节电等多个角度精选的几个已在火力发电企业中实施过的典型方案(效益数据仅供参考)。

表 14-8 火力发电企业中的典型方案

方案名称	方案简介	效益分析
方案类型：节煤(油)、减排废物		
改造旋风分离器中心筒	旋风分离器的作用是将烟气中的飞灰颗粒和气体进行分离，它由锥体、中心筒、分离器筒体等部件构成。原中心筒分离效率差，通过改造，将中心筒直径减小、长度加长，增加了循环次数，飞灰可燃物含量由18%降低到16.5%，锅炉效率提高了0.4%，节约了煤炭用量	年节约标煤 1088 t，年减排 SO_2 1.28 t、烟尘 0.22 t
凝汽器改造	在原有凝汽器壳体、循环水泵及相关管道不变的前提下，拆除旧管板、隔板等凝汽器内部结构；采用先进的具有专利技术的管束布置方式，优化管束的排列结构；采用复合管板代替原管板，采用 TP316L 不锈钢管代替原有的铜管；管束迎冲区和空冷区布置 0.7 mm 厚的不锈钢管，来防止高速湿蒸汽和水滴的冲击腐蚀，主凝结区采用 0.5 mm 厚的不锈钢管。管口采用胀接加焊接的连接方式，保证管口的密封性能；重新优化设计、制造、安装新的凝汽器的内部结构，并适当增加凝汽器冷却面积，形成性能更好的新凝汽器	年节约标煤 4700 t，年减排 SO_2 4.51 t、烟尘 2.16 t、NO_x 11.75 t
锅炉飞灰再循环燃烧	锅炉安装飞灰再循环系统，将除尘器第一电场部分飞灰送至炉膛进行二次燃烧	年节约标煤 360 t，年减排 SO_2 1.84 t、烟尘 0.2 t、NO_x 0.63 t
利用二次风联络管使 3 号、4 号锅炉点火启动	在锅炉点火初期不开二次风机，利用二次风联络管由邻炉提供少量二次风，减少锅炉点火二次风机运行时间，减少点火用油	年节约柴油 1.6 t
方案类型：节水		
前置阴阳床反洗装置改造	原设计是利用中间软水洗前置阴阳床，由于树脂易结块，故冲洗时间长且不易冲开。现用压缩空气管冲洗浮动树脂进行反洗，节约了软水的使用	年节约软水 3 万 t
凝汽器铜管改造	将凝汽器原来的铜管更换为不锈钢管，可增强凝汽器传热效率，提高凝汽器浓缩倍率，节约用水	降低端差 4 ℃，年节水 50 万 t
反渗透预处理过滤器正洗排水系统改造	将 3 号、4 号机组反渗透预处理过滤器的正洗排水管分别连接管道引到室外新建的 200 m^3 蓄水池后，用潜污泵将水补充到循环水系统中	年减少清水用量 49500 m^3

续表

方案名称	方案简介	效益分析
方案类型：节电		
锅炉给水泵工艺改进	电动水泵是热电厂中的耗电大户，将原来的电动给水泵改为汽动给水泵，可节约电耗，提高热效率	年减少电耗490万kW·h
1号炉尾部烟道伸缩节更换	将1号炉尾部烟道18个金属补偿器进行全面更换，更换后，可解决因设备老化而造成的锅炉漏风率大和风机能耗大的问题	年减少电耗55万kW·h
电除尘控制系统节能改造	锅炉电除尘器耗电量约占全厂用电量的0.4%，能耗水平较高，主要是因为现有电除尘器控制系统设计落后。改造后，采用先进的控制系统，实现间歇供电、自动优化、临界火花跟踪等模式；采用先进的火花控制算法，能够根据不同工况采用不同的火花控制策略，实现降压振打等功能，从而达到节能的目的	年减少电耗198万kW·h
方案类型：降低成本，提高效益		
在细碎机前加装两台一级破碎机，确保135机组粒度合格	在5号甲、乙两条传送带尾部安装两台破碎机，破碎煤中的石块，确保合格的燃煤粒度，以解决3号、4号炉排渣不畅的问题，减少人工捡石块产生的人工费	年节约人工费用9.6万元
1号、2号机组除氧器喷头改造、更换	通过对1号、2号机组除氧器运行状态各参数的核算，对其喷嘴形式进行升级改造，更换雾化效果更好、运行可靠的新型喷嘴，提高除氧率，避免工质浪费	可减少设备损耗，提高生产效率
方案类型：提高锅炉效率		
降低锅炉排烟温度	调节高压加热器的蒸汽流量，适当降低给水温度，再将此给水送入省煤器吸收排烟热量提高水温，排烟温度由160 ℃降至140 ℃，锅炉效率提高了1%	锅炉效率提高了1%，年节约标煤2700 t
在3号炉尾部烟道加装余热回收器（低温省煤器）	3号炉尾部烟道烟气温度较高，造成锅炉热效率较低，加装余热回收器（低温省煤器），可提高锅炉热效率，减少煤耗	锅炉热效率提高了0.5%，年节约标煤0.23万t

第十五章

污水处理行业审核实战指南

本章所指的污水处理行业主要为城镇污水处理厂。

一、基础知识普及

1. 了解定义和原理

(1)定义

污水处理是指通过物理的、化学的、生物的手段，去除水中对生产、生活不需要的物质的过程。常见的处理工艺为预处理+生物反应器+深度处理。污水处理工艺分三级。一级处理：通过机械处理，如格栅、沉淀或气浮，去除污水中所含的石块、砂石和脂肪、油脂等；二级处理：生物处理，污水中的污染物在微生物的作用下被降解和转化为污泥；三级处理：污水的深度处理，它包括营养物的去除和通过加氯、紫外辐射或臭氧技术对污水进行消毒。根据处理的目标和水质的不同，有的污水处理过程并未包含上述所有过程。

(2)方法与原理

①物理法：物理法的去除对象是水中不溶性的悬浮物质，使用的处理设备和方法主要有格栅、筛网、沉淀(沉沙)、过滤、微滤、气浮、离心(旋流)分离等。

a. 格栅(筛网)：它是由一组平行排列的金属栅条制成的框架，斜置于废水流经的渠道内，成60°～70°角。当废水流过时，呈块状的污染物质即被删条截留而从废水中去除。它是一种对后续处理构筑物或废水提升泵站有保护作用的设备。筛网亦属于这一性质的设备。

b. 沉淀(沉沙)：借助废水中悬浮固体本身的重力作用使其与废水相分离的方法。这种工艺分离效果好，简单易行，应用广泛，在处理废水过程中往往被多次使用。沉淀池(沉沙池)是一种十分重要的处理构筑物。沉淀池主要用于去除废水中大量的呈颗粒状的悬浮固体，沉砂池则主要去除废水密度较大的固体颗粒。

c. 气浮：气浮是设法在废水中通入大量密集的微细气泡，使其与细的悬浮物相互黏附，形成整体密度小于水的浮体，从而依靠浮力上升至水面，以完成固液分离的处理方法。气浮按气泡的来源可分为压力溶气气浮、电解凝聚气浮、微孔曝气气浮三大类。

d. 过滤：过滤是使废水通过具有孔隙的粒状滤层，从而截留废水中的悬浮物，使废水得到澄清的处理工艺。

e. 离心(旋流)分离:使含有悬浮固体或浮化油的废水在设备中高速旋转,由于悬浮固体和废水的质量不同,受到的离心力也不同,质量大的悬浮固体被抛到废水外侧,这样就可使悬浮固体和废水分别通过各自的出口排出,从而使废水得以净化。

②化学法:化学法的去除对象是废水中的胶体物质和溶解性物质。

a. 中和处理:用化学方法消除废水中过量的酸或碱,使其 pH 值达到中性左右的过程称为“中和”。处理含酸废水以无机碱为中和剂,处理碱性废水以无机酸为中和剂。中和处理应考虑“以废治废”原则。

b. 混凝处理法:混凝法是向废水中投加一定量的药剂,经过脱稳、架桥等反应过程,使废水中呈胶体状态的污染物质形成絮凝体,再经过沉淀或气浮,使污染物从废水中分离出来。通过混凝,能够降低废水的浊度、色度,可去除高分子物质、呈胶体的有机污染物、某些重金属和放射性物质等,也可去除磷等可溶性有机物,应用十分广泛。它可以作为独立处理法,也可以和其他处理法配合,作为预处理、中间处理,甚至可以作为深度处理工艺。

c. 化学沉淀法:向废水中投加某种化学物质,使它和废水中的某些溶解物质发生反应,生成难溶物沉淀下来。一般用以处理含重金属离子的工业废水。

d. 氧化还原法:利用溶解于废水中的有毒、有害物质在氧化还原反应中能被氧化或还原的性质,把它转化成无毒、无害的新物质或转化成气体或固体而从废水中分离出来。

e. 吸附法:用多孔性固体吸附剂处理废水,使其中的污染物质被吸着于固体表面而分离的方法。吸附可分为物理吸附、化学吸附和生物吸附等。

f. 离子交换法:主要用于去除废水中的金属离子,是一种特殊的吸附过程。

q. 膜分离:渗析、电渗析、超滤、反渗透等技术都是通过一种特殊的半渗透膜来分离废水中离子和分子的技术,统称为膜分离法。

h. 萃取法:利用废水中的污染物在萃取剂中的溶解度不同来分离污染物的方法。

③生物法:主要用于去除废水中呈溶解状态的和胶体状态的有机污染物。根据作用微生物的类型,可以分为好氧处理和厌氧处理两大类;根据微生物在废水中是处于悬浮状态还是附着在某种填料上,可以分为活性污泥法和生物膜法。

a. 活性污泥法:是当前应用最为广泛的一种生物处理技术,它是利用活性污泥的吸附、氧化作用,去除废水中的有机物。

b. 生物膜法:废水连续流经固体填料,在填料上就会生成污泥状的生物膜,生物膜上繁殖着大量的微生物,起到与活性污泥同样的净化废水的作用。生物膜法有多种构筑物,如生物滤池、生物转盘、生物接触氧化床和生物流化床等。

c. 自然生物处理法:利用在自然条件下生长、繁殖的微生物处理废水的技术。

d. 厌氧生物处理法:厌氧生物处理是利用兼性厌氧菌和专性厌氧菌在无氧条件下降解有机污染物的处理技术。有机污泥、某些高浓度有机污染物的工业废水适宜用厌氧生物处理。

现阶段城镇污水处理厂大多采用生物化学处理工艺。

2．了解行业概况

我国是一个水资源极度紧缺的国家。随着我国城市建设的快速发展，水污染问题日益突出，水资源紧缺的矛盾日益加剧，污水处理成为水污染治理的首要任务。改革开放以来，我国城市污水处理行业取得了蓬勃的发展。截至 2012 年底，全国设市城市、县累计建成城镇污水处理厂 3340 座，污水处理能力约 1.42 亿 t/d，全国已有 648 个设市城市建有污水处理厂，占设市城市总数的 98.5％；累计建成污水处理厂 1947 座，形成污水处理能力 1.17 亿 t/d。全国已有 1254 个县城建有污水处理厂，约占县城总数的 77.7％；累计建成污水处理厂 1393 座，形成污水处理能力 2421 万 t/d。

“十二五”期间，伴随着污水处理厂提标改造，水处理、供水规模的不断提高以及污泥处理、中水回用比例的提高，水处理行业将迎来大量的发展机会。总体体现在以下 4 个方面：首先，已建、在建污水处理项目数量巨大，国家对污水处理厂出水水质要求更加严格，从一级 B 标准提高到一级 A 标准，现存的很多污水处理厂需要进行升级改造。其次，“十二五”规划污水年处理量将达 500 亿 t，省会和地级市仍是建设的重点。“十二五”期间，有建设需求的城市共 379 个，新增设施的处理规模将以中小规模为主，但保持持续增加态势。再次，随着城镇人口的不断增加，我国污水处理厂也存在着新建和扩容的需求，同时，“十二五”对于引用的标准也进行了提高，从 35 项提高到了 106 项。最后，根据国家节能减排和发展低碳经济的要求，城市污水处理将以污染物减排为重点，污泥处理及污水再生利用将成为行业发展的新热点。中国的水处理市场在未来很长一个时期都将处于一个“黄金增长期”。

相对于污水处理厂的快速发展，我国污水处理行业还存在着一定问题。现阶段由于运行经费不到位及污水管网建设相对落后，污水处理厂利用率偏低，许多污水处理厂处于半开工状态，没有满负荷运行。经过处理后的再生水不能得到充分利用，甚至有的地区还将处理后的再生水与未经处理的污水混在一起同流；有的地区没有将再生水回用却排入大海，造成淡水资源的浪费。部分污水处理厂在选择污水处理工艺时，出现了单纯追求新工艺，不考虑本地区的进水水质、处理水量以及出水用途的问题。在我国已建成的一些污水处理厂中，本来进水水质就比较低，还要选择 AB 法，使污水不能得到充分的利用，造成设施、设备的闲置。污泥没有真正达到无害化处理，没有最终处置的途径。

3．了解专有名词

像污水处理行业经常提到的“污泥沉降比”“混合液悬浮固体浓度”等专有名词（详见附录一），应了解其含义，以便了解其工艺过程。

4．了解政策和标准

对污水处理行业进行清洁生产审核前，应了解以下几个政策和标准：

（1）政策

《产业结构调整指导目录（2011 年本）》（2013 年修订）

（2）标准

《城镇污水处理厂污染物排放标准》（GB 18918—2002）及修改单

5．了解企业概况

审核污水处理厂前，应了解企业概况、收水范围、进水来源及进出水水质。

举例：某污水处理厂2007年建厂，采用BOT模式运行，负责处理辖区内的生活污水和生产废水，其中，城市生活污水占80%，工业废水占20%，设计处理能力为2万 t/d。污水处理采用AAO工艺，深度处理采用混凝沉淀工艺，设计出水水质达到《城镇污水处理厂污染物排放标准》(GB 18918—2002)中的一级A标准。厂区采用双回路供电，以保障企业供电安全。

企业收水范围为东城东二路以东、南二路以北、北二路以南区域与经济开发区东八路以西、淮河路以北、北二路以南区域，服务面积约45.8 km^2。

企业进水来源、进水类型及比例分别见表15-1和表15-2。

表15-1　企业进水主要来源

来源	水量(t/d)	COD(mg/L)	氨氮(mg/L)	BOD(mg/L)	SS(mg/L)
某纸业有限公司	970	300	35	160	100
某生物技术有限公司	680	280	35	150	90
某食品有限公司	380	350	38	180	95
某酒业有限公司	510	260	25	145	70
生活污水	24960	250	20	150	100

表15-2　企业进水类型及比例

进水类型		所占比例(%)
工业废水	造纸及纸制品类企业	7%
	饮料制造类企业	5%
	生物、生化品制造类企业	5%
	其他类企业	3%
生活污水		80%

企业进水及出水水质见表15-3。

表15-3　企业进水、出水水质一览表

项目	COD_{Cr}(mg/L)	BOD_5(mg/L)	SS(mg/L)	氨氮(mg/L)	pH
进水	≤500	≤200	≤200	≤45	6～9
出水	≤50	≤10	≤10	≤5(8)	6～9

▶特别提示：

(1)了解企业服务范围，有助于了解该范围内的排污企业类型。

(2)了解企业收水来源和类型比例，有助于了解收水水质的大体情况。

(3)了解进水、出水水质，有助于了解被审核污水处理厂对接纳污水的处理要求及达标要求。

6. 掌握工艺流程

污水处理厂的处理工艺有很多，如 AAO 工艺、一体化氧化沟工艺、SBR 工艺、曝气生物滤池等。其中，AAO 工艺应用较为普遍。以某污水处理厂为例，该厂采用 AAO 工艺，其具体工艺流程如下：

(1)前处理过程

城市污水经厂外管道系统收集后进入厂区提升泵站，再通过泵站前设置的粗细格栅去除污水中的较大飘浮物后，进入提升泵站(格栅间与进水泵房合建)，经水泵提升后进入旋流沉砂池，以去除比较小的砂粒。

(2)生化处理过程

沉砂池出水流至调节池(直径为 34.8 m，有效水深为 5 m)，停留 5.7 h，使不同浓度的废水得到混匀，以便于进一步处理。

调节池出水分别进入 2 座水解池(单池的尺寸为 25 m×16.7 m×6.4 m，有效水深为 6 m)，停留 5.8 h，废水中的有机物在此阶段进行水解酸化。首先在细胞外酶的作用下将废水中复杂的大分子不溶性有机物水解为简单的小分子水溶性有机物，然后发酵细菌把水解产物吸收进细胞内，排出挥发性脂肪酸、醇类、乳酸等代谢产物，通过水解酸化可改变废水的可生化性，提高废水处理效果，减少后续生化处理的反应时间和处理能耗。

水解池出水分别进入生化系统(2 座厌氧池的尺寸为 25 m×8×5.8 m，有效水深为 5.4 m，停留时间为 2.6 h；2 座缺氧池的尺寸为 25 m×13 m×5.8 m，有效水深为 5.4 m，停留时间为 4.2 h；2 座好氧池的尺寸为 24 m×40 m×6 m，有效水深为 5.4 m，停留时间为 12.4 h)。在厌氧段，厌氧菌吸收低级脂肪酸等易降解的有机物，降低废水中的 COD 浓度；在缺氧段，反硝化细菌将内回流带入的硝酸盐通过生物反硝化作用，转化为氮气逸入大气中，从而达到脱氮的目的，降低废水中的氨氮浓度；在好氧段，硝化细菌将水中的氨氮及由有机氮氨化成的氨氮，通过生物硝化作用，转化成硝酸盐，经过内回流送至缺氧段处理，同时通过好氧菌去除水中的 COD。此阶段需将混合液悬浮固体浓度(MLSS)控制在 3000～4000 mg/L，混合液挥发性悬浮固体浓度(MLVSS)控制在 1500～2000 mg/L，污泥沉降比(SV%)控制在 12%～20%、污泥指数(SVI)控制在 40～80，污泥负荷(L_s)控制在 0.20～0.30 kg(BOD_5)/[kg(MLSS)·d]，污泥龄(θ_c)控制在 10～15 d，污泥内回流比控制在 200%～300%，污泥外回流比控制在 80%～150%，溶解氧(Do)控制在 2.5～3.5 mg/L。

经过厌氧阶段和好氧阶段去除废水中的 COD 和氨氮，处理后的水进入二沉池(2 座，单池的尺寸为 ϕ26 m×3.8 m，有效水深为 3.3 m，停留时间为 4.2 h)进行污泥沉淀，部分污泥回流至好氧池以保持污泥浓度；部分污泥排入污泥浓缩池浓缩后压滤脱水，由环卫部门处理。

(3)深度处理过程

二沉池出水自流进入混凝沉淀池(尺寸为 20.6 m×10 m×6.1 m，有效水深为 5.5 m，停留时间为 1.4 h)，并在管道混合器投加高效净水剂，使原水产生絮凝颗粒，在混凝沉淀池中除去原水混凝沉淀后的残留絮体和杂质，出水经紫外消毒池后外排入北阳河。

(4)污泥处理流程

污水处理过程产生的污泥为生化池排放的剩余污泥，污泥首先进入污泥浓缩池，经调理后通过污泥进料泵将污泥输送至带式压滤机，脱水后的污泥经无轴螺旋输送机送至污泥运输车上由环卫部门统一处理。

各污水处理厂所用工艺并不相同，在开展审核工作前应提前跟企业沟通以便掌握整个工艺流程。

7. 明确产污环节

污水处理行业的主要产污环节见表 15-4。

表 15-4　　产污环节

环节	废物	有害成分
前处理工序	栅渣、泥沙	—
生化处理工序	污泥脱水和污泥脱水机清洗水	COD、SS
	污泥	根据进水情况而定
	臭气	NH_3、H_2S
生活、办公区	生活污水	COD、氨氮

二、政策和标准解读

1. 污水处理行业政策

污水处理行业政策主要是《产业结构调整指导目录(2011 年本)》，它对于污水处理行业的规定如下：

鼓励类："三十八、环境保护与资源节约综合利用"中的"15、'三废'综合利用及治理工程""18、重复用水技术应用""19、高效、低能耗污水处理与再生技术开发"。

2. 污水处理行业标准

污水处理行业标准主要是《城镇污水处理厂污染物排放标准》(GB 18918—2002)及修改单。该标准规定了城镇污水处理厂出水、废气排放和污泥处置(控制)的污染物限值。该标准适用于城镇污水处理厂出水、废气排放和污泥处置(控制)的管理。居民小区和工业企业内独立的生活污水处理设施污染物的排放管理，也按该标准执行。

(1)水污染物标准分级

根据城镇污水处理厂排入地表水域环境功能和保护目标，以及污水处理厂的处理工艺，将基本控制项目的常规污染物标准值分为一级标准、二级标准、三级标准。

一级标准分为 A 标准和 B 标准。一类重金属污染物和选择控制项目不分级。

一级标准的 A 标准是城镇污水处理厂出水作为回用水的基本要求。当污水处理厂出水引入稀释能力较小的河湖作为城镇景观用水和一般回用水等用途时，执行一级标准的 A 标准。

城镇污水处理厂出水排入《地表水环境质量标准》(GB 3838—2002)中规定的地表水Ⅲ类功能水域(划定的饮用水水源保护区和游泳区除外)、《海水水质标准》(GB 3097—1997)中规定的海水二类功能水域和湖、库等封闭或半封闭水域时,执行一级标准的B标准。(注:地表水Ⅲ类功能水域主要适用于集中式生活饮用水地标水源地二级保护区、鱼虾类越冬场、洄游通道、水产养殖区等渔业水域及游泳区。海水二类功能水域适用于海水浴场及风景游览区。)

城镇污水处理厂出水排入《地表水环境质量标准》(GB 3838—2002)中规定的地表水Ⅳ、Ⅴ类功能水域或《海水水质标准》(GB 3097—1997)中规定的海水三、四类功能海域时,执行二级标准。(注:地表水Ⅳ类功能水域主要适用于一般工业用水区及人体非直接接触的娱乐用水区;地表水Ⅴ类功能水域主要适用于农业用水区及一般景观要求水域。海水三类功能水域适用于一般工业用水、滨海风景旅游区;海水四类功能水域适用于海洋港口水域、海洋开发作业区。)

非重点控制流域和非水源保护区的建制镇的污水处理厂,根据当地经济条件和水污染控制要求,采用一级强化处理工艺时,执行三级标准,但必须预留二级处理设施的位置,分期达到二级标准。

(2)大气污染物标准分级

根据城镇污水处理厂所在地区的大气环境质量和大气污染物治理技术和设施条件,将标准分为三级。

位于《环境空气质量标准》(GB 3095—1996)一类区的所有(包括现有和新建、改建、扩建)城镇污水处理厂,自 2003 年 7 月 1 日起,执行一级标准。

位于《环境空气质量标准》(GB 3095—1996)二类区和三类区的城镇污水处理厂,分别执行二级和三级标准。其中,2003 年 6 月 30 日之前建设(包括改、扩建)的城镇污水处理厂,实施标准时间为 2006 年 1 月 1 日;2003 年 7 月 1 日起新建(包括改、扩建)的城镇污水处理厂,自 2003 年 7 月 1 日起开始执行。

新建(包括改、扩建)的城镇污水处理厂周围应建设绿化带,并设有一定的防护距离。

(3)特殊规定

城镇污水处理厂出水作为水资源用于农业、工业、市政、地下水回灌等方面的不同用途时,还应达到相应的用水水质要求,不得对人体健康和生态环境造成不利影响。

三、审核过程解析

1. “三废”产排分析

污水处理行业的“三废”较多,应严格按照处理工艺流程,分析每一个工序是否有“三废”产生。

下面以某污水处理厂为例进行详细分析。该厂采用 AAO 生化处理工艺,其工艺流程及“三废”情况如图 15-1 所示。

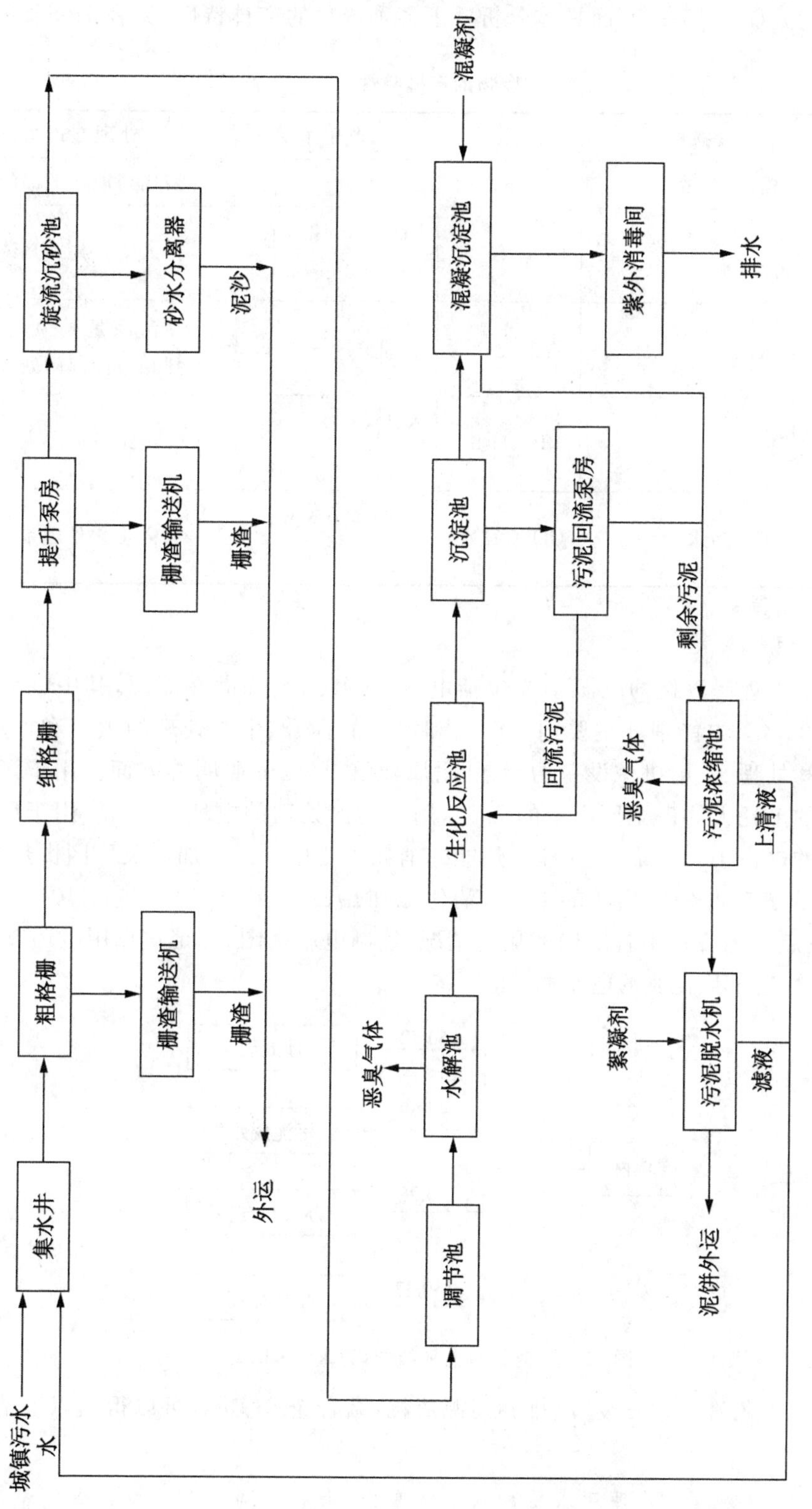

城镇污水
集水井
粗格栅
栅渣输送机
栅渣
细格栅
提升泵房
栅渣输送机
栅渣
旋流沉砂池
砂水分离器
泥沙
外运
调节池
水解池
恶臭气体
生化反应池
沉淀池
混凝剂
混凝沉淀池
紫外消毒间
排水
污泥回流泵房
回流污泥
剩余污泥
污泥浓缩池
恶臭气体
上清液
絮凝剂
污泥脱水机
滤液
泥饼外运

图 15-1　工艺流程图

根据工艺流程图 15-1，下面具体分析一下各种废物的产排特性（见表 15-5）。

表 15-5　废物的产排特性

工序名称	废物种类	有害成分	产生浓度	处理方式及去向
前处理工序	栅渣、泥沙	—	—	委托当地环卫部门处理
生化处理工序	污泥脱水和污泥脱水机清洗水	COD、SS	COD：100 mg/L SS：300 mg/L	排入生化处理系统
	污泥	石油类	石油类：<3000 mg/t	视污泥是否为危废而委托相应的部门处理
	臭气	NH_3、H_2S	NH_3：0.28 mg/m^3 H_2S：0.013 mg/m^3	无组织排放
生活、办公区	生活污水	COD、氨氮	COD：350 mg/L 氨氮：30 mg/L	排入生化处理系统

2. 能耗分析

城市污水处理厂消耗的能源主要包括电、燃料及药剂等潜在能源，其中电耗占总能耗的 60%～90%。电能消耗主要用于污水和污泥的提升、生物处理的供氧和推动混合、污泥的稳定和处理、专用机械设备的能耗、附属建筑、厂区的照明等方面。用于污水生物处理过程中的电耗大约占全厂用电的 70%，用于污泥处理的电耗占 20%，用于厂区照明及办公使用的电占 10%。污水处理厂热能的消耗主要用于污泥加热及厂区供热，一般用于污泥加热的热耗占全厂热耗的 60%，消化池加热占 30%，厂内供热占 10%。在审核中，要关注重点工艺流程中各阶段的用电情况，绘制电平衡图，确定重点用电环节。

图 15-2 给出了某企业的电平衡。

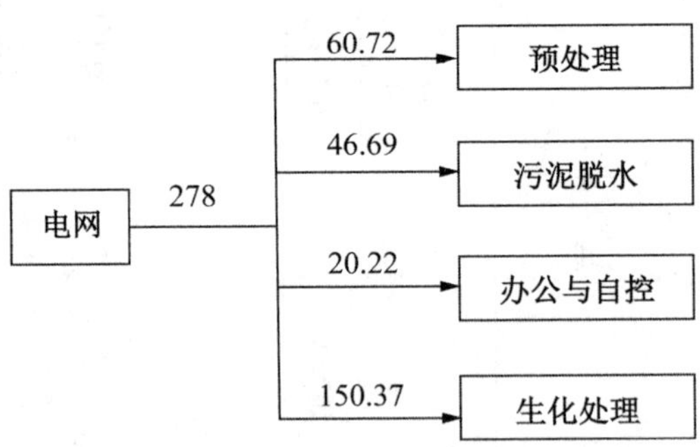

图 15-2　企业的电平衡图（万 kW・h/a）

通过分析工艺流程、"三废"产排和能源消耗，结合企业实际，可以得出以下清洁生产方案：

▶方案 1：随着污水处理厂水质和水量的变化，需随时调节曝气设备曝气量，使用可调节的曝气系统，采用计算机实时控制，提高处理效率，节约电能。

▶方案2:控制污泥脱水机运行速度,延长污泥浓缩时间,降低污泥含水率,减少絮凝剂消耗,节约成本。

▶方案3:绿化用水改用生化系统处理后的中水,节约新鲜水。

▶方案4:由于污泥脱水以及输出过程中会产生恶臭气体,为减少其环境影响,现采取封闭运输,减少污泥溢流及洒落。

3. 审核重点选择

因城镇污水处理厂污水处理过程是连续性的,在选择审核重点时,可以将整个完整、独立的污水处理系统作为审核重点加以审核。

4. 审核目标设置

(1)目标设置依据

污水处理行业没有清洁生产标准行业作为参考,在设置清洁生产目标时,可考虑与同行业其他企业进行比较。需要注意的是,所选其他企业必须与该企业的进水水质、处理工艺、处理规模都相近。同行业对比资料举例见表15-6。

表15-6　同行业对比资料

企业名称	处理吨污水电耗(kW·h)	处理万吨污水新水耗(t)	处理万吨污水聚丙烯酰胺消耗量(t)
本公司	0.308	10.02	0.105
A污水处理厂	0.262	11.46	0.261
B污水处理厂	0.165	12.90	0.145
C污水处理厂	0.247	10.35	0.223

(2)目标选择方法

城镇污水处理厂的电耗相对较多,因此,处理吨水的电耗可选作目标;此外,处理效率和处理后的中水回用情况等都可以作为清洁生产的目标。

某企业具体的目标设置见表15-7。

表15-7　目标设置

指标	单位	现状	近期目标(2016年底)		中期目标(2017年底)	
			绝对量	变化率	绝对量	变化率
电耗	kW·h/t	*	*	削减*%	*	削减*%
水耗	m^3/t	*	*	削减*%	*	削减*%
絮凝药剂使用量	g/t	*	*	削减*%	*	削减*%
COD去除率	%	*	*	提高*%	*	提高*%
氨氮去除率	%	*	*	提高*%	*	提高*%

注:不同企业由于工艺、生产规模等不同,各目标值差别较大,此处不列具体数值,仅对如何选取目标对象提供参考(*代表省略的数据)。

5. 平衡数据分析

水平衡

列出整个污水处理工艺，按照每个工序测定（或估算）的输入物料、输出物料及损耗，绘制出物料平衡图和物料流程图（流程图此处暂略），据此可以找出物料主要损耗和流失环节。

某城镇污水处理厂日产生脱水污泥 13.37 t，经检测，污泥含水率为 80%，从而计算出有 10.7 t 处理后的废水随污泥带走（见图 15-3）。污水处理系统的水平衡如图 15-3 所示。

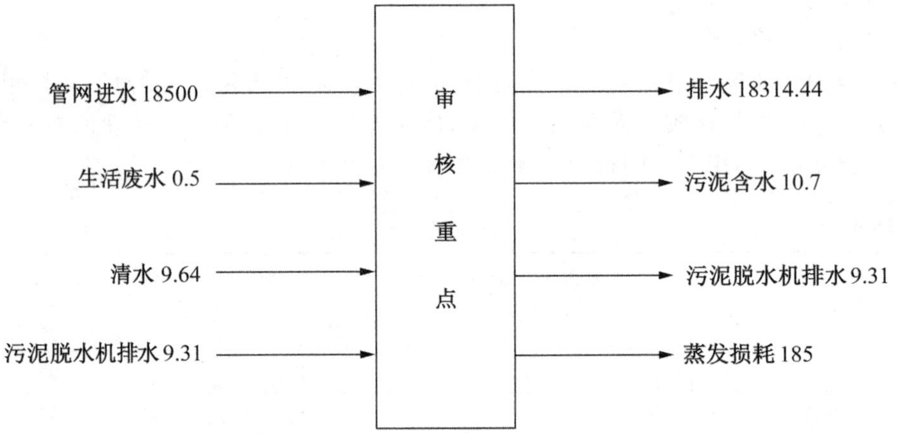

图 15-3　审核重点的水平衡图（单位：t/d）

▶**特别提示：**

在测定物料平衡时，要考虑污水处理厂所在地的气候环境对废水蒸发量的影响以及脱水污泥的含水率。

四、注意事项汇总

下面将污水处理行业清洁生产审核需要注意的几点总结如下：

（1）城镇污水处理过程中产生的大量污泥还未普遍得到有效处理、处置，这些污泥非常容易对地下水、土壤造成二次污染。企业产生的污泥应及时交由污泥处置单位处理，厂内暂存时要做好防渗、防漏措施。我国现阶段的污泥处置方法主要是土地填埋，不仅消耗大量土地资源，还容易造成二次污染。在欧美等国应用及研究较多的是将污泥作为建材原料，主要是利用污泥及其焚烧产物制造砖块、水泥、陶粒、玻璃、生化纤维等。

（2）恶臭污染也是城镇污水处理厂的主要污染之一，主要发生在污泥浓缩池及污泥脱水机房等处，企业在平时应做好如封闭污泥浓缩池、及时转运脱水污泥等处理。

（3）只有处理后排放标准达到《城镇污水处理厂污染物排放标准》（GB 18918—2002）一级 A 标准的城镇污水处理厂排水才可用作回用中水。回用中水可用作电厂循环冷却补充水及其他一类工业用水。

（4）制定清洁生产目标时，应采用处理吨水的物耗、能耗作为指标才有意义。污水处理行业没有清洁生产标准，可对同行业其他企业情况进行对比分析，评价企业所处水平。

(5)应对企业恶臭进行无组织排放监测，通常，恶臭超标排放的原因主要有：污泥存放时间过长，未及时运走；周边绿化植物未长起，对恶臭吸收、遮挡作用小；污泥清运时有洒落或未能密封运输等。

(6)由于收集的污水中常常含有工业废水，所以审核时要摸清废水来源及其水质、水量情况，并应对污泥主要成分进行检测，重点检测污泥中铬、镉、汞、铅等重金属的含量，处理后的污泥若农用，则必须满足《城镇污水处理厂污染物排放标准》(GB 18918—2002)中表 6 的要求。

(7)可对主要处理单元进行主要指标(COD、氨氮)的化验检测，了解处理单元对污染物的去除率和处理效率，从而发现问题，形成清洁生产方案。某污水处理厂的化验结果见表 15-8、表 15-9。

表 15-8　　各处理单元对主要污染物的去除率

处理单元	COD 去除率(%)	氨氮去除率(%)	BOD_5 去除率(%)	SS 去除率(%)	TP 去除率(%)
粗格栅	1～3	1～3	1～3	15～20	1～3
细格栅	1～3	1～3	1～3	15～20	1～3
旋流沉砂池	5～10	5～10	5～10	30～35	5～10
生化池	80～85	80～85	75～78	70～75	65～70
沉淀池	10～15	10～15	5～10	25～30	5～10
总去除率	83～89	88～93	77～82	89～93	70～75

表 15-9　　废水产排量及污染物去除率

项目	产生量	排放量	污染物入口浓度	污染物出口浓度	去除率
废水	10870000 t/a	10670000 t/a	—	—	—
pH	—	—	6～9	7.28～7.70	—
COD_{Cr}	3913.2 t/a	538.0 t/a	340～390 mg/L	45～55 mg/L	86.2%
BOD_5	467 t/a	85 t/a	85～98 mg/L	15～18 mg/L	82%
氨氮	259.8 t/a	26.9 t/a	20～25 mg/L	2.2～2.7 mg/L	89.6%
SS	1375 t/a	124 t/a	160～217 mg/L	14.4～19.5 mg/L	91%

五、典型方案参考

表 15-10 列出了从节电、节水、节约物料、减排废物等多个角度精选的几个已在污水处理厂中实施过的典型方案(效益数据仅供参考)。

表 15-10 污水处理厂中实施的典型方案

方案名称	方案简介	效益分析
方案类型:节电		
减少风机输送风量	合理控制工艺的运行,将 DO 值控制在一个合适的范围,在保证出水合格的条件下,减少空气的输送量,减少鼓风机的电力消耗,节约用电	年减少电耗 6.2 万 kW·h
污泥泵变频改造	原来的污泥回流量由人工出水阀门控制,调节难度大,现增加变频装置,减少了人工操作,节约了电费,延长了电机寿命	年减少电耗 7.9 万 kW·h
曝气系统供氧量的自动调节	随着污水处理厂水质和水量的变化,需要时时调节曝气设备的曝气量,采用计算机实时控制的曝气系统,可以提高各种污染物的去除效率	年减少电耗 0.8 万 kW·h
优化格栅开启时间	按液位差控制,加强人工巡视,视栅渣情况定期开启格栅,有利于节电;同时,可根据过栅流量调整打开渠道的数量,有利于节电	5 kW 细格栅平均每天少运行 13 h,年减少电耗 2.4 万 kW·h
回流污泥泵增加软启动	回流污泥泵直接启动过程中回流污泥对管道冲击力大,容易损坏回流管道,且对污泥泵磨损严重。增加软启动后,可减少启动过程中对污泥泵的磨损和对管道的冲击,同时可降低电耗	可降低设备维修次数,延长设备使用寿命,每台泵可节电 10%,年减少电耗 1.6 万 kW
鼓风机安装变频设备	为鼓风机安装 3 台变频设备。鼓风机电机每台功率为 110 kW,功率因数为 0.95,工频运转时电流为 176 A,运行四台风机,曝气池 DO 值平均为4 mg/L。风机曝气量过大,浪费电能。加装 3 台变频器后,调整风机频率,使曝气池 DO 值保持在3 mg/L,出水水质达标排放,此时电机工作电流为 167 A 左右,为原工作电流的 95%左右。根据三相电动机功率计算公式 $P=1.732IU\cos\varphi$ 得出,在功率因数不变、电压不变的前提下,电流减小 5%,功率下降 5%。由此得出,3 台风机功率共 330 kW,功率减小 5%后,每小时就节约电能 165 kW·h,一年共节约电能 14.45 万 kW·h	年减少电耗 14.45 万 kW·h
方案类型:节水		
脱水机房改用中水	脱水机房污泥脱水需用水冲洗,原用新鲜水,现改用中水,节约水资源	年减少清水使用5 万 t
办公区冲厕用处理后的污泥	办公区冲厕原用新鲜水,现改为使用处理后的污水,可以节约水资源	年节约新鲜水 1000 t

续表

方案名称	方案简介	效益分析
方案类型:节约物料		
控制脱泥机的脱泥速度	控制排泥速度,与脱水机班密切配合,延长污泥浓缩时间,降低脱水前污泥含水率,减少药耗,节约资源	每年可节约 PAM 消耗 100 kg
方案类型:减排废物		
恶臭气体治理	由于污水处理过程中,特别是污泥浓缩以及输出过程中,会产生恶臭气体,对环境产生影响;同时,恶臭气体属无组织排放,难以处理。现采取封闭运输,减少污泥溢流及洒落,在最大程度上减少恶臭气体对环境的影响	有效减少恶臭气体产生
方案类型:提高处理效果		
调整上下滤袋的孔径	将滤袋孔径调整为上大下小,降低污泥中的含水量	降低污泥含水量,有利于后续对污泥的浓缩脱水
除砂器加反冲管	石子、沙子等在旋流沉砂池底部沉淀,不易被除砂器吸出,在除砂器主管道上加装一个反冲管,反冲旋流沉砂池底部的沉砂,使沉砂在底部呈悬浮状态,便于吸出	提高了旋流沉砂池沉砂的去除率
出水口加出水堰	出水口出水落差大,导致出水泡沫多,影响出水感官。为减少出水泡沫,在出水口加装一不锈钢堰板,降低出水落差,从而减少出水泡沫量,改善出水感官	减少出水泡沫量,改善出水感官
回用水管道加过滤网	污泥脱水机反冲洗用水对悬浮物要求较高,中水用于滤布冲洗,运行时间长,水中悬浮物易堵塞冲洗喷头,造成滤布跑偏,导致滤布磨损和脱泥效率降低,需要人工清理喷头。现在回用水管道源头加装过滤网,降低回用水中悬浮物含量,可保证冲洗水用水要求和设备安全稳定运行	减少了滤布磨损,提高了脱泥效率
加大水样监测密度	原来厂进水每两小时取样一次,12 h 集中做一次,水质化验结果滞后,不能通过及时了解进水水质来调节进水量。现在每次取样后都通过哈希 COD 检测仪进行现场检测,可以及时了解进水水质情况,从而为调节进水量提供了依据	及时发现废水超标,以免造成环境事故

第十六章 清洁生产审核辅助软件操作使用实战指南

清洁生产审核后期的数据整理和报告编写是一项繁重、耗时的工作，传统报告的编写过程离不开 Word。大量数据的核实和计算、复杂图表的绘制、文字排版等工作给审核过程增加了工作量，占用了审核师宝贵的审核时间。

清洁生产审核辅助软件正是在这种局面下应运而生的，它将审核师从烦琐的数据核实和计算、文字排版等基础工作中解脱出来，让他们把时间和精力更多地运用到审核过程中，为提高审核效率、保证报告质量提供了保障。本章即对清洁生产审核辅助软件的操作使用进行介绍。

一、软件开发目的

(1)辅助审核师完成 95%以上的编写任务。

(2)通过套用模板、快速计算、便捷作图以及全过程无须调整格式等方式，提高编写速度。

(3)通过预设格式和章节，实现报告编写的规范化。

(4)通过上传大量资料至数据库，实现常用资料的快速查阅。

二、功能亮点介绍

1. 模板套用

该软件中预存了大量不同行业的模板。同行业模板可直接套用，节省编写时间。

2. 快速计算

(1)表格数据

大量表格数据可实现自动计算，通过预设五大计算规则，满足清洁生产审核(CP)报告中所有类型表格的计算要求，快速而准确。

(2)经济评估

直接套用经济评估模板，只需输入“总投资、年运行费用节省金额、折旧期、税率和贴现率” 5 个值，系统即自动计算所需指标，按照规范格式输出。

3. 自动排版

(1)所有文字、图片和表格均按照预定的规范格式进行编制，导出的报告已自动排版。

(2)从不同来源复制的文字，均可自动去掉原有格式，按规范格式排版后输出。

也就是说，使用软件后，报告编写过程完全不用顾及格式问题，大大提高了编写效率。

4. 目录链接自动生成

导出报告的目录会根据软件左侧的树形结构图来显示，并按照规范格式输出，无须再通过设置标题的级数来生成目录。

5. 作图软件量身定制

(1)根据清洁生产作图特点及实际需求，编制了一款操作简便的绘图小插件。

(2)预设了最常用的组合图形"方框+(横/竖)箭头"。

(3)建立任意形状的图形后，均可通过直接双击图形进行文字输入，无须另建文本框。

(4)所有图形框中的文字可实现自动居中对齐。

(5)图形和线型换色方便，预设的几种颜色既满足需求，又操作简便。

6. 快速校对序号

通过主界面的目录内容窗口，可快速校对图表序号。

7. 资料上传

按照不同行业分类及文件类型，将常用的资料文件上传至数据库，方便随时查看。目前，数据库中已预存涉及政策性文件、清洁生产标准、能耗限额等13种资料类型，涉及文件多达数百份，方便用户快速调取查看。

8. 资料查询

(1)可按照不同行业分类及文件类型，随时查找常用的资料文件。

(2)可按照关键词进行模糊检索。

(3)未检索到相关文件时，询问是否启动浏览器搜索，方便用户快速调用浏览器的搜索功能。

9. 一键导入和收藏

如图16-1所示，报告编写页面设有"收藏为样板"和"导入"两个功能键，单击"收藏为样板"按钮，可将用户认为当前正在编辑的有保存价值的报告内容一键收藏至数据库中，以备日后查看使用；单击"导入"按钮，可将数据库中已存的内容一键导入至报告当前编辑位置，实现对数据库资料的快速调用。

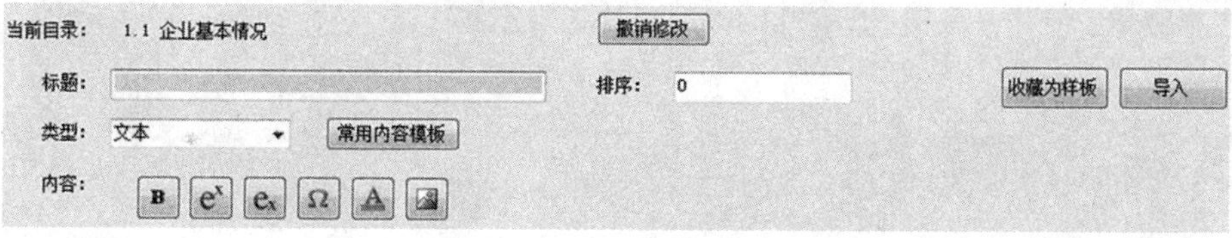

图16-1　报告编写页面

10. 快速导入附件

可导入图片格式的附件,导入的附件会在左侧树形结构图中显示,并自动排版,以最佳比例显示在导出的报告中。

三、操作使用说明

1. 模板管理

(1)模板管理

按细分行业对模板进行分类管理,如图 16-2 所示。

(2)复制模板

将现有模板另存为新模板,既保留了原有模板,又可在新模板上进行报告编写。

(3)选择模板

可方便选择细分行业下的任意模板。

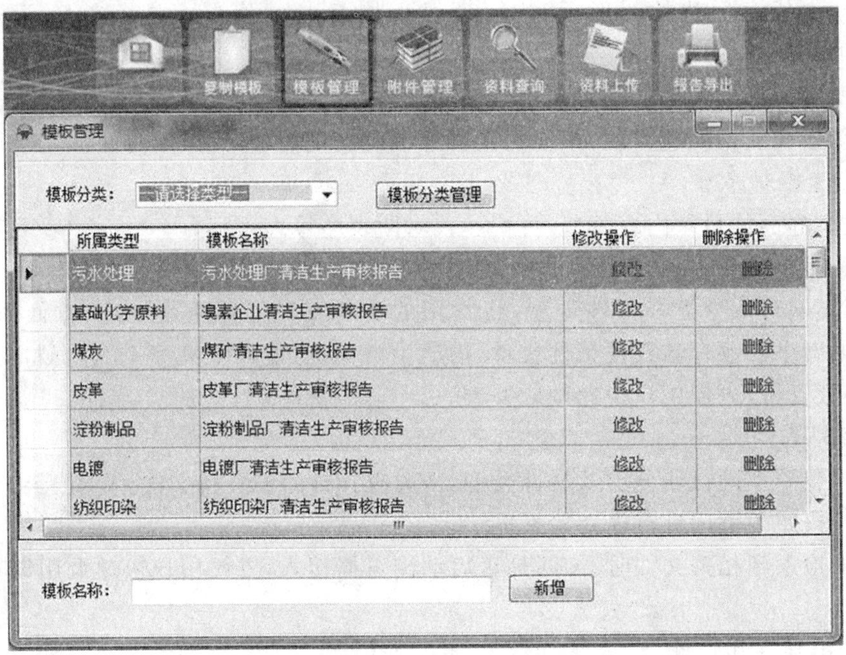

图 16-2 模板管理

2. 目录建立

从高到低逐级输入目录(序号全部输 1 即可),如图 16-3 所示。

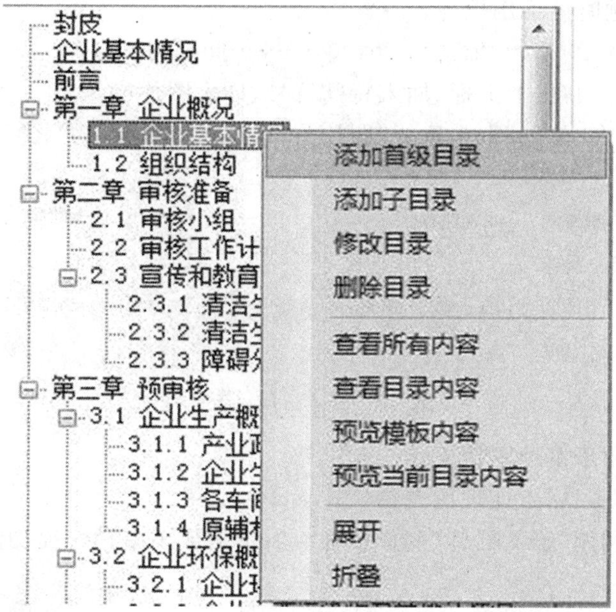

图 16-3　目录建立

3. 内容编辑

(1)进入编辑页面的方式

在结构图相应章节上单击进入“预览”界面,再单击相应章节即可;或者右击选择“查看目录内容”,再单击“新增”按钮。

(2)报告编辑页面的元素组成

报告编辑页面可视为由文本、图片、表格三版块组成。

①文本操作。在“类型”框中选择“文本”,可进行文本操作(见图 16-4)。

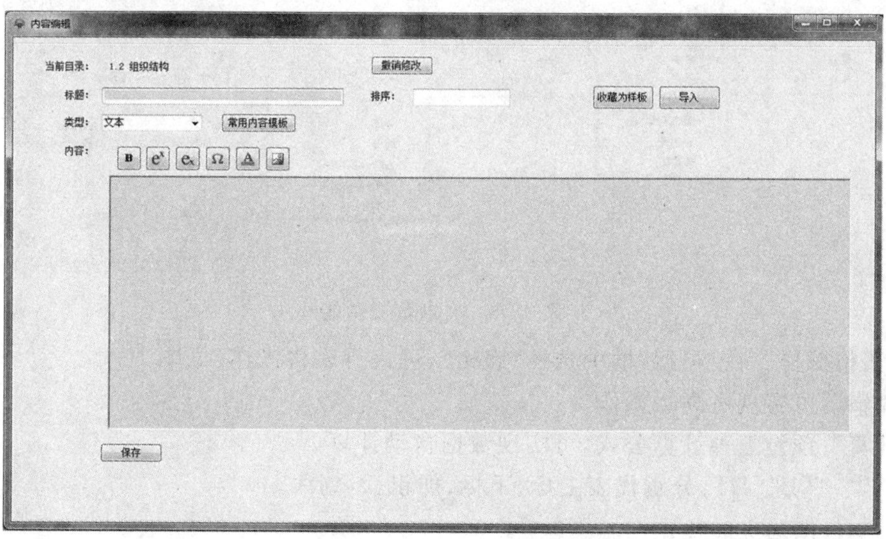

图 16-4　文本操作页面

“标题”:无标题时可不用填写。

“排序”:建议从 10 开始,依次为 20,30,40……间隔为 10。

“内容”:可进行加粗、上下标、插入特殊符号、插入图片操作。

②绘图操作。在“类型”框中选择“图片”,可进行绘图操作(见图 16-5)。

图 16-5　绘图操作页面

“选择图片”:用于本地图片上传。

“合成图片”:专门用于地理位置图。

“绘制图片”:利用“绘图插件”制作图片。右键集成了多种快捷功能,如图 16-6 所示。

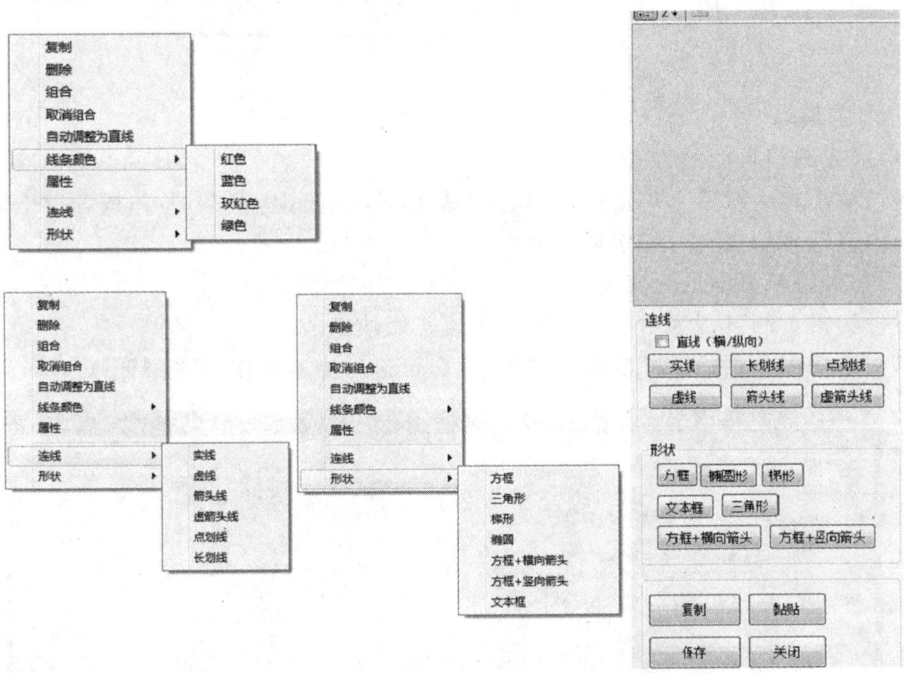

图 16-6　右键集成功能

③表格操作。在“类型”框中选择“表格”,可进行表格操作(见图 16-7)。

“编辑”:可实现更高级操作。

“计算”:预设五种计算公式,可实现数据自动计算。

“e^x”“e_x”“B”“U”:分别代表上标、下标、加粗、下划线。

:表格中插入图片;

:特殊字符。

A:改变字体颜色。

“复制表格”“黏贴表格”:实现表格的整体复制和粘贴。

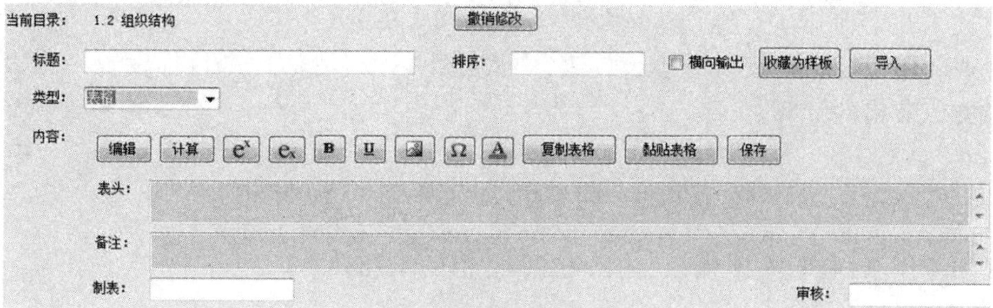

图 16-7　表格操作页面

单击“编辑”按钮进入高级操作页面(见图 16-8),通过设置“行数”和“列数”创建表格。

“横向输出”:使表格在 Word 中横向显示。

“列宽”:通过调整比例数值改变表格列宽。

“合并”“拆分”:用于合并和拆分单元格。

“上+行”“下+行”“左+列”“右+列”:分别用于在所选行或列的上方和下方增添行或列。

“删除”:用于删除单元格。

“清空”:清空表格中除表头以外的数据。

“图片单元格”:为表格中某个单元格插入图片。

“计算规则”:五种计算公式的编辑。

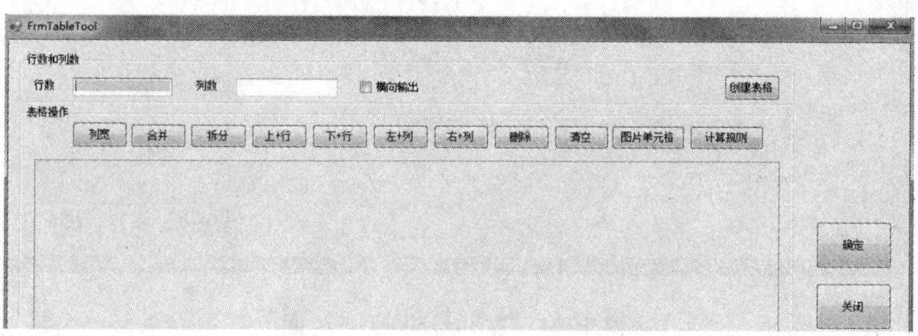

图 16-8　高级操作页面

五种计算规则如图 16-9 所示。

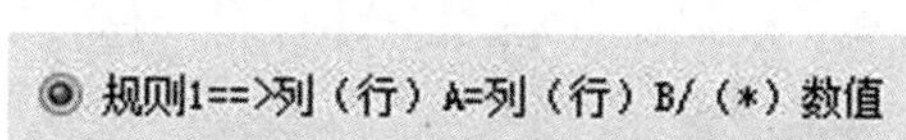

规则 1 用于“企业近三年主要原辅材料、能源消耗情况汇总表”中单耗以及“企业历年废弃物流情况表”中单位产品排放量等类似表格的计算,“数值”即为相应产量数据。

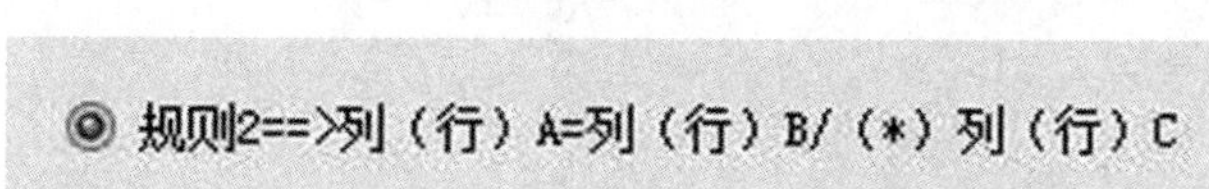

规则 2 用于“输入物料汇总表”中总成本的计算。

◉ 规则3==>列（行）A=|列（行）B-列（行）C|/列（行）B（C）

规则 3 用于“废水/废气处理设施表”中去除率以及“清洁生产目标设置一览表”中变化率等类似表格的计算。

◉ 规则4==>列（行）A=若干列（行）求和

规则 4 用于“物料实测输入、输出汇总表”中的求和计算。

◉ 规则5==>列（行）A=若干列（行）求平均

规则 5 用于“物料实测结果统计表”中平均值的计算。

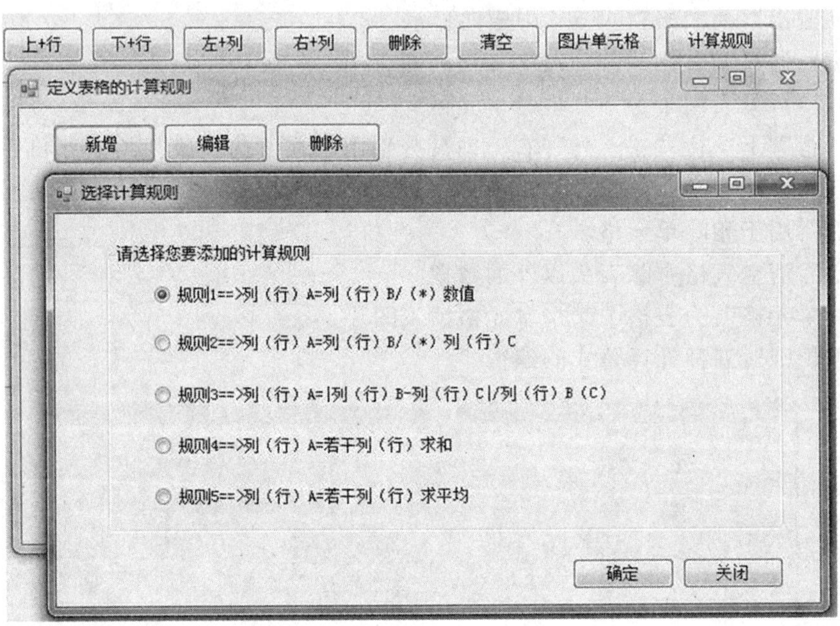

图 16-9　五种计算规则页面

4. 附件管理

在相应模板中以图片格式导入附件，单击“导出”按钮，可下载查看附件内容（见图 16-10）。

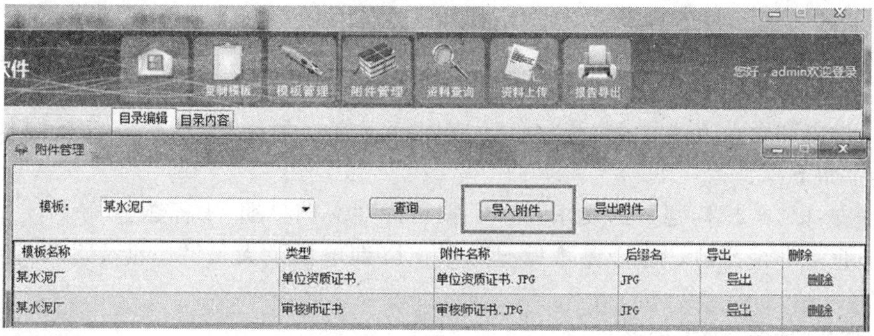

图 16-10　附件管理页面

5. 资料上传与查询

资料库已上传清洁生产审核过程中常用的各种资料，具体类型见表 16-1。

表 16-1　　　　资料库中的各种资料类型

序号	资料类型	序号	资料类型
1	政策性文件	2	技术政策
3	清洁生产标准	4	质量标准
5	排放标准	6	山东省市县级总量文件
7	行业标准	8	地方标准
9	行业准入	10	主要行业能耗限额
11	能耗换算	12	评价指标体系
13	涉及 7 大类型的典型方案（节水、节电、节汽、节料、减排 COD、减排废气、减排固废）		

用户在使用过程中可将其他资料上传至数据库，以形成符合自己使用习惯的数据资源库。

6. 报告导出

报告导出后的默认存放位置为桌面，用户可根据实际情况自行选择（见图 16-11）。报告导出速度与电脑配置有关。

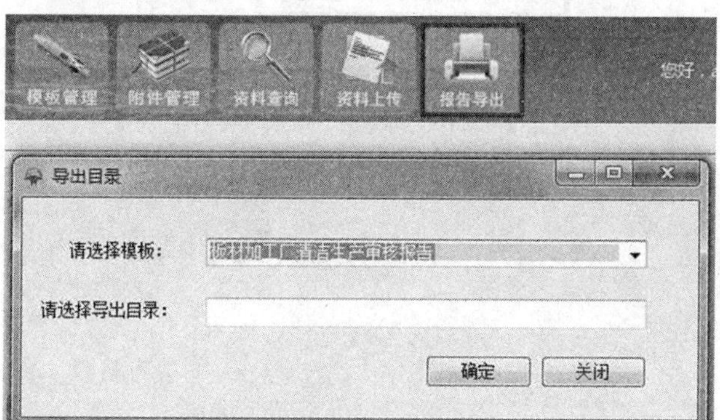

图 16-11　报告导出页面

四、特别说明

(1)“封皮”“企业基本情况”和“前言”要以特定文字为标题,这样才能按照预设格式输出,具体如下:

①封皮:以“文档标题”“封皮图片”“厂家名称”“文档日期”为标题。

②企业基本情况:以“企业基本概况”“审核咨询单位及人员”“行业专家”“编制人员”为标题。

③前言:以“前言”为标题。

(2)“绘图插件”中,“复制”和“黏贴”按钮(见图 16-12)可实现整图“复制”和“粘贴”,即可将其他地方已作好的图整体复制过来。表格中的“复制表格”和“黏贴表格”功能与此类似。

(3)表格行数或列数发生变化时,计算规则中的行与列需相应修改。

(4)“经济评估”的计算可套用“常用内容模板”,输入 5 个参数即可实现自动计算。

(5)软件每 30 s 会自动保存一次,以防止意外丢失数据。

(6)报告导出过程中,除 Word 外的其他应用程序均可正常使用,不受导出过程的影响。

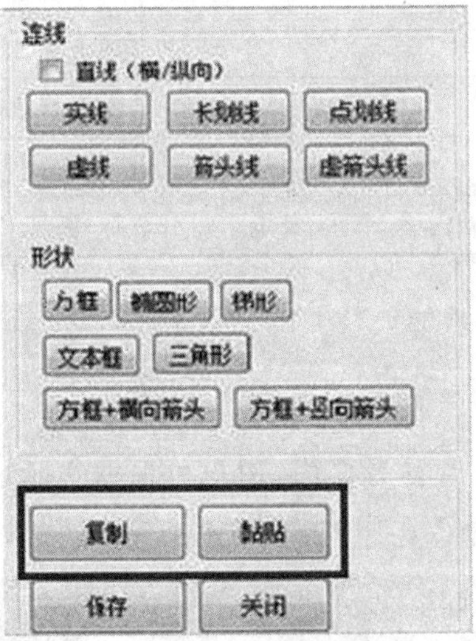

图 16-12

附 录

附录一 专有名词解释

无机酸:又称“矿酸”,是无机化合物中酸类的总称。无机酸,一般来说就是能解离出氢离子的无机化合物。按照组成成分,无机酸可分为含氧酸、无氧酸、络合酸、混酸、超酸等;按照解离程度,则可以分为强酸和弱酸,再按照分子中能电离出的氢离子个数,分为一元酸、二元酸和多元酸。无机酸大多用来提供氢离子,如硫酸、硝酸、盐酸等。

无机碱:包括纯碱和烧碱,是基本化学工业中产量最大的产品,它的产量和用量标志着一个国家工业发达的程度。无机碱是中国化工行业中企业和产品规模较为完整、最有条件形成社会化大生产的行业。

无机盐:无机化合物中的盐类,旧称“矿物质”,是存在于体内和食物中的矿物质营养素。细胞中大多数无机盐以离子形式存在,由有机物和无机物综合组成。无机盐主要包括钠盐、钙盐、镁盐、磷盐、铁盐、碘盐、锌盐等。

有机化学原料:如精甲醇、乙烯、冰醋酸等。

轻质纯碱:白色粉末或细粒结晶的无水物,易溶于水,水溶液呈碱性,常温时暴露在空气中能吸收 CO_2 和水,并放出热量,逐渐转化成 $NaHCO_3$ 且结块,密度为 0.66 t/m^3。

重质纯碱:白色颗粒状的无水物,易溶于水,常温时暴露在空气中能吸收 CO_2 和水,并放出热量,逐渐转化成 $NaHCO_3$ 且结块。其分子式与轻质纯碱相同,由轻质纯碱通过固相水合法生产制得,密度为 1～1.2 t/m^3。

氮肥:以氮营养元素为主要成分的化肥,包括碳酸氢铵、尿素、硝酸铵、氨水、氯化铵、硫酸铵等。

磷肥:以磷营养元素为主要成分的化肥,包括普通过磷酸钙、钙镁磷肥等。

钾肥:以钾营养元素为主要成分的化肥(当今施用不多),主要品种有氯化钾、硫酸钾、硝酸钾等。

复混肥料:肥料中含有两种肥料三要素(氮、磷、钾)的二元复混肥料和含有氮、磷、钾三种元素的三元复混肥料。其中，混肥在全国各地推广很快。

微量元素肥料和某些中量元素肥料：前者如含有硼、锌、铁、钼、锰、铜等微量元素的肥料，后者如含有钙、镁、硫等中量元素的肥料。

对某些作物有利的肥料：如水稻上施用的钢渣硅肥，豆科作物上施用的钴肥，以及甘蔗、水果上施用的农用稀土等。

造气：将煤和天然气等原料制成含氢和氮的粗原料气。对于固体原料煤和焦炭，通常采用气化的方法制取合成气；渣油可采用非催化部分氧化的方法获得合成气；对于气态烃类和石脑油，工业中利用二段蒸汽转化法制取合成气。

缩合：一般为有机物的化学反应，相同或不相同的有机化合物分子互相化合，析出一个或数个分子的水或其他化合物而形成新的物质的过程。缩合反应是形成分子骨架的重要反应类型之一，广泛地用于生产香料、医药、农药、染料等化工产品中。

醇化：醇类是由烃基和羟基组成的，醇化反应就是反应物中的活性氢原子与醇的羟基结合生成水和另一种物质的反应，成醚、成酯的反应都可以看作醇化反应。

复配：将两种及两种以上的农药有效成分混在一起，做成一种农药。例如，以前敌敌畏中只含有敌敌畏这一种成分，称为"农药单剂"，在敌敌畏中再加入氯氰菊酯，这样就成为一种复配制剂。复配可增加防治谱：每种农药能防治一种或几种有害生物，复配后可以扩大防治的种类，减少用药次数；复配可增加防效：有一些农药经过科学的复配，可以提供防效，是单用的数倍，这样可以减少农药的使用量；复配可减少抗性：一种农药长时间使用很容易产生抗药性，复配后可以有效缓解抗性的产生。

井喷：当勘测时对地下压力测试不准或注入的泥浆密度太低或出现地层压力突然变大等情况时，井管中的油或气喷出地面或流入井内的其他地层就发生了井喷。井喷往往伴随着有毒气体的着火，对环境和人造成较大的危害。

压裂：指采油或采气过程中，利用水力作用，使油气层形成裂缝的一种方法，又称"水力压裂"。

酸化：是强化采油(EOR)的一种措施，是油气井增产、注入井增注的一项有效的技术措施。其原理是通过酸液对岩石胶结物或地层孔隙、裂缝内堵塞物等的溶解和溶蚀作用，恢复或提高地层孔隙和裂缝的渗透性。

原油稳定：把油田上密闭集输起来的原油经过密闭处理，从原油中把轻质烃类如甲烷、乙烷、丙烷、丁烷等分离出来并加以回收利用。

稠油：比较黏稠的原油，一般黏度大于 50 mPa·s，密度大于 0.934 g/cm^3，因其黏度高，密度大，国外一般都称之为重油。

一脱四注：一脱四注是炼油厂常用的防腐措施之一，是行之有效的工艺防腐措施。一脱"指的是原油脱盐；"四注"指的是注碱、注氨、注碱性水、注缓蚀剂四步工艺。

常减压蒸馏：常压蒸馏和减压蒸馏习惯上合称常减压蒸馏，它基本属物理过程。

催化裂化：它是石油炼制过程之一，是在热和催化剂的作用下使重质油发生裂化反应，转变为裂化气、汽油和柴油等的过程。

催化重整：在有催化剂作用的条件下，使汽油馏分中的烃类分子结构重新排列成新的分子结构的过程。

浮顶罐:浮顶罐的浮顶是一个漂浮在储液表面上的浮动顶盖,随着储液的输入、输出而上下浮动,浮顶与罐壁之间有一个环形空间,这个环形空间有一个密封装置,使罐内液体在顶盖上下浮动时与大气隔绝,从而大大减少了储液在储存过程中的蒸发损失。

RFCC:渣油催化裂化(residuefluid catalytic cracking)。

掘进:泛指在煤矿上进行的巷道的开采与挖掘。

综采:煤矿综合机械化采煤的简称;一般指机械化率达到95%以上。

矿井储量:可分为矿井地质储量、矿井工业储量和矿井可采储量。

①矿井地质储量:包括平衡表内储量和平衡表外储量。平衡表内储量是指在目前技术条件下煤层的主要质量指标(如灰分含量、发热量等)和经济技术指标(如煤层的厚度、赋存条件等)都符合工业要求,可供开采的储量。平衡表外储量是指煤层的质量指标或经济技术指标不能满足当前的工业要求,目前暂不能开采,但今后可能利用和开采的储量。

②矿井工业储量:在井田范围内,经过地质勘探,煤层厚度和质量均合乎开采要求,地质构造比较清楚,目前即可供利用的可列入平衡表内的储量。

③矿井可采储量:矿井设计的可以采出的储量。

煤矿回采率:煤矿所开采出来的原煤占它可采储量的百分比。

采区回采率:采区已开采部分的实际采出煤量占采区已开采部分的储量的百分比。

选煤:也称"洗煤",是指利用机械加工方法或化学处理方法,清除原煤中的有害杂质,回收伴生矿物,改善煤的质量,为不同用户提供质量合适的煤炭产品及伴生矿物产品。

跳汰选煤:指物料在垂直脉动为主的介质中,按其物理—力学性质(主要是按密度)实现分层和重力选煤方法,物料在固定运动的筛面上连续进行的跳汰过程,由于冲水、顶水和床层水平流动的综合作用,在垂直和水平流的合力作用下分选。

重介质选煤:是用密度介于净煤与矸石(或中煤)之间的液体作为介质进行分选的方法。密度低于介质的净煤漂浮,而密度高于介质的矸石(或中煤)下沉,然后分别收集归于不同的产品,从而实现原煤的分选。

烧结炉:是一种在高温下使陶瓷生坯固体颗粒相互键联,晶粒长大,空隙(气孔)和晶界渐趋减少,通过物质的传递,其总体积收缩,密度增加,最后成为具有某种显微结构的致密多晶烧结体的炉具。

高炉炼铁:以高炉为主体设备主要用焦炭还原铁矿石制备生铁的炼铁方法。高炉横断面为圆形的炼铁竖炉。用钢板做炉壳,壳内砌耐火砖内衬。高炉本体自上而下分为炉喉、炉身、炉腰、炉腹、炉缸五部分。

高炉热风炉:热风炉是为高炉加热鼓风的设备,是现代高炉不可缺少的重要组成部分。提高风温可以通过提高煤气热值、优化热风炉及送风管道结构、预热煤气和助燃空气、改善热风炉操作等技术措施来实现。

转炉炼钢:在转炉内主要依靠铁水的物理热以及与氧发生化学反应的化学热加热升温,将高炉铁水通过氧化脱碳、脱气、还原去除硫等非金属夹杂物的冶炼工艺。

电炉炼钢:利用电弧热效应熔炼金属,特别是高质量、高合金钢的一种炼钢方法。通常说的电炉钢是用碱性电弧炉生产的钢。

干熄焦:一种熄焦工艺,它利用冷的惰性气体,在干熄炉中与赤热红焦换热从而冷却红焦并终止其燃烧。吸收了红焦热量的惰性气体将热量传给干熄焦锅炉产生蒸汽,被冷却的惰性气体再由循环风机鼓入干熄炉冷却并熄灭红焦。

小球烧结:指将混合料制成小粒径球团,并在其外表面黏附一层粉状燃料后,在烧结机上进行焙烧的工艺过程。

烧结矿显热回收:指将烧结矿冷却机高温段废气进行余热回收。主要途径有:①预热点火、保温炉助燃空气,以降低燃料消耗;②预热混合料,提高料温,降低固体燃料消耗;③利用余热锅炉生产蒸汽,部分替代燃料锅炉;④余热发电。

入炉焦比:指高炉冶炼一吨合格生铁所消耗的干焦炭量。

高炉喷煤量:指高炉冶炼一吨合格生铁所消耗的煤粉量。

连铸比:指连铸合格坯产量占钢总产量的百分比。

中厚板轧钢:是指以生产厚度为 4～250 mm 的板带钢产品为目的的轧钢生产工序。

转鼓指数:指试样在专用的转鼓内进行测试后,所得粒度大于规定标准的试样质量占试样总重量的百分比。

渣铁比:指高炉冶炼每实产一吨铁所产生的炉渣量。实产生铁总量是生铁合格产出量和出格生铁量之和。

转炉炉衬寿命:指转炉炉衬自投入使用起到更换新炉衬止的一个炉役期间的炼钢炉数。

生料:指石灰质原料、黏土质原料和其他校正原料,按比例配合磨至一定细度的混合物料。

熟料:指硅酸盐水泥熟料,它是由含 CaO、SiO_2、Al_2O_3、Fe_2O_3 的原料按适当的比例磨成细粉烧成部分熔融状态,所得以硅酸钙为主要矿物成分的水硬性胶凝物质。

均化:就是在原料的存、取过程中,运用科学的堆取料技术,实现原料的初步均化,使原料堆场同时具备储存与均化的功能。

预热分解:把生料的预热和部分分解由预热器来完成,代替回转窑部分功能,达到缩短回转窑长度,同时使窑内以堆积状态进行气料换热过程,移到预热器内在悬浮状态下进行,使生料能够同窑内排出的炽热气体充分混合,增大了气料接触面积,传热速度快,热交换效率高,达到提高窑系统生产效率、降低熟料烧成热耗的目的。

阳极氧化:指将金属或合金的零件作为阳极,采用电解的方法使其表面形成氧化膜的过程。

除氢:电镀后要在一定的温度下热处理数小时,以驱除渗透到镀层下面或者基体金属中的氢,防止发生氢脆现象。

单层镀:指通过一次电镀,在零件表面形成单金属镀层或合金镀层的过程。

多层镀:指进行两次以上的电镀,在零件表面形成镀层的过程。如钢铁零件镀防护—装饰性铬镀层,需先镀中间镀层(镀铜、镀镍、镀低锡青铜等)后再镀铬。

粗化:用机械法或化学方法对工件表面进行处理(机械磨损或化学腐蚀),从而在工件表面得到一种微观粗糙的结构,使之由憎水性变为亲水性,以提高镀层与制件表面之间结合力的一种非导电材料化学镀前处理工艺。

钝化：使金属表面转化为不易被氧化的状态，而延缓金属的腐蚀速度的方法。另外，一种活性金属或合金，其中化学活性大大降低，而成为贵金属状态的现象，也叫“钝化”。

单位产品基准排水量：指用于核定水污染物排放浓度而规定的生产单位面积镀件镀层的废水排放量上限值。

单位产品基准排气量：指用于核定废气污染物排放浓度而规定的生产单位面积镀件镀层的废气排放量的上限值。

制浆：由植物纤维原料分离出纤维而得纸浆的过程，主要可分为机械法、化学法和化学机械法，分别制得机械纸浆、化学纸浆和化学机械纸浆。

抄纸：将适合于纸张质量的纸浆，用水稀释至一定浓度，在造纸机的网部初步脱水，形成湿的纸页，再经压榨脱水、烘干而制成纸张。

黑液：硫酸盐法或烧碱法制纸浆过程中，洗涤蒸煮后的纸浆的洗涤液，呈黑色，其中含有蒸煮液中的无机物和从植物纤维原料中溶出的木素、半纤维素和纤维素的降解产物及有机酸等。无机物包括游离的氢氧化钠、硫酸钠、硫化钠、碳酸钠以及与有机物化合的钠、二氧化硅等。

碱回收：从碱法制浆蒸煮废液中回收蒸煮所用的化学药品的工艺过程。碱回收是应用吕布兰制碱法的基本原理，将黑液中钠的有机化合物烧成碳酸钠及将补充的硫酸钠(芒硝)还原成硫化钠，再经过石灰苛化，制成氢氧化钠溶液，或氢氧化钠和硫化钠的混合液(造纸工业通称为“白液”)。

绝干浆：纤维含量为100%，不含任何水分的浆料。绝干浆是制浆造纸工业物料计算的基准之一。

风干浆：含水率为10%的纸浆。

AOX：可吸附有机卤化物，用来表示漂白废水中有机氯化物含量的多少。具有毒性作用，可以致癌，诱导有机体突变，引起急性和慢性中毒。

针织：利用织针将纱线弯曲成圈并相互串套而形成织物，主要分为两大类：圆机和平机(或称为“经编针织”和“纬编针织”)。

机织：又称“梭织”，是由两条或两组以上的相互垂直纱线，以90°作经纬交织而成织物，纵向的纱线叫“经纱”，横向的纱线叫“纬纱”。

染整：对纺织材料(纤维、纱线和织物)进行以化学处理为主的工艺过程，包括预处理、染色、印花和整理；染整同纺纱、机织或针织生产一起，形成纺织物生产的全过程。

丝光：棉制品(纱线、织物)在有张力的条件下，用浓的烧碱溶液处理，然后在张力下洗去烧碱的处理过程。

上染率：在染色过程中，上染到纤维上的染料量与最初染浴中的染料总量之比，常以百分数表示；染色结束时的上染率称为“竭染率”。

退浆：织坯进行染色、漂白、印花时需要将浆料去掉，印花后也需要把印花的浆料去掉；退浆是织物练漂之前的一个重要过程，不仅可以去除织物上的浆料，还可以去除棉纤维上的部分杂质。

生皮：没有经过鞣制的皮的统称。

坯革:又称"半硝革"。通常指皮革在鞣制后只经加油、干燥,已染色或未染色,尚未做进一步整饰的在制品。有时也把未经染色、加油的铬鞣湿革称为"湿坯革"。

底革:又称"鞋底革",多用牛皮或较厚的猪皮经植鞣法制作;亦有少量铬植结合鞣的。要求耐磨,吸水性小,不变形。现在其产量已减少很多,并从硬型底革向软型底革发展。

皮革:经鞣制、硝制或用别的处理方法使皮有抵抗腐败的作用,并且在天气干燥时比较软和柔顺的加工过的动物皮毛。

轻革:指用无机鞣剂或合成鞣剂或结合几种鞣剂鞣制而成的皮革,出售时以面积计。常见的轻革有鞋面革、服装革、包袋革、家具革、汽车革、手套革等。

重革:是相对于轻革而言,指用植物鞣剂鞣制而成的皮革,质地厚重坚实,出售时以质量计。常见的重革有鞋底革、装具革、轮带革、护油圈革等。

原料皮:供制革和毛皮用的生皮。

裸皮:已除去毛、表皮及皮下组织,只留下真皮层,准备进一步加工的皮。其范围一般包括浸灰后至鞣制以前阶段的皮,如脱灰皮、软化皮、浸酸皮等。

蓝皮:指底层涂饰完工之前的生皮。

鞣质:又称"单宁",是存在于植物体内的一类结构比较复杂的多元酚类化合物。鞣质能与蛋白质结合形成不溶于水的沉淀,故可用来鞣皮,即与兽皮中的蛋白质相结合,使皮成为致密、柔韧、难于透水且不易腐败的革,因此称为"鞣质"。鞣质存在于多种树木(如橡树和漆树)的树皮和果实中,也是这些树木受昆虫侵袭而生成的虫瘿中的主要成分,含量达50%～70%。鞣质为黄色或棕黄色无定形松散粉末;在空气中颜色逐渐变深;有强吸湿性;不溶于乙醚、苯、氯仿,易溶于水、乙醇、丙酮;水溶液味涩;在210～215 ℃分解。

鞣剂:皮革前期加工的主要用剂。过去所用鞣剂主要是铬鞣剂,但铬鞣剂含有有害元素铬,不仅生产成本高,更重要的是,造成严重的环境污染。皮革废水治理成为环境保护的一大难题,皮革企业为治理皮革废水污染付出了沉重代价。当前国际皮革高新技术不断注入,新皮革品种不断涌现,产品朝着高档、舒适、健康及生态绿色方向发展。新型"无铬皮革鞣剂"是皮革企业实现无铬化生产目标的理想用剂。

鞣制:是制革和制裘的重要工序;是通过鞣剂使生皮变成革的物理、化学过程;是皮肤原与鞣剂发生结合作用使生皮变性为不易腐烂之革的过程。

复鞣:制作轻革的一个重要工序。它是在主鞣之后,对革进行的补充鞣制,目的是改善革的性能或利于下一步加工的需要。复鞣使用的鞣剂视革的性能要求而定,可以同主鞣剂,也可用其他鞣剂。

炼胶:用炼胶机将生胶或胶料进行捏炼的操作。炼胶分为塑炼和混炼。塑炼是降低生胶分子量,增加塑性,提高可加工性。混炼是使塑炼胶和配合剂混合均匀,制成混炼胶。

硫化:是轮胎制造过程中的重要工序,是使塑性橡胶线性分子结构转变为三维网状体形结构的过程,可用多种非硫黄交联剂进行交联,即线性高分子通过交联作用而形成网状高分子。

子午线轮胎:胎体帘布层连线与胎面中心线成90°角或接近90°角排列,并以基本不能伸张的带束层箍紧胎体的充气胎。

全钢子午线轮胎：胎体帘布和带束层都为钢丝的子午线轮胎。

半钢子午线轮胎：带束层为钢丝，胎体帘布为尼龙材料的子午线轮胎。

斜交轮胎：胎体帘布层和缓冲层相邻帘线交叉，且与胎面中线成小于 90°排列的充气轮胎。

常用的加热方式——热水(30～100 ℃)：可用于热敏性物料加热；饱和水蒸气(低压：100～150 ℃，高压：150～250℃)；导热油(100～250 ℃)；道生油(液体：100～250 ℃，蒸汽：250～350 ℃)；烟道气(300～1000 ℃)；电加热(＜500 ℃)：常用于热量不大以及加热要求较高的场合和熔盐(400～540 ℃)。

常用的冷却剂——冰、冷冻盐水(－15～30 ℃)、空气(10～40 ℃)、冷却水(15～30 ℃)。

间歇操作：是将反应所需的原料一次加入反应器，达到规定的反应程度后即卸出全部物料。然后对反应器进行清理，随后进入下一个操作循环，即进行下一批投料、反应、卸料、清理等过程。

连续操作：是将反应原料连续地输入反应器，反应物料也从反应器连续流出。

母液：富集某些元素或物质的溶液(因为不易完全分离，通常尽可能循环使用以回收或利用其中的有价值物质)。

触媒：是“催化剂”的另一种叫法，作用是改变某些化学进程的速率，从而达到想要的结果。根据 IUPAC 于 1981 年提出的定义，催化剂是一种物质，它能够加速反应的速率而不改变该反应的标准 Gibbs 自由焓变化。这种作用称为催化作用。涉及催化剂的反应为催化反应。

发酵：是指利用人工选育的微生物分解发酵原料进而获取所需产品的过程，广泛应用于农业、医药、酿造、食品及化工等方面。

上游发酵技术：主要包括原料预处理(原料的传输、筛选除杂、原料的粉碎、原料的初步转化)、菌种制备和具体发酵过程。

下游发酵技术：主要是发酵产品的提取技术，有以下几种形式：分离提取技术(蒸馏浓缩、结晶、板框过滤、膜过滤、硅藻土过滤)、净化技术(离子交换、活性炭吸附、加助滤剂过滤等)以及产品的干燥和包装技术等。

锅炉额定出力：每台锅炉每小时所规定的蒸发量(或产热量)，表示锅炉的容量大小。单位是吨/时(t/h)。

标准煤：简称“标煤”。各种能源由于所含热值不同，采用的实物计量单位也不一样。因此，为了便于对各种能源进行汇总计算、对比分析，应将各种能源的实物单位折算成统一的标准单位，即能源度量单位。我国目前采用标准煤为能源的度量单位，即每千克标准煤为 29271 kJ(7000 kcal)，也就是用焦耳去度量一切能源。

发电标煤耗：是指火力发电厂每发 1 kW·h 电能平均耗用的标准煤量。

供电标煤耗：火力发电组每供出 1 kW·h 电能平均耗用的标准煤量。它是综合计算了发电煤耗及厂电用率水平的消耗指标。

供热标煤耗：热电厂每供出 100 万 kJ 热量平均耗用的标准煤量。

锅炉热效率：是指燃料送入的热量中有效热量所占的百分比。现代大型锅炉的热效率为 80%～90%。

热电比：热电厂供热量和发电量(换算成热量)的比值；也即有效利用热量中供热量与发电量(换算成热量)之比。

发电厂用电量：为发电厂生产电能过程中消耗的电能。发电厂用电量包括动力、照明、通风、取暖及经常维修等用电量，他励磁用电量，设备属电厂资产并由电厂负责其运行和检修的厂外输油管道系统、循环管道系统和除灰管道系统等的用电量。既包括本厂自发的用作生产耗用的电量，还包括购电量中用作发电厂厂用电的电量。

生化处理：利用微生物来吸附、分解、氧化污水中的有机物，把不稳定的有机物降解为稳定无害的物质从而使污水得到净化。

混合液悬浮固体浓度(MLSS)：表示污泥在曝气池内的浓度，单位以 mg/L 或 g/t 表示。

污泥沉降比：是指将曝气池流出来的混合液在量筒中静置 30 min，其沉淀泥与原混合液的体积比，单位以%表示。

污泥容积指数(SVI)：是指曝气池出口处混合液经 30 min 静沉，1 g 干污泥所形成的污泥的体积，单位以 mg/L 表示。

污泥龄(SRT)：由于在稳定运行时，剩余污泥量也就是新增长的污泥量，因此，污泥龄就是污泥在曝气池中的平均停留时间，或污泥增长一倍平均所需要的时间，单位是日(d)。控制污泥龄是选择活性污泥系统中微生物种类的一种方法。如果某种微生物的世代期比活性污泥系统长，则该类微生物在繁殖出下一代微生物之前，就被以剩余活性污泥的方式排走，该类微生物就永远不会在系统内繁殖起来。反之，如果某种微生物的世代期比活性污泥系统的泥龄短，则该种微生物在被以剩余活性污泥的形式排走之前，可繁殖出下一代，因此，该种微生物就能在活性污泥系统内存活下来，并得以繁殖，用于处理污水。

氧化沟处理工艺：氧化沟又名“氧化渠”，因其构筑物呈封闭的环形沟渠而得名。它是活性污泥法的一种变型。因为污水和活性污泥在曝气渠道中不断地循环流动，因此又称其为“循环曝气池”“无终端曝气池”。氧化沟利用连续环式反应池作生物反应池，混合液在该反应池中的一条闭合曝气渠道内进行连续循环。氧化沟通常在延时曝气条件下使用。氧化沟使用一种带方向控制的曝气和搅动装置，向反应池中的物质传递水平速度，从而使被搅动的液体在闭合式渠道中循环。氧化沟法具有较长的水力停留时间，较低的有机负荷和较长的污泥龄。因此，相比传统活性污泥法，它可以省略调节池、初沉池、污泥消化池，有的还可以省略二沉池。

SBR 处理工艺：是序列间歇式活性污泥法，是一种按间歇曝气方式来运行的活性污泥污水处理技术，又称“序批式活性污泥法”。与传统污水处理工艺不同，SBR 技术采用时间分割的操作方式替代空间分割的操作方式，非稳定生化反应替代稳态生化反应，静置理想沉淀替代传统的动态沉淀。SBR 工艺的过程是按时序来运行的，一个操作过程分五个阶段：进水、反应、沉淀、滗水、闲置。在运行过程中，各阶段的运行时间、反应器内混合液体积的变化以及运行状态等都可以根据具体污水的性质、出水水质、出水质量与运行功能要求等灵活变化。对于 SBR 反应器来说，只是时序控制，无空间控制障碍，所以可以灵活控制。

附录二　年贴现值系数表

折旧年限 \ 贴现率（%）	1	2	3	4	5	6	7	8	9	10	11	12	13	14	15	16	17	18	19	20
1	0. 9901	0. 9804	0. 9709	0. 9615	0. 9524	0. 9434	0. 9346	0. 9259	0. 9174	0. 9091	0. 9009	0. 8929	0. 8850	0. 8772	0. 8696	0. 8621	0. 8547	0. 8475	0. 8403	0. 8333
2	1. 9704	1. 9416	1. 9135	1. 8861	1. 8594	1. 8334	1. 8080	1. 7833	1. 7591	1. 7355	1. 7125	1. 6901	1. 6681	1. 6467	1. 6257	1. 6052	1. 5852	1. 5656	1. 5465	1. 5278
3	2. 9410	2. 8839	2. 8286	2. 7751	2. 7232	2. 6730	2. 6243	2. 5771	2. 5313	2. 4869	2. 4437	2. 4018	2. 3612	2. 3216	2. 2832	2. 2459	2. 2096	2. 1743	2. 1399	2. 1065
4	3. 9020	3. 8077	3. 7171	3. 6299	3. 5460	3. 4651	3. 3872	3. 3121	3. 2397	3. 1699	3. 1024	3. 0373	2. 9745	2. 9137	2. 8550	2. 7982	2. 7432	2. 6901	2. 6386	2. 5887
5	4. 8534	4. 7135	4. 5797	4. 4518	4. 3295	4. 2124	4. 1002	3. 9927	3. 8897	3. 7908	3. 6959	3. 6048	3. 5172	3. 4331	3. 3522	3. 2743	3. 1993	3. 1272	3. 0576	2. 9906
6	5. 7955	5. 6014	5. 4172	5. 2421	5. 0757	4. 9173	4. 7665	4. 6229	4. 4859	4. 3553	4. 2305	4. 1114	3. 9975	3. 8887	3. 7845	3. 6847	3. 5892	3. 4976	3. 4098	3. 3255
7	6. 7282	6. 4720	6. 2303	6. 0021	5. 7864	5. 5824	5. 3893	5. 2064	5. 0330	4. 8684	4. 7122	4. 5638	4. 4226	4. 2883	4. 1604	4. 0386	3. 9224	3. 8115	3. 7057	3. 6046
8	7. 6517	7. 3255	7. 0197	6. 7327	6. 4632	6. 2098	5. 9713	5. 7466	5. 5348	5. 3349	5. 1461	4. 9676	4. 7988	4. 6389	4. 4873	4. 3436	4. 2072	4. 0776	3. 9544	3. 8372
9	8. 5660	8. 1622	7. 7861	7. 4353	7. 1078	6. 8017	6. 5152	6. 2469	5. 9952	5. 7590	5. 5370	5. 3282	5. 1317	4. 9464	4. 7716	4. 6065	4. 4506	4. 3030	4. 1633	4. 0310
10	9. 4713	8. 9826	8. 5302	8. 1109	7. 7217	7. 3601	7. 0236	6. 7101	6. 4177	6. 1446	5. 8892	5. 6502	5. 4262	5. 2161	5. 0188	4. 8332	4. 6586	4. 4941	4. 3389	4. 1925
11	10. 3676	9. 7868	9. 2526	8. 7605	8. 3064	7. 8869	7. 4987	7. 1390	6. 8052	6. 4951	6. 2065	5. 9377	5. 6869	5. 4527	5. 2337	5. 0286	4. 8364	4. 6560	4. 4865	4. 3271
12	11. 2551	10. 5753	9. 9540	9. 3851	8. 8633	8. 3838	7. 9427	7. 5361	7. 1607	6. 8137	6. 4924	6. 1944	5. 9176	5. 6603	5. 4206	5. 1971	4. 9884	4. 7932	4. 6105	4. 4392
13	12. 1337	11. 3484	10. 6350	9. 9856	9. 3936	8. 8527	8. 3577	7. 9038	7. 4869	7. 1034	6. 7499	6. 4235	6. 1218	5. 8424	5. 5831	5. 3423	5. 1183	4. 9095	4. 7147	4. 5327
14	13. 0037	12. 1062	11. 2961	10. 5631	9. 8986	9. 2950	8. 7455	8. 2442	7. 7862	7. 3667	6. 9819	6. 6282	6. 3025	6. 0021	5. 7245	5. 4675	5. 2293	5. 0081	4. 8023	4. 6106
15	13. 8651	12. 8493	11. 9379	11. 1184	10. 3797	9. 7122	9. 1079	8. 5595	8. 0607	7. 6061	7. 1909	6. 8109	6. 4624	6. 1422	5. 8474	5. 5755	5. 3242	5. 0916	4. 8759	4. 6755
16	14. 7179	13. 5777	12. 5611	11. 6523	10. 8378	10. 1059	9. 4466	8. 8514	8. 3126	7. 8237	7. 3792	6. 9740	6. 6039	6. 2651	5. 9542	5. 6685	5. 4053	5. 1624	4. 9377	4. 7296
17	15. 5623	14. 2919	13. 1661	12. 1657	11. 2741	10. 4773	9. 7632	9. 1216	8. 5436	8. 0216	7. 5488	7. 1196	6. 7291	6. 3729	6. 0472	5. 7487	5. 4746	5. 2223	4. 9897	4. 7746
18	16. 3983	14. 9920	13. 7535	12. 6593	11. 6896	10. 8276	10. 0591	9. 3719	8. 7556	8. 2014	7. 7016	7. 2497	6. 8399	6. 4674	6. 1280	5. 8178	5. 5339	5. 2732	5. 0333	4. 8122
19	17. 2260	15. 6785	14. 3238	13. 1339	12. 0853	11. 1581	10. 3356	9. 6036	8. 9501	8. 3649	7. 8393	7. 3658	6. 9380	6. 5504	6. 1982	5. 8775	5. 5845	5. 3162	5. 0700	4. 8435
20	18. 0456	16. 3514	14. 8775	13. 5903	12. 4622	11. 4699	10. 5940	9. 8181	9. 1285	8. 5136	7. 9633	7. 4694	7. 0248	6. 6231	6. 2593	5. 9288	5. 6278	5. 3527	5. 1009	4. 8696

续表

贴现率（%） 折旧年限	21	22	23	24	25	26	27	28	29	30	31	32	33	34	35	36	37	38	39	40
1	0.8264	0.8197	0.8130	0.8065	0.8000	0.7937	0.7874	0.7813	0.7752	0.7692	0.7634	0.7576	0.7519	0.7463	0.7407	0.7353	0.7299	0.7246	0.7194	0.7143
2	1.5095	1.4915	1.4740	1.4568	1.4400	1.4235	1.4074	1.3916	1.3761	1.3609	1.3461	1.3315	1.3172	1.3032	1.2894	1.2760	1.2627	1.2497	1.2370	1.2245
3	2.0739	2.0422	2.0114	1.9813	1.9520	1.9234	1.8956	1.8684	1.8420	1.8161	1.7909	1.7663	1.7423	1.7188	1.6959	1.6735	1.6516	1.6302	1.6093	1.5889
4	2.5404	2.4936	2.4483	2.4043	2.3616	2.3202	2.2800	2.2410	2.2031	2.1662	2.1305	2.0957	2.0618	2.0290	1.9969	1.9658	1.9355	1.9060	1.8772	1.8492
5	2.9260	2.8636	2.8035	2.7454	2.6893	2.6351	2.5827	2.5320	2.4830	2.4356	2.3897	2.3452	2.3021	2.2604	2.2200	2.1807	2.1427	2.1058	2.0699	2.0352
6	3.2446	3.1669	3.0923	3.0205	2.9514	2.8850	2.8210	2.7594	2.7000	2.6427	2.5875	2.5342	2.4828	2.4331	2.3852	2.3388	2.2939	2.2506	2.2086	2.1680
7	3.5079	3.4155	3.3270	3.2423	3.1611	3.0833	3.0087	2.9370	2.8682	2.8021	2.7386	2.6775	2.6187	2.5620	2.5075	2.4550	2.4043	2.3555	2.3083	2.2628
8	3.7256	3.6193	3.5179	3.4212	3.3289	3.2407	3.1564	3.0758	2.9986	2.9247	2.8539	2.7860	2.7208	2.6582	2.5982	2.5404	2.4849	2.4315	2.3801	2.3306
9	3.9054	3.7863	3.6731	3.5655	3.4631	3.3657	3.2728	3.1842	3.0997	3.0190	2.9419	2.8681	2.7976	2.7300	2.6653	2.6033	2.5437	2.4866	2.4317	2.3790
10	4.0541	3.9232	3.7993	3.6819	3.5705	3.4648	3.3644	3.2689	3.1781	3.0915	3.0091	2.9304	2.8553	2.7836	2.7150	2.6495	2.5867	2.5265	2.4689	2.4136
11	4.1769	4.0354	3.9018	3.7757	3.6564	3.5435	3.4365	3.3351	3.2388	3.1473	3.0604	2.9776	2.8987	2.8236	2.7519	2.6834	2.6180	2.5555	2.4956	2.4383
12	4.2784	4.1274	3.9852	3.8514	3.7251	3.6059	3.4933	3.3868	3.2859	3.1903	3.0995	3.0133	2.9314	2.8534	2.7792	2.7084	2.6409	2.5764	2.5148	2.4559
13	4.3624	4.2028	4.0530	3.9124	3.7801	3.6555	3.5381	3.4272	3.3224	3.2233	3.1294	3.0404	2.9559	2.8757	2.7994	2.7268	2.6576	2.5916	2.5286	2.4685
14	4.4317	4.2646	4.1082	3.9616	3.8241	3.6949	3.5733	3.4587	3.3507	3.2487	3.1522	3.0609	2.9744	2.8923	2.8144	2.7403	2.6698	2.6026	2.5386	2.4775
15	4.4890	4.3152	4.1530	4.0013	3.8593	3.7261	3.6010	3.4834	3.3726	3.2682	3.1696	3.0764	2.9883	2.9047	2.8255	2.7502	2.6787	2.6106	2.5457	2.4839
16	4.5364	4.3567	4.1894	4.0333	3.8874	3.7509	3.6228	3.5026	3.3896	3.2832	3.1829	3.0882	2.9987	2.9140	2.8337	2.7575	2.6852	2.6164	2.5509	2.4885
17	4.5755	4.3908	4.2190	4.0591	3.9099	3.7705	3.6400	3.5177	3.4028	3.2948	3.1931	3.0971	3.0065	2.9209	2.8398	2.7629	2.6899	2.6206	2.5546	2.4918
18	4.6079	4.4187	4.2431	4.0799	3.9279	3.7861	3.6536	3.5294	3.4130	3.3037	3.2008	3.1039	3.0124	2.9260	2.8443	2.7668	2.6934	2.6236	2.5573	2.4941
19	4.6346	4.4415	4.2627	4.0967	3.9424	3.7985	3.6642	3.5386	3.4210	3.3105	3.2067	3.1090	3.0169	2.9299	2.8476	2.7697	2.6959	2.6258	2.5592	2.4958
20	4.6567	4.4603	4.2786	4.1103	3.9539	3.8083	3.6726	3.5458	3.4271	3.3158	3.2112	3.1129	3.0202	2.9327	2.8501	2.7718	2.6977	2.6274	2.5606	2.4970

续表

贴现率（%） 折旧年限	41	42	43	44	45	46	47	48	49	50	51	52	53	54	55	56	57	58	59	60
1	0. 7092	0. 7042	0. 6993	0. 6944	0. 6897	0. 6849	0. 6803	0. 6757	0. 6711	0. 6667	0. 6623	0. 6579	0. 6536	0. 6494	0. 6452	0. 6410	0. 6369	0. 6329	0. 6289	0. 6250
2	1. 2122	1. 2002	1. 1883	1. 1767	1. 1653	1. 1541	1. 1430	1. 1322	1. 1216	1. 1111	1. 1008	1. 0907	1. 0808	1. 0710	1. 0614	1. 0519	1. 0426	1. 0335	1. 0245	1. 0156
3	1. 5689	1. 5494	1. 5303	1. 5116	1. 4933	1. 4754	1. 4579	1. 4407	1. 4239	1. 4074	1. 3913	1. 3755	1. 3600	1. 3448	1. 3299	1. 3153	1. 3010	1. 2870	1. 2733	1. 2598
4	1. 8219	1. 7954	1. 7694	1. 7442	1. 7195	1. 6955	1. 6720	1. 6491	1. 6268	1. 6049	1. 5836	1. 5628	1. 5425	1. 5226	1. 5032	1. 4842	1. 4656	1. 4475	1. 4297	1. 4124
5	2. 0014	1. 9686	1. 9367	1. 9057	1. 8755	1. 8462	1. 8177	1. 7899	1. 7629	1. 7366	1. 7110	1. 6861	1. 6617	1. 6381	1. 6150	1. 5924	1. 5705	1. 5490	1. 5281	1. 5077
6	2. 1286	2. 0905	2. 0536	2. 0178	1. 9831	1. 9495	1. 9168	1. 8851	1. 8543	1. 8244	1. 7954	1. 7671	1. 7397	1. 7130	1. 6871	1. 6618	1. 6372	1. 6133	1. 5900	1. 5673
7	2. 2189	2. 1764	2. 1354	2. 0957	2. 0573	2. 0202	1. 9842	1. 9494	1. 9156	1. 8829	1. 8512	1. 8205	1. 7907	1. 7617	1. 7336	1. 7063	1. 6798	1. 6540	1. 6289	1. 6046
8	2. 2829	2. 2369	2. 1926	2. 1498	2. 1085	2. 0686	2. 0301	1. 9928	1. 9568	1. 9220	1. 8882	1. 8556	1. 8240	1. 7933	1. 7636	1. 7348	1. 7069	1. 6797	1. 6534	1. 6279
9	2. 3283	2. 2795	2. 2326	2. 1874	2. 1438	2. 1018	2. 0613	2. 0222	1. 9844	1. 9480	1. 9127	1. 8787	1. 8457	1. 8138	1. 7830	1. 7531	1. 7241	1. 6960	1. 6688	1. 6424
10	2. 3605	2. 3095	2. 2605	2. 2134	2. 1681	2. 1245	2. 0825	2. 0420	2. 0030	1. 9653	1. 9290	1. 8939	1. 8600	1. 8272	1. 7955	1. 7648	1. 7351	1. 7064	1. 6785	1. 6515
11	2. 3833	2. 3307	2. 2801	2. 2316	2. 1849	2. 1401	2. 0969	2. 0554	2. 0154	1. 9769	1. 9397	1. 9039	1. 8692	1. 8358	1. 8035	1. 7723	1. 7421	1. 7129	1. 6846	1. 6572
12	2. 3995	2. 3455	2. 2938	2. 2441	2. 1965	2. 1507	2. 1068	2. 0645	2. 0238	1. 9846	1. 9468	1. 9104	1. 8753	1. 8414	1. 8087	1. 7771	1. 7466	1. 7170	1. 6884	1. 6607
13	2. 4110	2. 3560	2. 3033	2. 2529	2. 2045	2. 1580	2. 1134	2. 0706	2. 0294	1. 9897	1. 9515	1. 9148	1. 8793	1. 8451	1. 8121	1. 7802	1. 7494	1. 7196	1. 6908	1. 6630
14	2. 4192	2. 3634	2. 3100	2. 2589	2. 2100	2. 1630	2. 1180	2. 0747	2. 0331	1. 9931	1. 9547	1. 9176	1. 8819	1. 8475	1. 8142	1. 7822	1. 7512	1. 7213	1. 6923	1. 6644
15	2. 4249	2. 3686	2. 3147	2. 2632	2. 2138	2. 1665	2. 1211	2. 0775	2. 0357	1. 9954	1. 9567	1. 9195	1. 8836	1. 8490	1. 8156	1. 7834	1. 7524	1. 7223	1. 6933	1. 6652
16	2. 4290	2. 3722	2. 3180	2. 2661	2. 2164	2. 1688	2. 1232	2. 0794	2. 0374	1. 9970	1. 9581	1. 9207	1. 8847	1. 8500	1. 8165	1. 7843	1. 7531	1. 7230	1. 6939	1. 6658
17	2. 4319	2. 3748	2. 3203	2. 2681	2. 2182	2. 1704	2. 1246	2. 0807	2. 0385	1. 9980	1. 9590	1. 9215	1. 8854	1. 8507	1. 8171	1. 7848	1. 7536	1. 7234	1. 6943	1. 6661
18	2. 4340	2. 3766	2. 3219	2. 2695	2. 2195	2. 1715	2. 1256	2. 0815	2. 0393	1. 9986	1. 9596	1. 9221	1. 8859	1. 8511	1. 8175	1. 7851	1. 7539	1. 7237	1. 6945	1. 6663
19	2. 4355	2. 3779	2. 3230	2. 2705	2. 2203	2. 1723	2. 1263	2. 0821	2. 0398	1. 9991	1. 9600	1. 9224	1. 8862	1. 8513	1. 8177	1. 7853	1. 7541	1. 7238	1. 6947	1. 6664
20	2. 4365	2. 3788	2. 3238	2. 2712	2. 2209	2. 1728	2. 1267	2. 0825	2. 0401	1. 9994	1. 9603	1. 9226	1. 8864	1. 8515	1. 8179	1. 7855	1. 7542	1. 7240	1. 6948	1. 6665

续表

折旧年限 \ 贴现率(%)	61	62	63	64	65	66	67	68	69	70	71	72	73	74	75	76	77	78	79	80
1	0.6211	0.6173	0.6135	0.6098	0.6061	0.6024	0.5988	0.5952	0.5917	0.5882	0.5848	0.5814	0.5780	0.5747	0.5714	0.5682	0.5650	0.5618	0.5587	0.5556
2	1.0069	0.9983	0.9899	0.9816	0.9734	0.9653	0.9574	0.9495	0.9418	0.9343	0.9268	0.9194	0.9122	0.9050	0.8980	0.8910	0.8842	0.8774	0.8708	0.8642
3	1.2465	1.2335	1.2208	1.2083	1.1960	1.1839	1.1721	1.1604	1.1490	1.1378	1.1268	1.1159	1.1053	1.0948	1.0845	1.0744	1.0645	1.0547	1.0451	1.0357
4	1.3954	1.3787	1.3624	1.3465	1.3309	1.3156	1.3006	1.2860	1.2716	1.2575	1.2437	1.2302	1.2169	1.2039	1.1912	1.1787	1.1664	1.1543	1.1425	1.1309
5	1.4878	1.4683	1.4494	1.4308	1.4127	1.3949	1.3776	1.3607	1.3441	1.3280	1.3121	1.2966	1.2815	1.2666	1.2521	1.2379	1.2239	1.2103	1.1969	1.1838
6	1.5452	1.5237	1.5027	1.4822	1.4622	1.4427	1.4237	1.4052	1.3871	1.3694	1.3521	1.3352	1.3188	1.3027	1.2869	1.2715	1.2565	1.2417	1.2273	1.2132
7	1.5809	1.5578	1.5354	1.5135	1.4923	1.4715	1.4513	1.4317	1.4125	1.3938	1.3755	1.3577	1.3403	1.3234	1.3068	1.2906	1.2748	1.2594	1.2443	1.2296
8	1.6030	1.5789	1.5554	1.5326	1.5105	1.4889	1.4679	1.4474	1.4275	1.4081	1.3892	1.3708	1.3528	1.3353	1.3182	1.3015	1.2852	1.2693	1.2538	1.2387
9	1.6168	1.5919	1.5678	1.5443	1.5215	1.4993	1.4778	1.4568	1.4364	1.4165	1.3972	1.3783	1.3600	1.3421	1.3247	1.3077	1.2911	1.2749	1.2591	1.2437
10	1.6253	1.5999	1.5753	1.5514	1.5282	1.5056	1.4837	1.4624	1.4416	1.4215	1.4019	1.3828	1.3642	1.3460	1.3284	1.3112	1.2944	1.2780	1.2621	1.2465
11	1.6306	1.6049	1.5799	1.5557	1.5322	1.5094	1.4872	1.4657	1.4448	1.4244	1.4046	1.3853	1.3666	1.3483	1.3305	1.3132	1.2963	1.2798	1.2637	1.2481
12	1.6339	1.6080	1.5828	1.5584	1.5347	1.5117	1.4894	1.4677	1.4466	1.4261	1.4062	1.3868	1.3680	1.3496	1.3317	1.3143	1.2973	1.2808	1.2647	1.2489
13	1.6360	1.6099	1.5845	1.5600	1.5362	1.5131	1.4906	1.4689	1.4477	1.4271	1.4071	1.3877	1.3688	1.3503	1.3324	1.3149	1.2979	1.2813	1.2652	1.2494
14	1.6373	1.6110	1.5856	1.5610	1.5371	1.5139	1.4914	1.4696	1.4483	1.4277	1.4077	1.3882	1.3692	1.3508	1.3328	1.3153	1.2983	1.2817	1.2655	1.2497
15	1.6380	1.6117	1.5863	1.5616	1.5376	1.5144	1.4919	1.4700	1.4487	1.4281	1.4080	1.3885	1.3695	1.3510	1.3330	1.3155	1.2985	1.2818	1.2656	1.2498
16	1.6385	1.6122	1.5867	1.5619	1.5380	1.5147	1.4921	1.4702	1.4489	1.4283	1.4082	1.3887	1.3697	1.3512	1.3332	1.3156	1.2986	1.2819	1.2657	1.2499
17	1.6388	1.6125	1.5869	1.5622	1.5382	1.5149	1.4923	1.4704	1.4491	1.4284	1.4083	1.3888	1.3697	1.3512	1.3332	1.3157	1.2986	1.2820	1.2658	1.2499
18	1.6390	1.6126	1.5871	1.5623	1.5383	1.5150	1.4924	1.4705	1.4492	1.4285	1.4084	1.3888	1.3698	1.3513	1.3333	1.3157	1.2987	1.2820	1.2658	1.2500
19	1.6392	1.6127	1.5872	1.5624	1.5383	1.5151	1.4924	1.4705	1.4492	1.4285	1.4084	1.3888	1.3698	1.3513	1.3333	1.3158	1.2987	1.2820	1.2658	1.2500
20	1.6392	1.6128	1.5872	1.5624	1.5384	1.5151	1.4925	1.4705	1.4492	1.4285	1.4084	1.3889	1.3698	1.3513	1.3333	1.3158	1.2987	1.2820	1.2658	1.2500

续表

折旧年限 \ 贴现率（%）	81	82	83	84	85	86	87	88	89	90	91	92	93	94	95	96	97	98	99	100
1	0.5525	0.5495	0.5464	0.5435	0.5405	0.5376	0.5348	0.5319	0.5291	0.5263	0.5236	0.5208	0.5181	0.5155	0.5128	0.5102	0.5076	0.5051	0.5025	0.5000
2	0.8577	0.8513	0.8451	0.8388	0.8327	0.8267	0.8207	0.8148	0.8090	0.8033	0.7977	0.7921	0.7866	0.7812	0.7758	0.7705	0.7653	0.7601	0.7550	0.7500
3	1.0264	1.0172	1.0082	0.9994	0.9907	0.9821	0.9737	0.9653	0.9572	0.9491	0.9412	0.9334	0.9257	0.9181	0.9107	0.9033	0.8961	0.8890	0.8819	0.8750
4	1.1195	1.1084	1.0974	1.0866	1.0760	1.0656	1.0554	1.0454	1.0355	1.0259	1.0163	1.0070	0.9978	0.9887	0.9798	0.9711	0.9625	0.9540	0.9457	0.9375
5	1.1710	1.1584	1.1461	1.1340	1.1222	1.1106	1.0992	1.0880	1.0770	1.0662	1.0557	1.0453	1.0351	1.0251	1.0153	1.0057	0.9962	0.9869	0.9777	0.9688
6	1.1995	1.1860	1.1727	1.1598	1.1471	1.1347	1.1225	1.1106	1.0989	1.0875	1.0763	1.0653	1.0545	1.0439	1.0335	1.0233	1.0133	1.0035	0.9938	0.9844
7	1.2152	1.2011	1.1873	1.1738	1.1606	1.1477	1.1351	1.1227	1.1106	1.0987	1.0871	1.0757	1.0645	1.0535	1.0428	1.0323	1.0220	1.0119	1.0019	0.9922
8	1.2239	1.2094	1.1952	1.1814	1.1679	1.1547	1.1417	1.1291	1.1167	1.1046	1.0927	1.0811	1.0697	1.0585	1.0476	1.0369	1.0264	1.0161	1.0060	0.9961
9	1.2286	1.2139	1.1996	1.1856	1.1718	1.1584	1.1453	1.1325	1.1199	1.1077	1.0957	1.0839	1.0724	1.0611	1.0500	1.0392	1.0286	1.0182	1.0080	0.9980
10	1.2313	1.2165	1.2020	1.1878	1.1740	1.1604	1.1472	1.1343	1.1217	1.1093	1.0972	1.0854	1.0738	1.0624	1.0513	1.0404	1.0298	1.0193	1.0091	0.9990
11	1.2328	1.2178	1.2033	1.1890	1.1751	1.1615	1.1482	1.1353	1.1226	1.1102	1.0980	1.0861	1.0745	1.0631	1.0520	1.0410	1.0303	1.0199	1.0096	0.9995
12	1.2336	1.2186	1.2040	1.1897	1.1757	1.1621	1.1488	1.1358	1.1231	1.1106	1.0984	1.0865	1.0749	1.0635	1.0523	1.0413	1.0306	1.0201	1.0098	0.9998
13	1.2340	1.2190	1.2044	1.1900	1.1761	1.1624	1.1491	1.1361	1.1233	1.1108	1.0987	1.0867	1.0751	1.0636	1.0525	1.0415	1.0308	1.0203	1.0100	0.9999
14	1.2343	1.2192	1.2046	1.1902	1.1763	1.1626	1.1492	1.1362	1.1234	1.1110	1.0988	1.0868	1.0752	1.0637	1.0525	1.0416	1.0309	1.0203	1.0100	0.9999
15	1.2344	1.2194	1.2047	1.1903	1.1764	1.1627	1.1493	1.1363	1.1235	1.1110	1.0988	1.0869	1.0752	1.0638	1.0526	1.0416	1.0309	1.0204	1.0101	1.0000
16	1.2345	1.2194	1.2047	1.1904	1.1764	1.1627	1.1494	1.1363	1.1236	1.1111	1.0989	1.0869	1.0752	1.0638	1.0526	1.0416	1.0309	1.0204	1.0101	1.0000
17	1.2345	1.2195	1.2048	1.1904	1.1764	1.1628	1.1494	1.1363	1.1236	1.1111	1.0989	1.0869	1.0753	1.0638	1.0526	1.0417	1.0309	1.0204	1.0101	1.0000
18	1.2345	1.2195	1.2048	1.1905	1.1765	1.1628	1.1494	1.1364	1.1236	1.1111	1.0989	1.0869	1.0753	1.0638	1.0526	1.0417	1.0309	1.0204	1.0101	1.0000
19	1.2346	1.2195	1.2048	1.1905	1.1765	1.1628	1.1494	1.1364	1.1236	1.1111	1.0989	1.0870	1.0753	1.0638	1.0526	1.0417	1.0309	1.0204	1.0101	1.0000
20	1.2346	1.2195	1.2048	1.1905	1.1765	1.1628	1.1494	1.1364	1.1236	1.1111	1.0989	1.0870	1.0753	1.0638	1.0526	1.0417	1.0309	1.0204	1.0101	1.0000

参考文献

[1]马德春.氨碱法纯碱生产中产品铁份控制[J].纯碱工业,1999(4):40-42.

[2]胡书亚.氨碱法纯碱蒸馏工序的节能措施[J].石油和化工节能,2006(4):3-6.

[3]陈新卫.氨碱法纯碱生产新节能蒸馏技术集成创新[J].科技资讯,2011(12):4.

[4]左艳梅,闵瑞高.氨碱法纯碱生产工业与设备的发展特点研究[J].广东化工,2013(13):127,134.

[5]王晓娜,张云净,王亚飞,等.氨碱法纯碱厂废渣综合利用[J].化学工程师,2014,28(2):32-34.

[6]司景.氮肥企业清洁生产评价方法及实例研究[D/OL].合肥:合肥工业大学,2006年.

[7]朱伟娟.中国农药生产现状和发展趋势[J].行业动态,2008(7):40-44.

[8]孙乐,张惊宇,洁白.石油炼制行业污染防治与清洁生产[J].内蒙古环境科学,2009,21(1):46-49.

[9]龚利华.黑色金属矿上清洁生产评价指标体系的建立[J],金属矿山,2003(7):57-59.

[10]邵朱强.有色金属行业清洁生产现状分析[J].中国科技投资,2012(29):44-45.

[11]王殿辉,张爱华,闫绍娟,等.清洁生产审核在中小型水泥厂的应用实践[J].科技咨询导报,2007(15):115-116.

[12]李少平,荚小平.水泥企业清洁生产审核常见问题与解决措施[J].水泥,2012(5):14-16.

[13]邹国平,林鹏,何国锋.谈清洁生产与水泥行业清洁生产技术发展[J].广东建材,2011(4),163-165.

[14]杨超,闫广强,李波.电镀行业污染物产生与防治措施[J].科技资讯,2008(28):23-24.

[15]周东晓,鲁宪.电镀行业污染物产生与防治措施[J].科技资讯,2008(14):15-16.

[16]李敏.电镀废水处理方法简述[J].应用技术,2009(32):100.

[17]李昕.解读环境保护行业标准《清洁生产标准　电镀行业》[J].涂装与电镀,

2007(2):45-48.

[18]钟战铁,翟宝庆.电镀废水减量的清洁生产对策[J].材料保护,2007(4):61-64.

[19]曹仆芳,江曼霞,我国造纸工业污染概况[J].中国造纸,1994,13(5):60.

[20]王鸿文.合理利用非木纤维 努力解决环境污染[J].湖北造纸,2002(4):1-5.

[21]杨爱民.《清洁生产标准 纺织业(棉印染)》解读[J].印染,2007(3):36-39.

[22]陈伟立.纺织印染行业清洁生产审核要点及典型清洁生产方案[J].化学工程与装备,2012(6):199-200.

[23]张铭让,林炜.绿色化学和技术与皮革工业的可持续发展[J].中国皮革,2001,32(1):5-7,12.

[24]但卫华,张铭让,单志华.猪服装革酶法脱毛工艺板块的研究[J].中国皮革,2001,32(3):4-7.

[25]李彦春,张铭让,李天铎.酸性酶软化法的研究[J].中国皮革,2000,29(5):29-31.

[26]苏超英.面向全球市场的中国制革、制鞋业[J].西部皮革,2005,27(4):7-10.

[27]王永昌.如何使制革废液的循环利用实现自动化[J].西部皮革 2007,29(6):54-55.

[28]国锋,马兴元.皮革固体废弃物的综合利用技术[J].皮革化工,2001,18(1):20-21.

[29]陈金喜,张若冰.配位聚合物的绿色化合成[J].东南大学学报(自然科学版),2011,41(4):889-896.

[30]金萍,程君实.橡胶轮胎工艺清洁生产评述[J].安徽化工,2002,28(1):34-36.

[31]郑晓利.全钢载重子午线轮胎几种外观质量缺陷的成因及解决措施[D/OP].上海:中国科学院上海冶金研究所,2000.

[32]胡志刚.提高轮胎质量的技术措施[J].河南化工,1998(10):21-22.

[33]钟玉泽,鞠松涛.化学合成制药企业清洁生产审核的探索[J].中国环境保护优秀论文集,2005:849-852.

[34]曹鹏,方锐,王媛.浅论清洁生产在我国制药企业的推行[J].医药企业发展研究,2009(11):73-74.

[35]赵燕,白义杰,田欣.啤酒行业的清洁生产审核探讨[J].北方环境,2004,29(5):15-17.

[36]李科林,孟范平,王平,等.啤酒工业废水处理与利用技术研究进展[J].中南林学院学报,1999(1):71-75.

[37]张建宇,潘荔,杨帆,等.中国燃煤电厂大气污染物控制现状分析[J].环境工程技术学报,2011,1(3):185-190.

[38]王翠萍.污水处理原理和技术[J].山西建筑,2009,35(13):163-164.

[39]陈庆蔚.当代废纸处理技术[M].北京:中国轻工业出版社,1999.

[40]环境保护部环境影响评价工程师职业资格登记管理办公室.采掘类环境影响评价[M].北京:中国环境科学出版社,2009.

[41]国家环境保护总局环境影响评价管理司.煤炭开发建设项目生态环境保护研究与实践[M].北京:中国环境科学出版社,2006.

[42]沈莲.机械工程材料[M].北京:高等教育出版社,2011.

[43]张寿.科学前沿与未来[M].北京:化学工业出版社,2001.

[44]刁玉玮,王立业.化工设备机械基础[M].5版.大连:大连理工大学出版社,2004.

[45]徐永圻.采矿学[M].北京:中国矿业大学出版社,2003.

[46]谢广元.选矿学[M].北京:中国矿业大学出版社,2001.